国家职业教育建筑材料工程技术专业教学资源库建设项目
高等职业教育建筑材料工程技术专业复合型系列教材

建材化学分析技术

主　编　石建屏　孙会宁
副主编　杨舒华　马惠莉
主　审　霍冀川

武汉理工大学出版社
·武　汉·

内 容 简 介

本书突出职业技术教育的特点，体现职业技术教育教学改革的成果，按项目教学的模式设置教学内容，力求每个项目既能传授必要的理论知识，又有符合企业实际工作需求的项目任务。

本书由课程引导和8个项目构成，即硅酸盐试样的采集、制备和分解，标准滴定溶液的配制，硅酸盐试样中二氧化硅含量的酸碱滴定法测定，硅酸盐试样中铁、铝、钙、镁含量的配位滴定法测定，水泥中三氧化硫含量的氧化-还原滴定法测定，水泥中氯离子含量的沉淀滴定法测定，水泥中三氧化硫含量的称量分析法测定，硅酸盐试样的全组分含量测定。每个项目包括项目导学、项目实施、项目评价、项目训练。

本书可作为高等职业院校、中等职业院校、技工学校的建筑材料工程技术专业及相关专业的教材，也可供相关企业技术人员参考。

图书在版编目(CIP)数据

建材化学分析技术 / 石建屏，孙会宁主编.—武汉：武汉理工大学出版社，2020.12
高等职业教育建筑材料工程技术专业复合型系列教材
ISBN 978-7-5629-5297-8

Ⅰ. ①建…　Ⅱ. ①石…　②孙…　Ⅲ. ①建筑材料-化学分析-高等职业教育-教材　Ⅳ. ①TU502

中国版本图书馆CIP数据核字(2020)第182523号

项目负责人：田道全　　　　责 任 编 辑：李兰英
责 任 校 对：李正五　　　　版 面 设 计：正风图文
出 版 发 行：武汉理工大学出版社
地　　　址：武汉市洪山区珞狮路122号
邮　　　编：430070
网　　　址：http://www.wutp.com.cn
经　　　销：各地新华书店
印　　　刷：武汉兴和彩色印务有限公司
开　　　本：880 mm×1230 mm　1/16
印　　　张：19.5
字　　　数：1136千字(纸质教材590千字，数字资源546千字)
版　　　次：2020年12月第1版
印　　　次：2020年12月第1次印刷
印　　　数：1500册
定　　　价：57.00元

凡购本书，如有缺页、倒页、脱页等印装质量问题，请向出版社发行部调换。
本社购书热线：027-87515778　87515848　87785758　87165708(传真)

前　言　Preface

在国家职业教育建筑材料工程技术专业教学资源库的建设中，复合型教材的建设是该资源库建设的重要任务之一，也是在国家职业教育教学“三教”改革的引领下进行的一项重要的建设任务。本教材根据教育部《关于加强高职高专教育人才培养的若干意见》和建筑材料工程技术专业教学资源库的建设需求，结合现代企业工作过程和岗位实际需求，按照“项目导向、任务驱动”的模式进行课程内容体系设置。此外，本教材依据高等职业技术教育建筑材料工程技术专业教学标准，准确把握知识的宽度和深度，突出学生的职业能力需求，突出理论的基础性、知识的针对性、内容的实用性。本教材还紧扣互联网时代对教材建设的要求，借助互联网技术，依托建筑材料工程技术专业国家职业教育资源库数字教学平台，集成微课、视频和动画等教学资源，在辅助教师教学的同时，帮助学生更好地自主学习。

教材内容包括8个项目，每个项目由项目导学、项目实施、项目评价、项目训练等部分组成。每个项目任务以建材行业最具代表性的测试任务为载体，通过任务实施来传授必要的专业技能。整部教材着力体现课程服务岗位、突出能力训练、关注学生迁移及可持续发展的高职教育特点。教材打破了以知识传授为主要特征的传统学科模式，力求每个项目和任务目的明确，内容充实，实施有据，考核规范，融知识和技能于一体。教材在编排上图文并茂，并穿插了资源库学习视频、动画，力求学员通过“微知库”的APP扫描教材中的二维码直接学习各个理论知识点和任务实施操作要点；逼真展现建材化学分析的流程和岗位实施要求，打破章节框架结构，以工作过程设计项目，体现了项目引领、任务驱动的项目化线上线下教学模式。

本书由绵阳职业技术学院石建屏、孙会宁担任主编，绵阳职业技术学院杨舒华、山西职业技术学院马惠莉担任副主编。石建屏编写了“课程引导”中除化验室通识外的其余部分和项目7，孙会宁编写了项目3，杨舒华编写了项目5和项目8，马惠莉编写了“课程引导”中化验室通识部分和项目2，绵阳职业技术学院余波编写了项目1，四川建筑职业技术学院杨傲霜编写了项目4，绵阳职业技术学院赵婷婷编写了项目6。

西南科技大学霍冀川教授审阅了该教材。在本书的编写过程中，我们得到了绵阳职业技术学院、山西职业技术学院、四川建筑职业技术学院的鼎力相助，绵阳职业技术学院左明扬、方久华、杨峰、贾陆军等对本教材的编写提供了宝贵意见，在此一并表示感谢！另外，书中参考了大量书籍、论文和网上资料，在此向所有相关内容的提供者表示衷心的感谢！

由于编者水平有限，编写时间仓促，书中若有不妥之处，敬请广大读者批评指正，在此深表谢意！

编　者

2019年12月30日

目 录 Contents

0 课程引导

0.1 本课程的历史沿革与作用

0.1.1 化学在社会发展中的作用

只要仔细观察一下周围的世界，我们就会发现万物都在变化之中。例如岩石风化、铁器生锈、大气污染、水质下降等都是大家熟悉的物质变化，庄稼的春种秋收，人的生老病死更是复杂的生命变化。变化是世界上无所不在的现象。物质变化根据其特点，大致可以分为两种类型，其中一类变化不产生新物质，只是改变了物质的状态，例如水的结冰、碘的升华，这类变化称为物理变化。另一类变化表现为一些物质转化为性质不同的另一些物质，例如煤的燃烧、金属锈蚀和食物腐败等，这类变化称为化学变化。在化学变化过程中，物质的组成和结合方式都发生了改变，生成了新的物质，表现出与原物质完全不同的物理性质和化学性质。

化学是在分子、原子或离子层次上研究物质的组成、结构、性质、相互变化及变化过程中能量关系的科学，也是一门以实验和应用为主、不断更新完善的科学。

建材化学分析技术课程历史沿革

人类生活的各个方面、社会发展的各种需要都与化学息息相关。

首先从我们的衣、食、住、行来看，色泽鲜艳的衣料需要经过化学处理和印染，丰富多彩的合成纤维更是化学的一大贡献，要装满粮袋子、丰富菜篮子，关键之一是发展化肥和农药的生产。加工制造色香味俱佳的食品，离不开各种食品添加剂，如甜味剂、防腐剂、香料、调味剂和色素等，它们大多是用化学分离方法从天然产物中提取出来的或用化学合成方法合成的。现代建筑所用的水泥、石灰、油漆、玻璃和塑料都是化工产品。用以代步的各种现代交通工具，有的不仅需要汽油、柴油作动力，还需要各种汽油添加剂、防冻剂，以及机械部分的润滑剂，这些无一不是石油化工产品。此外，人们需要的药品、洗涤用品和化妆品等日常生活必需品也都是化学产品。可见，我们的衣、食、住、行无不与化学有关，人人都需要用化学制品，可以说我们生活在化学的世界里。

再从社会发展来看，化学对于实现农业、工业、国防和科学技术现代化具有重要的作用。农业要大幅度增产，农、林、牧、副、渔各业要全面发展，在很大程度上依赖于化学科学的发展。化肥、农药、植物生长激素和除草剂等化学产品，不仅可以提高农作物产量，而且改进了耕作方法。高效低污染的新农药的研制，长效、复合化肥的生产，农、副业产品的综合利用和合理储运，也都需要应用化学知识。在工业现代化和国防现代化方面，急需研制各种性能迥异的金属材料、非金属材料和高分子材料。在煤、石油和天然气的开发、炼制和综合利用中包含着极为丰富的化学知识，并已形成煤化学、石油化学等专业领域。导弹的生产、人造卫星的发射，需要很多种具有特殊性能的化学产品，如高能燃料、高敏胶片及耐高温、耐辐射的材料等。

随着科学技术水平和生产水平的提高以及新的实验手段和电子计算机的广泛应用，不仅化学科学本身有了突飞猛进的发展，而且化学与其他学科相互渗透、相互交叉，大大促进了其他基础学科和应用学科的发展以及交叉学科的形成。目前国际上最关心的几个重大问题——环境的保护、能源的开发利用、功能材料的研制、生命奥秘的探索都与化学密切相关。

0.1.2 化学学科的分支

化学的研究范围极其广泛，在20世纪初，化学已逐渐形成了无机化学、有机化学、分析化学和物理化学等分支学科。但在探索和处理具体课题时，这些分支学科又相互联系、相互渗透。无机物或有机物的合成总是研究(或生产)的起点，在研究过程中必定要靠分析化学的测定结果来指示合成工作中原料、中间体、产物的组成和结构，这一切当然都离不开物理化学的理论指导。分析化学是一个既老又新的分支。在化学史上，一些基本定律的发现和建立，都与分析化学的卓越贡献密不可分。在现代化学中，随着科学技术的发展，对分析化学的要求越来越高。分析化学不仅广泛应用于化学领域，而且在生物、医药、农业、地质、矿物、环境、天文、考古等学科中得到了广泛的应用。任何科学部门，只要涉及化学现象，分析化学就要作为一种手段而被应用到研究中去。在许多工厂和科研机构中都设有自己的分析化验室，一些大型企业除了设有对原(燃)材料及产品进行分析检验的中心化验室以外，还设有控制生产的车间化验室，它们都是企业的重要组成部分。因此，有人风趣地说“分析测试是科研和生产的眼睛”。

0.1.3 建材化学分析技术在建材生产中的作用

“建材化学分析技术”是建筑材料工程技术专业必修的核心课程之一。本课程主要介绍建筑材料(水泥、玻璃、陶瓷等)生产过程中运用的定量化学分析的理论知识和操作技能。例如在水泥的生产过程中，首先要对所需要的石灰石、黏土、铁粉、硅砂、煤等各种原(燃)材料的主要成分进行定量测定，为生产配料提供依据。其次，在水泥生料制备、熟料煅烧、水泥制成的每个环节工艺条件的控制、中间产品的质量监控、产品的质量检验，都需要及时提供准确可靠的测试数据，用以指导生产，从而达到减少能耗、节约资源、提高质量、降低成本的目的。

建材化学分析技术在生产中的作用

0.1.4 建材化学分析技术课程学习的意义

作为当今社会的“自然人”，我们必须具有适应21世纪衣、食、住、行所需要的科学素养。学习本课程后，当我们在面对“酸碱中和”“抗氧化”“能量平衡”“生态平衡”等一系列现代社会用语时，就不会感到陌生，而会倍感亲切；当我们在审视社会、进行人际交往时，这些带化学味的用语就会帮助我们认识社会，并在交往中产生共鸣，收到良好的效果。作为高层次技术技能型“职业人”，我们必须了解硅酸盐建筑材料化学成分的测定原理和方法，掌握化学分析的基本操作技能；树立准确的量的概念，能正确地使用和表示量与单位。否则，我们的职业能力就有明显缺陷，更不用说个人的可持续发展能力了。

“建材化学分析技术”是一门理实一体的专业核心课程。在学习过程中要求理论联系实际，注重实践技能的培养。学习并掌握规范的化学分析基础操作技能，不仅有助于培养严谨、认真、实事求是的工作作风和科学态度，积累解决相关化学问题的经验，而且能够帮助学习者理解化学分析基础理论，同时使学习者的各项智力因素得到发展。通过本课程的学习，学习者可以提高分析问题和解决问题的能力，提高综合素质，为后续课程的学习和职业生涯的可持续发展夯实基础。

0.2 建材化学分析技术课程学习内容和方法

0.2.1 建材化学分析技术课程学习的内容

建材化学分析技术学习内容

0.2.1.1 化学分析基础知识

分析方法分类、分析误差、数据处理、化验室通识等。滴定分析基本术语、滴定分析法对滴定反应的要求和滴定方式、滴定分析法分类、标准滴定溶液的配制与标定、滴定分析结果的计算、滴定分析基本操作、天平称量基本操作等。

0.2.1.2 用酸碱滴定法测定硅酸盐试样中的二氧化硅含量

酸碱滴定法概述、酸碱溶液的pH值、缓冲溶液、酸碱指示剂、酸碱滴定曲线、非水溶液中的酸碱滴定，在建材生产控制中用酸碱滴定法测定的典型实例。

0.2.1.3 用配位滴定法测定硅酸盐试样中的铁、铝、钙、镁含量

配位滴定法概述、EDTA的性质及其配合物、配位解离平衡及影响因素、金属指示剂、配位滴定曲线、单一离子的滴定、配位滴定方式，在建材生产控制中用配位滴定法测定的典型实例。

0.2.1.4 用氧化还原滴定法测定水泥中的三氧化硫含量

氧化还原滴定的定义、电极电势和平衡常数在氧化还原滴定中的应用、氧化还原反应速率及其影响因素、氧化还原滴定条件的选择、氧化还原滴定曲线及指示剂的选择、高锰酸钾法、重铬酸钾法、碘量法，在建材生产控制中用氧化还原滴定法测定的典型实例。

0.2.1.5 用沉淀滴定法测定水泥中的氯离子含量

沉淀滴定法的定义和分类、沉淀-溶解平衡，在建材生产控制中用沉淀滴定法测定的典型实例。

0.2.1.6 用称量分析法测定水泥中的三氧化硫含量

称量分析法的分类和特点、称量分析法对沉淀的要求、影响沉淀溶解度的因素、影响沉淀纯净的因素、沉淀条件的选择、称量法的主要操作步骤、称量分析法结果的计算，在建材生产控制中用称量分析法测定的实例。

0.2.1.7 测定硅酸盐试样全组分含量

硅酸盐的种类和表示方法、硅酸盐的分析意义和分析项目、硅酸盐的分析任务和方法、试样的采集、试样的制备、硅酸盐试样的分解、酸溶解法、熔融法、半熔法(烧结法)、硅酸盐分析系统、硅酸盐中二氧化硅含量的测定、硅酸盐中三氧化二铁含量的测定、硅酸盐中三氧化二铝含量的测定、硅酸盐中氧化钙含量的测定、硅酸盐中氧化镁含量的测定、硅酸盐中二氧化钛含量的测定、水泥中钾钠含量的测定。

0.2.2 建材化学分析技术课程学习的方法

建材化学分析技术学习方法

0.2.2.1 本课程理论知识的学习方法

① 应到实践中去探求。到化学实践中去探求，使理论学习寓于兴趣之中，寓于实践之中，寓于生活之中。

② 掌握重点，突破难点。每一单元的学习必须注意掌握重点，突破难点。凡属重点一定要学懂，对难点内容要做具体分析，有的难点亦是重点，有的难点并非重点。譬

如，标准滴定溶液浓度的有关计算既是重点又是难点，非水溶剂的性质是难点，但不是重点。

③ 让“点的记忆”汇成“线的记忆”“面的记忆”。记忆力培养在本课程中显得相当突出，记忆的“诀窍”是反复理解与应用。对于那些能举一反三的实例应给予足够的重视，把“一”记住了，真正理解了，“一”可变成“三”，另外通过归纳，寻找联系，可以由“点的记忆”汇成“线的记忆”“面的记忆”。

0.2.2.2 本课程实验操作技能的学习方法

化学分析实验的学习过程大致可分为下列三个步骤：实验前预习、实验操作、实验/实施报告撰写。

(1) 实验前预习

实验前预习是实验课必不可少的环节。也就是说，预习是做好实验的前提和保证。

实验课的教学内容不是靠教师讲授给学生的，而是由学生自己读书、点击观看“国家职业教育建筑材料工程技术专业教学资源库”中本课程的操作视频、在教师的指导下自己动手操作而主动获得的，是知识转化为技能的一个过程。每个实验的测定原理都是学生必须掌握的基本知识。因此，认真研读并读懂每个实验的测定原理部分，是做好实验的前提。

预习时，要对实验中涉及的基本操作技能、安全与防护知识和实验室规则等容易被忽视的内容给予足够的重视；要合理地安排实验顺序，有准备地、充分地利用实验课上有限的时间，有目的地开展实验。

预习内容包括以下部分：

① 阅读实验教材、教科书和参考资料中的有关内容，点击观看“国家职业教育建筑材料工程技术专业教学资源库”中本课程的操作视频。

② 明确本实验的目的与要求，掌握实验原理，了解实验的内容、步骤、操作过程和实验时应注意的安全知识、操作技能和实验现象。尤其需要注意的是，要仔细预习有关的实验操作步骤和注意事项。

③ 在预习的基础上回答预习思考题。在固定的笔记本上写好预习笔记，包括实验题目、实验目的、实验操作要点、安全注意事项、实验基本原理、有关计算、实验内容、预习思考题等。特别是实验操作步骤可以采用绘制知识树等图文并茂的形式，便于操作过程中参阅。

(2) 实验操作

学生在教师的指导下独立进行实验是实验课的主要学习环节，更是发挥学生主体作用的重要体现。每位同学都应按照要求独立完成实验，学习并掌握操作技能和操作方法。实验操作时，要根据教材中所规定的内容和方法、步骤和试剂用量进行操作。

在实验室里有充足的试剂、完好的实验设备，以及教师耐心的指导，为培养学生的实践能力和创新意识提供了充分的条件。更重要的是，实验中蕴含了无限的知识，等待着有心的同学去汲取。学生要从学习实验室工作规则开始规范自己的行为，即从认领仪器开始其第一堂实验课。认真观察实验，客观描述现象，如实记录数据，探求事物的真谛。

实验过程中应该做到下列几点：

① 认真操作，细心观察实验现象，并及时、如实地做好详细记录。

② 如果发现实验现象和理论不符合，应尊重实验事实，认真分析和检查其原因，也可以做对照实验、空白实验来核对，必要时应多次重复验证，从中得到有益的科学结论和科学的思维方法。

③ 实验过程中应勤于思考，力争自己解决问题。但遇到疑难问题而自己难以解决时，应请指导教师指点。

④ 全部实验内容完成后要接受指导教师的检查，测定的数据要经过指导教师审查、签字。

⑤ 在实验过程中要保持安静，严格遵守实验室工作规则，保持实验室清洁。实验结束后要及时清理实验台，洗净器皿、整理实验仪器。

(3) 实验/实施报告撰写

实验后撰写实验报告是对所学知识进行归纳和提高的过程，也是培养科学思维的重要步骤，应认真对待。通常，一个规范、完整的实验报告主要包括以下几方面内容：

① 实验目的

指实验应该达到的具体目标，掌握原理、方法和技能，熟悉仪器和试剂。

② 实验原理

简明扼要地阐述实验的基本原理和列出主要的化学反应方程式、计算公式。

③ 实验试剂与仪器

简述完成本项实验所用的仪器设备的名称，试剂名称、规格与配制。

④ 实验步骤

实验步骤是实验过程的简述，应以简明的方式表达，也可利用流程图、表格、框图等。

⑤ 数据记录与结果处理

数据记录要真实完整。原始记录要尊重实验事实，不允许编造和抄袭。规范进行原始数据的处理和误差的分析。按照要求正确表达实验结果。

⑥ 分析与讨论

围绕此项实验的操作过程和结果进行简要分析，总结成功的经验和失败的教训。

讨论是一种很好的学习方法，它可明理、探索、求真，因而在实验实训中常用。学生对实验过程中发现的异常现象或结果处理时出现的异常结论都应在实验报告中以书面的形式展开讨论。实验报告中进行的讨论，不但反映了学生积极、主动的学习态度，而且表现出学生具有一定的分析问题的能力。

撰写实验报告时一定要字迹端正，严格按照格式书写。若实验现象、解释、结论、数据、计算等不符合要求，或实验报告写得潦草、草率，应重做实验或重写报告。严格禁止篡改实验现象和实验数据。

0.2.2.3 培养良好的工作作风/实验习惯

良好的工作作风和实验习惯，不仅是做好实验的保证，而且也反映了分析工作者的思想品德修养、科学态度及职业素养。良好的工作作风和实验习惯包括以下几点：

(1) 实践第一、勤于思考、善于总结、踊跃讨论、团结协作。

(2) 保持实验环境整洁，按操作规程操作。认真、严谨、紧张、有序地进行工作。

(3) 节约试剂，节约水、电，节约使用一切实验用品和实验仪器，爱护公用仪器设备。称取试样后，应及时盖好原瓶盖。

(4) 使用仪器和实验室设备时阅读使用说明书和注意事项。

(5) 合理安排实验台面。一般原则如下：

① 实验前应将所需的用品置于实验台上，各种仪器在实验台上应有一定的位置。暂时不用的用品应尽量放在实验柜中，以保证足够的操作空间。

② 经常使用的用品放在右边，所有仪器尽可能放在实验台的里侧。为了方便，摆放用品一般将高的用品放在远离身体的位置。身体的近前方留出一块空间以便实验操作和实验记录。

③ 药匙、玻璃滴管、玻璃棒等小件用品不要随意放在实验台面上，每次使用后应立即洗净，放入净物杯内备用，其他大件用品使用后要及时归位。

④ 每组准备一个废物杯，实验中的废纸屑、废滤纸、固体废物及废液应放入废物杯中，不得随意抛在实验台面、地面或自来水槽内，待实验进行一段时间后倒入废液桶内，切勿倒入水槽。碱性废液

经处理后可倒入水槽，但必须用水冲洗。实验过程中要及时擦拭、整理实验台，保持实验台面的干燥、洁净。

⑤ 实验前后实验柜里的仪器摆放位置、洁净程度、状态应保持一致。

0.3 教学建议

0.3.1 学时分配

教学内容及学时分配见表0.1。

表0.1 教学学时分配表

教学单元	教学内容	讲授学时	实操学时
课程引导	① 本课程的历史沿革与作用； ② 建材化学分析技术课程学习内容和方法； ③ 化验室通识	6	0
硅酸盐试样的采集、制备和分解	① 硅酸盐试样的采集； ② 硅酸盐试样的制备； ③ 硅酸盐试样的分解	2	4
标准滴定溶液的配制	① 滴定分析的基本概念； ② 分析天平的称量与操作； ③ 滴定分析的基本操作； ④ 标准滴定溶液的配制； ⑤ 分析误差与数据处理	8	4
硅酸盐试样中二氧化硅含量的酸碱滴定法测定	① 酸碱滴定概述和酸碱溶液的pH值计算； ② 缓冲溶液； ③ 酸碱指示剂； ④ 酸碱滴定曲线及指示剂选择、酸碱滴定应用； ⑤ 非水溶液中的酸碱滴定与应用	8	6
硅酸盐试样中铁、铝、钙、镁含量的配位滴定法测定	① 配位滴定概述； ② EDTA的性质及其配合物和配位解离平衡及影响因素； ③ 金属指示剂和配位滴定曲线； ④ 提高配位滴定选择性的方法； ⑤ 配位滴定方式与应用	8	6
水泥中三氧化硫含量的氧化-还原滴定法测定	① 氧化还原滴定的基础知识、电极电势和平衡常数在氧化还原滴定中的应用； ② 氧化还原反应速率及其影响因素； ③ 氧化还原滴定条件的选择； ④ 氧化还原滴定曲线及指示剂的选择； ⑤ 氧化还原滴定法的分类与应用	6	4

续表 0.1

教学单元	教学内容	讲授学时	实操学时
水泥中氯离子含量的沉淀滴定法测定	① 沉淀滴定法基础知识； ② 沉淀-溶解平衡； ③ 沉淀滴定法应用	4	2
水泥中三氧化硫含量的称量分析法测定	① 称量分析法的分类和特点、称量分析法对沉淀的要求； ② 影响沉淀溶解度的因素； ③ 影响沉淀纯净的因素； ④ 沉淀条件的选择、称量沉淀法的主要操作步骤； ⑤ 称量分析法结果的计算与应用	8	8
硅酸盐试样的全组分含量测定	① 硅酸盐分析概述； ② 硅酸盐产品与原料中 SiO_2、Fe_2O_3、Al_2O_3、CaO、MgO、烧失量和不溶物的测定	6	12
合计		56	46

0.3.2 课程的考核评价方法

课程的考核评价方法见二维码。

课程的考核评价方法

课程内容与知识结构图

0.4 化验室通识

化验室是企业质量管理与控制的专职机构，它全权负责产品生产过程中的质量控制和对出厂产品的质量监督。化验室的工作与企业的整个生产活动均有密切且直接的关系。化验室的管理水平及科学组织程度，直接影响到化验室的工作效率和技术水平。因此，分析工作者应对化验室管理方面的知识与技术有系统的了解和掌握。

0.4.1 化验室的组织管理

0.4.1.1 化验室的职责

在企业中，其化验室的职责主要体现在以下几个方面：

(1) 质量检验　即按照有关标准和规定，对原材料、半成品、产品进行检测和实验。

化验室的职责

(2) 质量控制　即按照产品质量要求，制定原材料、半成品和产品的企业内控质量标准，强化过程控制，运用统计技术等科学方法掌握质量波动规律，不断增强预见性和预防能力，采取措施使生产全过程处于受控状态。

(3) 产品质量确认与验证　即严格按照有关标准规定对出厂产品进行确认，按供需双方合同的规定进行交货验货，杜绝不合格产品和废品出厂。

(4) 质量统计　即用正确、科学的数理统计方法，及时进行质量统计并做好分析总结和改进工作。

化验室的主要任务

(5) 实验研究　即根据产品开发和产品质量提高等需要,积极开展科研和改进工作。

0.4.1.2　化验室的主要任务

(1) 根据国家产品标准和质量管理规程,起草本企业的质量管理制度及实施细则;制订质量计划和质量控制网、合理的配料方案,确定合理的检验控制项目。

(2) 负责原材料、半成品和产品的检验、监督管理。

(3) 负责进厂原材料、半成品、产(成)品堆场(仓库)的管理,做好质量调度。

(4) 负责生产岗位质量记录和检验数据的收集统计、分析研究和上报,以及质量档案的管理工作。

(5) 及时了解国内外分析检测技术的动态,积极采用先进的检测技术和方法,不断提高分析检验工作的科学性、准确性和及时性。

(6) 围绕提高质量、增加品种,积极开展科学研究及开发、实验新产品的工作。

(7) 负责产品质量方面的技术服务,处理质量纠纷问题。

(8) 负责企业的创优、创名牌及生产许可证、质量认证的申报和管理工作。

0.4.1.3　化验室的权限

化验室的性质与权限

(1) 监督检查生产过程受控状态,有权制止各种违章行为,采取纠正措施。

(2) 参与制订质量方针、质量目标、质量责任制及考核办法,行使质量否决权。

(3) 有权越级汇报企业质量情况,提出并坚持正确的管理措施。

(4) 有产品出厂决定权。

0.4.1.4　对化验员素质的要求

在化验室的各项管理制度中,在满足设计规范合理的实验室、必需的分析仪器及设备、齐全合格的化学试剂等硬件设施要求基础上,化验员良好的技术业务素质及科学管理方法的养成,对于保证分析测试质量,则更加重要。

作为分析检验人员,最重要的是有高度负责的精神以及良好的职业操守。

(1) 化验员应具有的工作能力

① 能安装、检验和使用简单的常用仪器

(ⅰ) 认真阅读、正确理解仪器使用说明书。

(ⅱ) 掌握简单仪器的使用方法、结构、工作原理等。

(ⅲ) 能对简单仪器的性能进行检验。

② 能检查和排除常见故障

(ⅰ) 用万用表或测电笔检查一般电路故障。

(ⅱ) 排除常见仪器、设备的一般故障。

③ 能对实验数据进行准确处理

(ⅰ) 按仪器精度及实验方法记录实验数据。

(ⅱ) 按照有效数字规则进行计算。

(ⅲ) 用列表或绘图正确表达实验结果。

④ 会选择适宜的测定方法

充分了解各种仪器使用的范围,根据测定项目,选择相应的测定方法。

⑤ 会选择适宜的条件

会选择适宜的实验条件进行待测物质的测定。

⑥ 能写出实验报告

能按测定结果写出符合实际情况并且结果可靠的实验报告。

(2) 化验员应具有的良好工作习惯

① 保持实验室的整洁及注意安全

(ⅰ) 实验室应保持整洁,经常打扫卫生,做到门窗、玻璃、地板干净。

(ⅱ) 仪器、试剂存放有序,便于使用。在安排紊乱的实验室中工作最容易产生浪费和发生安全事故,同时实验结果的可靠性也受到影响。

(ⅲ) 实验室内应保持安静,不得高声说话和随意走动。

(ⅳ) 实验进行中所用的仪器、试剂要放置合理、有序;实验台面要整洁。每完成一个阶段的分析任务要及时整理,全部工作结束后,一切仪器、试剂、工具等都要放回原处。

(ⅴ) 工作时要穿实验工作服。实验工作服不得在非工作处所穿用,以免有害物质扩散。工作前后要及时洗手,以免因手脏而使仪器、试剂和样品受到沾污,以致引入误差;或将有害物质带出实验室,甚至入口、入眼,导致伤害和中毒。

② 正确使用和爱护仪器

(ⅰ) 严格按照仪器操作规程认真操作仪器,不了解仪器的使用方法时,不得乱试,不得擅自拆卸仪器。应当养成首先了解仪器的性能、特点及使用要求,严格遵守操作规程进行实验的习惯。

(ⅱ) 保持仪器的清洁和干燥,定期用小型除尘器除尘,定期更换干燥剂。实验完毕,应盖上仪器防尘罩。

(ⅲ) 使用仪器前应检查各开关是否处于安全的位置,特别注意灵敏度旋钮是否放在灵敏度最低挡。实验完毕,各仪器应复原。

(ⅳ) 养成耐心、细致、文明、有条不紊使用仪器的习惯,杜绝急躁、图快、鲁莽、忙乱的操作行为。如有仪器损坏,必须及时登记、补领并且按照规定赔偿。

③ 充分利用实验时间

(ⅰ) 工作前要有计划,做好充分准备,使整个分析测试过程有条不紊、紧张有序地进行。

(ⅱ) 实验前必须充分预习。了解本实验的目的与要求,掌握实验所依据的基本理论,明确需要测定、记录的数据。了解所用仪器的基本构造和操作规程,做到心中有数。

(ⅲ) 测试操作过程中要培养精细观察实验现象,准确、及时、如实记录实验数据的科学工作作风。数据要记录在专用的记录本上。记录要严格按照相关要求,做到及时、真实、齐全、整洁、规范。如有错误,要画掉重写,不得涂改。

(ⅳ) 结束实验前,应核对数据,并对最后结果进行估算,如果有必要,应补测数据。

(ⅴ) 熟悉实验室的规章制度,并自觉遵守。

0.4.1.5 化验室的数据记录管理

化验室的数据记录管理

(1) 对原始数据的记录要求

原始记录是检测结果的如实记载,不允许随意更改,不许删减,一般不允许外单位查阅。

① 要用正式记录本(或记录单)真实记录检测过程中的现象、条件、数据等,要求完整、准确、整齐清洁。不得用铅笔或圆珠笔书写,不准涂改!

② 分析检测原始记录必须由分析者本人填写,在岗其他分析人员复核(两检制),分析者应对原始记录的真实性和检验结果的准确性负责,复核人员应对计算公式及计算结果的准确性负责。

③ 要采用法定计量单位，数据应按照测量仪器的精度进行记录。

④ 原始记录单(表)要统一格式，以符合计量认证的要求。检测人员及负责人要在原始记录单上签署自己的姓名和日期。

(2) 对原始数据的更改规定

更改记错的原始数据的方法是：在原始数据上画两条横线表示消去，将正确数据填在上方，并加盖更改人印章。

0.4.2 化验室的安全管理

0.4.2.1 化验室的消防安全

化验室中不仅经常使用易燃、易爆等危险化学品，而且还要进行加热、灼烧、蒸馏等可能引起火灾的操作。因此，掌握化验室基本的消防安全知识与技能十分重要。

化验室发生火灾的原因

(1) 化验室发生火灾的主要原因

化验室中发生火灾的原因主要有以下几种：

① 易燃、易爆危险品的储存、使用或处理不当。

② 加热、蒸馏、制气等实验装置安装不正确、不稳妥、不严密，从而造成气体泄漏或由于操作不规范而产生迸溅现象，遇到加热的火源极易发生燃烧与爆炸。

③ 对化验室火源管理不严，违反操作规程。

④ 强氧化剂与有机物或还原剂接触混合。

⑤ 电器设备使用不当。

⑥ 易燃性气体或液体的蒸气在空气中达到爆炸极限范围，与明火接触时，易发生燃烧和爆炸。

注意：实验室内严禁存放大于 20 L 的瓶装易燃液体！绝不可在明火附近倾倒、转移易燃试剂！加热易燃溶剂，必须用水浴或封闭式电炉，严禁用灯焰或电炉直接加热！

(2) 防火措施

防火措施

① 在倾倒易燃液体或对易燃液体进行萃取或蒸馏时，室内不得有明火。同时要打开门窗，使空气流通，以保证易燃气体及时逸出室外。

② 电器设备应装有地线和保险开关。使用烘箱和高温炉时，不得超过允许温度，无人时应立即关闭电源。

③ 室内应备有水源和适用于各种情况的灭火材料，包括灭火砂、石棉布及各类灭火器材。对易燃易爆物应设专人保管并严格遵守使用与保管的相关制度。

④ 酒精灯及低温加热器应放在分析操作台面上，下面应垫石棉板或防火砖。烘箱和高温炉应安放在石桌面或水泥台面上。

(3) 常用的灭火方法

常用的灭火方法

燃烧必须具备三个条件：可燃物、助燃物和火源。这三者必须同时具备，缺一不可，因此，灭火就是消除这些条件。

① 灭火时，应先关闭门窗，防止火势增大，并将室内易燃物、干燥物搬离火源，以免引起更大的火灾。

② 易溶于水的物质失火时，可用水浇灭；不溶于水的油类及有机溶剂，如汽油、苯及过氧化物、碳化钙等可燃物燃烧时，绝不要用水去灭火，否则会加剧燃烧，只能用砂、干冰和专用的灭火器等进行灭火。

③ 选用合适的灭火装置。

常用的灭火器类型及使用范围见表 0.2。

表 0.2 常用灭火器类型及其使用范围

类 型	成 分	使用范围
酸碱式	H_2SO_4，$NaHCO_3$	非油类及电器失火的一般火灾
泡沫式	$Al_2(SO_4)_3$，$NaHCO_3$	油类失火
二氧化碳	液体 CO_2	电器失火
四氯化碳	液体 CCl_4	电器失火
干粉	粉末主要成分是 Na_2CO_3 等盐类物质，加入适量硬脂酸铝、云母粉、滑石粉、石英粉等	油类、可燃气体、电器设备、文件和遇水燃烧等物品的初起火灾
沙箱、沙袋	清洁干净的沙子	各种火灾

0.4.2.2 化验室的防爆安全

氧化、燃烧、爆炸，本质上都是氧化反应，只是反应速度不同而已。爆炸往往比着火造成更大的危害，且多数情况下只能预防。爆炸一旦发生，就难以控制。因此，凡涉及爆炸性试剂的操作、储存、运输，都要十分小心，必须严格遵守有关规程。

在使用危险物质时，为了消除爆炸的可能性或防止发生人身伤亡事故，应遵守下列原则：

防爆措施

① 使用预防爆炸或减少其危害的仪器和设备。

② 要清楚地知道所用的每一种物质的物理性质和化学性质、反应混合物的成分、使用物质的纯度、仪器结构(包括器皿的材料)、工作的条件(温度、压力)等。

③ 将气体充于预先加热的仪器内部时，不要用可燃性气体排空气，也不要用空气排出可燃气体，应该使用氮或二氧化碳来排除，否则就有可能发生爆炸。

④ 在能够保证实验结果的可靠性和精密度的前提下，对于危险物质都必须取用最小量来完成相应测试工作，并且绝对不能使用明火加热。

⑤ 在使用爆炸物质进行测试分析工作时，必须使用软木塞或橡皮塞并应保持其充分清洁，不可使用带磨口塞的玻璃瓶，因为关闭或开启玻璃塞的摩擦都可能成为爆炸的原因。

干燥爆炸物质时，绝对禁止关闭烘箱门，最好在惰性气体气氛下进行，保证干燥时加热的均匀性与消除局部自燃的可能性。

⑥ 绝不允许将水倒入浓硫酸中。

0.4.2.3 化验室的防毒

(1) 化验室中常见有毒物质(简称毒物)

毒物是指在一定条件下，较小剂量就能对生物体产生损害作用或使生物体出现异常反应的外源化学物。毒物是相对的，一定的毒物只有在一定条件下和一定量时才能发挥毒效而引起中毒。

毒物的类型划分方式通常有两种，一种是根据毒物的毒性大小来划分；另一种是按照毒物的状态来划分。

毒物的毒性主要取决于其化学结构。按照毒性大小，有毒物质一般分为低毒物、中度毒物和剧毒物。按照毒物的存在状态不同，毒物又可分为有毒气体、有毒液体和有毒固体三种，具体见表 0.3。

表 0.3　常见毒物

类　　型	名　　称
有毒气体	一氧化碳、氯气、硫化氢、氮的氧化物、二氧化硫、三氧化硫、硫酸烟雾等
有毒液体	汞、溴、硫酸、硝酸、盐酸、高氯酸、氢氟酸、有机酚类、苯及其衍生物、氯仿、四氯化碳、乙醚、甲醇等
有毒固体	汞盐、砷化物、氰化物等

(2) 防毒措施

防毒措施

① 要严格遵守个人卫生和个人防护规程。使用有毒气体时，应在通风橱中进行。如无通风设备，可在空气流通的地方或室外操作，工作人员应戴口罩。

② 有煤气的实验室，应注意检查管道、开关等。不得漏气，以免煤气中一氧化碳散入空气中引起中毒。

③ 剧毒试剂的使用应严格遵守操作规程，并由专人负责收发与保管，密封保存，建立严格的保管制度。

④ 使用后的含有毒物质的废液，不得倒入下水道内，应集中收集后予以无毒化处理。将盛过有毒物废液的容器清洗干净后，要立即洗手。

⑤ 当水银仪器破损后，洒出的水银应立即清除干净，然后在残迹处撒上硫黄粉使之完全消除。

⑥ 用嗅觉检查试剂时，只能用手扇送少量气体，轻轻嗅闻。

⑦ 不得使用实验室的器皿做饮食工具，绝对禁止在使用毒物或有可能被毒物污染的实验室存放食物、饮食或吸烟。离开实验室后应立即洗手。

防烧伤、烫伤

0.4.2.4　化验室的防烧伤、烫伤

(1) 腐蚀性试剂

腐蚀性试剂是指对人体的皮肤、黏膜、眼睛、呼吸器官等有腐蚀性的物质，一般为液体或固体。按照性质和形态的不同，腐蚀性试剂可分为以下几种，见表 0.4。

表 0.4　常见腐蚀性试剂

类型	常见腐蚀性试剂
酸类	硫酸、盐酸、硝酸、磷酸、氢氰酸、甲酸、乙酸、草酸等
碱类	氢氧化钠、氢氧化钾、氢氧化钙、氨等
盐类	碳酸钾、碳酸钠、硫化钠、无水氯化铝、氰化物、磷化物、铬化物、重金属盐等
单质	钾、钠、溴、磷等
有机物	苯及其同系物、苯酚、卤代烃、卤代酸(如一氯乙酸)、乙酸酐、无水肼、水合肼等

(2) 预防措施

在化验室中，皮肤的烧伤或烫伤，往往是由于接触有腐蚀性或刺激性的试剂、火焰、高温物体、电弧等。各种烧伤的主要危险性是身体损失大量水分，多数伤者由于身体组织损伤、细菌感染而发生严重的并发症。

为防止烫伤或烧伤的发生，应注意以下几点：

① 取用硫酸、硝酸、浓盐酸、氢氧化钠、氢氧化钾、氯水、氨水或液体溴时，应戴上橡皮手套，防止

药品沾在手上。

氢氟酸烧伤更危险，使用时要特别小心，操作结束后要立即洗手。

② 腐蚀性物品不能在烘箱内烘烤。用移液管吸取有腐蚀性、刺激性液体时，必须用橡皮球操作。

③ 稀释硫酸时，必须在烧杯等耐热容器中进行，且必须在玻璃棒不断搅拌下，将浓硫酸仔细缓慢地加入水中，绝不能将水倒入硫酸中。

在溶解氢氧化钠、氢氧化钾等发热物时，也必须在耐热容器中进行。如需将浓酸或浓碱中和，则必须先进行稀释。

④ 在压碎或研磨苛性碱和其他危险物质时，要注意防范小碎块或其他危险物质碎片溅散，以免烧伤眼睛、面孔或身体其他部位。

⑤ 打开氨水、盐酸、硝酸等试剂瓶口时，应先盖上湿布，用冷水冷却后，再打开瓶塞，以防溅出，在夏天尤其应注意。

⑥ 使用酒精灯和喷灯时，酒精不应装得太满。先将洒在外面的酒精擦干净，然后再点燃，以防将手烧伤。

⑦ 使用加热设备，如电炉、烘箱、砂浴、水浴等时，应严格遵守安全操作规程，以防烫伤。

⑧ 取下正在沸腾的水或溶液时，须先用烧杯夹子摇动后才能取下使用，以防使用时溶液突然沸腾溅出伤人。

(3) 常见的急救措施

化验室中一旦发生烧伤事故，要立即进行救治，并根据伤势轻重分别进行处理。

常见的烧伤急救方法见表0.5。

表0.5 常见的烧伤急救方法

烧伤程度	急救方法
一度烧伤	立即用冷水浸烧伤处，减轻疼痛，再用(1+1000)新洁尔灭水溶液消毒，保持创面不受感染
二度烧伤	先用清水或生理盐水清洗，再用(1+1000)新洁尔灭水溶液消毒，不要将水疱挑破以免感染，也可以用浸过碳酸氢钠溶液(0.29～0.36 mol/L)的纱布覆盖在烧伤处，再用绷带轻轻包扎，如果皮肤表面完好，可用冰或冷水镇静
三度烧伤	在送医院前主要防止感染和休克，可用消毒纱布轻轻扎好，给伤员保暖和供氧气，若患者清醒，令其口服盐水和烧伤饮料，防止失水休克。应注意防寒、防暑、防颠

(4) 化学灼伤的急救方法

化学灼伤是由化学试剂对人体引起的损伤，急救应根据不同的灼伤原因分别进行处理。化验室化学灼伤的一般急救方法见表0.6。

表0.6 化学灼伤的一般急救方法

引起灼伤的化学试剂	急救方法
酸类： 硫酸、盐酸、硝酸、磷酸、甲酸、乙酸、草酸	先用大量水冲洗，再用饱和碳酸氢钠溶液(或稀氨水、肥皂水)清洗，最后用清水冲洗； 若酸溅入眼中，应立即用大量清水冲洗，及时送医诊治
碱类： 氢氧化钠、氢氧化钾、浓氨水、氧化钙、碳酸钠、碳酸钾	立即用大量水冲洗，然后用2%醋酸溶液或饱和硼酸溶液清洗，最后用清水清洗； 若碱溅入眼中，应先用大量水冲洗，再用饱和硼酸溶液清洗； 被氧化钙灼伤时，可用任一种植物油洗涤伤处

续表 0.6

引起灼伤的化学试剂	急救方法
碱金属、氢氰酸、氰化物	立即用大量水冲洗，再用高锰酸钾溶液洗，之后用硫化铵溶液漂洗
氢氟酸	立即用大量流水长时间彻底冲洗，或将伤处浸入 3%氨水或 10%硫酸铵溶液中，再用(2+1)甘油及氧化镁悬乳剂涂抹，或用冰冷的饱和硫酸镁溶液洗
溴	先用水冲洗，再用 1 体积氨水+1 体积松节油+10 体积 95%乙醇混合液处理；也可用酒精擦至无溴存在为止，再涂上甘油或烫伤油膏
磷	不可将创伤面暴露于空气或用油质类涂抹，应先用 1%硫酸铜溶液洗净残余的磷，再用 0.1%高锰酸钾湿敷，继而用浸有硫酸铜溶液的绷带包扎
苯酚	先用大量水冲洗，然后用 72%酒精+1 mol NaOH 混合液(体积比 4∶1)冲洗，包扎
氯化锌、硝酸银	先用水冲，再用 50 g/L 碳酸氢钠溶液漂洗。涂油膏及硫黄

(5) 发生眼睛灼伤事故的处理方法

眼睛受到任何伤害时，都必须立即送医诊治。但在医生救护前，对于眼睛的化学灼伤的急救应该分秒必争，可采取以下措施：

若眼睛被溶于水的化学药品灼伤，应立即去最近的地方冲洗眼睛或淋浴，用流水缓慢冲洗眼睛 15 min 以上，淋洗时轻轻用手指撑开上下眼帘，并使眼球向各方转动，再速请眼科医生诊治。

① 如果是碱灼伤，用大量水冲洗后，再用硼酸(4%)或柠檬酸(2%)溶液冲洗，冲洗后反复滴氯霉素等微酸性眼药水。

② 如果是酸灼伤，用大量水冲洗后，再用 2%碳酸氢钠溶液冲洗，冲洗后可反复滴磺胺醋酰钠等微碱性眼药水。

0.4.2.5 化验室的意外割伤

化验室的意外割伤

意外割伤预防措施

(1) 预防措施

在化验室中做实验时，为了防止被锐器或碎玻璃割伤，应注意以下几点：

① 对玻璃仪器应轻拿轻放、安置妥当。

② 不得使用有裂纹或已破损的仪器。

③ 在弯折、切割玻璃管(棒)，塞子钻孔及安装洗瓶等时，要遵守使用玻璃和打孔器的安全工作规程，用布包手或戴手套。

④ 细口瓶、试剂瓶、容量瓶不能在电炉、酒精灯上加热，其中不能装过热溶液。

⑤ 加热烧杯和烧瓶时，应垫石棉网，以免受热不均匀而发生炸裂。

⑥ 装配或拆卸仪器时，要防备玻璃管和其他部分的损坏，以免受到严重伤害。

⑦ 被割伤时应立即包扎并送医院。

(2) 急救措施

化验室常见急救措施如下：

意外割伤急救措施

① 对于一般割伤，应保持伤口干净，不能用手抚摸，也不能用水洗涤。若是玻璃创伤，应先将碎玻璃从伤口处挑出。轻伤可涂紫药水(或红汞、碘酒)，必要时撒消炎粉或敷消炎膏，用绷带包扎。伤口较小时，也可用创可贴敷盖伤口。

② 若严重割伤，可在伤口上部 10 cm 处用纱布扎紧，减慢流血速度，并立即送医。

③ 若碎玻璃或其他固体异物进入眼睛，应闭上眼睛不要转动，立即到医院就医。

绝不要用手揉眼睛，以免引起严重的擦伤。

0.4.2.6 化验室的用电安全

化验室的用电安全

化验室用电安全的关键是严格遵守用电管理规定。

（1）防触电

触电事故主要是指电击。通过人体的电流越大，伤害越严重。电流的大小取决于电压和人体电阻。因此，在实验室中，使用各种电器设备时，要注意安全用电，以免发生触电和用电事故。必须注意以下几点：

① 使用新电器设备前，首先弄懂它的使用方法和注意事项，不要盲目接电源。

② 使用搁置时间较长的电器设备前，应预先仔细检查，发现有损坏的地方，应及时修理，不要勉强使用。

③ 实验室内不得有裸露的电线，刀闸开关应完全合上或断开，以防接触不良打出火花引起易燃物爆炸。拔插头时，要用手捏住插头拔，不得只拉电线。

④ 各种电器设备及电线应始终保持干燥，不得浸湿，以防短路引起火灾或烧坏电器设备。

⑤ 更换保险丝时，要按负荷量选用合格保险丝，不得任意加粗保险丝，更不可用铜丝代替。

（2）防静电

静电是指在一定的物体表面上存在的电荷，当其电压达到 3～4 kV 时，若人体触及就会有触电感觉。

静电能造成大型仪器的高性能元件的损坏，危及仪器的安全，也会因放电时瞬间产生的冲击性电流对人体造成伤害。电流虽不致危及生命，但严重时能使人摔倒。电子器件放电火花还可能引起易燃气体燃烧或爆炸。因此，必须要加以防护。

防静电的措施主要有以下几种：

① 防静电区内不要使用塑料、橡胶地板、地毯等绝缘性能好的地面材料，可以铺设导电性地板。

② 在易燃易爆场所，应穿着导电纤维及其材料制成的防静电工作服、防静电鞋（$R<150$ kΩ）等。不要穿化纤类织物、胶鞋及绝缘底鞋。

③ 高压带电体应有屏蔽措施，以防人体感应产生静电。

④ 进入易产生静电的实验室之前，应先徒手触摸一下金属接地棒，以消除人体从室外带来的静电。坐着工作的场所，可在手腕上戴接地腕带。

⑤ 凡不停旋转的电器设备，如真空泵、压缩机等，其外壳必须良好接地。

0.4.2.7 化验室中的“三废”处理及环境保护

化验室的“三废”处理与环境保护

实验室中经常会产生某些有毒的气体、液体或固体，尤其是某些剧毒物质，若直接排出就可能会污染周围环境，进而影响人们的身体健康。因此，实验室中的废气、废液和废渣（简称“三废”）都应经过处理后才能排弃。

（1）废气的处理

实验室中的废气主要来自反应器、溶剂罐、烟（气）筒等处，由化学反应、溶剂的蒸发等产生。

化验室的废气处理

少量有毒气体的实验必须在通风橱中进行。通过排风设备（通风柜、排气扇、吸气罩、导气管等）直接将废气排到室外，使其在外面空气中稀释，依靠环境自身容量解决。

对于产生毒气量大的实验则必须备有吸收和处理装置，如 NO_2、SO_2、氯气、H_2S、HF 等可用导管通入碱液中，使其大部分被吸收后排出。

汞的操作室必须有良好的全室通风装置，其通风口通常在墙体的下部。其他废气在排放前可参考工业废气的处理办法，如采用吸附、吸收、氧化、分解等方法。

(2) 废液的处理

化验室的废液处理

① 废液的处理原则

(ⅰ) 对高浓度的废酸、废碱液要中和至中性后排放。

(ⅱ) 对含少量被测物和其他试剂的高浓度有机溶剂应回收再利用。

(ⅲ) 低浓度的废液经处理后排放，应根据废液性质确定储存容器和储存条件，不同废液一般不容许混合，应避光、远离热源，以免发生不良化学反应。

(ⅳ) 废液储存容器必须贴上标签，写明种类、储存时间等。

② 废液的处理方法

化验室常见废液及处理方法如下：

(ⅰ) 废酸液

可先用耐酸塑料网纱或玻璃纤维过滤，滤液加碱中和，调 pH 值至 6～8 后可排出。

(ⅱ) 含重金属离子的废液

最经济、最有效的方法是：加碱或加硫化钠把重金属离子变成难溶的氢氧化物或硫化物沉积下来，然后过滤分离。少量残渣可分类存放，统一处理。

(ⅲ) 含铬废液

可用 $KMnO_4$ 氧化法使其再生，重复使用。方法如下：将含铬废液在 110～130℃下加热搅拌浓缩，除去水分后，冷却至室温，缓慢加入 $KMnO_4$ 粉末，边加边搅拌至溶液呈深褐色或微紫色(勿过量)，再加热至有 SO_3 产生，停止加热，稍冷，用玻璃砂芯漏斗过滤，除去沉淀，滤液冷却后析出红色 CrO_3 沉淀，再加入适量浓 H_2SO_4 使其溶解后即可使用。

少量的废铬酸洗液可加入废碱液或石灰使其生成氢氧化铬(Ⅲ)沉淀，集中分类存放，统一处理。

(ⅳ) 含氰废液

氰化物是剧毒物，含氰废液必须认真处理。少量含氰废液可加 NaOH 调至 pH>10，再加适量 $KMnO_4$ 将 CN^- 氧化分解。较大量的含氰废液可先用碱调 pH>10，再加入 NaClO，使 CN^- 氧化成氰酸盐，并进一步分解为 CO_2 和 N_2。

(ⅴ) 含汞废液

应先调 pH 至 8～10，然后加入适量 Na_2S，使其生成 HgS 沉淀，并加入适量 $FeSO_4$，使之与过量的 Na_2S 作用生成 FeS 沉淀，从而吸附 HgS 沉淀下来。静置后过滤离心，清液含汞量降至 0.02 mg/L 以下可排放。

少量残渣可埋于地下，大量残渣可用焙烧法回收汞，但要注意必须在通风橱中进行。

(ⅵ) 含砷废液

可利用硫化砷的难溶性，在含砷废液中通入 H_2S 或加入 Na_2S 除去含砷化合物。也可在含砷废液中加入铁盐，并加入石灰乳使溶液呈碱性，新生成的 $Fe(OH)_3$ 与难溶性的亚砷酸钙或砷酸钙发生共沉淀和吸附作用，从而除去砷。

(3) 废渣的处理

化验室的废渣处理

工业生产中产生的固体废弃物，化验后残存的固体物质，均为“废渣”。常见处理方式如下：

① 无毒的可溶性废物应用水冲洗，排入下水道。

② 不溶性固体或毒物要集中统一处理。

③ 严禁将有毒有害固体试剂、残渣与生活垃圾混倒。对大量废渣，要按照国家规定，定期交给专门处理废弃化学物品的专业公司处理。

0.4.2.8 化验室中的常见安全问题

化验室中常见安全问题

对于分析测试人员来说，除了要了解、掌握相关的仪器设备、化学试剂、用电等的安全知识外，在日常分析工作中更要对一些常见的安全问题加以重视，并自觉遵守。

一般安全守则如下：

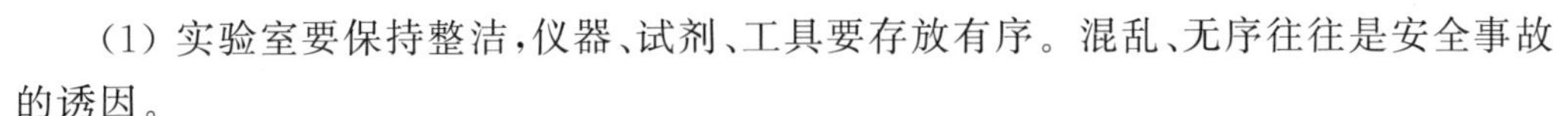

(1) 实验室要保持整洁，仪器、试剂、工具要存放有序。混乱、无序往往是安全事故的诱因。

(2) 严格按照技术规程和有关分析程序进行分析操作。相关的分析工作应能紧张有序进行。

(3) 当进行有潜在危险的工作时，如危险物料的采集、易燃易爆物品的处理等，必须要有第二人在场陪伴，陪伴者应位于能够看清操作者工作情况的地方，并应时刻关注操作的全过程。

(4) 打开久置未用的浓硝酸、浓盐酸、浓氨水的瓶塞时，应穿着防护用品，瓶口不应对着人，宜在通风橱内进行。热天打开易挥发试剂的瓶口时，应先用冷水冷却。瓶塞如久置难以打开，尤其是磨口塞，不可强力猛烈撞击。

(5) 稀释浓硫酸时，稀释用容器（如烧杯、锥形瓶等，绝不可直接用细口瓶！）应置于塑料盆内，将浓硫酸缓慢分批加入水中，并不时搅拌，待冷至室温时再转入细口储液瓶中。

(6) 蒸馏或加热易燃液体时，绝不可使用明火，一般也不要蒸干。操作过程中人不要离开，以防温度过高或冷却时临时中断而引发安全事故。

(7) 所有试剂必须贴有相应标签，不允许在瓶内盛装与标签内容不符的试剂。

(8) 不可在冰箱内（防爆冰箱除外）存放含有易挥发、易燃成分的物品。

(9) 工作时应穿工作服。进行危险性操作时要加着防护用具，实验用工作服不宜穿出室外。

(10) 实验室内禁止吸烟、进食。实验结束后要认真洗手，离开实验室时要认真检查并关闭门窗，停水，断电，熄灯，锁门等。

0.4.3 化验室试剂管理

化学试剂的种类很多，规格不一，用途各异。作为分析工作者，对化学试剂的种类、规格、常用试剂的基本性质等应有基本了解，做到合理选购、正确使用、科学管理。

0.4.3.1 化学试剂等级规格的划分

(1) 按照试剂的纯度划分

我国生产的化学试剂（通用试剂），按照化学试剂中杂质含量的多少，基本可分为四级，级别的代表符号、规格标志及使用范围见表 0.7。

表 0.7 化学试剂的分类（Ⅰ）

级别	名称	英文名称	符号	标签颜色	使用范围
一级品	保证试剂（优级纯）	Guarantee reagent	G.R	绿色	纯度很高，用于精密分析和科研
二级品	分析试剂（分析纯）	Analytical reagent	A.R	红色	纯度高，用于一般分析及科研
三级品	化学纯	Chemical pure	C.P	蓝色	纯度较差，用于一般化学实验
四级品	实验试剂	Laboratory reagent	L.R	黄色	纯度较低，用于实验辅助试剂或一般化学制备
四级品	生化试剂	Biochemical	B. R	棕色或玫红	用于生物化学实验

(2) 按照试剂的组成与用途划分

按照化学试剂的组成及用途分类的情况见表0.8。

表0.8 化学试剂的分类(Ⅱ)

类别	用途及分类	实例	备注
无机分析试剂	用于化学分析的一般无机化学试剂	金属单质、氧化物、酸、碱、盐	纯度一般大于99%
有机分析试剂	用于化学分析的一般有机化学试剂	烃、醛、醇、醚、酸、酯及其衍生物	纯度较高、杂质较少
特效试剂	在无机分析中用于测定、分离后富集元素的一些专用的有机试剂	沉淀剂、萃取剂、显色剂、螯合剂、指示剂等	
基准试剂	标定标准溶液浓度。又分为:容量工作基准试剂;pH工作基准试剂;热值测定用基准试剂	基准试剂即化学试剂中的标准物质。 一级有15种,二级有7种	一级纯度99.98%~100.02%; 二级纯度99.95%~100.05%
标准物质	用作化学分析或仪器分析的对比标准或用于仪器校准。也分为一级标准物质和二级标准物质	可以是纯净的或混合的气体、液体或固体	我国生产的一级标准物质有683种,二级标准物质有432种
仪器分析试剂	原子吸收光谱标准品、色谱试剂(包括固定液、固定相填料)标准品、电子显微镜用试剂、核磁共振用试剂、极谱用试剂、光谱纯试剂、分光纯试剂、闪烁试剂		
指示剂	用于滴定分析滴定终点的指示,检验气体或溶液中某些物质。 分为酸碱指示剂、氧化还原指示剂、吸附指示剂、金属指示剂		
生化试剂	用于生命科学研究。分为生化试剂、生物染色剂、生物缓冲物质、分离工具试剂等	生物碱、氨基酸、核苷酸、抗生素、维生素、酶、培养基等	也包括临床诊断和医学研究用试剂
高纯试剂	纯度在99.99%以上,杂质控制在μg/g或含量更低		
液晶	在一定温度范围内具有流动性和表面张力的,并具有各向异性的有机化合物		

优级纯、分析纯、化学纯试剂又统称为“通用化学试剂”。根据实验的不同要求选用不同级别的试剂。在分析实验中,要使用分析纯以上级别的试剂。

在查阅文献资料或使用进口试剂时,其化学试剂的纯度等级、标志等,与我国的规格、标志不一定相同,要注意区别。

常用化学试剂储存管理要求

0.4.3.2 常用化学试剂的储存管理要求

(1) 常用化学试剂的储存一般按照无机物、有机物、指示剂等分类后,整齐排列在有玻璃门的台橱内,所有试剂瓶上的标签要保持完好,过期失效的试剂要及时妥善处理,无标签试剂不准使用。

(2) 有些化学试剂要低温存放,如过氧化氢、液氨(存放温度要求在10℃以下)等,以免变质或发生其他事故。

(3) 装在滴瓶中成套的试剂可存放于阶梯试剂架上或专用瓶中，以便于取用。

(4) 对于一些小包装的贵重药品、稀有贵重金属等，要与其他试剂分开由专人保管。

0.4.3.3 化学危险品的储存管理要求

化学危险品的储存管理要求

(1) 易燃易爆品

易燃、易爆试剂应分开储存。存放处要阴凉、通风，储存温度不能高于 30℃，最好用防爆料架(由砖和水泥制成)存放，并且要和其他可燃物和易发生火花的器物隔离放置。

(2) 剧毒品

剧毒品(如 KCN、As_2O_3 等)的储存要由专人负责。存放处要求阴凉、干燥，与酸类物品隔离放置，并应专柜加锁，且应做好发放使用记录。

(3) 强氧化性试剂

强氧化性试剂要存放在阴凉、通风处，且要与酸类、木屑、碳粉、糖类等易燃、可燃物或易被氧化的物质隔离。

(4) 强腐蚀性试剂

强腐蚀性试剂要存放在阴凉、通风处，并与其他药品隔离放置，应选用抗腐蚀性的材料(如耐酸陶瓷)制成的架子放置此类药品，料架不宜过高，以保证存取安全。

(5) 放射性物品

放射性物品由内容器(磨口玻璃瓶)和对内容器起保护作用的外容器包装。存放处要远离易燃、易爆等危险品，存放要具备防护设备、操作器、操作服(如铅围裙)等条件，以保证人身安全。

0.4.3.4 化验室的用水管理

在化验室中，常用的水主要有两种：自来水和分析实验用水。

化验室的用水管理

自来水是将天然水经过初步净化处理所得，其中含有多种杂质。因此，自来水只能用于仪器的初步洗涤，作为冷却或加热浴用水(注意：采用电热恒温箱时，最好不要采用自来水)。

在分析测试中，根据不同的分析要求，对水质的要求也不同。因此，需要进一步将自来水纯化，制备成能满足化验分析需要的纯净水，也就是“分析实验用水”，亦称“蒸馏水”。在一般的分析工作中采用一次蒸馏水或去离子水即可。而在超纯分析或精密仪器分析测试中，需采用水质更高的二次蒸馏水、亚沸蒸馏水、无二氧化碳蒸馏水、无氨蒸馏水等。

(1) 分析实验用水的规格

分析过程中应使用蒸馏水或同等纯度的水。分析实验用水应符合表 0.9 所列规格。

表 0.9 分析实验室用水规格与要求

指标名称	一级	二级	三级
pH 值范围(25 ℃)	—	—	5.0～7.5
电导率(25 ℃)/(mS/m)≤	0.01	0.10	0.50
可氧化物质(以氧计)/(mg/L)≤	—	0.08	0.50
蒸发残渣(105±2) ℃/(mg/L)≤	—	1.0	2.0
吸光度(254 nm，1 cm 光程)≤	0.001	0.01	—
可溶性硅(以 SiO_2 计)/(mg/L)≤	0.01	0.02	—

需要指出：

① 由于在一级水、二级水的纯度下，难以测定其真实的 pH 值，因此，对一级水、二级水的 pH 值范围不做规定。

② 一级水、二级水的电导率需用新制备的水“在线”测定。

③ 由于在一级水的纯度下，难以测定可氧化物质和蒸发残渣，因此，对其限量不做规定。可用其他条件和制备方法来保证一级水的质量。

(2) 实验用水的制备方法

实验室制备纯水一般采用蒸馏法、离子交换法和电渗析法。

① 蒸馏法

蒸馏法制备水所用设备价格低廉、操作简单，但能耗高、产率低，且只能除掉水中非挥发性杂质。

② 离子交换法

离子交换法所得水为“去离子水”，去离子效果好，但不能除掉水中非离子型杂质，且常含有微量的有机物。

去离子水的纯度一般比蒸馏水高，这种纯水也是各工业部门化验室广泛采用的。一般化验室都有自制“去离子水”的小型设备。

③ 电渗析法

电渗析法是在直流电场作用下，利用阴、阳离子交换膜对原水中存在的阴、阳离子选择性渗透的性质而除去离子型杂质。与离子交换法相似，电渗析法也不能除掉非离子型杂质，只是电渗析器的使用周期比离子交换柱长，再生处理比离子交换柱简单。

三级水：三级水一般采用蒸馏法或离子交换法、电渗析或反电渗析等方法制备。所用原水为饮用水或适当纯度的水。三级水用于一般化学分析实验，是化验室最常用的水。

二级水：二级水用多次蒸馏或离子交换法，用三级水作原水制备。二级水用于无机痕量分析等实验。

一级水：一级水可由二级水用石英蒸馏设备蒸馏，或经离子交换混合床处理后，再经 0.2 μm 微孔滤膜过滤制得。一级水用于有严格要求的分析实验，包括对颗粒有严格要求的实验。

以上各级分析实验用水均应储存于密闭的专用聚乙烯容器中。三级水也可使用密闭的专用玻璃容器。新容器在使用前需用质量分数为 25% 的盐酸浸泡 2～3 d，再用待盛水反复冲洗，并注满待盛水浸泡 6 h 以上。

各级用水在储存期间可能被沾污。沾污的主要来源是容器溶解的可溶成分、空气中的 CO_2 及其他污染物。因此，一级水不可储存，应随用随制。二级水、三级水可适量制备，分别储存于预先用同级水冲洗过的相应容器中。

(3) 纯水的合理选用

分析实验中所用纯水来之不易，也较难以存放，要根据不同的情况选用适当级别的纯水。在满足实验要求的前提下，注意节约用水。

在定量化学分析实验中，主要使用三级水，有时需将三级水加热煮沸后使用，特殊情况下也使用二级水。仪器分析实验主要使用二级水，有的实验还需使用一级水。

注意：本书中各实验用水除另有注明外，定量化学分析实验均采用三级水。

【化验室知识结构图】

化验室知识结构图见二维码。

化验室知识结构图

0.5 化验室知识测试

[填空题]

1. 化验室的权限有(　　　　)、(　　　　)、(　　　　)、(　　　　)。

2. 化学危险品按其特性可分为(　　　　)、(　　　　)、(　　　　)、(　　　　)、(　　　　)。

3. 实验室中制备实验用纯水的方法有(　　　　)法、(　　　　)法和离子交换法。

4. 分析室除备有灭火器外,还应备有(　　　　)、(　　　　)、(　　　　)、防火毯等灭火器材。

5. 使用灭火器材灭火时,应从(　　　　)扑灭,或从火势蔓延的方向开始向(　　　　)扑灭。

6. 毒物指(　　　　)。根据存在的状态不同,毒物分为(　　　　)、(　　　　)、(　　　　)三大类。

7. 打开氨水、盐酸、硝酸、乙醚等药瓶封口时,应先(　　　　),用(　　　　)冷却后,再开动瓶塞,以防溅出引发灼伤事故。

8. 使用有毒气体或能产生有毒气体的操作,都应在(　　　　)中进行,操作人员应(　　　　)。

9. 中毒是(　　　　)。根据中毒者显示的症状及中毒时间,中毒可分为(　　　　)、(　　　　)、(　　　　)等三类。

10. 化学灼伤是由(　　　　)对人体引起的损伤,急救应根据(　　　　)进行处理。

[选择题]

11. 下列符号代表优级纯试剂的是(　　　　),代表化学纯试剂的是(　　　　),代表分析纯试剂的是(　　　　)。

A. G.R　　B. A.S　　C. C.R　　D. C.P　　E. A.R

12. 应该放在远离有机物及还原性物质的地方,使用时不能戴橡皮手套的试剂是(　　)。

A. 浓硫酸　　B. 浓盐酸　　C. 浓硝酸　　D. 浓高氯酸

13. 一般分析实验和科学研究中适用(　　)。

A. 优级纯试剂　　B. 分析纯试剂　　C. 化学纯试剂　　D. 实验试剂

14. 电器设备火灾宜用(　　)灭火。

A. 水　　B. 泡沫灭火器　　C. 干粉灭火器　　D. 湿抹布

15. 能用水扑灭的火灾种类是(　　)。

A. 可燃性液体,如石油、食油　　B. 可燃性金属,如钾、钠、钙、镁等

C. 木材、纸张、棉花燃烧　　D. 可燃性气体,如煤气、石油液化气

16. 储存易燃易爆,强氧化性物质时,最高温度不能高于(　　)℃。

A. 20　　B. 10　　C.30　　D.0

17. 下列有关储藏危险品方法不正确的是(　　)。

A. 危险品储藏室应干燥、朝北、通风良好　　B. 门窗应坚固,门应朝外开

C. 门窗应坚固,门应朝内开　　D. 储藏室应设在四周不靠建筑物的地方

18. 国家标准规定的实验室用水分为(　　)级。

A. 4　　B. 3　　C. 2　　D. 5

19. 下列中毒急救方法错误的是(　　)。

A. 呼吸系统急性中毒,应使中毒者离开现场,使其呼吸新鲜空气或做抗休处理

B. H_2S 中毒立即进行洗胃,使之呕吐

C. 误食了重金属盐溶液立即洗胃,使之呕吐

D. 皮肤、眼、鼻受毒物侵害时立即用大量自来水冲洗

20. 实验室三级水用于一般化学分析实验,可以用于储存三级水的容器有(　　)。

A. 带盖子的塑料水桶　　B. 密闭的专用聚乙烯容器

C. 有机玻璃水箱　　D. 密闭的瓷容器

[判断题]

21. (　　)电器着火可用水和泡沫灭火器扑救。

22. (　　)如果少量有机溶剂着火,只要不向四周蔓延,可任其燃烧完。

23. (　　)凡遇有人触电,必须用最快的方法使触电者脱离电源。

24. (　　)稀释浓硫酸时,为避免化学灼伤应将水慢慢倒入浓硫酸中,同时不断搅拌。

25. (　　)化验室的安全包括:防火、防爆、防中毒、防腐蚀、防烫伤、保证压力容器和气瓶的安全、保证电器的安全以及防止环境污染等。

26. (　　)在实验室里,倾注和使用易燃、易爆物时,附近不得有明火。

27. (　　)化验室内可以用干净的器皿处理食物。

28. (　　)在使用氢氟酸时,为预防烧伤可套上纱布手套或线手套

29. (　　)二次蒸馏水是指将蒸馏水重新蒸馏后得到的水。

30. (　　)实验室三级水用于一般化学分析实验,可以用蒸馏、离子交换等方法制取。

[简答题]

31. 当浓硫酸或者浓碱洒在衣服或者皮肤上时,应该采取什么急救措施?

32. 当实验完毕离开实验室时,还有哪些事情要做?

33. 实验中,不小心打碎玻璃仪器,应该怎么办?

34. 什么是危险性化学试剂? 实验室的危险品指的是什么?

35. 实验室的废酸废碱溶液是如何回收和处理的?

36. 分析室为什么一般不用水或含有水的物质灭火?

37. 使用灭火器进行火场扑救时,应注意哪些问题?

[案例分析]

38. 某同学主动要帮老师给试剂瓶里补充浓度为 1∶3 的硫酸,结果把附近的浓硫酸加进去了,导致大量放热,后来又把试剂瓶快速倒入水槽中。针对上述操作过程,请指出其中的错误之处,并加以纠正。

0.6 知 识 链 接

化学式和分子式

0.6.1 化学式和分子式

0.6.1.1 化学式

我们知道,元素可用元素符号来表示,那么,由元素组成的各种单质和化合物怎样来表示呢? 人们通过科学实验认识到各种纯净物质都有一定的组成,也就是说,一种物质由哪些元素组成,这些元素的质量比或原子个数之比,都是一定的。为了便于认识和研究物质,在化学上常用元素符号来表示物质的组成。例如,可以用 O_2、H_2O、CO_2、MgO、NaCl 来分别表示

氧气、水、二氧化碳、氧化镁、氯化钠的组成。这种用元素符号来表示物质组成的式子叫作化学式。

各种物质的化学式，是通过实验的方法测定物质的组成，然后计算出来的，一种物质只用一个化学式来表示。

从氯化钠的化学式 NaCl，我们可以知道：

钠原子数∶氯原子数＝1∶1

钠的质量∶氯的质量＝23∶35.5

有些化学式不仅能表示这种物质的组成，同时也能表示这种物质的分子的组成，这种化学式也叫作分子式。例如，氧气的化学式 O_2 也是氧气的分子式，表示 1 个氧分子里有 2 个氧原子。H_2O 既是水的化学式，也是水的分子式。它表示 1 个水分子中有 2 个氢原子和 1 个氧原子，还表示氢的质量与氧的质量之比为(1×2)∶16，即 1 比 8。

分子式的含义：

(1) 表示物质的 1 个分子。

(2) 表示组成该物质的元素的种类和名称。

(3) 表示物质的 1 个分子中所含各元素的原子个数。

(4) 表示该物质的相对分子质量及组成物质的各元素的质量比。

为了学习的简便，本书中一律用化学式来表示物质的组成，而不再区分哪些是化学式哪些是分子式。

0.6.1.2 式量

化学式中各原子原子量的总和就是式量。可见式量也是以碳-12 原子(^{12}C)的质量为标准，进行比较而得的相对质量。它也是 1 个比值，它的国际单位制(SI)单位也为一，符号为 1(单位一般不写出)。

^{12}C 是指原子核里有 6 个质子和 6 个中子的碳原子。

根据化学式可以进行以下各种计算：

(1) 计算物质的式量。

(2) 计算组成物质的各元素的质量比。

(3) 计算物质中某一元素的质量分数。

0.6.1.3 化学式与分子式的确定

物质的化学式和分子式都是由实验确定的。分子式的确定必须由实验测得两个基本数据——物质的质量百分组成和物质的相对分子质量。根据这两个基本数据进行计算可得知物质的分子式。若只测出物质的质量百分组成这一个数据，则可求得化学式。计算步骤如下：

(1) 以各元素的原子量分别去除各元素的质量百分组成，把所得商化成简单整数，得到各元素相对原子个数之比。

(2) 根据各元素的原子个数比，写出物质化学式。

(3) 以式量除以该物质的相对分子质量，所得的商就是分子中原子个数的整数倍 n 值。

(4) 写出物质的分子式。

【例题 0.1】 由实验测得葡萄糖含有碳 40.00%、氢 6.67%、氧 53.33%，相对分子质量为 180，求葡萄糖的分子式。

【解】 ①求相对原子个数比：

$$C:H:O=\frac{40.00}{12}:\frac{6.67}{1}:\frac{53.33}{16}=3.33:6.67:3.33=1:2:1$$

② 葡萄糖的化学式为 CH_2O，式量为 12+2+16=30；

③ 葡萄糖的分子式可表示为$(CH_2O)n$：

$$n=180/30=6$$

④ 葡萄糖的分子式为 $C_6H_{12}O_6$。

【例题 0.2】 普通玻璃的组成常用氧化钠、氧化钙和二氧化硅表示。实验测得 Na_2O 占 12.97%，CaO 占 11.70%，SiO_2 占 75.31%，求普通玻璃的化学式。

【解】 在此题中物质的组成是按化合物计算而不是按元素计算。我们可以把化合物当作"元素"来处理，用式量代替原子量去除各自的百分组成，求得相对个数比。

$$Na_2O : CaO : SiO_2 = \frac{12.97}{62} : \frac{11.72}{56} : \frac{75.31}{60} = 0.209 : 0.209 : 1.25 = 1 : 1 : 6$$

即普通玻璃的化学式为：$Na_2O \cdot CaO \cdot 6SiO_2$。

天然硅酸盐、玻璃、水泥等的化学式常用氧化物来表示。将构成硅酸盐的氧化物按 1 价、2 价、3 价的次序排列，后面写 SiO_2，若有水，则将 H_2O 写在最后。例如高岭土的化学式为 $Al_2O_3 \cdot 2SiO_2 \cdot 2H_2O$，钾长石的化学式为 $K_2O \cdot Al_2O_3 \cdot 6SiO_2$。

既然分子式或化学式是通过实验方法测定出来的，一种物质只有一个分子式(或化学式)，因此在书写时，应该正确书写，不能任意编造。

化学方程式

0.6.2 化学方程式

0.6.2.1 化学方程式的含义

用化学式来表示化学反应的式子叫化学方程式。书写化学方程式必须遵循两个原则：一是要依据客观事实，不能主观臆造；二是要遵守质量守恒定律(参加化学反应的各物质的质量总和等于反应后生成的各物质的质量总和)。即方程两边的原子种类和个数必须相等，方程式需要配平。

化学方程式一方面表示什么物质参加了反应，生成了什么物质，另一方面还表示各物质之间量的关系。如分子、原子个数比、质量比，对气体来说还反映了气体体积比等。

例如：　$2CO + O_2 = 2CO_2$

分子数之比　2 ∶ 1 ∶ 2

气体体积比　2 ∶ 1 ∶ 2

质量比　56 ∶ 32 ∶ 88(即 7∶4∶11)

0.6.2.2 化学方程式的配平

(1) 配平化学方程式

书写化学方程式时必须遵守质量守恒定律，因此，式子左右两边的化学式前面要配上适当的系数，使得式子左、右两边的每一种元素的原子总数相等。这个过程叫化学方程式的配平。只有经过配平，才能使化学方程式反映出在化学反应中各物质的质量关系。配平化学方程式的方法很多，比较简单又常用的方法是最小公倍数法、奇数偶数法，在后面的章节里还要介绍离子-电子法。

例如：

$$P + O_2 \longrightarrow P_2O_5$$

在上面的式子里，左边的氧原子数是 2，右边的氧原子数是 5，两数的最小公倍数是 10。因此，在 O_2 前面配上系数 5，在 P_2O_5 前面配上系数 2。

$$P + 5O_2 \longrightarrow 2P_2O_5$$

式子右边的磷原子数是 4，左边的磷原子数是 1，因此，要在 P 的前面配上系数 4。

$$4P + 5O_2 \longrightarrow 2P_2O_5$$

式子两边各元素的原子数配平后，把箭头改成“等号”。

$$4P+5O_2 \xlongequal{} 2P_2O_5$$

(2) 注明化学反应发生的条件

化学反应只有在一定条件下才能发生，因此，需要在化学方程式中注明反应发生的基本条件。如把点燃、加热(常用“△”号表示)、催化剂等，写在“等号”的上方。

如果生成物中有气体，在气体物质的化学式右边要注“↑”号，如果生成物中有固体(沉淀)，在固体物质的化学式右边要注“↓”号。

例如：

$$2KClO_3 \xrightarrow[\triangle]{MnO_2} 2KCl+3O_2\uparrow$$

$$CuSO_4+2NaOH \xlongequal{} Na_2SO_4+Cu(OH)_2\downarrow$$

但是，如果反应物和生成物中都有气体，气体生成物就不需注“↑”。同样，如果反应物和生成物中都是固体，固体生成物也不需注“↓”。

例如：

$$S+O_2 \xlongequal{点燃} SO_2$$

$$4P+5O_2 \xlongequal{点燃} 2P_2O_5$$

0.6.3 物质的计量

我们在初中化学里，学习过原子、分子、离子等构成物质的微粒，知道单个微粒是肉眼看不见的，也是难以称量的，但是，在实验室里取用的物质，不论是单质还是化合物，都是可以称量的。生产上，物质的用量当然更大，常以吨计。物质之间的反应，既是按照一定个数、肉眼看不见的原子、分子或离子来进行，而实际上又是以可称量的物质进行。要把现在不能直接称量的原子、分子或离子等微粒与可称量的物质联系起来，就需要建立一个新的物理量。因此，在1971年10月第14届国际计量大会上引入了一个以含有特定数目的微粒集体为单位的新的物理量——物质的量。

0.6.3.1 物质的量及其单位“摩尔”

物质的量是表示含有一定数目微粒的集体。它是国际单位制(SI制)中七个基本物理量之一，其量符号为 n。国际单位制(SI制)中规定物质的量是以“摩尔(mol)”作为基本单位来表示系统中微粒数目多少的一个物理量。和其他基本量相似，物质的量的计量仍是选一个已知量标准与未知量作比较。

物质的量及其单位“摩尔”

摩尔的定义：摩尔是指一系统的物质的量，该系统中所包含的基本单元数与0.012 kg 碳-12(^{12}C)的原子数目相等，那么该系统的物质的量就定义为1 mol。或则说，凡是含有的基本单元与0.012 kg ^{12}C 所含有的碳原子数相等的物质的量即为1 mol。在使用摩尔时，要指明基本单元。基本单元可以是分子、原子、离子、电子及其他粒子，或是这些粒子的特定组合。例如，$n_{SO_4^{2-}}$、n_{H_2O}、n_{O_2}、n_{OH^-} 分别指硫酸根、水分子、氧分子、氢氧根的物质的量。用B表示基本单元时，则可记作 n_B，若基本单元指有化学式的微粒，则要注明化学式。

物质的量与质量是两个概念完全不同且各自独立的基本物理量，如“O_2 的物质的量”可称为“O_2 的量”，但不是“O_2 的质量”。在国际单位制中，质量的单位是 kg。

综上所述，物质的量是表示一定数目的微粒集合体，量符号是 n 或 n_B。物质的量的基本单位是摩尔，符号 mol，简称摩。在使用摩尔时，应该用化学式或规定的符号指明基本单元——微粒的种类和状态，而不使用该微粒的中文名称。例如，1 mol O 或 $n_O=1$ mol，不应表示为1摩尔的氧；1 mol K^+ 或 $n_{K^+}=1$ mol，不应表示为1摩尔钾离子；0.5 mol e 或 $n_e=0.5$ mol，不应表示为0.5摩尔电子。

0.6.3.2 阿伏伽德罗常数(N_A)

阿伏伽德罗常数和摩尔质量

那么,0.012 kg^{12}C 所含的碳原子数是多少呢?经过实验测定,0.012 kg^{12}C 中约含有 $\frac{12g}{1.993\times10^{-23}g/个}=6.02\times10^{23}$ 个碳原子,6.02×10^{23} 这个数称为阿伏伽德罗常数,用符号 N_A 表示,因此,可以说某物质所含的微粒数目与 6.02×10^{23} 个^{12}C 数目相同时,该物质的量就是 1 mol。若某物质所含微粒数目为阿伏伽德罗常数的若干倍时,该物质的量就是若干摩尔。阿伏伽德罗常数是通过实验测定的,它只是一个近似值。

因此摩尔也可以定义为:凡是含有阿伏伽德罗常数个微粒的量就是 1 mol。

例如:6.02×10^{23} 个碳原子就是 1 mol C;

6.02×10^{23} 个水分子就是 1 mol H_2O;

6.02×10^{23} 个氢氧根离子就是 1 mol OH^-;

6.02×10^{23} 个电子就是 1 mol e;

12.04×10^{23} 个氧分子就是 2 mol O_2;

3.01×10^{23} 个钠离子就是 0.5 mol Na^+。

物质所含微粒数目相同,物质的量相同,物质所含微粒数目之比等于物质的量之比。

根据摩尔的定义也可以将物质的量 n_B、物质所含微粒数目 N_B 和阿伏伽德罗常数 N_A 三者间的关系表示如下:

$$n_B=\frac{N_B}{N_A} \tag{0.1}$$

0.6.4 摩尔质量的定义、表示和求法

摩尔是数量单位,而不是质量单位,然而,一定数量的物质必然具有一定的质量。因此我们定义物质 B 的摩尔质量 M_B 为物质 B 的质量 m_B 除以其物质的量 n_B。即

$$M_B=\frac{m_B}{n_B} \tag{0.2}$$

摩尔质量就是 1 mol 物质所具有的质量,它的基本单位是 kg/mol,在化学上常用 g/mol。根据摩尔的定义,可知 1 mol^{12}C 的质量是 0.012 kg,即^{12}C 的摩尔质量为 0.012 kg/mol(或 12 g/mol)。那么,1 mol 其他物质的质量等于多少呢?

一种元素的原子量是以^{12}C 的质量的 1/12 作为标准,其他元素原子的质量跟它相比较所得的数值,如氧的原子量是 16,氢的原子量是 1,铁的原子量是 55.85,等等。1 个碳原子的质量与 1 个氧原子的质量之比是 12∶16。1 mol 碳原子跟 1 mol 氧原子所含有的原子数相同,都是 6.02×10^{23} 个;1 mol^{12}C 的质量是 12 g,那么 1 mol 氧原子的质量就是 16 g,由此可知,1 mol 任何原子的摩尔质量就是以克为单位,数值上与该原子的原子量大小一样。同理,我们可以推广到分子、离子等微粒,1 mol 任何物质或微粒的摩尔质量就是以克为单位,数值上与该物质或微粒的式量大小一样。

例如:1 mol H 的质量是 1 g;

1 mol H_2 的质量是 2 g;

1 mol CO_2 的质量是 44 g;

1 mol H_2O 的质量是 18 g。

由于电子的质量过于微小,失去或得到的电子质量可以略去不计,所以:

1 mol Na^+ 的质量是 23 g;

1 mol Cl^- 的质量是 35.5 g;

1 mol OH^- 的质量是 17 g;

1 mol SO_4^{2-} 的质量是 96 g。

可见,1 mol 不同物质中虽然含有相同的微粒数(原子、分子或离子等),即"物质的量"是相等的,然而它们所具有的质量却是各不相等。

总之,摩尔像一座桥梁把单个的肉眼看不见的微粒跟很大数量的微粒集体、可称量的物质之间联系起来了。应用摩尔来衡量物质的量,在实际应用中使分子式、化学式以及化学方程式的含义有所扩大,给科研和生产带来很大的方便。

例如,分子式 CO_2 表示每个二氧化碳分子中有一个碳原子和两个氧原子,同样,1 mol CO_2 中也含有 1 mol 碳原子和 2 mol 氧原子,因此分子式表示物质的一个分子中所含各元素的原子个数,也可表示 1 mol 物质中所含各元素原子的物质的量。

化学式 NaCl 表示氯化钠中 Na^+ 和 Cl^- 之比为 1∶1,也表示 1 mol NaCl 中所含的 Na^+ 和 Cl^- 各为 1 mol;$CaCl_2$ 表示氯化钙中 Ca^{2+} 和 Cl^- 之比为 1∶2,因此 0.1 mol $CaCl_2$ 中相应地含有 0.1 mol Ca^{2+} 和 0.2 mol Cl^-。

化学方程式中各物质的系数比,除了表示各物质之间的原子、分子数之比外,也表示各物质的量之比。

例如:	$2KClO_3 = 2KCl + 3O_2\uparrow$
分子数之比:	2 ∶ 2 ∶ 3
物质的量之比:	2 ∶ 2 ∶ 3
质量之比:	2×122.6∶2×74.6∶3×32

0.6.5 物质的量的计算

若用 m_B 表示物质 B 的质量,M_B 表示物质 B 的摩尔质量,n_B 表示物质 B 的物质的量,则:

$$n_B = \frac{m_B}{M_B} \tag{0.3}$$

利用式(0.3),可以进行如下的计算:

(1) 已知物质的质量,求其物质的量。

(2) 已知物质的量,求物质的质量。

(3) 已知物质的量,求物质中所含微粒的数目。

【例题 0.3】 求 90 g 水分子的物质的量,并计算其中含有多少个水分子?

【解】 水分子的相对分子质量是 18,即水分子的摩尔质量是 18 g/mol

$\because n_{H_2O} = \frac{m_{H_2O}}{M_{H_2O}} = \frac{90\ g}{18\ g/mol} = 5\ mol$

$\therefore$ 5 mol H_2O 的分子数是:$N_{H_2O} = n_{H_2O} \times N_A = 5\ mol \times 6.02 \times 100^{23}$ 个/mol$= 3.01 \times 10^{24}$ 个

答:90 g 水分子的物质的量是 5 mol,其中含有 3.01×10^{24} 个 H_2O 分子。

【例题 0.4】 2.5 mol 铜原子的质量是多少? 含有多少铜原子?

【解】 铜原子的摩尔质量是 63.5 g/mol

$m_{Cu} = M_{Cu} \times n_{Cu} = 63.5\ g/mol \times 2.5\ mol = 158.8\ g$

2.5 mol 铜原子所含的原子数为:

$$N_{Cu} = n_{Cu} \times N_A = 2.5\ mol \times 6.02 \times 10^{23} 个/mol = 1.505 \times 10^{24} 个$$

答:2.5 mol 的铜原子的质量是 158.8 g。含有铜原子 1.505×10^{24} 个。

从上述计算可见,由于摩尔是表示约 6.02×10^{23} 个原子、分子或其他粒子的集体,因此物质的量——所含的摩尔的个数不一定是整数，也可以是分数或小数。

【例题 0.5】 多少摩尔的 CO 中含有：①3 g 碳；②0.5 mol 氧原子？

【解】 ①设 x mol CO 中含有 3 g 碳；

由于 1 mol CO 中含有 1 mol C 原子，即含有 12 g 碳，

则 $x:1\ \text{mol}=3\ \text{g}:12\ \text{g}$

$x=0.25\ \text{mol}$

② 设 y mol CO 中含有 0.5 mol 氧原子。

由于 1 mol CO 中含有 1 mol 氧原子，

则 $y:1\ \text{mol}=0.5\ \text{mol}:1\ \text{mol}$

$y=0.5\ \text{mol}$

答：0.25 mol 的 CO 中含有 3 g 碳；0.5 mol 的 CO 中含有 0.5 mol 氧原子。

【例题 0.6】 多少质量的 NaOH 中含有的 OH^- 数与 7.4 g $Ca(OH)_2$ 所含的 OH^- 数目相等？

【解】 1 mol $Ca(OH)_2$ 含有 2 mol OH^-，7.4 g $Ca(OH)_2$ 中所含 OH^- 的物质的量为：

$$\frac{7.4\ \text{g}}{74\ \text{g/mol}}\times 2=0.2\ \text{mol}$$

1 mol NaOH 中含有 1 mol OH^-，含有 0.2 mol OH^- 的 NaOH 应为 0.2 mol，

0.2 mol NaOH 的质量为：$m_{NaOH}=0.2\ \text{mol}\times 40\ \text{g/mol}=8\ \text{g}$

答：8 g NaOH 中含有的 OH^- 与 7.4 g $Ca(OH)_2$ 所含的 OH^- 数目相等。

【例题 0.7】 中和 0.1 mol NaOH，需要多少克浓硫酸？

【解】 设中和 0.1 mol NaOH 需要 H_2SO_4 的物质的量为 x mol

$$H_2SO_4+2NaOH=\!=\!=Na_2SO_4+2H_2O$$

1 mol　　2 mol

x mol　　0.1 mol

$$1\ \text{mol}:2\ \text{mol}=x\ \text{mol}:0.1\ \text{mol}$$

$$x=0.05\ \text{mol}$$

$$H_2SO_4 \text{ 的 } M_{H_2SO_4}=98\ \text{g/mol}$$

∴ $m_{H_2SO_4}=0.05\ \text{mol}\times 98\ \text{g/mol}=4.9\ \text{g}$

答：中和 0.1 mol NaOH 需要浓 H_2SO_4 4.9 g。

0.6.6 化学反应的分类

从不同的角度，化学反应有不同的分类方法，常见的有以下三种分类方式。

0.6.6.1 按反应物形式上的变化来分类

(1) 化合反应

由两种或两种以上的物质变成一种新物质的反应称为化合反应。

例如：

$$NH_3+HCl=\!=\!=NH_4Cl \quad ①$$

$$2H_2+O_2=\!=\!=2H_2O \quad ②$$

(2) 分解反应

由一种物质变成两种或两种以上新物质的反应称为分解反应。

例如：

$$NH_4HCO_3=\!=\!=NH_3\uparrow+CO_2\uparrow+H_2O\uparrow \quad ③$$

$$2KClO_3\xrightarrow[\triangle]{MnO_2}2KCl+3O_2\uparrow \quad ④$$

(3) 复分解反应

两种物质彼此交换其组成部分的正、负离子而形成两种新物质的反应称为复分解反应。

例如：
$$BaCl_2+Na_2SO_4 = 2NaCl+BaSO_4\downarrow \quad ⑤$$

(4) 置换反应

一种单质从化合物中置换出另一种单质的反应称为置换反应。

例如：
$$Zn+CuSO_4 = ZnSO_4+Cu \quad ⑥$$
$$Cl_2+2KI = 2KCl+I_2 \quad ⑦$$

0.6.6.2 按反应前后元素化合价变化来分类

(1) 氧化还原反应

某些元素的化合价在反应前后发生改变的反应称为氧化还原反应。

(2) 非氧化还原反应

任何元素的化合价在反应前后均不改变的反应称为非氧化还原反应。

分析上述反应可见，同属于化合反应或分解反应，有的反应(如反应①和③)是非氧化还原反应，有的反应(如反应②和④)是氧化还原反应。显然，置换反应⑥、⑦必定是氧化还原反应，而复分解反应⑤属于非氧化还原反应。从以上的讨论中可以看出，这种分类法有助于讨论化学反应方程式的配平及反应的规律。

0.6.6.3 按反应前后能量变化来分类

(1) 放热反应

在反应过程中能放出热量的反应叫放热反应。如碳的燃烧反应。

(2) 吸热反应

在反应过程中需吸收热量的反应叫吸热反应。如 $KClO_3$ 受热分解的反应。

0.6.7 离子反应与离子方程式

离子反应与离子方程式

0.6.7.1 离子反应

电解质在溶液中全部或部分地离解成离子，因此，电解质在溶液中发生的反应实质是离子之间的反应，这类反应称为离子反应。离子反应大体可分为两大类：一类是元素氧化数无变化的离子互换反应，即复分解反应；另一类是氧化还原反应。

绝大部分离子反应是离子间的复分解反应，如硝酸银溶液与氯化钠溶液的反应：
$$AgNO_3+NaCl = AgCl\downarrow+NaNO_3$$

氯化钠、硝酸银、硝酸钠都是易溶强电解质，在溶液中都以离子形式存在。氯化银是难溶电解质，在溶液中绝大部分以分子状态存在，上面的反应式可写成：
$$Ag^++NO_3^-+Na^++Cl^- = AgCl\downarrow+Na^++NO_3^-$$

显然，Na^+ 和 NO_3^- 反应前后没有变化，可以从方程式中消去，写成下式：
$$Ag^++Cl^- = AgCl\downarrow$$

这种用实际参加反应的离子的符号来表示化学反应的式子叫离子方程式。

又如，氟化银溶液与氯化钾溶液的反应：
$$AgF+KCl = AgCl\downarrow+KF$$

将 AgF、KCl 和 KF 写成离子形式，并消去未参加反应的离子：

$$Ag^+ + F^- + K^+ + Cl^- \xlongequal{} AgCl\downarrow + K^+ + F^-$$

$$Ag^+ + Cl^- \xlongequal{} AgCl\downarrow$$

得到的离子方程式与上一反应相同，显然，任何可溶性的银盐和氯化物在溶液中反应，实际上都是 Ag^+ 和 Cl^- 结合为 AgCl 沉淀。因此离子方程式与一般化学方程式不同，不仅表示一定物质间的某个反应，而且表示同一类型物质间的离子反应，更能说明离子反应的本质。

0.6.7.2 书写离子方程式的步骤

以 Na_2CO_3 和 $CaCl_2$ 反应为例。

第一步，写出化学反应方程式：

$$Na_2CO_3 + CaCl_2 \xlongequal{} CaCO_3\downarrow + 2NaCl$$

第二步，把易溶强电解质都写成离子形式；弱电解质（弱酸、弱碱和水等）、难溶物质以及气体仍保留分子形式：

$$2Na^+ + CO_3^{2-} + Ca^{2+} + 2Cl^- \xlongequal{} CaCO_3\downarrow + 2Na^+ + 2Cl^-$$

第三步，消去未参加反应的相同离子，即等式两边相同数量的同种离子：

$$CO_3^{2-} + Ca^{2+} \xlongequal{} CaCO_3\downarrow$$

第四步，检查离子方程式两边各元素的原子个数和电荷数是否相等。

书写离子方程式时，必须熟知电解质的溶解性和它们的强弱，只有易溶的强电解质才能写成离子形式。属于氧化还原反应的离子反应的离子方程式的书写也遵循上述规律，但要注意的是，原子的化合价一旦发生改变，它们就是不同的离子。

0.6.7.3 离子反应进行的条件

溶液中离子间的反应是有条件的，如 NaCl 溶液与 KNO_3 溶液相混合：

$$NaCl + KNO_3 \xlongequal{} NaNO_3 + KCl$$

$$Na^+ + Cl^- + K^+ + NO_3^- \xlongequal{} Na^+ + NO_3^- + K^+ + Cl^-$$

实际上 Na^+、Cl^-、K^+、NO_3^- 四种离子都没有参加反应。可见，如果反应物和生成物都是易溶强电解质，在溶液中均以离子形式存在，不可能生成新物质，故没有发生离子反应。

发生离子反应必须具备下列条件之一：

(1) 生成难溶物质

如 $$Na_2CO_3 + CaCl_2 \xlongequal{} CaCO_3\downarrow + 2NaCl$$

离子方程式为 $$CO_3^{2-} + Ca^{2+} \xlongequal{} CaCO_3\downarrow$$

由于溶液中 Ca^{2+} 和 CO_3^{2-} 绝大部分生成了 $CaCO_3$ 沉淀，所以反应能够进行。

(2) 生成易挥发物质（气体）

如 $$Na_2CO_3 + 2HCl \xlongequal{} 2NaCl + H_2O + CO_2\uparrow$$

离子方程式为 $$CO_3^{2-} + 2H^+ \xlongequal{} H_2O + CO_2\uparrow$$

由于生成的 CO_2 气体不断从溶液中逸出，所以反应能够进行。

(3) 生成水或其他弱电解质

如 $$NaOH + NH_4Cl \xlongequal{} NaCl + NH_3 \cdot H_2O$$

离子方程式为 $$NH_4^+ + OH^- \xlongequal{} NH_3 \cdot H_2O$$

由于生成了弱电解质 $NH_3 \cdot H_2O$，所以反应能够进行。

当反应物中有弱电解质（或难溶物质）时，生成物中必须有一种比其更弱的电解质（或更难溶的物质），离子反应才能进行。

0.6.8 热化学方程式

化学反应都伴随着能量的变化，通常表现为热量的变化。例如，炭、氢气等在氧气中燃烧时放出热量。化学上把放出热的化学反应叫作放热反应，前面提到的如炭的燃烧反应就是放热反应。还有许多化学反应在反应过程中要吸收热量，这些吸收热的化学反应叫吸热反应，例如 $KClO_3$ 分解的反应要吸收热量，是吸热反应。反应过程中放出或吸收的热都属于反应热。反应热通常是以一定量物质（用摩尔作单位）在反应中所放出或吸收的热量来衡量的。远古时代，人类的祖先守着一堆火，烘烤食物，寒夜取暖，这就是利用燃烧放出的热。到了近代，利用化学反应之热能的规模日益扩大了。煤炭、石油、天然气等能源不断开发出来，作为燃料和动力。现在这些能源以更大的规模被开发和利用着。总而言之，化学反应放出的热能对我们是极为重要的。

化学反应中放出或吸收的热量一般可通过实验方法来测定，并可用化学方程式表示出来。我们把表示吸收或放出热量的化学方程式称热化学方程式。

书写热化学方程式的方法如下：

（1）放出或吸收的热量写在化学方程式等号的右边，即产物的一边。“－”表示系统放热，即放热反应，“＋”表示系统吸热，即吸热反应，放出或吸收的热量一般用 kJ/mol 作单位。

（2）必须在化学式的右侧注明物质状态或浓度，可分别用小写的 s、l、g 三个英文字母表示固体、液体、气体。

（3）化学式前的系数可理解为物质的量(mol)，不表示分子数，它可以用分数表示。

（4）标明反应时的温度、压力。如果测定时的温度为 298 K，压力为 100 kPa，一般可省去。

例如：在 298 K 和 100 kPa 下

$$H_2(g)+\frac{1}{2}O_2(g)=\!=\!=H_2O(g)-241.8\ \mathrm{kJ/mol}$$

$$H_2(g)+\frac{1}{2}O_2(g)=\!=\!=H_2O(l)-285.8\ \mathrm{kJ/mol}$$

从上面的反应可以明显地看出，由氢气生成液态水要比生成水蒸气多放出热量。

又如：

$$H_2O(l)=\!=\!=H_2(g)+\frac{1}{2}O_2(g)+285.8\ \mathrm{kJ}$$

$$2H_2O(l)=\!=\!=2H_2(g)+O_2(g)+571.6\ \mathrm{kJ}$$

由此可以看出，热化学方程式比普通化学方程式具有更丰富的内容，它不仅指出哪些物质参加反应，反应后生成什么物质，并且还表示出反应时能量的变化。

【例题 0.8】 已知 $C(s)+O_2(g)=CO_2(g)+393.5\ \mathrm{kJ}$，问燃烧 1 t 炭能产生多少热量？

【解】 根据热化学方程式可知，1 mol 炭完全燃烧，能产生 393.5 kJ 的热量

1 t 炭的物质的量为： $\frac{10^6}{12}$ mol

设 1 t 炭燃烧时能产生 x kJ 热量，则

$$1\ \mathrm{mol} : \frac{10^6}{12}\ \mathrm{mol}=393.5\ \mathrm{kJ} : x$$

$$x=\frac{10^6}{12}\times 393.5=3.28\times 10^7\ (\mathrm{kJ})$$

答：燃烧 1 t 炭能产生 3.28×10^7 kJ 的热量。

【例题 0.9】 根据 $H_2(g)+\frac{1}{2}O_2(g)=H_2O(g)-241.8\ \mathrm{kJ}$，计算标准状况下 1000 L H_2 完全燃烧

时放出的热量。

【解】 1 mol H_2 燃烧放出 241.8 kJ 的热量，标准状况下 1000 L H_2 的物质的量为：

$$\frac{1000\ \text{L}}{22.4\ \text{L/mol}}=44.6\ \text{mol}$$

1000 L H_2 燃烧放热

$$44.6\ \text{mol}\times 241.8\ \text{kJ/mol}=1.08\times 10^4\ \text{kJ}$$

答：标准状况下 1000 L H_2 燃烧放热 1.08×10^4 kJ。

0.6.9 化学反应中的计算

对于任意的化学反应方程式

$$aA+bB=dD+gG$$

若表示的是一个真实的反应过程，除此之外没有别的副反应存在，那么反应物 A 和 B 及生存物 D 和 G 的物质的量之比为 $a:b:d:g$。这里物质的量还可以根据需要，换算为质量或气体的体积等。

【例题 0.10】 完全分解 1 mol $KClO_3$，理论上可制得标准状况下的氧气多少升？

解法一：设可制得 O_2 的物质的量为 n_{O_2}，则

$$\begin{matrix} 2KClO_3 \xrightarrow[\triangle]{MnO_2} 2KCl+3O_2\uparrow \\ 2\ \text{mol} \qquad\qquad\qquad 3\ \text{mol} \\ 1\ \text{mol} \qquad\qquad\qquad n_{O_2} \end{matrix}$$

则

$$2\ \text{mol}:3\ \text{mol}=1\ \text{mol}:n_{O_2}$$

$$n_{O_2}=1.5\ \text{mol}$$

∴ 在标准状况下，可制得 O_2 的体积为：

$$V_{O_2}=n_{O_2}\times V_m=1.5\ \text{mol}\times 22.4\ \text{L/mol}=33.6\ \text{L}$$

解法二：设可制得标准状况下 O_2 的体积为 V_{O_2}，

$$2KClO_3 \xrightarrow[\triangle]{MnO_2} 2KCl+3O_2\uparrow$$

2 mol　　　$3\ \text{mol}\times 22.4\ \text{L/mol}=67.2\ \text{L}$

1 mol　　　V_{O_2}

则

$$2\ \text{mol}:67.2\ \text{L}=1\ \text{mol}:V_{O_2}$$

$$V_{O_2}=33.6\ \text{L}$$

答：理论上可制得标准状况下的氧气 33.6 L。

【例题 0.11】 将 60 L(0 ℃，1.0133×10^5 Pa)CO 通入 80 g 赤热的 Fe_2O_3 中，可还原出多少铁？

【解】 设可还原 Fe 的质量为 m

$$\begin{matrix} Fe_2O_3+3CO = 2Fe+3CO_2 \\ 160\ \text{g} \quad 67.2\ \text{L} \quad 112\ \text{g} \\ 80\ \text{g} \quad 60\ \text{L} \quad m \end{matrix}$$

∵

$$\frac{80}{160}<\frac{60}{67.2}$$

∴ CO 过量，应按 Fe_2O_3 的量进行计算：

$$160\ \text{g}:112\ \text{g}=80\ \text{g}:m$$

$$m=56\ \text{g}$$

答：可还原出 56 g Fe。

由上可知，按化学方程式进行计算时，应注意以下几点：

(1) 化学方程式必须配平。

(2) 列比例式时，必须注意左右关系相当，上下单位相同。

(3) 在已知两种或两种以上反应物的量时，可通过比较各反应物的“实有量”或“理论量”的值来判断它们哪种过量，其中“理论量”是根据化学方程式确定的。比值大的反应物过量，在列比例式时，不能采用过量反应物的比值。

【例题 0.12】 将足量的石灰石置于 500 mL 盐酸溶液(密度为 1.12 g/mL)中，反应完全后，在标准状况下收集到 41.44 L CO_2，求此盐酸的浓度和质量分数。

【解】 设盐酸的浓度为 c_{HCl}，则

$$2HCl + CaCO_3 = CaCl_2 + H_2O + 3CO_2 \uparrow$$

$$\begin{array}{ll} 2\ \text{mol} & 22.4\ \text{L} \\ 0.5\ \text{L} \cdot c_{HCl} & 41.44\ \text{L} \end{array}$$

则

$$2\ \text{mol} : 22.4\ \text{L} = 0.5\ \text{L} \cdot c_{HCl} : 41.44\ \text{L}$$

$$c_{HCl} = 7.4\ \text{mol/L}$$

∵ 盐酸溶液密度 $\rho = 1.12\ \text{g/mL} = 1.12 \times 10^3\ \text{g/L}$

∴

$$w_{HCl} = \frac{m_{HCl}}{m} \times 100\% = \frac{c_{HCl} \times M_{HCl} \times V}{\rho \times V} \times 100\%$$

$$= \frac{c_{HCl} \times M_{HCl}}{\rho} \times 100\% = \frac{7.4\ \text{mol/L} \times 36.5\ \text{g/mol}}{1.12 \times 10^3\ \text{g/L}} \times 100\%$$

$$= 24.10\%$$

答：此盐酸的浓度为 7.4 mol/L，质量分数为 24.10%。

0.6.10 表示溶液组成的物理量

0.6.10.1 质量分数 w_B

溶质 B 的质量 m_B 与溶液的质量(m)之比称为溶质 B 的质量分数，即

$$w_B = \frac{m_B}{m} \tag{0.4}$$

例如，市售的浓盐酸其浓度为 37.23%。这种浓度不因温度的变化而改变，但配制时计算较为不便，一般用得不多。市售的液体试剂，如浓盐酸、浓硫酸、浓硝酸、浓氨水等常用此浓度表示。

0.6.10.2 体积分数 φ_B

溶质 B 的体积 V_B 与溶液的体积 V 之比称为溶质 B 的体积分数 φ_B，即

$$\varphi_B = \frac{V_B}{V} \tag{0.5}$$

这种表示法常用于表示溶质为气体或液体的溶液成分。如空气中，各种气体的体积分数分别是：φ_{N_2} 为 78%、φ_{O_2} 为 21%、φ_{CO_2} 为 0.03%。又如，某 HCl 溶液其体积分数为 6%，即 100 mL 这种溶液中含浓盐酸 6 mL。

0.6.10.3 质量浓度 ρ_B

溶质 B 的质量(m_B)除以溶液的体积(V)称为溶质 B 的质量浓度，即

$$\rho_B = \frac{m_B}{V} \tag{0.6}$$

ρ_B 的 SI 单位为 kg/m^3，常用单位为 g/L、mg/L、μg/L、g/mL。

质量浓度在临床生物化学检测及环境监测中应用较多。如生理盐水为 9 g/L；输液用葡萄糖为 50 g/L；正常人血糖含量为 800～1200 mg/L。空气中有害物质的最高允许浓度：ρ_{CO} 是 3.00 mg/m^3，ρ_{SO_2} 是 0.50 mg/m^3，ρ_{H_2S} 是 0.01 mg/m^3，ρ_{Cl_2} 是 0.10 mg/m^3。我国污水最高允许排放浓度：总汞为 0.05 mg/L；总砷为 0.5 mg/L；总铅为 1.0 mg/L。

在使用质量浓度时，要注意与溶液密度的区别：$\rho_B=\rho \cdot w_B$，其中 ρ 为溶液的密度。

由于这种浓度的溶液配制很方便，故在实际工作中广泛应用于溶质为固体的普通溶液的配制。在建材化学分析中这种浓度的溶液出现得比较多。

0.6.10.4　物质的量浓度 c_B

溶质 B 的物质的量 n_B 除以溶液的体积 V 称为 B 的物质的量浓度，简称 B 的浓度，符号为 c_B，即

$$c_B=\frac{n_B}{V} \tag{0.7}$$

也就是指单位体积溶液中所含溶质 B 的物质的量。c_B 的 SI 单位为 mol/m^3，常用单位为 mol/L。使用时必须指明物质 B 的基本单元。

0.6.10.5　体积比浓度

体积比浓度（V_1+V_2）是指以溶质（液体）的体积＋溶剂的体积所表示的浓度，常用于由浓溶液配制成的稀溶液。例如，H_2SO_4 溶液（1＋4）即表示是由 1 体积市售的浓硫酸与 4 体积的蒸馏水配制而成。

项目 1　硅酸盐试样的采集、制备和分解

【项目描述】

化验室的日常工作就是做好原(燃)料、半成品、成品的质量检验,虽然面对的是大量的物料,但是实际用于实验的物料只是其中很小的一部分。例如,几百吨乃至上千吨的水泥,只能用其中几千克的试样来做实验。这就要求这很小的一部分样品必须具有代表性,必须能代表大量物料,即必须和大宗物料有极为相似的组成。否则,即使化学实验十分精密、准确,其结果也不能代表原始的大宗物料的特性,从而使分析工作失去意义。因此正确采集化验室样品是化学分析工作的重要环节,是保证测试结果能用于指导生产的基本条件。

按照科学的方法采集的实验室样品,数量很大且不均匀。必须经过一定程序的加工处理,才能制得具有代表性可供分析用的试样。通常要先将试样分解,把待测组分定量转入溶液后再进行测定。

【项目目标】

[素质目标]

(1) 遵纪守法、诚实守信、热爱劳动,遵守职业道德准则和行为规范,具有社会责任感和社会参与意识。

(2) 具有质量意识、环保意识、安全意识、信息素养、工匠精神和创新思维。

(3) 具有自我管理能力,有较强的集体意识和团队合作精神。

(4) 具有健康的体魄、心理和人格,养成良好的行为习惯。

(5) 具有良好的职业素养和人文素养。

[知识目标]

(1) 了解硅酸盐试样的采集、制备和分解的基本理论知识。

(2) 掌握硅酸盐试样的采集、制备和分解的基本方法和流程。

[能力目标]

(1) 能准备试样采集、制备和分解所用的试剂。

(2) 能准备试样采集、制备和分解所用的仪器。

(3) 能对不同样品进行试样的采集、制备和分解。

(4) 能够完成试样采集、制备和分解工作及项目报告的撰写。

1.1　项 目 导 学

1.1.1　硅酸盐试样的采集

1.1.1.1　采样的基本术语

(1) 采样单元:具有界限的一定数量的物料。

(2) 份样(子样):用采样器从一个采样单元中一次取得的一定量的物料。

采样的基本术语及原则

(3) 原始样品(送检样):合并所采集的所有份样所得的样品。

(4) 实验室样品:送往实验室供分析检验的样品。

(5) 参考样品(备检样品):指与实验室样品同时制备的样品,是实验室样品的备份。

(6) 试样:由实验室样品制备,用于分析检验的样品。

1.1.1.2 采样的原则

对于均匀的物料,可以在物料的任意部位进行采样;非均匀的物料应随机采样,对所得的样品分别进行测定。采样过程中不应带进任何杂质,尽量避免引起物料的变化(如吸水、氧化等)。所采样品应该满足以下要求:

(1) 有代表性。

(2) 有典型性。

(3) 有适时性。

(4) 有程序性。

1.1.1.3 采样单元数的确定

对于工业产品,如总体物料的单元数小于500,则根据表1.1选取采样单元数。

表1.1 采样单元数

总体物料的单元数	选取的最少单元数	总体物料的单元数	选取的最少单元数
1～10	全部单元	182～216	18
11～49	11	217～254	19
50～64	12	255～296	20
65～81	13	297～343	21
82～101	14	344～394	22
102～125	15	395～450	23
126～151	16	451～512	24
152～181	17		

1.1.1.4 样品采集量经验计算公式

采样单元数的确定及样品采集量经验计算公式

不均匀的物料,可采用采集量经验计算公式:

$$Q \geqslant kd^{\alpha} \tag{1.1}$$

式中 Q——采取实验室样品的最低可靠质量,kg;

d——实验室样品中最大颗粒的直径,mm;

k,α——经验常数,根据物料的均匀程度和易破碎程度等而定。k 值在0.02～0.15之间,α 值通常为1.8～2.5,地质部门一般规定为2。

例如:采集某矿石样品时,若此矿石的最大颗粒直径为20 mm,k 值为0.06,其采样量应该为多少?

解:
$$Q \geqslant 0.06 \times 20 = 24(\text{kg})$$

如果将上述矿石最大颗粒破碎至4 mm

$$Q \geqslant 0.06 \times 4^2 = 0.96(\text{kg}) \approx 1(\text{kg})$$

可见,样品的颗粒越大,采样量越大。

1.1.1.5　采样记录和采样报告

采样时应记录被采物料的状况和采样操作。如物料的名称、来源、编号、数量、包装情况、存放环境、采样部位、所采样品数和样品量、采样日期、采样者等。

1.1.1.6　采样的方式

(1) 随机取样

随机取样又称概率取样。基本原理是物料总体中每份被取样的概率相等。将取样对象的全体划分成不同编号的部分，用随机数表进行取样。

(2) 分层取样

当物料总体有明显不同组成时，将物料分成几个层次，根据层数大小按比例取样。

(3) 系统取样

系统取样是按已知的变化规律取样。如按时间间隔或物料量的间隔取样。

(4) 二步取样

二步取样是将物料分成几个部分，首先用随机取样的方式从物料批中取出若干个一次取样单元，然后再分别从各取样单元中取出几个份样。

1.1.1.7　进厂原材料的采样

(1) 堆场上的采样

根据物料堆的不同形状，将采样点均匀地分布在物料堆的顶、腰、底的部位，底部应距地面0.5 m。采样时先剥离表层0.1 m的物料，顶、腰、底的部位每个部位至少要取两个点，然后混合而成样品，如果取料量太多，可以在场地用四分法将取好的物料缩分，但要注意必须将块状的物料破碎。

(2) 在运输工具中的采样

在一个批量所用运输工具(车辆箱体)的对角线上均匀布置采样点，在每个采样点挖坑至0.2 m以下采取相同量的物料，然后混合而成样品。

(3) 在运输过程中的采样

用皮带机等运送原料时，原料成为物料流，这时取样一定要注意把输送设备上整个横截面的所有物料(在一段时间内)都取下来作为样品，每次采的样品数量应相同，每批采样的各单次取样要均匀分布在运输的全过程中。运输开始至结束时取样的次数不得少于5次。

1.1.1.8　商品煤样品的采集

(1) 物料流中采样

在物料流中采样通常采用舌形铲，一次横断面采取一个子样。采样应按照左、中、右进行布点，然后采集。在横截皮带运输机采样时，采样器必须紧贴皮带，而不能悬空铲取物料。

煤样品和矿石物料的取样

(2) 运输工具中的物料

当车皮容量为30 t以下时，沿斜线方向采用三点采样；当车皮容量为40 t或50 t时，采用四点采样；当车皮容量为50 t以上时，采用五点采样。

(3) 物料堆中采样

其方法是：在料堆的周围，从地面起每隔0.5 m左右，用铁铲画一横线，然后每隔1～2 m画一竖线，间隔选取横竖线的交叉点作为取样点。在取样点取样时，用铁铲将表面刮去0.1 m，深入0.3 m挖取一个子样的物料量，每个子样的最小质量不小于5 kg。最后合并所采集的子样。

1.1.1.9 矿石物料样品的采集

矿山采样一般采用刻槽、钻孔、拣块、炮眼取样或沿矿山开采面分格取样等方法。

(1) 在矿体上按一定的规格刻凿一条长槽，收集从中凿下的全部矿石作为样品，这样的采样方法叫作刻槽法。样槽的布置原则是样槽的延伸方向要与矿体的厚度方向或矿产质量变化的最大方向相一致，同时，要穿过矿体的全部厚度。样槽断面的形状有长方形和三角形两种。三角形断面因刻凿时不易准确掌握其凿壁角度，影响断面的规格，所以不常使用。长方形则被广泛应用。一般情况下，槽的断面为一个长方形，规格为(3 cm×2 cm)～(10 cm×5 cm)。将刻槽凿下的碎屑混合作为实验室样品。注意：刻槽前应将岩石表面刮平扫净。

样槽断面的规格是指样槽横断面的宽度和深度，一般表示方法为宽度×深度，单位为 cm。

(2) 钻孔取样主要是为了了解矿山内部结构和化学成分的变化情况，将各孔钻出的碎屑混合作为实验样品。

(3) 炮眼取样。在矿山放炮打眼时，取其凿出的碎屑细粉作为样品。

(4) 拣块取样。在掌子面、爆堆上或破体的适当部位拣块作为样品，此法只适用于经验丰富的取样人员。

(5) 当矿山各矿层化学成分变化不大时，可采用沿矿山开采面分格取样法。沿矿山开采面，每平方米面积内用铁锤砸取一小块样品，混合后作为实验室样品。采取黏土样品时，要特别注意原料的均匀性，当有夹层砂时，应在矿层走向的垂直方向上每隔一米左右取一个样品(约 50 g)。

水泥生产过程和出厂水泥的取样

1.1.1.10 水泥生产过程中采样

(1) 出磨生料和出磨水泥平均样品的采取

生料和水泥都是粉状物料，又是连续生产、连续运送的，因此一般都采取一定时间间隔(如每天、每班、每时等)的平均试样。从物料流中采样时，大都是使用自动化的采样器，定时、定量连续采样，也可人工定时取样。

(2) 熟料平均样品的采取

熟料生产是连续生产的，一般都采取一定时间间隔(如每天、每班、每时)的平均试样。采用人工定时取样。

(3) 水泥生产过程中的取样

最佳的方法是连续取样。当需瞬时取样时，取样动作要迅速，注意安全操作，适量采取。

1.1.1.11 出厂水泥的采样

(1) 采样工具

袋装、散装水泥均采用手工取样器、取样管和自动取样器进行采样。

(2) 采样部位

① 袋装水泥堆场或水泥输送管路中。

② 散装水泥卸料处或输送水泥运输机具上。

(3) 样品数量

① 混合样

取样量应符合相关水泥标准要求。

② 分割样

袋装水泥：每 1/10 编号从一袋中取至少 6 kg。

散装水泥：每 1/10 编号在 5 min 内取至少 6 kg。

(4) 采样步骤

① 袋装：随机选择20袋以上，将取样管沿对角线方向插入水泥包装袋中适当深度抽取样品，每次抽取的单样量应尽量一致，将所取样品放入洁净、干燥、不易受污染的容器中或每组按设定时间自动取样一次。

② 散装：当所取水泥深度不超过2 m时，每一个编号内采用取样器随机取样。

1.1.1.12　水泥取样单格式

水泥样品取得后，均应由负责取样操作人员填写如表1.2所示的取样单。

表1.2　×××水泥取样单

水泥编号	水泥品种及强度等级	取样日期	取样人	取样地点

1.1.2　硅酸盐试样的制备

试样的制备
(破碎、过筛、混匀)

1.1.2.1　试样的制备过程

从实验室样品到分析试样的这一处理过程称为试样的制备。试样的制备一般需要经过破碎→过筛→混匀→缩分等步骤。

(1) 破碎

试样的破碎过程有粗碎、中碎、细碎和粉碎。根据检测项目和母样的不同，有的不用破碎，有的要使用不同的设备和方法进行破碎。

根据实验室样品的颗粒大小、破碎的难易程度，可采用人工或机械的方法逐步破碎，直至达到规定的粒度。

若样品粒度过大，先用大锤敲至其最大颗粒直径 $d\leqslant 50$ mm，然后用颚式破碎机将 $d\leqslant 50$ mm 的样品破碎至 $d\leqslant 10$ mm，再用密封式化验用碎样机将破碎后的样品粉碎到 $d<0.08$ mm。

破碎工具：颚式破碎机、锤式破碎机、圆盘破碎机、球磨机、钢臼、铁锤、研钵等。

(2) 过筛

物料在破碎过程中，每次磨碎后均需过筛，未通过筛孔的粗粒再磨碎，直至样品全部通过指定的筛子为止(易分解的试样过170目筛，难分解的试样过200目筛)。

(3) 混匀

为了使样品具有代表性，必须把样品充分混匀。混匀的方法有：移锥法、环锥法、翻滚法、机械混匀法。

(4) 缩分

缩分是在不改变物料平均组成的情况下，逐步减小试样量的过程。常用的有锥形四分法、正方形挖取法和分样器缩分法。

试样的制备
(缩分及注意事项)

① 锥形四分法(图1.1)

将混好的样品堆成圆锥形，然后用铲子或木板将锥体顶部压平，使其成为圆锥台，通过圆心分成四等份，去掉任意相对两等份，剩下的两等份样品再混匀堆成圆锥体，如此反复进行，直至达到规定的样品数量为止。

② 正方形挖取法(图1.2)

将混匀的样品铺成正方形的均匀薄层，用直尺或特制的木格架划分成若干个小正方形。用小铲子将每一间隔内的小正方形中的样品全部取出，放在一起混合均匀。把其余部分弃去或留作副样保管。

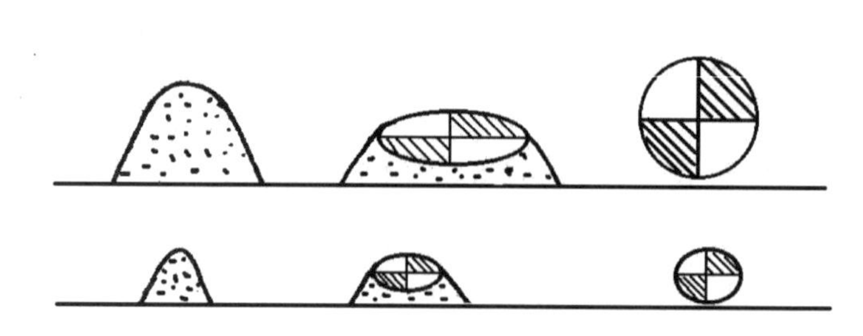

图 1.1　锥形四分法

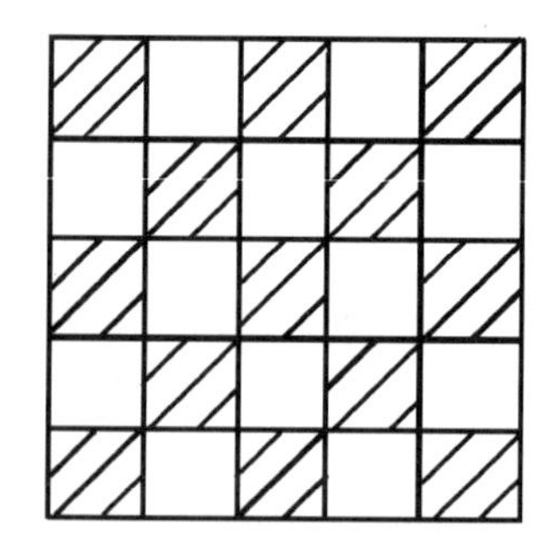

图 1.2　正方形挖取法

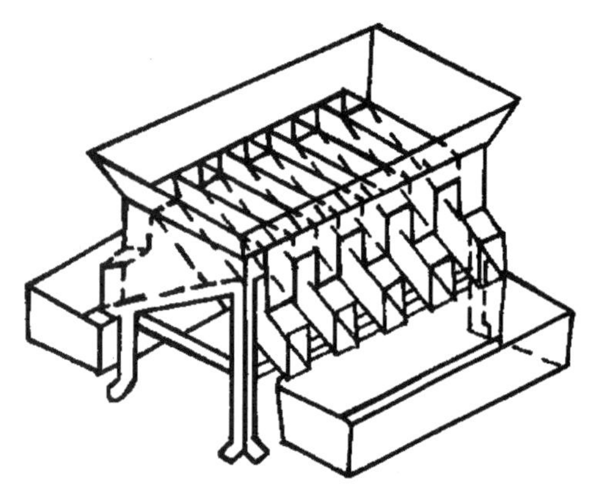

图 1.3　分样器示意图

③ 分样器(图 1.3)缩分法

分样器缩分法使用槽形分样器。当样品被倒入分样器后,即从两侧流入两边的样槽内。把样品均匀分成两个等份,取任意一份以备留样,另一份继续缩分,直至合适。用分样器缩分样品,可不必预先将样品混匀而直接进行缩分。样品的最大直径不应大于格槽宽度的 1/3～1/2。

最后缩分得到的试样一般为 20～30 g(可根据需要或少或多些)。

最后,还需要在玛瑙研钵中充分研细试样,使其最终全部通过 170 目(0.088 mm)或 200 目(0.074 mm)筛。

1.1.2.2　制样应注意的事项

(1) 制样时应先将所用的工具及设备如颚板、磨盘、铁锤及乳钵等用毛刷刷净,不应有其他样品粉末残留。

(2) 碎样时应尽量防止样品小块或粉末飞散,如果偶然跳出大颗粒,必须拣回来破碎至要求粒度为止。

(3) 要避免样品在制备过程中被沾污,因此要避免机械器皿污染,以及样品和样品之间的交叉污染。

(4) 应在存样桶内留样品标签,以便识别。在标签上注明样品名称、样品编号、取样日期等。

硅酸盐试样的分解

1.1.3　硅酸盐试样的分解

在实际分析工作中,通常要先将试样分解,把待测组分定量转入溶液后再进行测定。在分解试样的过程中,应遵循以下几个原则:

(1) 试样的分解必须完全。

(2) 在分解试样的过程中,待测组分不能有损失。

(3) 不能引入待测组分和干扰物质。

(4) 分解试样的方法与组分的测定方法应相适应。

常用的分解方法主要有溶解法、熔融法等。

1.1.3.1　溶解法

采用适当的溶剂将试样溶解制成溶液,称为溶解法。这种方法比较简单、快速。常用的溶剂有水、酸和碱等。溶于水的试样一般称为可溶性盐类。如硝酸盐，醋酸盐，铵盐，绝大部分的碱金属化合物，大部分的氯化物、硫酸盐等。对于不溶于水的试样，则采用酸或碱作溶剂的酸溶法或碱溶法进行溶解，以制备试样试液。

（1）水溶法

对于可溶性的无机盐，可直接用蒸馏水溶解制成溶液。

（2）酸溶法

酸溶解法——酸溶解法依据及HCl溶样

酸溶法是利用酸的酸性、氧化还原性和形成配合物的作用，使被测组分转入溶液。钢铁、合金、部分氧化物、硫化物、碳酸盐矿物和磷酸盐矿物等常采用此法溶解。常用的酸溶剂如下：

① 盐酸（HCl）

大多数氯化物均溶于水，电位序在氢之前的金属及大多数金属氧化物和碳酸盐都可溶于盐酸中，另外，Cl^-还具有一定的还原性，并且还可与很多金属离子生成配离子而利于试样的溶解。常用来溶解赤铁矿（Fe_2O_3）、辉锑矿（Sb_2S_3）、碳酸盐、软锰矿（MnO_2）等样品。

② 硝酸（HNO_3）

硝酸具有较强的氧化性，几乎所有的硝酸盐都溶于水，除铂、金和某些稀有金属外，浓硝酸几乎能溶解所有的金属及其合金。铁、铝、铬等会被硝酸钝化，溶解时加入非氧化酸，如盐酸，除去氧化膜即可很好地溶解。几乎所有的硫化物也都可被硝酸溶解，但应先加入盐酸，使硫以H_2S的形式挥发出去，以免单质硫将试样包裹，影响分解。

③ 硫酸（H_2SO_4）

除钙、锶、钡、铅外，其他金属的硫酸盐都溶于水。热的浓硫酸具有很强的氧化性和脱水性，常用于分解铁、钴、镍等金属和铝、铍、锑、锰、钍、铀、钛等金属合金以及分解土壤等样品中的有机物等。硫酸的沸点较高（338 ℃），当硝酸、盐酸、氢氟酸等低沸点酸的阴离子对测定有干扰时，常加硫酸并蒸发至冒白烟（SO_3）来驱除。在稀释浓硫酸时，切记，一定要把浓硫酸缓慢倒入水中，并用玻璃棒不断搅拌，如沾到皮肤上要立即用大量清水冲洗。

④ 磷酸（H_3PO_4）

磷酸根具有很强的配位能力，因此，几乎90%的矿石都能溶于磷酸，包括许多在其他酸中不溶解的铬铁矿、钛铁矿、铌铁矿、金红石等，对于含有高碳、高铬、高钨的合金也能很好地溶解。单独使用磷酸溶解时，一般应控制在500～600 ℃、5 min以内。若温度过高、时间过长，会析出焦磷酸盐难溶物，生成聚硅磷酸黏结于器皿底部，同时也腐蚀了玻璃。

⑤ 高氯酸（$HClO_4$）

热的浓高氯酸具有很强的氧化性，能迅速溶解钢铁和各种铝合金，能将Cr、V、S等元素氧化成最高价态。高氯酸的沸点为203 ℃，蒸发至冒烟时，可驱除低沸点的酸，残渣易溶于水。高氯酸也常作为重量法中测定SiO_2的脱水剂。使用$HClO_4$时，应避免与有机物接触，当样品含有机物时，应先用硝酸氧化有机物和还原性物质后再加高氯酸，以免发生爆炸。

⑥ 氢氟酸（HF）

氢氟酸的酸性很弱，但F^-的配位能力很强，能与Fe(Ⅲ)、Al(Ⅲ)、Ti(Ⅳ)、Zr(Ⅳ)、W(Ⅴ)、Nb(Ⅴ)、Ta(Ⅴ)、U(Ⅵ)等离子形成配离子而溶于水，并可与硅形成SiF_4而逸出。氢氟酸一定要在通风柜中使用，一旦沾到皮肤上一定要立即用水冲洗干净。

⑦ 混合酸

（ⅰ）王水，HNO_3与HCl按1∶3（体积比）混合。硝酸的氧化性和盐酸的配位性，使其具有更好的溶解能力，能溶解 Pb、Pt、Au、Mo、W 等金属和 Bi、Ni、Cu、Ga、In、U、V 等的合金，也常用于溶解 Fe、Co、Ni、Bi、Cu、Pb、Sb、Hg、As、Mo 等的硫化物和 Se、Sb 等矿石。

（ⅱ）逆王水，HNO_3 与 HCl 按 3∶1(体积比)混合。可溶解 Ag、Hg、Mo 等金属及 Fe、Mn、Ge 的硫化物。

（ⅲ）$HF+H_2SO_4+HClO_4$，可溶解 Cr、Mo、W、Zr、Nb、Tl 等金属及其合金，也可分解硅酸盐、钛铁矿、粉煤灰及土壤等样品。

（ⅳ）$HF+HNO_3$，常用于分解硅化物、氧化物、硼化物和氮化物等。

（ⅴ）$H_2SO_4+H_2O_2+H_2O$，H_2SO_4、H_2O_2、H_2O 按 2∶1∶3(体积比)混合，可用于油料、粮食、植物等样品的消解。若加入少量的 $CuSO_4$、K_2SO_4 和硒粉作催化剂，可使消解更为快速完全。

（ⅵ）$HNO_3+H_2SO_4+HClO_4$(少量)，常用于分解铬矿石及一些生物样品，如动物与植物组织、尿液、粪便和毛发等。

（ⅶ）$HCl+SnCl_2$，主要用于分解褐铁矿、赤铁矿及磁铁矿等。

由于硅酸盐试样中含有不溶于酸的组分，因此进行全分析时一般都不用酸溶法分解试样，做单项测定时可用酸溶法分解试样。例如，用氟硅酸钾法测定水泥熟料中二氧化硅时多用硝酸分解试样；用重铬酸钾法测定水泥生料中三氧化二铁时多用磷酸分解试样；测定石灰石中氧化钙时多用盐酸分解试样。

(3) 碱溶法

碱溶法的溶剂主要为 NaOH 和 KOH 溶液，碱溶法常用来溶解两性金属铝、锌及其合金，以及它们的氧化物、氢氧化物等。

例如，在测定铝合金中的硅时，用碱溶解使 Si 以 SiO_3^{2-} 形式转移到溶液中。如果用酸溶解则 Si 可能以 SiH_4 的形式挥发损失，影响测定结果。

溶解法分解中溶剂的选择原则：

① 能溶于水的用水作溶剂。

② 不溶于水的酸性试样采用碱性溶剂，碱性试样采用酸性溶剂。

③ 还原性试样采用氧化性溶剂，氧化性试样采用还原性溶剂。

1.1.3.2 熔融法

熔融法

熔融法是将试样与酸性或碱性熔剂混合，利用高温下试样与熔剂发生的多项反应，使试样组分转化为易溶于水或酸的化合物，该法是一种高效的分解方法。但要注意，熔融时加入大量的熔剂(一般为试样的 6～12 倍)会引入干扰。另外，熔融时由于坩埚材料被腐蚀，也会引入其他组分。根据所用熔剂的性质和操作条件，可将熔融法分为酸熔、碱熔和半熔法。

(1) 酸熔法

碱性试样宜采用酸性熔剂。常用的酸性熔剂有 $K_2S_2O_7$ 和 $KHSO_4$，后者经灼烧后亦生成 $K_2S_2O_7$，所以两者的作用是一样的。这类熔剂在 300 ℃以上可与碱或中性氧化物作用，生成可溶性的硫酸盐。

如分解金红石的反应是：

$$TiO_2+2K_2S_2O_7 \xlongequal{} Ti(SO_4)_2+2K_2SO_4$$

这种方法常用于分解 Al_2O_3、Cr_2O_3、Fe_3O_4、ZrO_2、钛铁矿、铬矿、中性耐火材料(如铝砂、高铝砖)及磁性耐火材料(如镁砂、镁砖)等。

(2) 碱熔法

酸性试样宜采用碱熔法，如酸性矿渣、酸性炉渣和酸不溶试样均可采用碱熔法，使它们转化为易溶于酸的氧化物或碳酸盐。常用的熔剂有 Na_2CO_3、K_2CO_3、NaOH、KOH、Na_2O_2 以及它们的混合物等。这些熔剂除具碱性外，在高温下均可起氧化作用(本身的氧化性或空气氧化)，可以把一些元素氧化成高价态(如 Cr^{3+}、Mn^{2+} 可以被氧化成 Cr^{+6}、Mn^{+7})，从而增强了试样的分解作用。有时为了增强氧化作用还加入 KNO_3 或 $KClO_3$，使氧化作用更为完全。

① Na_2CO_3 和 K_2CO_3，Na_2CO_3 与 K_2CO_3 按 1∶1 形成的混合物，其熔点为 700 ℃左右，用于分解硅酸盐、硫酸盐等。分解反应如下：

$$Al_2O_3 \cdot 2SiO_2 \cdot 2H_2O + 3Na_2CO_3 \xlongequal{\triangle} 2Na_2SiO_3 + 2NaAlO_2 + 3CO_2\uparrow + 2H_2O$$

$$BaSO_4 + Na_2CO_3 \xlongequal{\triangle} BaCO_3 + Na_2SO_4$$

用 Na_2CO_3 或 K_2CO_3 作熔剂宜在铂坩埚中进行。

② Na_2CO_3＋S 用来分解含砷、锑、锡的矿石，可使其转化为可溶性的硫代酸盐。由于含硫的混合熔剂会腐蚀铂，故常在瓷坩埚中进行。

③ NaOH 和 KOH 都是低熔点的强碱性熔剂，常用于分解铝土矿、硅酸盐等试样。可在铁、银或镍坩埚中进行分解。用 Na_2CO_3 作熔剂时，加入少量 NaOH 可提高其分解能力并降低熔点。分解反应如下：

$$Al_2O_3 \cdot 2SiO_2 \cdot 2H_2O + 6NaOH \xlongequal{\triangle} 2Na_2SiO_3 + 2NaAlO_2 + 5H_2O\uparrow$$

④ Na_2O_2 是一种具有强氧化性、强腐蚀性的碱性熔剂，能分解许多难溶物，如铬铁矿、硅铁矿、黑钨矿、辉钼矿、绿柱石、独居石等，能将其大部分元素氧化成高价态。有时将 Na_2O_2 与 Na_2CO_3 混合使用，以减弱其氧化的剧烈程度。用 Na_2O_2 作熔剂时，不宜与有机物混合，以免发生爆炸。Na_2O_2 对坩埚腐蚀严重，一般用铁、镍或刚玉坩埚。

⑤ NaOH＋Na_2O_2 或 KOH＋Na_2O_2，常用于分解一些难溶性的酸性物质。

(3) 半熔法

半熔法又称烧结法。该法是在低于熔点的温度下，将试样与熔剂混合加热至烧结状态而不全熔。由于温度比较低，因此不易损坏坩埚而引入杂质，但加热所需时间较长。

半熔法

常用的半熔混合熔剂为：2 份 MgO 加 3 份 Na_2CO_3；1 份 MgO 加 1 份 Na_2CO_3；1 份 ZnO 加 1 份 Na_2CO_3。

此法广泛地用来分解铁矿及煤中的硫。其中，MgO、ZnO 的作用在于其熔点高，可以预防 Na_2CO_3 在灼烧时熔合，保持松散状态，使矿石氧化得更快更完全，反应产生的气体容易逸出。此法不易损坏坩埚，因此可以在瓷坩埚中进行熔融，不需要贵重器皿。

一般情况下，优先选用简便、快速、不易引入干扰的方法分解样品。熔融法分解样品时，操作费时费事，且易引入坩埚杂质，所以熔融时，应根据试样的性质及操作条件，选择合适的坩埚，尽量避免引入干扰。常用的坩埚有刚玉坩埚、铁坩埚、镍坩埚、铂金坩埚、瓷坩埚等。

除以上几种常用分解方法外，还有目前已被人们普遍接受、特点较为明显的微波溶样法。将试样、溶剂置于密封的、耐压、耐高温的聚四氟乙烯容器中进行微波加热溶样。该法可大大简化操作步骤、节省时间和能源，且不易引入干扰，同时也减少了对环境的污染，原本需数小时处理分解的样品，现在只需几分钟即可顺利完成。

1.1.4　知识扩展

(1) 铂器皿

铂器皿由纯铂制成，俗称白金，其熔点为 1755 ℃，化学性质稳定，高温下不氧化，与单一无机酸和多数化学试剂不发生反应，但在一定条件下与王水、氟、氯、溴、碘、碱性氰化物溶液，硝酸盐、磷和磷酸盐，过氧化钠，氢氧化钡，氢氧化锂、砷、硫化物以及低熔点有色金属发生反应。铂器皿为贵重器材，使用时务必加以注意。

① 铂制品应当在高温炉内或只在煤气灯的氧化焰上灼烧和加热。若在还原性火焰中灼烧，会因生成脆性的碳化铂面而损坏器皿。因此：

（ⅰ）禁止使用内焰轮廓不明的煤气灯火焰。

（ⅱ）禁止接触蓝色内焰。

（ⅲ）所用火焰不应冒烟或因空气不足而发光。

② 为避免由于铂和其他金属作用而形成合金，以及与磷、硫作用形成脆性化合物而遭损坏，不可在铂器皿内灼烧或加热下列物质：

（ⅰ）具有易被还原的金属化合物（$PbSO_4$、PbO_2、SnO_2、Bi_2O_3、Sb_2O_3 等）。

（ⅱ）在有还原剂（如滤纸）存在时，含磷和硫的化合物（$AlPO_4$、$MgNH_4PO_4$ 等）。

③ 当在铂坩埚内熔融含有有色金属或大量铁的试样时，需要预先用酸处理以除去大部分金属，滤出的不溶残渣放在瓷坩埚中灼烧，再将灼烧后的残渣放在铂坩埚内进行熔融。

④ 在铂器皿内不许使用下列熔剂：过氧化钠、氢氧化钠、碳酸钠与硫黄混合物，以及硫代硫酸钠。

⑤ 不允许在铂皿内处理卤素或与酸作用时能放出卤素的物质，如王水、盐酸与二氧化锰的混合物，以及含氯的盐和一般氧化剂（硝酸盐、亚硝酸盐和铬酸盐等）的混合物。不许加热和熔融碱金属的硝酸盐、亚硝酸盐及氰化物。三氯化铁对铂也有显著作用。

⑥ 必须避免灼烧的铂器皿与三角铁丝相接触（三角的各边必须套着小瓷管）。当在石棉网上加热时，为了防止铂与露出的铁丝接触（此种情况常会遇到），在铂器皿下面需垫一层石棉板。灼热的铂器皿只许用带有铂尖的钳子夹取。

⑦ 沾污了的铂器皿应当用下述方法清洗：

（ⅰ）在不含有硝酸的盐酸（或不含盐酸的硝酸）内加热。

（ⅱ）在铂器皿内熔融硫酸氢钾或焦硫酸钾（或它们的钠盐）。

⑧ 在使用铂器皿时必须避免使其变形，因为在以后矫正时会使铂显著地受到磨损。必要的矫正最好用恰和该器皿形状相吻合的坚固的木模进行。

⑨ 铂坩埚经长时间灼烧后表面灰暗，或出现粗大闪光结晶，这是一种重结晶现象，此现象由表面开始，如任其扩展，会使铂质变脆，甚至出现裂纹，因此须以蘸水的最细海沙（<100 目，圆角的）轻轻地摩擦，以防止重结晶现象扩展。

(2) 镍坩埚

镍坩埚用纯镍加工制成，一般用于熔融不溶性（酸性）矿渣、黏土、耐火材料和不溶于酸的残渣等。对于各种碱性熔剂有比较好的耐蚀性，因此，可以使用氢氧化钠、过氧化钠、无水碳酸钠、碳酸氢钠等熔剂进行熔融，但不可以使用酸性熔剂进行熔融。为了避免镍坩埚过分遭受侵蚀，熔融温度一般不宜超过 700 ℃，并且熔融的时间要尽可能短。

镍坩埚的使用注意事项：

① 在使用前，将镍坩埚放在水中煮沸数分钟，以除去其表面上的污物，必要时滴加少量盐酸，煮沸片刻后，用蒸馏水冲洗干净，烘干使用。

② 可以使用氢氧化钠、过氧化钠、碳酸钠、碳酸氢钠及含有硝酸钾的碱性熔剂熔融，不许用硫酸氢钾（钠）、焦硫酸钾（钠）等酸性熔剂及含有硫黄的碱性硫化熔剂进行熔融。

③ 熔融温度不得超过 700 ℃，如用碳酸钠分解试样时，一般加热至烧结块，而不加热至熔融的温度。

④ 用过氧化钠熔融时，最好先用煤气灯将镍坩埚低温加热，待过氧化钠变黑后再升高温度，以免

损坏坩埚。

⑤ 在煤气灯上熔融时，要注意缓慢地在煤气灯上回转坩埚，以免局部过热或受热不均。

⑥ 在电热盘上加热时要将坩埚放在耐火泥圈内，因为这样可以保持坩埚受热均匀。

⑦ 为了延长坩埚的使用寿命，尽可能不将过氧化钠在其中熔融。

⑧ 坩埚使用后，应立即用水冲洗干净，必要时可用砂布将附着在上面的污物擦去。

⑨ 镍坩埚中常含有微量的铬，使用时应注意。

⑩ 新坩埚在使用前应先以高温烧 2～3 min，去掉油质并将表面氧化，以延长使用寿命。

(3) 银坩埚

如果无镍坩埚，也可以用银坩埚代替镍坩埚来分解矿渣、矿石、黏土、耐火材料以及其他不溶性试样。使用银坩埚时，温度一般不超过 700 ℃。在分解试样很快的情况下，例如只用几秒钟的时间，有时也可用较高的温度。银坩埚用纯银加工制成，有时也含有微量的金、铜、铅、锑等。它能被酸溶解，特别是热硝酸和浓硝酸，也容易被各种碱性熔剂侵蚀，所以使用时间应尽可能缩短。银很容易与硫作用生成黑色的硫化银。因此，银坩埚的使用注意事项如下：

① 可以用氢氧化钠作为熔剂。如用烧结法分解试样时，也可用碳酸钾(钠)的混合熔剂，例如与硝酸钠或过氧化钠的混合熔剂。

② 刚从火焰或电炉上取下的热坩埚，不许立即用水冷却，以免产生裂纹。

③ 银坩埚最好放在带有耐火泥圈的电炉上加热，因为这样受热比较均匀。

④ 不许在其中分解或灼烧含硫的物质，也不许在其中使用碱性硫化熔剂。

⑤ 测定硫时不使用银坩埚。

⑥ 不要使银坩埚长时间与酸，特别是浓酸(如热的浓硫酸)接触，以免受到过分的侵蚀。

(4) 刚玉坩埚

刚玉坩埚是由多孔熔融氧化铝制成，质坚耐熔。适于用无水 Na_2CO_3 等一些弱碱性物质作熔剂熔融样品，不适于用 Na_2O_2、NaOH 等强碱性物质和酸性物质作熔剂(如 $K_2S_2O_7$ 等)熔融样品。

(5) 瓷坩埚

① 可耐热 1200 ℃左右。

② 适用于 $K_2S_2O_7$ 等酸性物质熔融样品。

③ 一般不能用于以 NaOH、Na_2O_2、Na_2CO_3 等碱性物质作熔剂熔融，以免腐蚀瓷坩埚，瓷坩埚不能和氢氟酸接触。

④ 瓷坩埚一般可用稀 HCl 煮沸清洗。

(6) 石墨坩埚

石墨坩埚有普型石墨坩埚、异型石墨坩埚及高纯石墨坩埚三种。各种类型的石墨坩埚，由于性能、用途和使用条件不同，所用的原料、生产方法、工艺技术和产品型号规格也都有所区别。石墨坩埚的主体原料是结晶型天然石墨，故它保持着天然石墨原有的各种理化特性，即具有良好的热导性和耐高温性，在高温使用过程中，热膨胀系数小，对急热、急冷具有一定抗应变性能，对酸性、碱性溶液的抗腐蚀性较强，具有优良的化学稳定性。石墨坩埚因具有以上优良的性能，所以在冶金、铸造、机械、化工等领域，被广泛用于合金工具钢的冶炼和有色金属及其合金的熔炼，并有着较好的技术和经济效益。

1.1.5　本项目知识结构框图

本项目知识结构框图见二维码。

本项目知识结构框图

1.2 项目实施

1.2.1 采集硅酸盐试样

【任务书】

"建材化学分析技术"课程项目任务书

任务名称：采集硅酸盐试样

实施班级：______________ 实施小组：____________________

任务负责人：____________ 组员：__________、__________、__________、__________

起止时间：_____年_____月_____日至_____年_____月_____日

任务目标：

（1）熟悉样品采集的基本理论。

（2）熟悉所用设备的性能和使用方法。

（3）掌握样品的采集方法。

（4）能够完成结果的处理和报告的撰写。

任务要求：

（1）提前准备好采集方案。

（2）按时间有序入场进行任务实施。

（3）按要求准时完成任务测试。

（4）按时提交项目报告。

"建材化学分析技术"课程组印发

【任务解析】

正确采集化验室样品是化学分析工作的重要环节，是保证化学实验结果能用于指导生产的基本条件。

1.2.1.1 准备任务所需工具

手工取样器、自动取样器，存样桶。

1.2.1.2 操作步骤

自动取样器取样：采用规定的取样装置取样。该装置一般安装在尽量接近于水泥包装机的管路中，从流动的水泥流中取出样品，然后将样品放入洁净、干燥、不易受污染的容器中。

手工取样器取样：当所取水泥深度不超过 2 m 时，采用手工取样器取样。在适当位置将取样器插入水泥一定深度，转动取样器内管控制开关，关闭开关后小心抽出。将所取样品放入洁净、干燥、不易受污染的容器中。

1.2.1.3 采样记录

采样记录如表 1.3 所示。

表 1.3 ×××水泥取样单

水泥编号	水泥品种及强度等级	取样日期	取样人	取样地点

1.2.2 制备硅酸盐试样

【任务书】

“建材化学分析技术”课程项目任务书

任务名称：制备硅酸盐试样

实施班级：______________ 实施小组：____________________

任务负责人：____________ 组员：__________、__________、__________、__________

起止时间：______年______月______日至______年______月______日

任务目标：

（1）熟悉样品制备的基本理论。

（2）熟悉所用设备的性能和使用方法。

（3）掌握样品的制备方法。

（4）能够完成结果的处理和报告的撰写。

任务要求：

（1）提前准备好制备方案。

（2）按时间有序入场进行任务实施。

（3）按要求准时完成任务测试。

（4）按时提交项目报告。

“建材化学分析技术”课程组印发

【任务解析】

分析试样的制备一般要经过破碎、过筛、混匀和缩分等四道工序，样品必须具有代表性和均匀性，具体制备时试样的加工方法还需要根据样品的种类和用途而定。一般硅酸盐样品由大样缩分后的试样不得少于 100 g，试样通过 0.080 mm 方孔筛时的筛余量不应超过 15%。再以四分法或缩分器减至约 25 g，然后研磨至全部通过孔径为 0.080 mm 的方孔筛。充分混匀后，装入试样瓶中，供分析用。其余作为原样保存备用。

如果试样要进行筛分分析、测定粒度，则必须保持原来的粒度组成，而不能进行破碎，这时只需将试样混合与缩分即可。

供化学分析用的试样要求颗粒细而混匀，除严格遵守制样条例外，还必须做到以下几点：

（1）试样必须全部通过 0.080 mm 的方孔筛，并充分混匀，装入带有磨口塞的瓶中。

（2）采用锰钢磨盘研磨的试样，必须用磁铁将其引入的铁尽量吸掉，以减少沾污。据报道，用锰钢磨盘将试样研磨至 100～150 筛目，可以引入 0.1%左右的金属铁，而且，这种被沾污的程度还与样品的硬度有关。

（3）样品一定要妥善保管，以备试样结果复验、抽查和发生质量纠纷时进行仲裁。标签要详细、清楚。易受潮的样品应用封口铁桶和带盖的磨口瓶保存。出厂水泥的保存期为三个月，其他样品一般保存一周左右。

如果试样取自出磨的物料(如出磨生料、出磨水泥),应检查其细度是否符合要求。一般可用手研法初试其粒度,如能感觉到有颗粒状物质,则试样太粗。应取一定数量的试样在玛瑙研钵中研细、过筛,将筛余物再研细,直到全部通过 0.080 mm 的方孔筛为止,然后混匀。

1.2.2.1 准备任务所需工具

干燥箱,试样破碎机,研钵,0.080 mm 的方孔筛,机械搅拌器,存样磨塞广口试剂瓶,磁铁。

1.2.2.2 操作步骤

(1) 将采集的样品在温度 105~110 ℃下(易分解的样品应在 50~60 ℃下)的干燥箱里烘干 2 h。

(2) 用试样破碎机将大块的物料分散成一定细度的物料。

(3) 物料在破碎过程中,每次磨碎后均需过筛,未通过筛孔的粗粒再磨碎,直至样品全部通过指定的筛子(0.080 mm 的方孔筛)为止,磁铁吸去筛余物中金属铁。

(4) 机械混匀法是将物料倒入机械搅拌器中,启动机器,经一段时间的运行,即可将物料混匀。

(5) 将混合均匀的样品堆成圆锥形,用铲子将锥顶压平成截锥体,通过截面圆心将锥体分成四等份,弃去任一相对两等份。重复操作,直至取用的物料量符合要求。

(6) 装入磨塞广口试剂瓶中,贴上标签,密封保存。

1.2.2.3 试样保存与存样记录

试样保存与存样记录如表 1.4 所示。

表 1.4 ×××水泥样品存样记录

水泥编号	水泥品种及强度等级	取样时间间期	取样人	取样地点

1.2.3 分解水泥生料试样

【任务书】

“建材化学分析技术”课程项目任务书

任务名称:分解水泥生料试样

实施班级:______________ 实施小组:____________________

任务负责人:____________ 组员:__________、__________、__________、__________

起止时间:______年______月______日至______年______月______日

任务目标:

(1) 熟悉样品分解的基本理论。

(2) 熟悉所用试剂的组成、性质和使用方法。

(3) 熟悉所用仪器设备的性能和使用方法。

(4) 掌握分解水泥生料试样的操作方法。

(5) 能够完成结果的处理和报告的撰写。

任务要求:

(1) 提前准备好分解方案。

(2) 按时间有序入场进行任务实施。

(3) 按要求准时完成任务测试。

(4) 按时提交项目报告。

“建材化学分析技术”课程组印发

【任务解析】

水泥生料试样的分解

介绍氢氧化钠作熔剂在银坩埚中熔融分解水泥生料试样。

氢氧化钠是强碱性熔剂，适用于硅含量高的样品，而对铝含量高的样品则往往不能完全分解。目前，采用这种熔剂在银坩埚中熔融分解水泥生料、石灰石、黏土、铁矿石、粉煤灰等样品，制成澄清透明的试样溶液，以氟硅酸钾容量法测定二氧化硅或在不分离硅酸的条件下进行铁、钛、铝、钙、镁等元素的测定。该法由于简单、快速，在生产中迅速得到推广使用。

对于亚铁含量较高或含有还原性物质的样品，如用铂坩埚以碳酸钠进行熔融，则样品中的铁很容易与铂熔合形成铁铂合金，这不仅使铂坩埚受到侵蚀，并且由于造成铁的损失，常常导致分析结果明显偏低。而用银坩埚以氢氧化钠熔融样品时，因为银与铁较难熔合，所以可使铁的测定得到可靠的结果，这也是用银坩埚熔融样品的另一显著的优点。

熔融时的化学反应如下：

$$Al_2O_3 \cdot 2SiO_2 \cdot 2H_2O + 6NaOH \xlongequal{\triangle} 2Na_2SiO_3 + 2NaAlO_2 + 5H_2O\uparrow$$

熔融后用水提取，然后再加 HCl 溶液中和并将熔融物分解，其化学反应如下：

$$Na_2SiO_3 + 2HCl = H_2SiO_3 + 2NaCl$$

$$NaAlO_2 + 4HCl = AlCl_3 + NaCl + 2H_2O$$

1.2.3.1 准备工作

(1) 任务所需试剂

① 氢氧化钠固体(分析纯)；

② 浓硝酸和浓盐酸(分析纯)；

③ 盐酸(1+5)。

(1+5) 盐酸溶液配制

(2) 任务所需仪器

银坩埚、高温炉、电炉、长坩埚钳和短坩埚钳、分析天平、电子秤、容量瓶等。

1.2.3.2 操作步骤

称取试样约 0.5 g(m)，精确至 0.0001g，置于银坩埚中，加入 6～7 g 氢氧化钠，盖上坩埚盖(应留一定缝隙)，放在 650 ℃高温炉中熔融 20 min，取出坩埚冷却，将坩埚置于盛有 100 mL 接近沸腾的水的烧杯中，盖上表面皿，于电炉上适当加热，待熔块完全浸出后，取出坩埚用热 HCl(1+5)和水冲洗坩埚和盖。在搅拌下一次加入 25～30 mL HCl，再加入 1 mL HNO_3，将溶液加热至澄清，冷却至室温并移入 250 mL 容量瓶中，用水稀释至刻度线，摇匀。此溶液 B 供测定二氧化硅、三氧化二铁、三氧化二铝、氧化钙、氧化镁和二氧化钛用。

银坩埚熔样-称样

银坩埚熔样的脱埚

银坩埚熔样脱埚后试样溶液配制

1.3 项目评价

1.3.1 项目报告考评要点

项目报告是项目实施的真实反映，所以项目报告的考评是项目考核的主要内容，项目报告主要考核要点如下：

(1) 报告格式是否正确。

(2) 测试准备是否正确。

(3) 操作步骤是否正确。

(4) 测试数据是否真实。

(5) 书写是否规范。

(6) 测试结果是否符合要求。

1.3.2 项目考评要点

本项目的验收考评主要考核学员相关专业理论、相关专业技能的掌握情况和基本素质的养成情况，具体考核要点如下：

(1) 专业理论

① 掌握硅酸盐试样采集、制备、分解的基本概念。

② 掌握硅酸盐试样采集、制备、分解的原理和方法。

③ 熟悉所用试剂的组成、性质、配制和使用方法。

④ 熟悉所用仪器、设备的性能和使用方法。

⑤ 掌握实验数据的处理方法。

(2) 专业技能

① 能准备和使用所需的仪器及试剂。

② 能完成硅酸盐试样的采集、制备、分解。

③ 能完成测试结果的处理与项目报告撰写。

④ 能进行仪器设备的维护和保养。

⑤ 能撰写项目实施报告。

(3) 基本素质

① 培养团队意识和合作精神。

② 培养组织、交流和撰写计划与报告的能力。

③ 培养学生独立思考和解决问题的能力，锻炼学生创新思维。

④ 培养学生的敬业精神和遵章守纪的意识。

“建材化学分析技术”课程项目报告(参考格式)

项目名称：____________________ 实施人/小组：__________

任务名称：____________________ 实施时间：__________

任务目标：

(1) ______________________;(2) ______________________

……

测试准备：

(1) 仪器

(2) 试剂

操作步骤：

(1) ______________________;(2) ______________________

……

分析与讨论：

____

小组评价：

____

教师评价：

____

“建材化学分析技术”课程组印发

1.3.3 项目拓展

试样的采集、制备和分解是分析检测工作中必不可少的一个阶段。除了在硅酸盐领域的应用外，还可以应用在精细化学品、环境监测等其他领域。

水样的采集、保存与处理工作是环境监测工作中一个重要的环节，在水样收集、保存与处理过程中时常会随着环境中一些因素的变化而改变，所以科学合理地采集、保存与处理水样对真实地反映出一个地方的水质情况起着决定性作用。

水样的采集工具：简易采水器、急流采水器、泵式采水器、废(污)水自动采水器。

水样的保存方法：冷藏或冷冻法、加入化学试剂保存法。

水样的预处理方法：湿式消解法、干灰化法、富集与分离。

1.4 项目训练

[**填空题**]

1. 有一铁矿石最大颗粒直径为 10 mm，$k\approx 0.1$，则应采集的原始试样最小质量为(　　　　)。

2. 由于采集的试样不仅量大且颗粒不均匀，必须通过(　　　　)、(　　　　)、(　　　　)、(　　　　)等步骤制成少量均匀且有代表性的分析试样。

3. 建材化学分析中一般要将试样分解，制成溶液后再分析，分解试样的方法主要有(　　　　)、(　　　　)。

4. 碱熔法是用(　　　　)熔融分解酸性试样。熔融法中应注意正确选用坩埚材料，以保证所用坩埚不受损坏。选择坩埚材质原则是：一方面要使坩埚在熔融时(　　　　)，另一方面还要保证(　　　　)。

5. 半熔法又称(　　　　)，是让试样与固体试剂在(　　　　)下进行反应。因为温度较低，所以加热时间较长，且不易侵蚀坩埚，可以在瓷坩埚中进行。

[选择题]

6. 制样的基本原则是(　　)。

A. 最少加工原则　　B. 具有代表性原则

C. 试样无丢失原则　　D. A 和 B

7. 用磷酸分解试样的特点是磷酸具有(　　)。

A. 强配合力　　B. 高沸点　　C. A+B　　D. 挥发性

8. 氢氧化钠熔融分解试样,可以采用的坩埚是(　　)。

A. B+C+D　　B. 银坩埚　　C. 镍坩埚　　D. 铁坩埚

9. 焦硫酸钾熔融分解试样中,所用的焦硫酸钾是(　　)。

A. 碱性熔剂　　B. 酸性熔剂　　C. 中性熔剂　　D. 还原性熔剂

10. 用 NaOH 全熔分解试样,欲测定硅、铁含量,能采用的坩埚是(　　)。

A. 铂坩埚　　B. 瓷坩埚　　C. 银坩埚　　D. 铁坩埚

11. 用 HCl 分解试样的优点之一是(　　)。

A. 盐酸盐易溶于水　　B. HCl 具有还原性

C. 氯离子与金属离子不形成配离子　　D. B 和 C

12. 分样器的作用是(　　)。

A. 破碎样品　　B. 分解样品　　C. 缩分样品　　D. 混合样品

13. 欲采集固体非均匀物料,已知该物料中最大颗粒直径为 20 mm,若取 $k=0.06$,则最小采集量应为(　　)kg。

A. 24　　B. 1.2　　C. 1.44　　D. 0.072

14. 水泥厂对水泥生料、石灰石等样品中的二氧化硅进行测定时,分解试样一般是采用(　　)。

A. 硫酸溶解　　B. HCl 溶解

C. 合酸王水溶解　　D. 碳酸钠作熔剂,半熔融解

[判断题]

15. (　　)制好的试样分装在两个试剂瓶中,贴上标签,注明试样的名称、来源和采样日期。一瓶作正样供分析用,另一瓶备查用。试样收到后一般应尽快分析,以避免试样受潮、风干或变质。

16. (　　)溶解法是采用适当的溶剂将试样溶解后制成溶液,这种方法比较简单、快速。常用的溶剂有水、酸、碱等。

17. (　　)坩埚烧至恒量的要求是两次称量质量差为 0.1～1.00 g。

18. (　　)坩埚从电炉中取出后应立即放入干燥器中。

19. (　　)灰化过程中,如果滤纸燃烧,应立即用嘴吹灭。

20. (　　)沉淀连同滤纸放进高温炉以后,要把坩埚盖严。

21. (　　)采集非均匀固体物料时,采集量可由公式 $Q=kd$ 计算得到。

22. (　　)试样的制备通常应经过破碎、过筛、混匀、缩分四个基本步骤。

23. (　　)四分法缩分样品,弃去相邻的两个扇形样品,留下另两个相邻的扇形样品。

24. (　　)制备固体分析样品时,当部分采集的样品很难破碎和过筛时,则该部分样品可以弃去不要。

25. (　　)无论是均匀还是不均匀物料的采集,都要求不能引入杂质,避免引起物料的变化。

26. (　　)商品煤样的子样质量,由煤的粒度决定。

27. (　　)分析检验的目的是获得样本的情况,而不是获得总体物料的情况。

28. (　　)分解试样的方法很多,选择分解试样的方法时应考虑测定对象、测定方法和干扰元素等几方面的问题。

项目 2　标准滴定溶液的配制

【项目描述】

在企业化验室的日常分析工作中，常常需要制备各种溶液来满足不同分析测试的要求。如果测试项目对溶液浓度的准确度要求不高，即制备普通溶液，一般利用台秤、量筒、带刻度烧杯等低准确度的仪器制备就能满足需要。如果测试工作对溶液浓度的准确性要求较高，如定量分析实验，就须使用分析天平、移液管、容量瓶等高准确度的仪器制备溶液。

在滴定分析中，标准滴定溶液的浓度是否准确，直接影响到所测组分的分析结果的可靠性。因此，掌握标准滴定溶液的制备方法并正确表示标准滴定溶液的浓度，是分析技术人员必须要具备的岗位能力之一。

【项目目标】

[素质目标]

(1) 遵纪守法、诚实守信、热爱劳动，遵守职业道德准则和行为规范，具有社会责任感和社会参与意识。

(2) 具有质量意识、环保意识、安全意识、信息素养、工匠精神和创新思维。

(3) 具有自我管理能力，有较强的集体意识和团队合作精神。

(4) 具有健康的体魄、心理和人格，养成良好的行为习惯。

(5) 具有良好的职业素养和人文素养。

[知识目标]

(1) 理解并掌握普通溶液的配制原理及方法。

(2) 理解标准滴定溶液的性质及用途。

(3) 理解并掌握标准滴定溶液的制备原理及方法。

(4) 学习并掌握容量瓶的使用方法。

[能力目标]

(1) 能根据溶液的性质及用途选择正确的制备方法。

(2) 能按照溶液的配制方法正确选择相关仪器设备。

(3) 能正确计算溶液浓度并正确表达。

(4) 能正确运用误差理论和有效数字等知识。

2.1 项目导学

2.1.1 滴定分析概述

2.1.1.1 分析方法的分类

根据不同的角度和要求，分析方法可以有不同的分类。

分析方法分类

（1）根据分析的目的与任务分为定性分析与定量分析

定性分析的任务是确定物质由哪些组分（元素、离子，基团或化合物）所组成，也就是确定组成物质的各组分是什么；定量分析的任务是测定物质中有关组分的含量，也就是确定物质中被测组分有多少。在进行物质分析时，首先要确定物质有哪些组分，然后选择适当的分析方法来测定各组分的含量。在建筑材料的生产中，大多数情况下物料的基本组成是已知的，只需要对半成品、成品以及其他辅助材料进行及时的、准确的定量化学分析即可。

（2）根据分析对象的化学属性分为无机分析与有机分析

无机分析的对象是无机化合物，有机分析的对象是有机化合物。无机化合物所含的元素种类繁多，无机分析通常要求鉴定试样是由哪些元素、离子、原子团或化合物所组成，各组分的含量是多少。有机分析中，虽然组成有机化合物的元素种类不多，但由于有机化合物结构复杂，其种类已达千万种以上，故分析方法不仅有元素分析，还有官能团分析和结构分析。

（3）根据分析方法所依据的测定原理分为化学分析与仪器分析

化学分析历史悠久，是分析化学的基础，又称“经典分析法”。它是依赖于特定的化学反应及其计量关系来对物质进行分析的方法。化学分析适用于测定“常量组分”，即相对含量在1%以上的组分。化学分析的准确度较高（一般情况下，相对误差为0.1%～0.2%）。所用玻璃器皿及设备较简单，是重要的例行测定手段之一，故在生产实践中有很高的使用价值。按照操作方法的不同，又分为滴定分析和称量分析。滴定分析法又根据化学反应分为酸碱滴定法、配位滴定法、氧化-还原滴定法和沉淀滴定法。称量分析法也分为沉淀法、气化法和电解法。

仪器分析是以物质的物理或物理化学性质作为基础的一类分析方法，它的显著特征是以仪器作为分析测量的主要手段。由于这类方法依据了物质的物理或物理化学性质，因此，亦曾被称为物理和物理化学分析法。仪器分析又分为光谱分析、色谱分析、质谱分析、电化学分析等。

化学分析和仪器分析各有其特点和适用的范围，仪器分析一般具有较高的灵敏度，往往不需要进行元素的分离就可以直接测定，因此操作简便，分析迅速，被日益广泛地应用到科研和生产中，成为分析化学的发展方向。但缺点是需使用比较复杂和比较贵的仪器，分析前准备工作较多。化学分析具有应用范围广，对较高含量的成分测定准确度高，需要仪器设备简单，分析前的准备工作不多等优点，但缺点是操作烦琐、费时较多。特别是一些仪器分析法在制定具体的分析方法以及制备这类方法所使用的标准试样时，必须通过化学分析的测试结果进行校验。因此，化学分析是最基本的也是应用最广泛的分析方法。

(4) 根据分析时所需的试样量或被测组分在试样中的相对含量分类(表2.1)

表2.1　根据分析时所需的试样量或被测组分在试样中的相对含量分类

		试样质量(g)	试液体积(mL)
试样量	常量分析	>0.1	>10
	半微量分析	0.01～0.1	1～10
	微量分析	10^{-4}～0.01	0.01～1
	超微量分析(痕量分析)	<10^{-4}	<0.01
		含量(%)	含量($g \cdot g^{-1}$)
被测组分在试样中的相对含量	常量组分分析	1～100	10^4～10^6
	微量组分分析	0.01～1	10^2～10^4
	痕量组分分析	10^{-4}～0.01	1～10^2
	超痕量组分分析	<10^{-4}	<1

(5) 根据生产和分析的需要分类

① 例行分析　指一般化验室对日常生产中的原材料和产品所进行的分析，又叫"常规分析"。

② 快速分析　主要为控制生产过程提供信息，如炼钢厂的炉前分析，要求在尽量短的时间内报出分析结果，以便控制生产过程，这种分析要求速度快，准确度达到一定要求即可。

③ 仲裁分析　因为不同的单位对同一试样分析得出的测定结果不同，并由此发生争议时，要求权威机构用公认的标准方法进行准确的分析，以裁定原分析结果的准确性。显然，在仲裁分析中，对分析方法和分析结果要求有较高的准确度。

以上分类不是很严格，只是大致的分类。它可以使我们对于分析化学有个全面的了解，为选择分析方法提供参考。

此外，还有根据分析的需要或要求而特殊命名的方法，如在线分析、无损分析、表面分析、微区分析等；也有以应用领域来命名的方法，如环境分析、食品分析、药物分析、临床分析、材料分析等。

(6) 分析方法的统一和标准化

对于试样中某组分的含量是多少，采用的分析方法不同，往往得到的测试数据有很大的偏差，有时，即使用同一种分析方法也可能因条件不同而得出不一致的分析结果。然而工业上对原料、成品等的化学成分却有严格的要求。因此为了避免由于采用不同的分析方法而导致分析结果不一致，造成不好的后果，现代各国均选定最"好"的分析方法，经国家有关部门批准为全国统一的标准方法，并随着科技的进步不断修订完善。例如，《水泥化学分析方法》(GB/T 176—2017)。在《水泥化学分析方法》中，又将某组分的测定方法分为基准法和代用法，例行分析可以根据企业实际情况选用基准法或代用法，但是仲裁分析要用基准法。

2.1.1.2　滴定分析基本术语

滴定分析基本术语

滴定分析法是化学分析法中最重要的分析方法。该法是利用滴定管将一种已知准确浓度的试剂溶液(称为"标准滴定溶液")滴加到待测组分的溶液中，直到标准滴定溶液与待测组分恰好完全定量反应。这时，加入的标准滴定溶液的物质的量与待测组分的物质的量符合反应式的化学计量关系，然后根据标准滴定溶液的浓度及其所消耗的体积，即可算出被测组分的含量，这种分析方法称为"滴定分析法"。

滴定分析法因其主要操作是滴定而得名，又因为它是以测量溶液体积为基础的分析方法，因此以往又被称为容量分析法。

滴定分析法适用于测量含量≥1%的常量组分。该方法的特点是：快速、准确、仪器设备简单、操作方便、价廉。该方法的分析结果准确度较高，一般情况下，其滴定的相对误差在±0.1%左右，所以该方法在生产和科研上具有很高的实用价值。

滴定分析常用基本术语主要如下：

(1) 滴定　通过滴定管将滴定剂滴加到待测组分的溶液中的过程称为"滴定"。

(2) 滴定剂　在用滴定分析法进行定量分析时，盛装在滴定管里的溶液称为"滴定剂"(即标准滴定溶液)。

(3) 化学计量点　当滴入的标准滴定溶液与被测定的物质定量反应完全时，也就是两者的物质的量正好符合化学反应式所表示的化学计量关系时，称反应达到了"化学计量点"(亦称"计量点"，以sp表示)。

(4) 滴定终点　化学计量点一般根据指示剂的变色来确定。实际上滴定是在溶液里的指示剂变色时停止的，停止滴定这一点称为"滴定终点"(亦称"终点"，以ep表示)。指示剂并不一定正好在反应达到计量点时变色。

(5) 终点误差　滴定终点与计量点不一定恰好相符，它们之间存在着一个很小的差别，由此而造成的分析误差称为"终点误差"，以 E_t 表示。

滴定误差的大小，决定于滴定反应和指示剂的性能及用量。它是滴定分析中误差的主要来源之一。因此，必须选择适当的指示剂才能使滴定的终点尽可能地接近计量点。

2.1.1.3　滴定分析法对滴定反应的要求

适用于滴定分析法的化学反应必须具备以下条件。

(1) 反应必须要定量完成。被测物质与标准滴定溶液之间的反应要按一定的化学方程式进行，而且反应必须接近完全(通常要求达到99.9%以上)。这是定量计算的基础。

(2) 反应速度要快。滴定反应要求在瞬间完成，对于速度较慢的反应，有时可通过加热或加入催化剂等办法来加快反应速度。

(3) 要有简便可靠的方法确定滴定的终点。

(4) 反应不受其他元素的干扰。即在滴定条件下，共存的元素不与标准滴定溶液反应，即使有干扰存在，应事先除去或加入试剂消除其影响。

2.1.1.4　滴定分析方式

滴定分析常用的滴定方式有以下四种：

(1) 直接滴定法

凡符合上述条件的反应，就可以直接采用标准滴定溶液对试样溶液进行滴定，这称为直接滴定。这是最常见和最常用的滴定方式，简便、快速、引入的误差较小。若某些反应不能完全满足以上条件，在可能的条件下，还可以采用其他滴定方式进行测定。

(2) 返滴定法

先加入一定且过量的标准滴定溶液，待其与被测物质反应完全后，再用另一种滴定剂滴定剩余的标准溶液，从而计算被测物质的量，因此返滴定法又称剩余量滴定法。

(3) 置换滴定法

先加入适当的试剂与待测组分定量反应，生成另一种可被滴定的物质，再用标准滴定溶液滴定反应产物。

(4) 间接滴定法

某些待测组分不能直接与滴定剂反应，但可通过其他化学反应间接测定其含量。如没有氧化性

的 Ca^{2+}，可用 $C_2O_4^{2-}$ 生成沉淀，过滤后加硫酸溶解沉淀，用 $KMnO_4$ 标准溶液滴定。

2.1.1.5　滴定分析方法的分类

按照滴定过程中所采用的化学反应类型，滴定分析法主要分为以下几类：

(1) 酸碱滴定法

酸碱滴定法是以酸碱中和反应为基础的滴定分析方法。其滴定反应的实质为：

$$H^{+} + OH^{-} = H_2O$$

此法可测定酸、碱、弱酸盐、弱碱盐等。

(2) 配位滴定法

配位滴定法是以配位反应为基础的滴定分析法。可用于对金属离子的测定。其反应实质可用下式表示：

$$M^{n+} + Y^{4-} = MY^{(4-n)}$$

式中，M^{n+} 表示 1～4 价金属离子，Y^{4-} 表示滴定剂 EDTA 的阴离子。

(3) 氧化还原滴定法

氧化还原滴定法是以氧化还原反应为基础的滴定分析法。通常用具有氧化性或还原性的物质作标准溶液对物质进行测定，如重铬酸钾法测定 Fe^{2+} 的反应：

$$Cr_2O_7^{2-} + 6Fe^{2+} + 14H^{+} = 2Cr^{3+} + 6Fe^{3+} + 7H_2O$$

(4) 沉淀滴定法

沉淀滴定法是利用生成沉淀的反应进行滴定的分析方法。这类反应的特点是，在滴定过程中有沉淀产生。如常用来测定卤素等离子的“银量法”，其反应主要有：

$$Ag^{+} + Cl^{-} = AgCl\downarrow \text{（白色）}$$

$$Ag^{+} + SCN^{-} = AgSCN\downarrow \text{（白色）}$$

2.1.2　标准滴定溶液的配制

标准滴定溶液的配制

标准滴定溶液是指已知准确浓度的溶液。在滴定分析中常用作滴定剂，它是滴定分析中进行定量计算的依据之一。配制标准滴定溶液通常采用两种方法，即直接制备法和间接制备法。

2.1.2.1　直接制备法

标准滴定溶液直接制备

直接制备法的适用条件是，溶质必须为基准物质。换句话说，如果溶质是基准物质，那么，该溶质就可以采用直接制备法配制成标准滴定溶液。

(1) 基准物质

基准物质，是指能用于直接制备或用来确定标准滴定溶液准确浓度的化学试剂，亦称“标准物质”。基准物质必须符合以下条件：

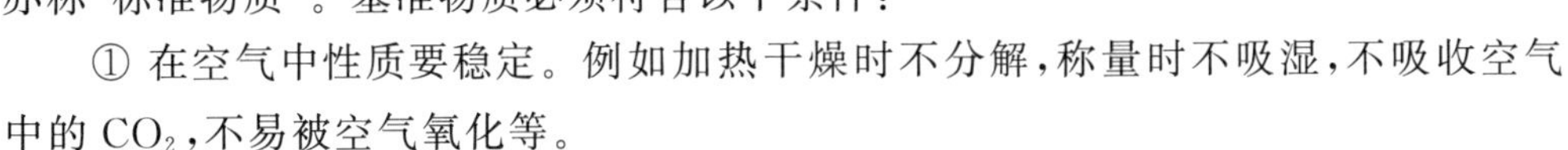

① 在空气中性质要稳定。例如加热干燥时不分解，称量时不吸湿，不吸收空气中的 CO_2，不易被空气氧化等。

② 纯度较高（一般要求纯度在 99.9%以上），杂质含量应在滴定分析所允许的误差限度以下。

③ 实际组成应与化学式完全符合。若含结晶水，如硼砂 $Na_2B_4O_7 \cdot 10H_2O$，其结晶水的含量也应与化学式符合。

④ 具有较大的摩尔质量。因为摩尔质量越大，称取的量就越多，称量误差就可相应减少。

⑤ 参加反应时，应按反应式定量进行，没有副反应。

注意：有些高纯试剂和光谱纯试剂虽然纯度很高，但只能说明其中金属杂质的含量很低。由于可能含有组成不定的水分和气体杂质，其组成与化学式不一定准确相符，且主要成分的含量也可能达不到99.9%，此时就不能作基准物质，应将基准试剂与高纯试剂或专用试剂区别开来。

(2) 直接制备法的原理

直接制备法其实就是一种精准制备法。其原理是：准确称取一定质量的基准物质，溶解于适量水后定量转移到容量瓶中，稀释，定容，摇匀。根据称取溶质的质量(m)和容量瓶的体积(V)即可计算出该溶液的准确浓度(c)。

【例题2.1】 准确称取4.903 g基准物质$K_2Cr_2O_7$，溶解后全部转移至500 mL容量瓶中，用水稀释至标线，摇匀。求此标准滴定溶液的浓度$c_{K_2Cr_2O_7}$和$c_{\frac{1}{6}K_2Cr_2O_7}$。

已知：$M_{K_2Cr_2O_7}=294.2$ g/mol。

【解】 根据：$c=\dfrac{n}{V}$，且$n=\dfrac{m}{M}$，此$K_2Cr_2O_7$标准滴定溶液的浓度为：

$$c_{K_2Cr_2O_7}=\frac{n_{K_2Cr_2O_7}}{V}=\frac{m/M_{K_2Cr_2O_7}}{V}$$

$$=\frac{4.903/294.2}{0.5000}=0.03333\ (\text{mol/L})$$

$$c_{\frac{1}{6}K_2Cr_2O_7}=\frac{n_{\frac{1}{6}K_2Cr_2O_7}}{V}=\frac{m/M_{\frac{1}{6}K_2Cr_2O_7}}{V}$$

$$=\frac{4.903/49.03}{0.5000}=0.2000(\text{mol/L})$$

2.1.2.2 间接制备法(标定法)

许多化学试剂由于不纯和不易提纯，或在空气中不稳定(如易吸收水分)等原因，不能用直接法制备标准滴定溶液。如NaOH，它很容易吸收空气中的CO_2和水分，因此称得的质量不能代表纯净NaOH的质量；HCl易挥发，也很难知道其中HCl的准确含量；$KMnO_4$、$Na_2S_2O_3$等均不易提纯，且见光易分解，均不宜用直接法配成标准滴定溶液，因此要用间接制备法或标定法来配制。

(1) 间接制备法的原理

间接制备法的原理简单地讲就是："先粗配、再标定"。也就是说，先配制成接近所需浓度的溶液，然后再用基准物质或用另一种物质的标准滴定溶液来测定它的准确浓度。

(2) 标定方法

标定，即采用滴定的方法，利用基准物质(或用已知准确浓度的溶液)来确定标准溶液准确浓度的过程，称为"标定"。

标定的方法一般有两种，一种是"标定法"，即采用基准物质直接标定；另一种是"比较法"，即采用已知准确浓度的标准滴定溶液进行标定。

① 标定法——采用基准物质标定

(ⅰ) 多次称量法　称取2～4份一定量的基准物质，溶解后用待标定的溶液滴定，然后根据基准物质的质量及待标定溶液所消耗的体积，即可算出该溶液的准确浓度，然后取其平均值作为该标准滴定溶液的浓度。

(ⅱ) 移液管法　称取一定量基准物质，溶解后定量转移至容量瓶中，稀释至一定体积，摇匀。用移液管分取几份该溶液，用待标定的标准滴定溶液分别滴定，并计算其准确浓度，然后取其平均值作为该标准滴定溶液的浓度。

大多数标准溶液是通过标定的方法测得其准确浓度的。

【例题2.2】 欲用邻苯二甲酸氢钾($KHC_8H_4O_4$)标定0.1 mol/L的NaOH溶液，应如何操作？

标定方法如下：

准确称取已在105～110 ℃下烘干1～2 h并冷却至室温的邻苯二甲酸氢钾(简写KHP)基准试剂两份，如$m_1=0.3991$ g，$m_2=0.4108$ g，分别置于250 mL锥形瓶中，加入50～100 mL预先新煮沸过并冷却后用氢氧化钠中和至酚酞呈微红色的冷水，搅拌溶解后，加入2滴酚酞指示剂(10 g/L)，用0.1 mol/L待标定的氢氧化钠溶液滴定至酚酞变成微红色(30 s内不褪色)，即为终点。

消耗氢氧化钠溶液的体积分别记为$V_1=19.35$ mL，$V_2=19.90$ mL。

此标定反应为：
$$KHP+NaOH=\!=\!=KNaP+H_2O$$

滴定终点时
$$n_{NaOH}=n_{KHP}$$

即
$$c_{NaOH}\cdot V_{NaOH}=m_{KHP}/M_{KHP}$$

$$c_{NaOH}=\frac{m_{KHP}}{M_{KHP}\cdot V_{NaOH}}$$

已知，$M_{KHP}=204.2$ g/mol。

当$V_1=19.35$ mL，$m_1=0.3991$ g时

$$c_{NaOH}=\frac{0.3991\times1000}{204.2\times19.35}=0.1010(\text{mol/L})$$

当$V_2=19.90$ mL，$m_2=0.4108$ g时

$$c_{NaOH}=\frac{0.4108\times1000}{204.2\times19.90}=0.1011(\text{mol/L})$$

当两次平行测定结果的相对偏差≤0.1%时，可取其平均值0.1010 mol/L作为该氢氧化钠溶液的准确浓度。

② 比较法——用已知准确浓度的标准溶液标定

准确吸取一定量的待标定溶液，用已知准确浓度的标准滴定溶液滴定；或者准确吸取一定量的已知准确浓度的标准溶液，用待标定溶液滴定。根据两种溶液所消耗的体积及标准溶液的浓度，就可计算出待标定溶液的准确浓度。

这种用标准滴定溶液来测定待标定溶液准确浓度的操作过程称为“比较标定法”(简称“比较法”)。

【例题2.3】 现有$c_{HCl}=0.09873$ mol/L的盐酸标准滴定溶液，用来标定0.1 mol/L的NaOH溶液，应如何进行？

【解】 由酸式滴定管中放出两份各25.00 mL的盐酸标准滴定溶液，分别置于锥形瓶中，加入2滴酚酞指示剂溶液(10 g/L)，用待标定的氢氧化钠溶液滴定至微红色，即为终点。记录消耗氢氧化钠溶液的体积。$V_1=24.44$ mL；$V_2=24.42$ mL

标定反应为：
$$NaOH+HCl=\!=\!=NaCl+H_2O$$

滴定终点时
$$n_{NaOH}=n_{HCl}$$

即
$$c_{NaOH}\cdot V_{NaOH}=c_{HCl}\cdot V_{HCl}$$

$$c_{NaOH}=\frac{c_{HCl}\cdot V_{HCl}}{V_{NaOH}}$$

已知：
$$c_{HCl}=0.09873\ \text{mol/L};V_{HCl}=25.00\ \text{mL}$$

当$V_{1\,NaOH}=24.44$ mL时

$$c_{NaOH}=\frac{0.09873\times25.00}{24.44}=0.1010(\text{mol/L})$$

当$V_{2\,NaOH}=24.42$ mL时

$$c_{NaOH}=\frac{0.09873\times25.00}{24.42}=0.1011(\text{mol/L})$$

两次标定结果的平均值为$c_{NaOH}=0.1010$(mol/L)。

显然，这种比较标定法不如基准物质标定的方法好，因为标准溶液的浓度不准确就会直接影响待标定溶液浓度的准确性。因此，标定时应尽量采用基准物质标定法。

标定时，不论采用哪种方法都应注意以下几点：

（ⅰ）一般要求滴定平行做3～4次，至少平行做2～3次，相对偏差要求不大于0.2%。

（ⅱ）为了减小测量误差，称取基准物质的量不应太少；滴定时消耗标准溶液的体积也不应太小。

（ⅲ）制备和标定溶液时用的量器（如滴定管、移液管和容量瓶等），需进行校正。

（ⅳ）标定后的标准滴定溶液应妥善保存。

2.1.3 滴定分析结果的计算

滴定分析法中要涉及一系列的计算问题，如标准溶液的制备和标定，标准溶液和被测物质间的计算关系，以及测定结果的计算等。现分别讨论如下。

2.1.3.1 计算依据

滴定分析就是用标准溶液去滴定被测物质的溶液，根据反应物之间按化学计量关系相互作用的原理，当滴定到计量点，化学方程式中各物质的系数比就是反应中各物质相互作用的物质的量之比。

$$aA+bB=\!=\!=P$$

被测物质　滴定剂　产物

$$n_A : n_B=a : b$$

设体积为 V_A 的被滴定物质的溶液其浓度为 c_A，在化学计量点时用去浓度为 c_B 的滴定剂体积为 V_B。则：

$$n_A=\frac{a}{b}n_B$$

如果已知 c_B、V_B、V_A，则可求出 c_A，

$$c_A=\frac{\frac{a}{b}c_B\times V_B}{V_A}$$

通常在滴定时，体积以 mL 为单位来计量，运算时要换算为 L，即

$$m_A=\frac{c_BV_B\times M_A\times\frac{a}{b}}{1000} \tag{2.1}$$

2.1.3.2 计算应用

（1）溶液稀释或增浓的计算

溶液稀释或增浓的计算

溶液稀释时，溶液中所含溶质的物质的量的总数不变。若 c_1、V_1 为溶液的初始浓度和体积，c_2 和 V_2 为稀释后溶液的浓度和体积，则：

$$c_1\cdot V_1=c_2\cdot V_2$$

【例题 2.4】 已知浓盐酸的密度为 1.19 g/mL，其中 HCl 含量约为 37%。计算：

① 浓盐酸的物质的量浓度；

② 欲制备浓度为 0.10 mol/L 的稀盐酸 500 mL，需量取上述浓盐酸多少毫升？

【解】 ①设盐酸的体积为 1000 mL

$$n_{HCl}=\frac{m}{M}=\frac{1.19\times1000\times0.37}{36.46}=12(\text{mol})$$

$$c_{HCl}=\frac{n_{HCl}}{V}=\frac{12}{1.0}=12(\text{mol/L})$$

② 设 c_1、V_1 为浓盐酸浓度和体积，c_2、V_2 为稀释后盐酸的浓度和体积，根据 $c_1 \cdot V_1 = c_2 \cdot V_2$ 得：

$$V_1 = \frac{c_2 V_2}{c_1} = \frac{0.10 \times 500}{12} = 4.2(\text{mL})$$

【例题 2.5】 在稀硫酸溶液中，用 0.02012 mol/L $KMnO_4$ 溶液滴定某草酸钠溶液，如欲使两者消耗的体积相等，则草酸钠溶液的浓度为多少？若需制备该溶液 100.0 mL，应称取草酸钠多少克？

【解】 $5C_2O_4^{2-} + 2MnO_4^- + 16H^+ = 10CO_2 + 2Mn^{2+} + 8H_2O$

因此
$$n_{Na_2C_2O_4} = \frac{5}{2} n_{KMnO_4}$$

即
$$c_{Na_2C_2O_4} \times V_{Na_2C_2O_4} = \frac{5}{2} c_{KMnO_4} \times V_{KMnO_4}$$

由于
$$V_{Na_2C_2O_4} = V_{KMnO_4}$$

则
$$c_{Na_2C_2O_4} = \frac{5}{2} c_{KMnO_4} = 2.5 \times 0.02012 = 0.05030(\text{mol/L})$$

$$m_{Na_2C_2O_4} = c_{Na_2C_2O_4} \times V_{Na_2C_2O_4} \times M_{Na_2C_2O_4} = \frac{0.05030 \times 100.0 \times 134.00}{1000} = 0.6740(\text{g})$$

(2) 标准滴定溶液浓度的计算

标准滴定溶液浓度的计算

【例题 2.6】 用 $Na_2B_4O_7 \cdot 10H_2O$ 标定 HCl 溶液的浓度，称取 0.4815 g 硼砂，滴定至终点时消耗 HCl 溶液 25.35 mL，计算 HCl 溶液的浓度。

【解】
$$Na_2B_4O_7 + 2HCl + 5H_2O = 4H_3BO_3 + 2NaCl$$

$$n_{Na_2B_4O_7} = \frac{n_{HCl}}{2}$$

$$\frac{m_{Na_2B_4O_7}}{M_{Na_2B_4O_7}} = \frac{c_{HCl} \times V_{HCl}}{2}$$

$$c_{HCl} = \frac{2 \times 0.4815}{381.4 \times 25.35 \times 10^{-3}} = 0.09960(\text{mol/L})$$

【例题 2.7】 要求在标定时消耗 0.2 mol/L NaOH 溶液 20～30 mL，问应称取基准试剂邻苯二甲酸氢钾(KHP)多少克？

【解】 根据
$$n_{KHP} = n_{NaOH} \quad 且 \quad n_{KHP} = \frac{m_{KHP}}{M_{KHP}}$$

则
$$m_{KHP} = c_{NaOH} \cdot V_{NaOH} \cdot M_{KHP}$$

$$m_1 = 204.2 \times 0.2 \times 20 \times 10^{-3} = 0.816(\text{g})$$

$$m_2 = 204.2 \times 0.2 \times 30 \times 10^{-3} = 1.225(\text{g})$$

故　邻苯二甲酸氢钾(KHP)的称量范围为 0.82～1.2 g。

(3) 物质的量浓度与滴定度间的换算

滴定度与物质的量浓度的关系为：

$$T_{B/A} = \frac{c_A \cdot M_B \cdot \frac{b}{a}}{1000} \tag{2.2}$$

式中，b 为滴定反应方程式中被测组分项的系数；a 为滴定剂项的系数。M_B 为被测组分的摩尔质量，c_A 为标准滴定溶液的浓度。

【例题 2.8】 试计算 0.02000 mol/L $K_2Cr_2O_7$ 溶液对 Fe 和 Fe_2O_3 的滴定度。

【解】 $$Cr_2O_7^{2-}+6Fe^{2+}+14H^+ = 2Cr^{3+}+6Fe^{3+}+7H_2O$$

$$\frac{c_{K_2Cr_2O_7}}{1000}=\frac{T_{Fe/K_2Cr_2O_7}}{6M_{Fe}}$$

$$T_{Fe/K_2Cr_2O_7}=\frac{c_{K_2Cr_2O_7}\times M_{Fe}\times 6}{1000}=\frac{0.02000\times 55.85\times 6}{1000}=0.006702(g/mL)$$

同理：

$$\frac{c_{K_2Cr_2O_7}}{1000}=\frac{T_{Fe_2O_3/K_2Cr_2O_7}}{3M_{Fe_2O_3}}$$

$$T_{Fe_2O_3/K_2Cr_2O_7}=\frac{c_{K_2Cr_2O_7}\times M_{Fe_2O_3}\times 3}{1000}=\frac{0.02000\times 159.69\times 3}{1000}$$

$$=0.009581(g/mL)$$

(4) 计算被测组分的质量分数

滴定剂用量和被测物质质量计算

【例题 2.9】 称取不纯碳酸钠试样 0.2642 g，加水溶解后，用 0.2000 mol/L 的 HCl 标准溶液滴定，消耗 HCl 标准溶液体积为 24.45 mL。求试样中 Na_2CO_3 的质量分数。

【解】 根据滴定反应式 $2HCl+Na_2CO_3 \rightleftharpoons 2NaCl+CO_2+H_2O$

$$w_{Na_2CO_3}=\frac{m_{Na_2CO_3}}{m}\times 100\%$$

$$=\frac{\frac{1}{2}c_{HCl}\times V_{HCl}\times 10^{-3}\times M_{Na_2CO_3}}{m}\times 100\%$$

$$=\frac{\frac{1}{2}\times 0.2000\times 24.45\times 10^{-3}\times 106.0}{0.2642}\times 100\%=97.87\%$$

即，试样中 Na_2CO_3 的质量分数为 97.87%。

2.1.4 滴定分析基础操作

滴定分析又称容量分析。规范地使用容量器皿并准确测量溶液的体积，是获得良好分析结果的重要保障。在滴定分析中，移液管(吸量管)、滴定管和容量瓶是准确量取溶液体积的常用仪器。现分述如下：

普通玻璃仪器的洗涤

普通玻璃仪器的干燥

安装常压过滤装置

常压过滤操作

2.1.4.1 滴定分析仪器简介

(1) 移液管、吸量管

① 移液管是用于准确量取一定体积溶液的量出式玻璃量器，其正规名称是“单标线吸量管”，通常惯称为“移液管”，见图 2.1(a)。

移液管的中间有一膨大部分，称为球部，球部的上、下部分均为较细窄的管颈，管颈的上端有一圈标线，此标线的位置是由放出纯水的体积决定的。常用的移液管有 5 mL、10 mL、25 mL、50 mL 等规格。

② 吸量管的全称是“分度吸量管”，它是具有分刻度的量出式玻璃量器，用于移取非固定量的溶液。常用的吸量管有 1 mL、2 mL、5 mL、10 mL 等规格，见图 2.1(b)。

(2) 容量瓶

容量瓶的主要用途是制备准确浓度的溶液或定量稀释溶液。它常和移液管配套使用，可将制备成溶液的某种物质等分为若干份。

容量瓶是一种细颈梨形平底玻璃瓶，由无色或棕色玻璃制成，带有磨口玻璃塞或塑料塞，瓶颈上有一环形标线，表示在所指温度下(一般为 20 ℃)液体充满至标线时的容积，以毫升计。容量瓶均为“量入”式。常用的容量瓶有 25 mL、50 mL、100 mL、250 mL、500 mL、1000 mL 等规格，见图 2.2。

(3) 滴定管

滴定管是准确量出不固定量标准溶液的量出式玻璃量器，主要用于滴定分析中对滴定剂体积的测量。

滴定管的主要部分管身是具有精确刻度、内径均匀的细长玻璃管，下端的流液口为一尖嘴，中间通过玻璃旋塞或乳胶管连接，以控制滴定速度。

目前，多数的具塞滴定管都是非标准旋塞，即旋塞不可互换。因此，一旦旋塞被打碎，则整只滴定管就报废了。

常量分析的滴定管容积为 25 mL、50 mL，最小刻度为 0.1 mL，读数可估计到 0.01 mL。另外还有容积为 10 mL、5 mL、2 mL、1 mL 的半微量和微量滴定管。

滴定管一般分为酸式滴定管和碱式滴定管两类，见图 2.3。

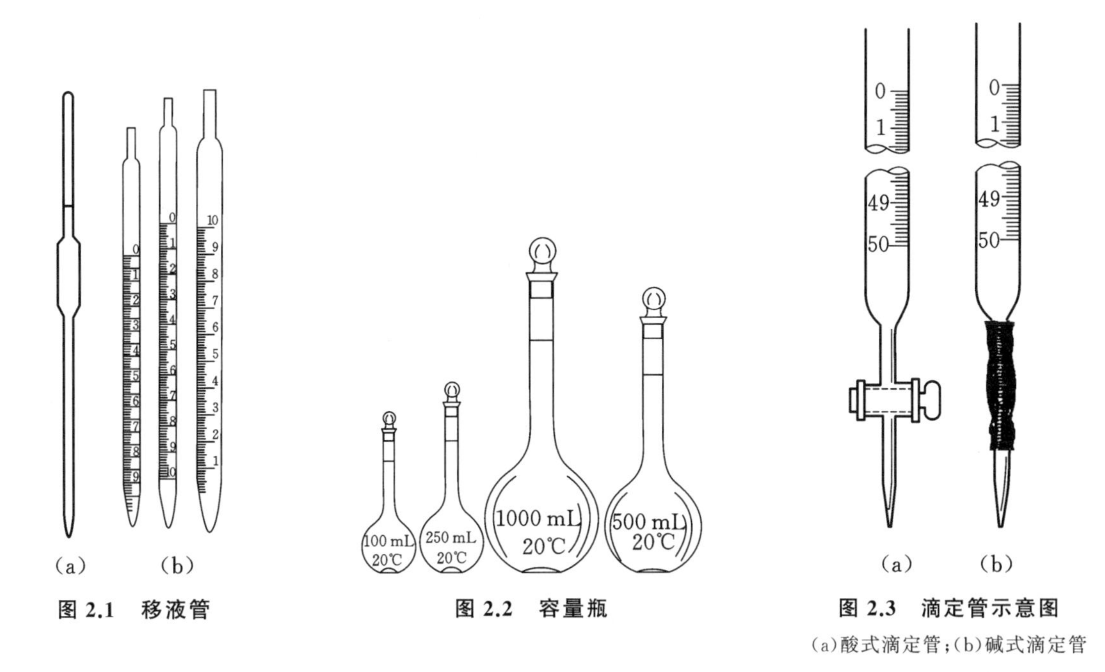

图 2.1　移液管

图 2.2　容量瓶

图 2.3　滴定管示意图

(a)酸式滴定管；(b)碱式滴定管

① 酸式滴定管下端有玻璃活塞开关，它用来装酸性溶液和氧化性溶液，不宜盛装碱性溶液，见图 2.3(a)。

② 碱式滴定管下端连接一乳胶管，管内有玻璃珠以控制溶液的流出，乳胶管的下端再连一尖嘴玻璃管。凡是能与乳胶管起反应的氧化性溶液，如 $KMnO_4$、I_2 等，都不能装在碱式滴定管中，见图 2.3(b)。

对于易见光分解的溶液，如 $KMnO_4$、$AgNO_3$ 等，有棕色滴定管。此外还有一种滴定管为通用型滴定管，它的下端是聚四氟乙烯旋塞。

2.1.4.2 滴定技术——滴定管的使用

(1) 使用前的准备工作

① 检查滴定管的密合性

将酸式滴定管安放在滴定管架上,用手旋转活塞,检查活塞与活塞槽是否配套吻合;关闭活塞,将滴定管装水至"0"线以上,置于滴定管架上,直立静置 2 min,观察滴定管下端管口有无水滴流出。若发现有水滴流出,应给旋塞涂油。

② 旋塞涂油

旋塞涂油是起密封和润滑作用,常用的油是凡士林油。

涂油方法:将滴定管平放在台面上,抽出旋塞,用滤纸将旋塞及塞槽内的水擦干,用手指蘸少许凡士林在旋塞的两侧涂上薄薄的一层。在离旋塞孔的两旁少涂一些,以免凡士林堵住塞孔。另一种涂油的做法是分别在旋塞粗的一端和塞槽细的一端内壁涂一薄层凡士林。

将涂好凡士林的旋塞插入旋塞槽内,沿同一方向旋转旋塞,直到旋塞部位的油膜均匀透明,见图 2.4。

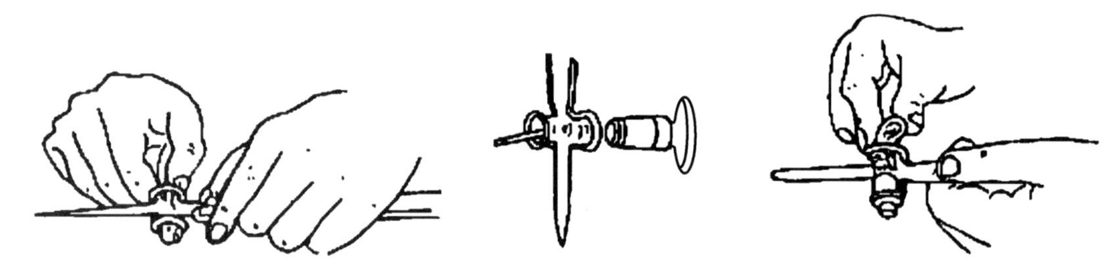

图 2.4 酸式滴定管的旋塞涂油

如发现转动不灵活或旋塞上出现纹路,表示油涂得不够;若有凡士林从旋塞缝内挤出,或旋塞孔被堵,表示凡士林涂得太多。遇到这些情况,都必须把旋塞和塞槽擦干净后重新处理。

注意:在涂油过程中,滴定管始终要平放、平拿,不要直立,以免擦干的塞槽又沾湿。涂好凡士林后,用乳胶圈套在旋塞的末端,以防活塞脱落破损。

涂好油的滴定管要试漏。试漏的方法是将旋塞关闭,管中充水至最高刻度,然后将滴定管垂直夹在滴定管架上,放置 12 min,观察尖嘴口及旋塞两端是否有水渗出;将旋塞转动 180°,再放置 2 min,若前后两次均无水渗出,旋塞转动也灵活,即可洗净使用。

碱式滴定管应选择合适的尖嘴、玻璃珠和乳胶管(长约 6 cm),组装后应检查滴定管是否漏水,液滴是否能灵活控制。如不符合要求,则需重新装配。

③ 洗涤滴定管

先用自来水洗净,再用蒸馏水洗涤 3 次。每次加入约 10 mL 蒸馏水后,用"淌洗"的方法两手平端滴定管,即右手拿住滴定管上端无刻度部位,左手拿住旋塞无刻度部位,边转边向宽口倾斜,使溶液流遍全管,然后打开滴定管的旋塞旋转滴定管,使洗液由下端流出。最后同样用"淌洗"的方法用操作溶液润洗滴定管 3 次。

如果滴定管长时间未用,或内壁有较多污渍,则应在蒸馏水洗涤之前用铬酸洗液洗涤。

④ 装液与排气

在向滴定管中装入操作溶液时,应由贮液瓶直接灌入,不得借用任何别的器皿,例如漏斗或烧杯,以免操作溶液的浓度改变或造成污染。

装入操作液前应先将贮液瓶中的操作溶液摇匀,使凝结在瓶内壁的水珠混入溶液。装满溶液的滴定管,应检查滴定管尖嘴内有无气泡,如有气泡,必须排出。

a. 酸式滴定管的排气方法　可用右手拿住滴定管无刻度部位使其倾斜约30°角，左手迅速打开旋塞，使溶液快速冲出，将气泡带走。

b. 碱式滴定管的排气方法　可把乳胶管向上弯曲，出口上斜，挤捏玻璃珠右上方，使溶液从尖嘴快速冲出，即可排出气泡，见图2.5。

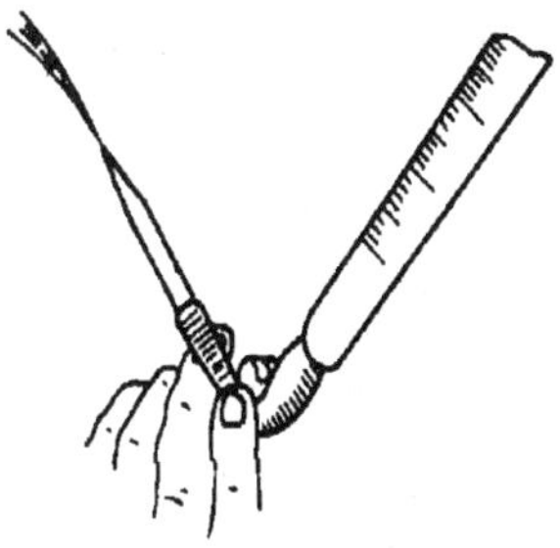

图2.5　碱式滴定管的排气方法

(2) 读数

将装满溶液的滴定管垂直地夹在滴定管架上。由于附着力和内聚力的作用，滴定管内的液面呈弯月形。无色水溶液的弯液面比较清晰，而有色溶液的弯液面清晰程度较差。因此，两种情况的读数方法稍有不同。

读数方法如下：

滴定管的读数方法

① 读数时滴定管应垂直放置，注入溶液或放出溶液后，需等待1～2 min后才能读数。

② 无色溶液或浅色溶液，普通滴定管应读弯液面下缘实线的最低点。为此，读数时，视线应与弯液面下缘实线的最低点在同一水平线上[图2.6(a)]。

③ 蓝线滴定管读数时[图2.6(b)]，其弯液面能使色条变形而形成两个相交于一点的尖点，且该尖点在蓝线的中线上，可直接读取此尖点所在处的刻度。

④ 有色溶液，如$KMnO_4$、I_2溶液等，视线应与液面两侧的最高点相切，即读液面两侧最高点的刻度[图2.6(c)]。

⑤ 滴定时，最好每次从0.00 mL开始，或从接近"0"的任一刻度开始，这样可以固定在某一体积范围内量度滴定时所消耗的标准溶液，减小体积误差，读数必须准确至0.01 mL。

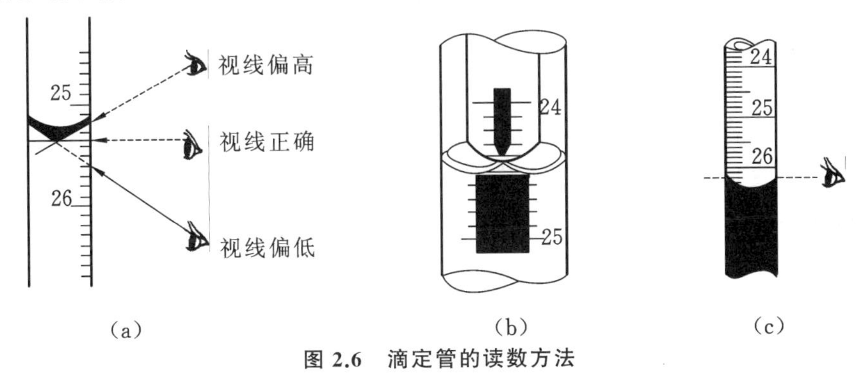

图2.6　滴定管的读数方法

(3) 滴定操作

① 酸式滴定管

应用左手控制滴定管旋塞，大拇指在前，食指和中指在后，手指略微弯曲，轻轻向内扣住旋塞，手心空握，否则可能会碰到旋塞使其松动，甚至可能顶出旋塞，右手握持锥形瓶，边滴边摇动，向同一方向做圆周旋转，而不能前后振动，否则会溅出溶液。滴定速度一般为10 mL/min，即每秒3～4滴。

临近滴定终点时，应一滴或半滴地加入，并用洗瓶吹入少量水冲洗锥形瓶内壁，使附着的溶液全部流下，然后摇动锥形瓶。如此继续滴定至准确到达终点为止，见图2.7(a)。

② 碱式滴定管

左手拇指在前，食指在后，捏住乳胶管中的玻璃球所在部位稍上处，向手心捏挤乳胶管，使其与玻璃球之间形成一条缝隙，即可使溶液流出。应注意，不能捏挤玻璃球下方的乳胶管，否则易进入空气形成气泡。为防止乳胶管来回摆动，可用中指和无名指夹住尖嘴的上部，见图2.7(b)。

滴定通常都在锥形瓶中进行，必要时也可以在烧杯中进行，见图2.8。

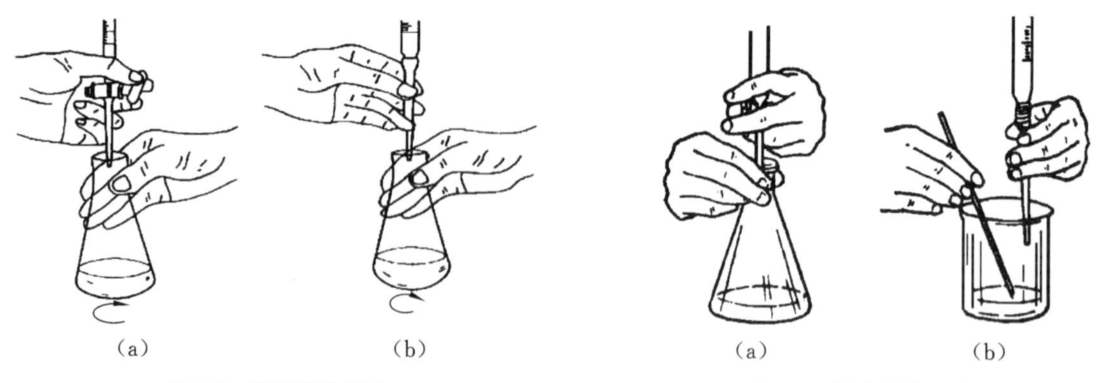

(a)　(b)

图2.7　滴定管的操作

(a)　(b)

图2.8　滴定操作示意图

(a)锥形瓶中滴定；(b)烧杯中滴定

对于碘量法、溴酸钾法等，则需在碘量瓶中进行反应和滴定。碘量瓶是磨口玻璃塞与喇叭形瓶口之间形成一圈水槽的锥形瓶。槽中加入纯水可形成水封，防止瓶中反应生成的气体(I_2、Br_2等)逸失。反应完成后，打开瓶塞，水即流下，并可冲洗瓶塞和瓶壁。

③ 滴定速度的控制

滴定管滴定速度的控制

通常开始滴定时，速度可稍快，呈“见滴成线”。这时滴定速度约为每分钟滴10 mL，即每秒3～4滴，而不能滴成“水线”，这样滴定速度太快。接近滴定终点时，应改为一滴一滴加入，即加一滴摇几下，再加，再摇。最后是每加半滴，摇几下锥形瓶，直至溶液出现明显的颜色变化为止。

用酸式滴定管时，可轻轻转动活塞，使溶液悬挂在出口管尖上，形成半滴。用锥形瓶内壁将之沾落，再用洗瓶吹洗。

若采用碱式滴定管加半滴溶液时，应先松开拇指与食指，将悬挂的半滴溶液沾在锥形瓶的内壁上，再放开无名指和小指，这样可避免出口管尖出现气泡。

(4) 滴定结束后滴定管的处理

滴定结束后，把滴定管中剩余的溶液倒掉(不能倒回原贮液瓶)。滴定管依次用自来水和纯水洗净，然后垂直夹在滴定管架上即可。

2.1.4.3　定容技术——容量瓶的使用

(1) 使用前检漏

容量瓶的检漏与洗涤

容量瓶使用前应检查是否漏水。

检漏方法：注入自来水至标线附近，盖好瓶塞，用右手的指尖顶住瓶底边缘，将其倒立2 min，观察瓶塞周围是否有水渗出。如果不漏，再把塞子旋转180°，塞紧，倒置，如仍不漏水，则可使用。使用前必须把容量瓶按容量器皿洗涤要求洗涤干净。

容量瓶与瓶塞要配套使用，标准磨口或塑料塞不能调换。瓶塞须用尼龙绳把它系在瓶颈上，以防掉下摔碎。系绳不要很长，长度为2～3 cm即可，以可启开塞子为限。

(2) 容量瓶的洗涤

先用自来水冲洗，将自来水倒净，加入适量15～20 mL铬酸洗液，盖上瓶塞。转动容量瓶，使洗液流遍瓶内壁，将洗液倒回原瓶，最后依次用自来水和蒸馏水洗净。

(3) 容量瓶的使用方法

容量瓶的使用

① 定量转移溶液　将准确称量的试剂转移至小烧杯中，加入适量水，搅拌使其溶解，沿玻璃棒将溶液移入容量瓶中，烧杯中的溶液移完后烧杯不要直接离开玻璃棒，而应在烧杯扶正的同时使杯嘴沿玻璃棒上提1～2 cm，随后烧杯即离开玻璃棒，这样可避免杯嘴与玻璃棒之间的一滴溶液流到烧杯外面。然后用少量水淋洗烧杯壁3～4次，每次的淋洗液按同样操作转移入容量瓶中，见图2.9(a)。

② 稀释/定容　当溶液达容量瓶容积的2/3时，应将容量瓶沿水平方向摇晃使溶液初步混匀(注意：不能倒转容量瓶)，加水至接近标线时，最后用滴管从标线以上1 cm处沿颈壁缓缓滴加蒸馏水至弯液面最低点恰好与标线相切。

③ 摇匀　盖紧瓶塞，用食指压住瓶塞，另一只手托住容量瓶底部，倒转容量瓶，使瓶内气泡上升到顶部，边倒转边摇动，如此反复倒转摇动多次，使瓶内溶液充分混合均匀，见图2.9(c)。

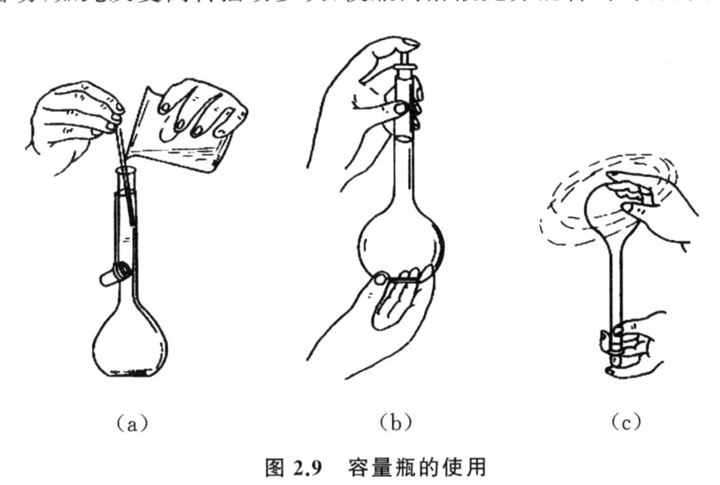

(a)　　(b)　　(c)

图2.9　容量瓶的使用

(a)转移；(b)直立；(c)旋摇

需要指出的是：首先，容量瓶是量器而不是容器，不宜长期存放溶液。如溶液需使用一段时间，应将溶液移入试剂瓶中储存，试剂瓶应先用该溶液润洗2～3次，以保证浓度不变。其次，容量瓶不得在烘箱中烘烤，也不许以任何方式对其加热。

2.1.4.4　移液技术——移液管的使用

移取溶液前，须用滤纸将移液管尖端内外的水吸去，然后用待移取的溶液润洗2～3次，以确保所移取溶液的浓度不变。

移取溶液时，用右手的大拇指和中指拿住移液管或吸量管管颈上方，将下部的尖端插入溶液中1～2 cm，左手拿洗耳球，先把球中空气压出，然后将球的尖端接在移液管口，慢慢松开左手使溶液吸入管内，当液面升高到刻度以上时，移去洗耳球，立即用右手的食指按住管口，将移液管下口提出液面，管的末端仍靠在盛溶液器皿的内壁上，略为放松食指，用拇指和中指轻轻捻转管身，使液面平稳下降，直到溶液的弯液面与标线相切时，立即用食指压紧管口，使液体不再流出。取出移液管，插入承接溶液的器皿中。此时移液管应垂直，承接的器皿倾斜45°，松开食指，让管内溶液自然地全部沿器壁流下，等待10～15 s，拿出移液管，见图2.10。

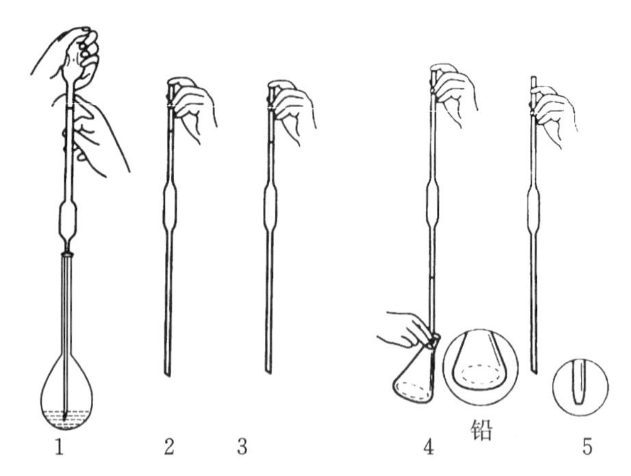

图 2.10 移液管的操作方法

1—吸溶液：右手握住移液管，左手捏洗耳球多次；2—把溶液吸到管颈标线以下，不时放松手指；
3—把液面调节到标线；4—放出溶液：移液管下端紧贴锥形瓶内壁，放开食指，溶液沿瓶壁自由流出；
5—残留在移液管尖的最后一滴溶液，一般不要吹掉（若管上有“吹”字，就要吹掉）

2.1.4.5 分析天平称量基本操作

在定量化学分析中，当需要取用一定量的固体试剂（或试样）时，应选用适当容器在天平上称量。称量是定量分析中最基本的操作之一，无论是滴定分析，还是质量分析都离不开称量。根据分析任务的要求，准确、熟练地进行物质的称量，是获得准确分析结果的基本保证。

在化验室中，天平是化学实验中最重要、最常用的衡量仪器之一，是用来测量物体质量的仪器。化学工作者尤其是分析化学工作者必须熟悉如何正确地使用天平。

常用的天平有托盘天平、电光天平和电子天平。根据量值传递范畴，天平又分为标准天平（直接用于检定传递砝码质量量值的天平）和工作天平。在分析检测中使用的天平主要为工作天平。工作天平的一般分类见表 2.2。

表 2.2 工作天平的分类

按天平的用途分类[称量精度(g)]	按天平的分度值分类(mg·分度值$^{-1}$)
·分析天平：0.0001～0.00001	·常量分析天平：0.1
·工业天平：0.1～0.01	·微量分析天平：0.01
·专用天平：密度天平、采样天平、水分测定天平	·超微量分析天平：0.001

图 2.11 电子分析天平

此外，天平还可以按精度等级不同分为四级，即Ⅰ为特种精度（精细天平），Ⅱ为高精度（精密天平），Ⅲ为中等精度（商用天平），Ⅳ为普通精度（粗糙天平）。

目前，电子分析天平早已是化验室中最新且最广泛使用的衡量仪器。因此，本教材将主要介绍电子分析天平的相关知识与基础操作。

(1) 电子分析天平的工作原理

电子分析天平是最新发展的一类天平。其显著特点是称量快捷，使用方法简便，是目前最好的称量仪器，见图 2.11。

电子分析天平的基本功能包括自动校零、自动校正、自动扣除空白和自动显示称量结果。

分析天平的工作原理

电子分析天平的工作原理为电磁力平衡原理。即在秤盘上放上称量物进行称量时，称量物便产生一个重力，方向向下。线圈内有电流通过，产生一个向上的电磁力，与秤盘中称量物的重力大小相等、方向相反，维持力的平衡。

(2) 电子分析天平的校准

因存放时间长、位置移动、环境变化或为获得精确数值，电子天平在使用前或使用一段时间后都应进行校准。

校准方法：校准时，取下秤盘上的被称物，轻按 TAR 键清零。按 CAL 键，当显示器出现“CAL—”时，即松手。显示器就出现“CAL—100”，其中 100 为闪烁码，表示校准砝码需要 100 g 的标准砝码。此时将准备好的 100 g 标准砝码放在秤盘上，显示器出现“……”等待状态，经较长时间后显示器出现“100.0000 g”。拿去校准砝码，显示器应出现“0.0000 g”。若显示不为零，则再清零，再重复以上校准操作。

为了得到准确的校准结果，最好重复以上校准操作两次。

(3) 电子分析天平的使用方法

电子分析天平的使用方法

① 在使用前观察水平仪是否水平。若不水平，调节水平调节脚，直至水泡位于水平仪中心。

② 接通电源，预热 30 min 后方可开启显示器。轻按天平面板上的 ON 键，约 2 s 后，显示屏很快出现“0.0000 g”。如果显示的不是 0.0000 g，则需按一下“TAR” 键。

③ 将容器(或待称物)轻轻放在秤盘上，待显示数字稳定下来并出现质量单位“g”后，即可读数(最好再等几秒钟)，并记录称量结果。

④ 若需清零、去皮重，则应轻按 TAR 键，显示消隐，随即出现全零状态。容器质量显示值已消除，即为去皮重。可继续在容器中加试样进行称量，显示出的是试样的质量。当拿走称量物后，就出现容器质量的负值。

⑤ 称量完毕，取下被称物，按一下 OFF 键(但不可拔电源插头)，让天平处于待命状态。再次称量时，按一下 ON 键，就可继续使用。使用完毕后应拔下电源插头，盖上防尘罩。

(4) 称量方法

采用电子分析天平准确称取一定量固体试剂或试样时，常采用的称量方法主要有直接称量法、减量称量法(差减法)和固定质量称量法(增量法)三种。

① 直接称量法

直接称量法

直接称量法适用于称量洁净、干燥的器皿，棒状、块状且在空气中没有吸湿性的固体物质，如金属或合金试样等。称量时，可将被称试样置于天平盘上的干燥器皿中，如表面皿、烧杯及不锈钢器皿，直接称量。称量某小烧杯的质量、称量分析中称量某坩埚的质量，都是采用这种方法。

直接称量法的操作步骤如下：

a. 天平的零点调定后，将被称物直接放在秤盘上，显示的数字稳定后所得读数即为被称物的质量。

b. 记录被称物质量。必要时，应重复称量两次，以两次称量值的平均值为最终称量结果。

c. 取出被称物，关闭防风门。再次检查天平零点(即“复零”)。

d. 关机。需要指出，采用直接称量法进行称量时，应注意不得用手直接取放被称物，应采用戴汗布手套、垫纸条、用镊子或坩埚钳子等适宜的方法。

减量称量法

② 减量称量法(差减法)

减量称量法又称差减法、递减称量法。此法适用于称量易吸水、易氧化或易与空气中 CO_2 等反应的固体试剂或试样。其方法原理是:

取适量待称样品置于一干燥洁净的容器(固体粉状样品用称量瓶,液体样品可用小滴瓶等)中,在天平上准确称量后,取出欲称量的样品,将其置于实验容器中,再次准确称量,两次称量读数之差即为所称量的样品的质量。如此反复操作,可连续称取若干份样品。

减量称量法最常用的称量容器是称量瓶,见图 2.12(a)。称量瓶在使用前要洗净烘干或自然晾干,称量时不可直接用手拿,而应用纸条套住或戴手套拿住瓶身中部,用手捏紧纸条或戴手套进行操作,以防手的温度高或汗渍沾污等影响称量准确度。规范操作见图 2.12(b)。

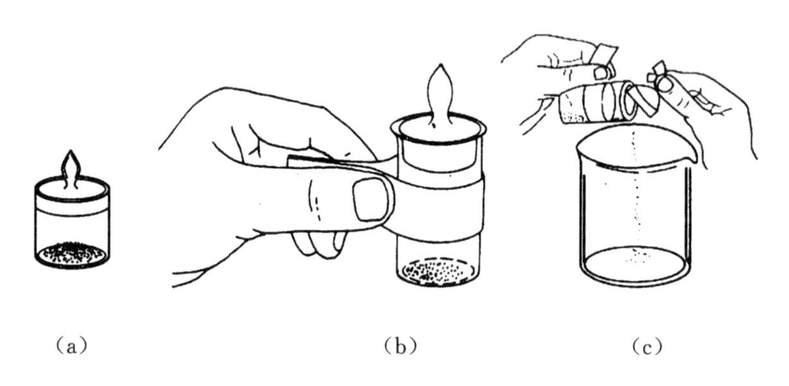

图 2.12 减量称量法的规范操作

(a)称量瓶;(b)称量瓶的使用;(c)试样的转移方法

差减法的操作步骤如下:

a. 将称量瓶放在天平盘上,准确称量称量瓶加试样的质量,记为 m_1(g)。

b. 取下称量瓶,在接收容器上方将称量瓶倾斜。用称量瓶盖轻敲瓶口上部,使试样慢慢落入接收容器中,见图 2.12(c)。当倾出的试样已接近所需质量时,慢慢地将瓶竖起,再用小纸条夹住称量瓶盖柄轻敲瓶口上部,使粘在瓶口的试样落入接收容器中,然后盖好瓶盖(上述操作均应在容器上方进行,防止试样丢失),将称量瓶再放回天平盘,称得质量,记为 m_2(g),如此继续进行,可称取多份试样。

c. 第一份试样质量$=m_1-m_2$;第二份试样质量$=m_2-m_3$。

注意:如果一次倾出的试样不能满足所需用的质量范围要求,可按上述操作继续倾出。但如果超出所需的质量范围时,不准将倾出的试样再倒回称量瓶中。此时只有弃去倾出的试样,洗净接收容器重新称量。

固定质量称量法

③ 固定质量称量法(增量法)

固定质量称量法(增量法)是指称取某一指定质量的试样的称量方法。这种方法常用来称取指定质量的试剂(如基准物质)或试样,可在称量容器(如表面皿或不锈钢等金属材料做成的深凹型小表面皿)内直接放入待测试样,直到称取到所需质量。

此法只能用来称取不易吸湿且不与空气中各种组分发生作用的、性质稳定的粉末状或小颗粒状物质,不适用于块状物质的称量。

固定质量称量法的操作步骤如下:

a. 将清洁干燥的容器置于天平秤盘上,清零、去皮重。

b. 手指轻敲勺柄,逐渐加入试样,直到所加试样只差很小质量时,小心地以左手持盛有试样的小勺,在实验容器中心部位上方 2~3 cm 处,用左手拇指、中指及掌心拿稳勺柄,以食指摩擦勺柄,使勺内的试样以非常缓慢的速度尽可能少地抖入实验容器中。

c. 若不慎多加了试样，用小勺取出多余的试样（不要放回原试样瓶），再重复上述操作直到合乎要求为止。记录所称样品的质量。

d. 称量完毕，将所称取的试样定量完全地转移至接收容器内。观察天平是否回零，若天平没有回零，应重新称取。

采用固定质量称量法称量样品时，应在称量器皿中加入略少于称量质量的试样，再用角勺轻轻振动，逐渐往称量器皿中增加试样，使其达到所需质量。

注意：固定质量称量法要求操作者技术熟练，尽量减少增减试样的次数，这样才能保证称量准确、快速。

2.1.5　分析误差与数据处理

在定量分析中，经常需要量取或测量物质的各种物理量或参数。常见的测量方法可以归纳为直接测量法和间接测量法两类。使用各种量器量取物质和使用某种仪器直接测定出物理量都称为直接测量。直接测量是最基本的测量操作，例如用量筒量取某液体的体积、用温度计测定反应的温度等。某些物理量需要进行一系列直接测量后，再根据化学反应原理、计算公式或图表经过计算后才能得到结果，如标准滴定溶液的浓度、定量分析结果等都属于间接测量。

测量结果和真实值之间或多或少有一些差距，这些差距就是"误差"。例如，同一个人，在同样的条件下，取同一试样进行多次重复测试，其测定结果也常常不会完全一致。这说明测量误差是普遍存在的。也就是说，有测量就必然有误差。

2.1.5.1　误差的概念

(1) 准确度与误差

① 准确度

准确度是指测量值与真值相符合的程度，它说明测定结果的可靠性。

准确度的高低通常用误差的大小来表示。误差的绝对值越小，结果的准确度就越高；反之，准确度就越低。

准确度与精密度

② 误差

所谓误差，就是指单次测量值(x_i)与真值(μ)之差。误差的大小，可用绝对误差(E_a)和相对误差(E_r)表示。即：

$$E_a = x_i - \mu \tag{2.3}$$

$$E_r = \frac{E_a}{\mu} \times 100\% = \frac{x_i - \mu}{\mu} \times 100\% \tag{2.4}$$

建立误差概念的意义在于：当已知误差时，测量值扣除误差即为真值，可以对真值进行估算。

【例题 2.10】 已知分析天平的称量误差（绝对误差）为±0.0001 g，那么称量得到的质量为 0.2163 g 的试样的真实质量为：

$$\mu = x_i - E_a = 0.2163 \pm 0.0001(\text{g})$$

即试样质量的真值在 0.2162～0.2164 g 之间。

【例题 2.11】 分析天平称量两物体的质量各为 1.6380 g 和 0.1637 g，假定两者的真实质量分别为 1.6381 g 和 0.1638 g，则两者称量的绝对误差分别为：

$$E_{a1} = 1.6380 - 1.6381 = -0.0001(\text{g})$$

$$E_{a2}=0.1637-0.1638=-0.0001(g)$$

两者称量的相对误差分别为：

$$E_{r1}=\frac{-0.0001}{1.6381}\times100\%=-0.006\%$$

$$E_{r2}=\frac{-0.0001}{0.1638}\times100\%=-0.06\%$$

由此可见，绝对误差相等，相对误差并不一定相同，上例中第一个称量结果的相对误差为第二个称量结果相对误差的十分之一。也就是说，同样的绝对误差，当被测定的量较大时，相对误差就比较小，测定的准确度就比较高。因此，测量结果的准确程度常用相对误差来表示。

绝对误差和相对误差都有正值和负值。正值表示分析结果偏高，负值表示分析结果偏低。

(2) 精密度与偏差

① 精密度

精密度是指在相同条件下，多次测量结果相互靠近的程度。换句话说，精密度是指在确定条件下，测量值在中心值(即平均值)附近的分散程度。它表示了结果的再现性。

精密度的大小常用"偏差"表示。偏差愈小，表示测定结果的精密度愈高。即每一测定值之间比较接近，精密度高。在实际分析工作中，一般是以精密度来衡量分析结果。

② 绝对偏差和相对偏差

偏差分为绝对偏差(d_i)和相对偏差(d_r)。其表示方法为：

$$d_i=x_i-\bar{x} \tag{2.5}$$

$$d_r=\frac{x_i-\bar{x}}{\bar{x}}\times100\% \tag{2.6}$$

式(2.5)、式(2.6)中，x_i 表示个别测定值；$\bar{x}$ 表示几次测定值的算术平均值；d_i 表示个别测定值的绝对偏差。

③ 原始数据的分散程度

原始数据是采集到的未经整理的观测值。原始数据的离散即离中趋势可用以下几种方法表示：

a. 平均值

为了获得可靠的分析结果，一般总是在相同条件下对同一样品进行平行测定，然后取平均值。平均值是对数据组具有代表性的表达值。

设一组平行测量值为：$x_1,x_2,\cdots,x_n$。若用平均值表示，则：

$$\bar{x}=\frac{x_1+x_2+\cdots+x_n}{n}=\sum_i\frac{x_i}{n} \tag{2.7}$$

通常，平均值是一组平行测量值中出现可能性最大的值，因而是最可信赖和最有代表性的值，它代表了这组数据的平均水平和集中趋势，故人们常用平均值来表示分析结果。

b. 中位数

一组平行测定的中心值亦可用中位数表示。

将一组平行测定的数据按大小顺序排列，在最小值与最大值之间的中间位置上的数据称为"中位数"。当测定数据为奇数时，居中者为中位数；当测定数据为偶数时，则中间数据对的算术平均值即为中位数。

例如以下 9 个数据：

10.10　10.20　10.40　10.46　$\underline{10.50}$　10.54　10.60　10.80　10.90

中位数 10.50 与平均值一致。

若在以上数据组中再增加一个数据 12.80，即：

10.10　10.20　10.40　10.46　<u>10.50</u>　<u>10.54</u>　10.60　10.80　10.90　12.80

则中位数为$\frac{10.50+10.54}{2}=10.52$，而平均值为 10.73。

平均值 10.73 比数据组中相互靠近的三个数据 10.46、10.50 和 10.54 都大得多。可见用中位数 10.52 表示中心值更实际。这是因为在这个数据组中，12.80 是“异常值”。

在包含一个异常值的数据组中，使用中位数更有利，异常值对平均值和标准偏差影响很大，但不影响中位数。对于小的数据组用中位数比用平均值更好。

c. 平均偏差与相对平均偏差

平均偏差即为绝对偏差的平均值，用$\bar{d}$表示，其计算方法为：

$$\bar{d}=\frac{|d_1|+|d_2|+\cdots+|d_n|}{n} \tag{2.8}$$

相对平均偏差：

$$\bar{d}_r=\frac{\bar{d}}{\bar{x}}\times 100\% \tag{2.9}$$

可以看出，平行测量数据相互越接近，平均偏差或相对平均偏差就越小，说明分析的精密度越高；反之，平行测量数据越分散，平均偏差或相对平均偏差就越大，说明分析的精密度就越低。

d. 标准偏差和相对标准偏差

由于在一系列测定值中，偏差小的总是占多数，这样按总测定次数来计算平均偏差会使所得的结果偏小，大偏差值将得不到充分的反映。因此在数理统计中，一般不采用平均偏差而广泛采用标准偏差（简称标准差）来衡量数据的精密度。

标准偏差是表征数据变化性最有效的量。

标准偏差（s），又称均方根偏差：

$$s=\sqrt{\frac{\sum_{i=1}^{n}d_i^2}{n-1}}=\sqrt{\frac{\sum_{i-1}^{n}(x_i-\bar{x})^2}{n-1}} \tag{2.10}$$

相对标准偏差（$RSD\%$），亦称变异系数（CV）：

$$CV=\frac{s}{\bar{x}}\times 100\% \tag{2.11}$$

由式(2.10)和式(2.11)可知，由于在计算标准偏差时是把单次测量值的偏差 d_i 先平方再加和起来的，因而 s 和 CV 能更灵敏地反映出数据的分散程度。

e. 极差（R）

极差又称全距，是指在一组测量数据中，最大值（x_{max}）和最小值（x_{min}）之间的差。

$$R=x_{max}-x_{min} \tag{2.12}$$

R 值越大，表明平行测量值越分散。但由于极差没有充分利用所有平行测量数据，它对测量精密度的判断精确程度较差。

【例题 2.12】　请比较同一试样的两组平行测量值的精密度。

第一组：10.3　9.8　9.6　10.2　10.1　10.4　10.0　9.7　10.2　9.7

第二组：10.0　10.1　9.5　10.2　9.9　9.8　10.5　9.7　10.4　9.9

【解】

第一组测量值的处理	第二组测量值的处理
$\bar{x}=10.0$	$\bar{x}=10.0$
$\bar{d}=0.24$	$\bar{d}=0.24$
$\bar{d}_r=2.4\%$	$\bar{d}_r=2.4\%$
$s=0.28$	$s=0.31$
$CV=2.8\%$	$CV=3.1\%$

若仅从平均偏差和相对平均偏差来看，两组数据的精密度似乎没有差别，但如果比较标准偏差或变异系数，即可看出 $s_1<s_2$ 且 $(CV)_1<(CV)_2$，即第一组数据的精密度要比第二组更好些。可见，标准偏差比平均偏差能更灵敏地反映测量数据的精密度。

由上述分析可见，误差是以真实值为标准，偏差是以多次测量结果的平均值为标准。误差与偏差，准确度与精密度的含义不同，必须加以区别。但由于在一般情况下，真值是不知道的(测量的目的就是测得真实值)。因此，处理实际问题时常常在尽量减小系统误差的前提下，把多次平行测量结果的平均值当作真实值，把偏差作为误差。

(3) 准确度与精密度的关系

准确度和精密度是确定一种分析方法质量的最重要的标准。通常首先是计算精密度，因为只有已知随机误差的大小，才能确定系统误差(影响准确度)。

对一组平行测定结果的评价，要同时考察其准确度和精密度。

图 2.13 所示为甲、乙、丙、丁四个人分析同一试样中镁含量所得结果(假设其真值为 27.40%)。

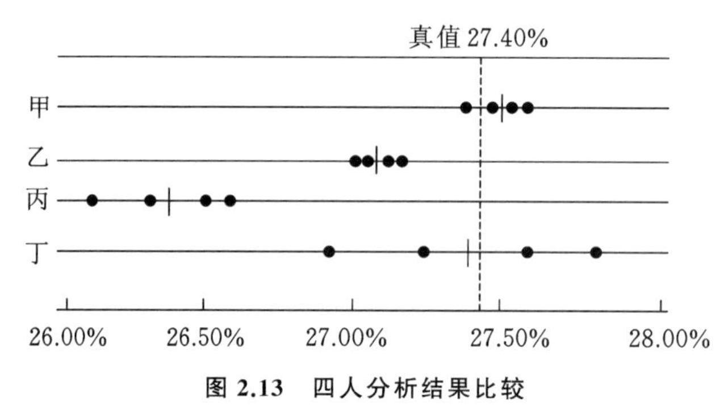

图 2.13　四人分析结果比较

(·表示单次测量值；|表示平均值)

图 2.12 中的结果表明，甲的结果准确度和精密度都好，结果可靠。乙的结果精密度好，但准确度低；丙的准确度和精密度都低；丁的精密度很差，虽然其平均值接近真值，但纯属偶然，这是因为大的正负误差相互抵消，因而丁的分析结果也是不可靠的。

由此可见，精密度高表示测定条件稳定，仅仅是保证准确度高的必要条件；精密度低，说明测量结果不可靠，再考虑准确度就没有意义了。因此精密度是保证准确度的必要条件。在确认消除了系统误差的情况下，精密度的高低直接反映测定结果准确度的好坏。

高精密度是获得高准确度的前提或必要条件。准确度高一定要求精密度高，但是精密度高却不一定准确度高。因此，如果一组测量数据的精密度很差，自然失去了衡量准确度的前提。

综上所述，误差和偏差(准确度和精密度)是两个不同的概念。当有真值或标准值比较时，他们从两个侧面反映了分析结果的可靠性。对于含量未知的试样，仅以测定的精密度难以正确评价测定结果，因此常常同时测定一两个组成接近的标准试样检查标样测定值的精密度，并对照真值以确定其准确度，从而对试样分析结果的可靠性做出评价。

2.1.5.2　误差的来源与减免

在定量分析中，根据产生的原因及其性质的不同，一般将误差分为两类：系统误差（或称可测误差）与随机误差（又称不可测误差或偶然误差）。

（1）系统误差

系统误差指的是在重复性条件下，对同一被测量进行无限多次测量所得结果的平均值与被测量的真值之差。系统误差导致测量结果准确度的降低。

① 系统误差的性质

a. 重复性　同一条件下，重复测定中重复出现。

b. 单向性　测定结果系统偏高或偏低。

c. 可测性　误差大小基本不变，对测定结果的影响比较恒定。

可见，系统误差是由某些固定原因造成的，它总是以相同的大小和正负号重复出现，其大小可以测定出来，通过校正的方法就能将其消除。

② 系统误差的产生原因

a. 方法误差

方法误差由测定方法的不完善造成。如：反应不完全；干扰成分的影响；重量分析中沉淀的溶解损失、共沉淀和后沉淀现象；灼烧沉淀时部分称量形式具有吸湿性；滴定分析中指示剂选择不当、化学计量点与滴定终点不相符合等都属于方法上的误差。

b. 试剂误差

试剂误差由试剂不纯或蒸馏水、去离子水不符合要求，含有微量被测组分或对测定有干扰的杂质等所造成。如：测定石英砂中的铁含量时，使用的盐酸中含有铁杂质，就会给测定结果带来误差。

c. 仪器误差

仪器误差由测量仪器本身不够精密或有缺陷所造成。如：容量器皿刻度不准又未经校正；砝码质量未校正或被腐蚀，电子仪器“噪声”过大等。

d. 操作误差

操作误差又称“主观误差”，是由操作人员主观或习惯上的原因所造成。如：称取试样时未注意防止试样吸湿；洗涤沉淀时洗涤过多或不充分；观察颜色偏深或偏浅；读取刻度值时，有时偏高或偏低；第二次读数总想与第一次读数重复等。这些主观误差，其数值可能因人而异，但对一个操作者来说基本是恒定的。

上述各因素中，方法误差有时不被人们察觉，带来的影响也比较大。因此，在选择方法时应特别注意。

（2）随机误差

随机误差又称“偶然误差”，它是由一些无法控制和预见的因素的随机变动而引起的误差。如测量时环境温度、湿度、大气压的微小波动、仪器性能的微小变化、操作人员对各份试样处理时的微小差异等。这类误差值时大时小，时正时负，难以找到具体的原因，更无法测量它的值。但从多次测量结果的误差来看，仍然符合一定的规律。增加测定次数可以减小随机误差。

随机误差要用数理统计的方法来处理。当测定次数无限多时，则得到随机误差的正态分布曲线，

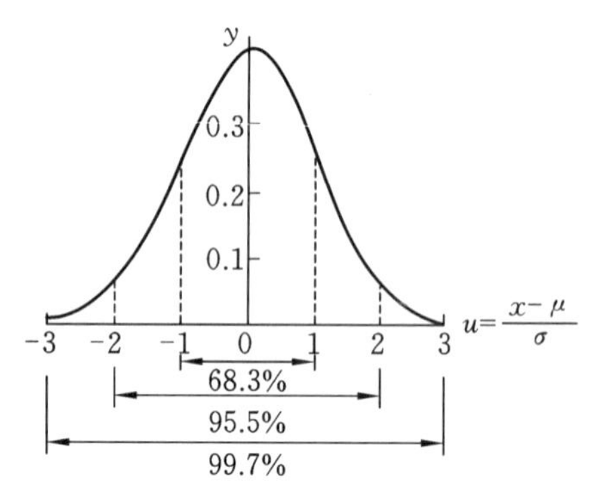

图 2.14　标准正态分布曲线

见图 2.14。

由正态分布曲线可以概括出随机误差分布的规律与特点。

① 对称性　大小相近的正误差和负误差出现的概率相等，误差分布曲线是对称的。

② 单峰性　小误差出现的概率大，大误差出现的概率小，很大误差出现的概率非常小。误差分布曲线只有一个峰值。

③ 有界性　误差有明显的集中趋势，即实际测量结果总是被限制在一定范围内波动。

系统误差与随机误差的概念不同，在分析实践中除了极明显的情况外，常常难以判断和区别。

需要指出的是，也有人把由于疏忽大意而造成的误差划为第三类，称为过失误差，也叫粗差，其实是一种错误。它是由操作者的责任心不强，粗心大意、违反操作规程等原因所致，比如加错试剂、试液溅失或被污染、读错刻度、仪器失灵、记录错误等。这种由过失造成的错误是应该也完全可以避免的。因此不在本章关于误差的讨论范围内。

在测量过程中，一旦发现有上述过失的发生，应停止正在进行的测定，重新开始实验。

杜绝过失的最有效方法：严格遵守操作规程和培养娴熟的操作技能。

(3) 误差的减小

误差的减小

准确度在定量分析测定中十分重要，因此在实际分析工作中应设法提高分析结果的准确度，尽可能减小误差。减小误差可采取以下措施：

① 选择适当的分析方法

试样中被测组分的含量情况各不相同，而各种分析方法又具有不同特点，因此必须根据被测组分的相对含量的多少来选择合适的分析方法，以保证测定的准确度。一般来说，化学分析法准确度高，灵敏度低，适用于常量组分分析；仪器分析法灵敏度高，准确度低，适用于微量组分分析。

例如：(a)对含铁量为 20.00%的标准样品进行铁含量分析(常量组分分析)。采用化学分析法测定，其相对误差为±0.1%，测得的铁含量范围为 19.98%～20.02%；而采用仪器分析法测定，其相对误差约为±2%，测得的铁含量范围是 19.6%～20.4%，准确度不满意。

(b) 对含铁量为 0.0200%的标准样品进行铁含量分析(微量组分分析)。化学分析法灵敏度低，无法检测。而采用仪器分析法测定，其相对误差约为±2%，测得的铁含量范围是 0.0196%～0.0204%，准确度可以满足要求。

② 减小测量误差

任何测量仪器的测量精确度(简称精度)都是有限度的。因此在高精度测量中由此引起的误差是不可避免的。由测量精度的限制而引起的误差又称为测量的不确定性，属于随机误差，是不可避免的。

任何分析结果总含有不确定度，它是系统不确定度和随机不确定度的综合结果。

例如，滴定管读数误差，滴定管的最小刻度为 0.1 mL，要求测量精确到 0.01 mL，最后一位数字只能估计。最后一位的读数误差在正负一个单位之内，即不确定性为±0.01 mL。在滴定过程中要获取一个体积值 V(mL)，需要两次读数相减。按最不利的情况考虑，两次滴定管的读数误差相叠加，则所获取的体积值的读数误差为±0.02 mL。这个最大可能绝对误差的大小是固定的，是由滴定管本身的精度决定的，无法避免。可以设法控制体积本身的大小而使由读数误差引起的相对误差在所要求的±0.1%之内。

由于 $$E_r=\frac{E_a}{V}$$

当相对误差 $E_r=\pm0.1\%$，绝对误差 $E_a=\pm0.02$ mL 时，

$$V=\frac{E_a}{E_r}=\frac{\pm0.02}{\pm0.1\%}=20(\text{mL})$$

可见，只要控制滴定时所消耗的滴定剂的总体积不小于 20 mL，就可以保证由滴定管读数的不确定性所造成的相对误差在±0.1%之内。

同理，对于测量精度为万分之一的分析天平的称量误差，其测量不确定性为±0.1 mg。在称量过程中要获取一个质量值 m (mg) 需要两次称量值相减，按最不利的情况考虑，两次天平的称量误差相叠加，则所获取的质量值的称量误差为±0.2 mg。这个绝对误差的大小也是固定的，是由分析天平自身的精度决定的。

$$m=\frac{E_a}{E_r}=\frac{\pm0.2}{\pm0.1\%}=0.2(\text{g})$$

因此，为了保证天平称量不确定性造成的相对误差在±0.1%之内，必须控制所称样品的质量不小于 0.2 g。

③ 消除或校正系统误差

a. 对照实验

对照实验是检验分析方法和分析过程有无系统误差的有效方法。比如在建立了一种新的分析方法后，这种新方法是否可靠，有无系统误差？这就要做对照实验。

对照实验一般有两种做法：一种是用新的分析方法对标准试样进行测定，将测定结果与标准值相对照；另一种是用国家规定的标准或公认成熟可靠的方法与新方法分析同一试样，然后将两个测定结果加以对照。如果对照试验表明存在方法误差，则应进一步查清原因并加以校正。

进行对照实验时，应尽量选择与试样组成相近的标准试样进行对照分析。有时也可采用不同分析人员、不同实验室用同一方法对同一试样进行对照实验。

对组成不清楚的试样，对照实验难以检查出系统误差的存在，可采用"加入回收实验法"，该法是向试样中加入已知量的待测组分，对常量组分回收率一般为 99%以上，对微量组分的回收率一般为 90%～110%。

标准试样中被测组分的标准值与测定值之间的比值称为"校正系数"K，可用于作为试样测定结果的校正值，因此，被测组分的测定值＝试样的测定值×K。

b. 空白实验

由试剂、水、实验器皿和环境带入的杂质所引起的系统误差可通过空白实验消除或减少。也就是说，空白实验用于检验和消除试剂误差。空白实验是在不加试样的情况下，按照试样溶液的分析步骤和条件进行分析的实验，其所得结果称为"空白值"。从试样的分析结果扣除空白值，即可得到比较准确的分析结果。

例如测定试样中的 Cl^- 含量时就经常要做空白实验，也就是在实验中用蒸馏水代替试样，而其余条件均与正常测定相同。此时若仍能测得 Cl^- 含量，则表明蒸馏水或其他试剂中可能也含有 Cl^-，于是应将此空白值从试样的测定结果中扣除以消除试剂误差的影响。

空白值较大时，应找出原因，加以消除，如对试剂、水、器皿做进一步提纯、处理或更换等。微量分析时，空白实验是必不可少的。

能否善于利用空白实验、对照实验，是反映一个分析检测人员分析和解决问题能力的标志之一。

c. 校准测量仪器和测量方法

校准仪器是为了消除仪器误差。在对准确度要求较高的测定进行前，应先对所使用的仪器诸如分

析天平的砝码质量，移液管、容量瓶和滴定管等计量仪器的体积等进行校正，在测定中采用校正值(C)。

【例题 2.13】 称取 1.3249 g 无水 Na_2CO_3，溶解后转移至 250 mL 容量瓶中稀释、定容。称量后天平零点变至－0.3 mg 处，已知容量瓶的校正值为－0.10 mL，计算质量的相对误差和体积的相对误差。

【解】 首先，称量的绝对误差 $E_a=-0.3$ mg，质量的真实值为：

$$m=x_i-E_a=1.3249+0.0003=1.3252(\text{g})$$

质量的相对误差为

$$E_r=\frac{E_a}{\mu}\times 100\%=\frac{-0.0003}{1.3252}\times 100\%=-0.02\%$$

其次，体积的校正值 $C=-0.10$，则体积的绝对误差为

$$E_a=-C=0.10(\text{mL})$$

真实体积为

$$V=x_i-E_a=250.00-0.10=249.90(\text{mL})$$

体积的相对误差为

$$E_r=\frac{E_a}{\mu}\times 100\%=\frac{0.10}{249.90}\times 100\%=0.04\%$$

分析方法的不够完善也会造成系统误差，因此应尽可能找出原因改进分析方法或进行必要的补救、校正。比如，重量法测定 SiO_2 时，滤液中的微量硅可用分光光度法测定后加进重量法的结果中，由此校正由沉淀不完全所造成的负误差。

④ 增加平行测定次数，减小随机误差

尽管随机误差可正、可负，可大、可小，但它完全遵循统计规律，因此可以采用概率统计的方法表示。按照概率统计的规律，如果测定次数足够多，取各种测定结果的平均值时，正、负误差可以相互抵消。在消除了系统误差的前提下，该平均值就是真实值。因此，增加平行测定次数可以减小随机误差，从而提高测定的准确度。

综上所述，选择合适的分析方法、尽量减少测量误差、消除或校正系统误差、适当增加平行测定次数、取平均值表示测定结果(减少随机误差)、杜绝过失，就可以有效提高分析结果的准确度。

2.1.5.3 有效数字

定量分析中的测量数据，既包含了量的大小、误差，又反映出仪器的测量精度，因而是具有物理意义的数值，与纯数学上的数值有很大区别。例如在数学上，我们不关心 2.75 和 2.7500 的区别，但在定量分析中，决不能将 2.75 g 和 2.7500 g 等同。这不仅反映出测量误差不同，而且说明所用的测量仪器的测量精密度差别是很大的。

对于台秤和天平等衡器，仪器的精密度用仪器的灵敏度和示值变动性表示。对于量筒、滴定管、移液管等量器，仪器的精密度用量取液体的平均偏差或相对偏差表示。常用仪器的精度和数据表示形式的示例见表 2.3。

表 2.3 常用仪器的精度及数据表示

仪器名称	仪器精密度(g)	记录数据示例	数据记录(位)
托盘天平	0.1	(15.6±0.1)g	3.0
分析天平(万分之一)	0.0001	(7.8125±0.0001)g	4.000
	平均偏差(mL)		
10 mL 量筒	0.1	(10.0±0.1) mL	3.0
100 mL 量筒	1	(100±1) mL	3

续表 2.3

仪器名称	仪器精密度(g)	记录数据示例	数据记录(位)
	相对平均偏差(%)		
25 mL 移液管	0.2	(25.00±0.05) mL	4.00
50 mL 滴定管	0.2	(50.00±0.10) mL	4.00
100 mL 容量瓶	0.2	(100.0±0.2) mL	4.0

在读取测量数据时，正确记录至最小的分度值，若标线在两条最小分度值之间，按四舍五入修约。在读取体积数据时，一般应在最小刻度后再估读一位。例如，常用的滴定管最小刻度是 0.1 mL，读取数据为 21.34 mL，其前三位是准确读取的，第四位为存疑数据，有人可能估计为 5，也有人估计为 3，前面的准确数字连同最后一位存疑数字统称为“有效数字”。因此，在记录测量数字时，任何超过或低于仪器精确程度的有效数字的数字都是不恰当的。如果在台秤上称得某物质的质量为 7.8 g，不可记为 7.800 g，在分析天平上称得的某物质的质量恰为 7.8000 g，也不可记为 7.8 g，因为前者夸大了仪器的精确度，而后者则缩小了仪器的精确度。

表示误差时，无论是绝对误差还是相对误差，只取一位有效数字。记录数据时，有效数字的最后一位与误差的最后一位在位置上相对齐。例如，2.67±0.01 是正确的，而 2.672±0.01 和 2.7±0.01 都是错误的。

(1) 有效数字的定义

在定量分析中，分析结果所表达的不仅仅是试样中待测组分的含量，还反映测量的准确程度。因此，在实验数据的记录和结果的计算中，保留几位数字不是任意的，要根据测量仪器、分析方法的准确度来决定。这就涉及有效数字的概念。

有效数字

有效数字是在测量与运算中得到的、具有实际意义的数值。也就是说，在构成一个数值的所有数字中，除了最末一位允许是可疑的、不确定的外，其余所有的数字都必须是准确可靠的。其组成：(所有确定数字)+(一位估计数)。

有效数字的最后一位可疑数字，通常理解为它可能有±1 个单位的绝对误差，反映了随机误差。

(2) 有效数字的位数

有效数字的位数简称为“有效位数”，是指包括全部准确数字和一位可疑数字在内的所有数字的位数。记录数据和计算结果时必须根据测定方法和使用仪器的准确度来决定有效数字位数。

有效数字的位数可用下面几个数值(表 2.4)来说明：

表 2.4　有效数字的位数举例

有效数字	0.0056	0.0506	0.5060	56	56.0	56.00
有效数字位数	2	3	4	2	3	4

为了正确判断和记录测量数值的有效数字，以下要点必须明确：

① 非零数。所有非零数都是有效数字。

②“0”的多重作用。

(a) 位于数字间的“0”均为有效数字。

(b) 位于数字前的“0”不是有效数字，因为它仅起到定位作用。

(c) 位于数字后的“0”需视具体情况判断：小数点后的“0”为有效数字，整数后的“0”则根据要求而定。

(d) 数字首位若大于或等于8，可多算一位有效数字。

(e) 对于pH，pK，pM，lg$K$等对数值，其有效数字位数由小数点后的位数决定。

(f) 对于常数，如分数、倍数、相对分子量等，通常认为其值是准确值，准确值的有效数字是无限的，因此需要几位就算几位。例如：

0.2640	10.56%	4位有效数字
5.42	2.30×10^{-6}	3位有效数字
0.0050	2.2×10^{5}	2位有效数字
pH 2.00	$\lg K_{CaY}=10.69$	2位有效数字

有效数字小数点后位数的多少反映了测量绝对误差的大小。而有效数字位数的多少反映了测量相对误差的大小。也就是说，具有相同有效数字位数的测量值，其相对误差的大小处于同一水平上（即同一误差范围）。

(3) 有效数字的修约

有效数字的修约与运算

测量数据的计算结果要按照有效数字的计算规则保留适当位数的数字，因此必须舍弃多余的数字，这一过程称为“数字的修约”。

有效数字位数的修约通常采用“四舍六入五留双，五后非零需进一”的规则。

a. 在拟舍弃的数字中，右边第一个数字≤4时舍弃，右边第一个数字≥6时进1。例如，欲将15.3432修约为三位有效数字，则从第4位开始的“432”就是拟舍弃的数字，“3”右边的“4”等于4，因此修约为15.3。又例如，$15.\underline{3}632\rightarrow15.4$。

b. 拟舍弃的数字为5，且5后无数字时，拟保留的末位数字若为奇数，则舍5后进1；若为偶数（包括0），则舍5后不进位；例如，$15.\underline{3}5\rightarrow15.4$；$15.\underline{4}5\rightarrow15.4$。

c. 若5后有数字，则拟保留的末位数字无论奇、偶均进位。

例如，$15.\underline{3}510\rightarrow15.4$；$15.\underline{4}510\rightarrow15.5$。

需要指出的是，修约数字时要一次修约到所需要的位数，不能连续多次地修约，如2.3157修约到两位，应为2.3，不能连续修约为2.3457→2.346→2.35→2.4，这就是“一次性修约规则”。

(4) 有效数字的运算

在记录实验数据和有关的化学计算中，要特别注意有效数字的运用，否则会使计算结果不准确。

① 加、减法的运算

几个数相加或相减时，其和或差的小数点后位数应与参加运算的数字中小数点后位数最少的那个数字相同。即运算结果的有效数字的位数决定于这些数字中绝对误差最大者。

如：$28.3+0.17+6.39=?$

其中，28.3的绝对误差为±0.1，是最大者（按最后一位数为可疑数字），故按小数后保留两位报结果为：

$$28.\underline{3}+0.1\underline{7}+6.3\underline{9}=34.\underline{86}$$

结果应修约为34.9。

在计算时，为简便起见，可以在进行加减前就将各数据简化，再进行计算。如上述三个数据之和可以简化为：

$$28.3+0.2+6.4=34.9$$

② 乘、除法运算

几个数相乘或相除时，其积或商的有效数字位数应与参与运算的数字中有效数字位数最少的那个数字相同。即运算结果的有效数字的位数取决于这些数字中相对误差最大者。

如：$0.0121\times25.64\times1.05782=?$

式中，0.0121 的相对误差最大，其有效数字的位数最少，只有 3 位。故应以它为标准将其他各数修约为三位有效数字，所得计算结果的有效数字也应保留 3 位。

$$0.0121\times25.64\times1.05782=0.328$$

2.1.5.4 可疑值的取舍

在一组平行测定的数据中，有时个别数据与其他数据相比差距较大，这样的数据就称为极端值，也叫可疑值或离群值。数据中出现个别值离群太远时，首先要仔细检查测定过程是否有操作错误，是否有过失误差存在，不能随意舍弃离群值以提高精密度，而是需要进行数理统计处理。即判断离群值是否仍在偶然误差范围内。

可疑值取舍的统计方法很多，也各有特点，但基本思路是一致的，就是它们都是建立在随机误差服从一定的分布规律基础上。常用的统计检验方法有 $4\bar{d}$ 检验法、Q 值检验法(Q-test)。

(1) $4\bar{d}$ 检验法

方法步骤：

① 求出除可疑值以外的其余数据的平均值 $\bar{x}$ 和平均偏差 $\bar{d}$；

② 将可疑值与平均值 $\bar{x}$ 之差的绝对值与 $4\bar{d}$ 比较；

③ 差的绝对值大于或等于 $4\bar{d}$，则将可疑值舍弃，否则保留。

该检验法比较简单，但判断有时不够准确。

【例题 2.14】 某标准溶液的 4 次标定值分别为 0.1014 mol/L、0.1012 mol/L、0.1025 mol/L 和 0.1016 mol/L，问其中 0.1025 mol/L 是否应舍弃？

【解】 除掉 0.1025 外的其余三个数据的 $\bar{x}=0.1014$，$\bar{d}=0.00013$，$4\bar{d}=0.00052$，则：

$$|0.1025-0.1014|=0.0011>4\bar{d},$$

故可疑值 0.1025 应该舍弃。

(2) Q 值检验法

如果测定次数在 10 次以内，采用 Q 值检验法比较简便。

方法步骤：

① 将测定值由小到大排列：$x_1, x_2, x_3, \cdots, x_n$。

② 如果其中 x_1 或 x_n 为可疑值，算出 Q 值。

当 x_n 可疑时
$$Q_{计算}=\frac{x_n-x_{n-1}}{x_n-x_1} \tag{2.13}$$

当 x_1 可疑时
$$Q_{计算}=\frac{x_2-x_1}{x_n-x_1} \tag{2.14}$$

式(2.13)和式(2.14)中 x_n-x_1 称为极差。$Q_{计算}$ 值越大，说明 x_1 或 x_n 离群越远，远至一定程度时则应将其舍去，故 $Q_{计算}$ 值又称为“舍弃商”。

根据测定次数 n 和所要求的置信度 P，查 Q 值表(表 2.5)，可得相应 n 和置信度 P 下的 $Q_{表}$，若 $Q_{计算}>Q_{表}$，则应将可疑值舍弃，否则保留。

表 2.5 Q 值表

测定次数 n	3	4	5	6	7	8	9	10
$Q_{0.90}$	0.94	0.76	0.64	0.56	0.51	0.47	0.44	0.41
$Q_{0.95}$	0.97	0.83	0.71	0.62	0.57	0.53	0.49	0.47

【例题 2.15】 同例 2.23，用 Q 检验法判断 0.1025 是否应舍弃？（置信度为 0.90）

【解】

$$Q_{计算}=\frac{0.1025-0.1016}{0.1025-0.1012}=0.69$$

查表，$n=4$ 时，$Q_{0.90}=0.76$，因 $0.69<0.76$（$Q_{计算}<Q_{0.90}$），故 0.1025 不应舍弃，而应保留。同一个例子，Q 检验法与 $4\bar{d}$ 法的结论不同，这表明了不同判断方法的相对性。

Q 检验法由于不必计算 $\bar{x}$ 和 $\bar{d}$，故使用起来比较方便。Q 值检验法在统计上有可能保留离群较远的值。置信度常选 90%，如选 95%，会使判断误差更大。

如果测定数据较少，测定的精密度也不高，因 $Q_{计算}$ 值与 $Q_{p,n}$ 值相接近而对可疑值的取舍难以判断时，最好补测 1～2 次再进行检验，这样才能更有把握。

2.1.5.5 定量分析结果的表示

定量分析中的结果表达

综上所述，如果对测定结果没有相应的误差估计，则该实验结果是毫无价值的。为了进行对比，在符合国家有关规定的前提下，要考虑送样部门的要求，对分析结果进行科学表达。首先要确定被测组分的化学形式，然后再按照确定的形式将测定结果进行换算和表达。

(1) 被测组分含量的表示方法

① 以实际存在型体表示

例如，在电解食盐水的分析中常以被测组分在试样中所存在的型体表示。即用 Na^{+}、Mg^{2+}、SO_4^{2-}、Cl^{-} 等形式表示各种被测离子的含量。

② 以元素形式表示

例如，对金属或合金以及有机物或生物的元素组成分析，常以元素形式如 Fe、Al、Cu、C、S、P 等表示。

③ 以氧化物形式表示

例如，矿石或土壤都是些复杂的硅酸盐，由于其具体化学组成难以分辨，故在分析中常以各种氧化物如 K_2O、Na_2O、CaO、SO_3、SiO_2 等表示。

④ 以化合物形式表示

例如，对化工产品的规格分析，以及对一些简单无机盐或有机物的分析，分析结果多以其化合物，如 KNO_3、$NaNO_3$、KCl、乙醇、尿素等表示。

(2) 测定结果的表示方法

① 固体试样

常以质量分数表示。质量分数 $w_B=\frac{m_B}{m_s}$，例如，$w_{NaCl}=15.05\%$。

② 液体试样

除用质量分数表示外，还可用浓度表示。如物质的量浓度 $c_B=\frac{n_B}{V}$。

③ 气体试样

气体试样中的常量或微量组分含量，多以体积分数表示。

此外，对各种形式试样中所测定的微量或痕量组分的含量，常以各种浓度形式表示。即可采用 mg/g(或 10^{-6})、ng/g(或 10^{-9}) 和 pg/g(或 10^{-12}) 表示。

(3) 分析结果的允许差

为了保证工农业产品的质量或分析方法的准确度，国家对重要工农业产品的质量鉴定或分析方法都制定了相应的“国家标准”(GB)，并在国家标准中规定了分析结果的“允许差”范围。

允许差又称“公差”，是指某一分析方法所允许的评选测定值间的绝对偏差。或者说，允许差是指按此方法进行多次测定所得的一系列数据中最大值与最小值的允许界限，即“极差”。它是主管部门为了控制分析精度而制定的依据。

允许差(公差)是根据特定的分析方法统计出来的，它仅反映某一指定方法的精确度，而不适用于另一方法。

如果两个分析结果之差的绝对值不超过相应的允许差，则认为室内的分析精度达到了要求，可取两个分析结果的平均值报出；否则，即为“超差”，认为其中至少有一个分析结果不准确。遇到这种情况，该项分析应该重做。

例如：用氯化铵重量法测定水泥熟料中的二氧化硅含量。国家标准规定 SiO_2 允许差范围为 0.15%，若实际测得的数值为 23.56%和 23.34%，其差值为 0.22%，则必须重新测定。如果再测得的数据 23.48%与 23.56%的差值为 0.08%，小于允许误差，则测得的数据有效，可以取其平均值 23.52%作为测定结果。

分析结果的允许差范围，一般是根据生产需要和实际的具体情况来确定，在相关的国家标准中均有具体规定。

石灰石中各常量组分的分析结果允许差范围见表 2.6。

表 2.6　石灰石中各常量组分的分析结果允许差范围

测定项目	允许差范围	
	A	B
	同一实验室	不同实验室
烧失量	0.25	0.40
SiO_2	0.20	0.25
Fe_2O_3	0.15	0.20
Al_2O_3	0.20	0.25
CaO	0.25	0.40
MgO(<2%)	0.15	0.25
MgO(≥2%)	0.20	0.30

(4) 分析结果的表示方法

定量分析的目的是力图得到待测组分的真实含量。为了正确表示分析结果，不仅要表明其数据的大小，还应该反映出测定的准确度、精密度以及为此进行的测定次数。因此，如通过一组测定数据(随机样本)来反映该样本所代表的总体时，需要报告出样本的 n，$\bar{x}$，s，无须将数据一一列出。

分析测定结果常用的表达方式为 $\bar{x} \pm s$，但同时要给出 n。此外，还应正确表示分析结果的有效数字，其位数要与测定方法和仪器准确度相一致。

在表示分析结果时，组分含量≥10%时，用四位有效数字；含量 1%～10%时用三位有效数字。表示误差大小时有效数字常取一位，最多取两位。

2.1.6　知识扩展

2.1.6.1　标准滴定溶液浓度的表示方法

(1) 物质的量浓度 c_B

物质的量浓度是指单位体积溶液中所含溶质 B 的物质的量，以符号 c_B 表示，常用单位是 mol/L。

即：$c_B=\frac{n_B}{V}$。

例如：$c_{H_2SO_4}=1.5$ mol/L，即每升溶液中含有硫酸1.5 mol，基本单元是硫酸分子。

(2) 质量浓度 ρ_B

质量浓度是指单位体积的溶液中所含溶质B的质量，常用单位是g/L或g/mL。

例如，1 L溶液中含有1 g溶质，其浓度就是1 g/L。

标准滴定溶液、基准溶液的浓度均应表示为物质的量浓度(mol/L)。标准溶液、标准滴定溶液和标准比对溶液的浓度也可表示为质量浓度。

(3) 滴定度 $T_{B/A}$

滴定度是指1 mL标准滴定溶液A相当于被测物质B的克数，用符号$T_{B/A}$表示，A表示标准滴定溶液中溶质的分子式，B表示被测物质的分子式。单位是g/mL。

例如：$T_{Fe/K_2Cr_2O_7}=0.005620$ g/mL，即表示1 mL该$K_2Cr_2O_7$标准滴定溶液相当于0.005620 g的Fe。

使用滴定度进行计算时，只要知道所用标准滴定溶液的体积，就可以很方便地求得被测物质的质量。因此，这种浓度表示法在工厂的化验室、实验室使用较多。

(4) EDTA标准滴定溶液对各氧化物的滴定度的计算

EDTA标准滴定溶液对三氧化二铁、三氧化二铝、氧化钙、氧化镁的滴定度分别按下式计算：

$$T_{Fe_2O_3}=c_{EDTA}\times 79.84 \tag{2.15}$$

$$T_{Al_2O_3}=c_{EDTA}\times 50.98 \tag{2.16}$$

$$T_{CaO}=c_{EDTA}\times 56.08 \tag{2.17}$$

$$T_{MgO}=c_{EDTA}\times 40.31 \tag{2.18}$$

式中　$T_{Fe_2O_3}$——EDTA标准滴定溶液对三氧化二铁的滴定度，mg/mL；

$T_{Al_2O_3}$——EDTA标准滴定溶液对三氧化二铝的滴定度，mg/mL；

T_{CaO}——EDTA标准滴定溶液对氧化钙的滴定度，mg/mL；

T_{MgO}——EDTA标准滴定溶液对氧化镁的滴定度，mg/mL；

c_{EDTA}——EDTA标准滴定溶液的浓度，mol/L；

79.84——($1/2Fe_2O_3$)的摩尔质量，g/mol；

50.98——($1/2Al_2O_3$)的摩尔质量，g/mol；

56.08——CaO的摩尔质量，g/mol；

40.31——MgO的摩尔质量，g/mol。

2.1.6.2 容量瓶、移液管、滴定管的容积校准

(1) 容量瓶的校准

我国现行生产的容量器皿的精确度可以满足一般分析工作的要求，无须校准。但是在要求精确度较高的分析测量工作中则需要对所用的量器校准。校准方法有相对校准法和绝对校准法两种。

① 容量瓶和移液管的相对校准

容量瓶与移液管的相对校准

移液管和容量瓶经常配套使用，因此它们容积之间的相对校准非常重要。经常使用的25 mL移液管，其容积应该等于250 mL容量瓶的1/10。

校准方法：将容量瓶洗干净，使其倒挂在漏斗架上自然干燥。若为250 mL容量瓶，用移液管移取蒸馏水10次放入干燥的容量瓶中，若液面与容量瓶上的刻度不相吻合，则用黑纸条或透明胶布作一个与弯液面相切的记号。在以后的实验中，经相对校准的容量瓶与移液管配套使用时，则以新的记号作为容量瓶的标线。

注意：用移液管向容量瓶内放水时不要沾湿瓶颈。

② 容量瓶的绝对校准方法

容量瓶的绝对校准方法原理是：将容量瓶洗净、晾干，在分析天平上称定质量，加水，使弯液面至容量瓶的标线处，再称定质量，两次称量的差即为瓶中水的质量。查出水在该温度下的密度，即可计算出容量瓶的容积。实际容积与标示容积之差应小于允差（允许差）。

根据《中华人民共和国国家计量检定规程》中《常用玻璃量器检定规程》（JJG 196—2006），A 级的容量瓶 100 mL 的允差为±0.10 mL，50 mL 的允差为±0.05 mL，25 mL 的允差为±0.03 mL，均约为容积的千分之一。

（2）移液管的校准

移液管的校准常采用称量法进行。方法如下：

在洗净的移液管内吸入蒸馏水并使弯液面恰好在标线处，然后将水移入预先已称好质量的小锥形瓶中，盖好瓶塞，称重，计算移入水的质量。查出水在实验温度下的密度，即可计算出移液管的容积。实际容积与标示容积之差应小于允差。

根据《中华人民共和国国家计量检定规程》中《常用玻璃量器检定规程》（JJG 196—2006），A 级移液管 50 mL 的允差为±0.05 mL，25 mL 的允差为±0.03 mL。

（3）滴定管的校准

滴定管常用称量法校准（又称“绝对校准法”）。

① 校准原理

称量量器中所容纳或所放出的水的质量，根据水的密度计算出该量器在 20 ℃时的容积。其校正公式为：

$$m_t=\frac{\rho_t}{1+\dfrac{0.0012}{\rho_t}-\dfrac{0.0012}{8.4}}+0.000025(t-20)\rho_t \tag{2.19}$$

式中　m_t——t ℃时，空气中用黄铜砝码称量 1 mL 水（在玻璃容器中）的质量，g；

ρ_t——水在真空中的密度，可查表而得；

t——校正时的温度，℃；

0.0012，8.4——空气和黄铜砝码的密度；

0.000025——玻璃体膨胀系数。

不同温度时的 ρ_t 和计算获得的 m_t 值见表 2.7。

② 校准方法

a. 在洗净的滴定管中，装入蒸馏水至标线以上约 5 mm 处。垂直夹在滴定架上等待 30 s 后，调节液面至 0.00 mL 刻度。按一定体积间隔将水放入一干净的称量过质量（m_0）的 50 mL 磨口锥形瓶中。当液面降至被校分度线以上约 0.5 mL 时，等待 15 s。然后在 10 s 中内将液面调整至被校分度线，随即用锥形瓶内壁靠下挂在滴定管尖嘴下的液滴。

b. 盖紧磨口塞，准确称量锥形瓶和水的总质量。重复称量一次，两次称量相差应小于 0.02 g。求平均值（m_1）。

c. 记录由滴定管放出纯水的体积（V_0）。

d. 重复以上操作，测定下一个体积间隔水的质量和体积。

e. 根据称量水的质量（$m_2=m_1-m_0$），除以表 2.7 中所示在一定温度下 1 mL 水的质量 m_t，就得到实际体积 V，最后求校正值 ΔV（$\Delta V=V-V_0$）。

实际体积与标示体积之差应小于允差。

根据《常用玻璃量器检定规程》（JJG 196—2006），A 级滴定管，5 mL的允差为±0.01 mL；10 mL的允差为±0.025 mL；25 mL 的允差为±0.04 mL；50 mL 的允差为±0.05 mL。

【例题 2.16】 校准滴定管时，在 21 ℃时由滴定管中放出 0～10.02 mL 水，称得其质量为 9.979 g，计算该段滴定管在 21 ℃时的实际体积及校准值各是多少？

【解】 查表 2.7，得 21 ℃时 $\rho_{21}=0.99700$ g/mL，

$$V_{20}=\frac{9.979}{0.99700}=10.01(\mathrm{mL})$$

该段滴定管在 21 ℃时的实际体积为 10.01 mL。

体积校准值 $\Delta V=10.01-10.02=-0.01(\mathrm{mL})$，该段滴定管在 21 ℃时的校准值为 −0.01 mL。

表 2.7 不同温度时的 ρ_t 和 m_t 值

温度(℃)	ρ_t($\times10^{-3}$ g/mL)	m_t($\times10^{-3}$ g/mL)	温度(℃)	ρ_t($\times10^{-3}$ g/mL)	m_t($\times10^{-3}$ g/mL)
10	999.70	998.39	23	997.36	996.60
11	999.60	998.31	24	997.32	996.38
12	999.49	998.23	25	997.07	996.17
13	999.38	998.14	26	996.81	995.93
14	999.26	998.04	27	996.54	995.69
15	999.13	997.93	28	996.26	995.44
16	998.97	997.80	29	995.97	995.18
17	998.80	997.65	30	995.67	994.91
18	998.62	997.51	31	995.37	994.64
19	998.43	997.34	32	995.05	994.34
20	998.23	997.18	33	994.72	994.06
21	998.02	997.00	34	994.40	993.75
22	997.80	996.80	35	994.06	993.45

2.1.6.3 电子分析天平常见故障及排除

电子分析天平的常见故障与排除

在定量分析的基础操作中，关于分析天平的使用，必须要严格按照使用的技术规范小心进行，天平的秤盘及其外壳需经常用软布和牙膏轻轻擦洗，切不可用强溶解剂擦洗。使用电子分析天平一定要注意保持天平内的清洁。

电子分析天平常见故障与排除方法见表 2.8。

表 2.8 电子分析天平常见故障、原因与排除方法一览表

故障	原因	排除方法
显示器上无任何显示	无工作电压 未接变压器	检查供电线路及仪器 将变压器接好
在调整校正后，显示器无显示	放置天平的表面不稳定，未达到内校稳定	确保放置天平的场所稳定 防止震动对天平的影响，关闭防尘罩
显示器显示"H"	超载	为天平卸载
显示器显示"L"或"Err"	未装秤盘或底盘	依据电子天平的结构类型，装上秤盘或底盘

续表 2.8

故障	原因	排除方法
称量结果不断改变	震动太大；天平暴露在无防风措施的环境中；防风罩未完全关闭；在秤盘与天平壳体之间有杂物；被测物质量不稳定(吸收水分或蒸发)；被测物带静电	通过“电子天平工作菜单”采取相应措施 完全关闭防风罩 清除杂物
称量结果明显错误	电子天平未经校准 称量之前未清零	对天平进行校准 称量前清零

2.1.7　本项目知识结构框图

本项目知识结构框图见二维码。

知识结构框图

2.2　项目实施

2.2.1　用电子分析天平准确称取粉体试样

【任务书】

“建材化学分析技术”课程项目任务书

任务名称：用电子分析天平准确称取粉体试样

实施班级：____________　　实施小组：____________

任务负责人：____________　　组员：______、______、______、______

起止时间：____年____月____日至____年____月____日

任务目标：

（1）熟悉电子分析天平的基本构造和使用规则。

（2）学习分析天平的使用方法。

（3）掌握正确的称量方法，熟悉其使用要求。

（4）学习在称量过程中运用有效数字的知识正确记录测量数据。

（5）能够完成称量结果的处理和报告撰写。

任务要求：

（1）提前准备好测试方案。

（2）按时间有序入场进行任务实施。

（3）按要求准时完成任务测试。

（4）按时提交项目报告。

“建材化学分析技术”课程组印发

【任务解析】

分析天平是定量分析中最重要的仪器之一。其种类很多，常用的分析天平有半自动电光天平、全自动电光分析天平和单盘电光天平以及电子天平。

本实验主要学习电子分析天平的使用。着重掌握直接称量法、固定质量称量法和减量称量法三种称量方法。

2.2.1.1 准备工作

(1) 任务所需试剂

石灰石、黏土、水泥熟料试样等粉状固体试剂。

(2) 任务所需仪器

托盘天平(或普通电子天平)、电子分析天平、称量瓶、瓷坩埚、药匙、镊子、毛刷、小烧杯、表面皿。

2.2.1.2 操作步骤

(1) 称量前的准备

① 熟悉分析天平控制面板上各个功能键。

② 检查天平是否水平。如天平不水平,按照要求将天平调至水平状态。

③ 检查天平秤盘是否清洁,用毛刷刷净天平底座和秤盘。

④ 预热,开机,清零。

直接称量操作

(2) 直接称量法练习

采用直接称量法分别测量1个瓷坩埚、1个小烧杯、1个称量瓶的准确质量,记录称量结果。

注意:每项测量均应重复两次,最后的测量结果以两次测量的平均值计。

固定称量操作

(3) 固定质量称量法练习

称取两份0.5000 g的水泥试样或石灰石样品,并将所称试样转移至空坩埚(或小烧杯)中。

差减称量操作

(4) 减量称量法练习

按照以下步骤称取3份0.5 g左右的黏土试样。

用手套(或纸带)从干燥器中取出盛有黏土试样的称量瓶,称其质量 m_1,按照递减称量法的操作要领,将所需试样倒入干净的烧杯中,称取其剩余量 m_2,则倒出的第一份试样质量为 m_1-m_2。

训练至控制黏土试样的质量为(0.5±0.05)g。

2.2.1.3 数据记录与结果计算

参照表2.9至表2.11所示格式认真记录实验数据。

表 2.9 直接称量法记录

称量物品	m(g)	称量后天平零点(mg)
小烧杯		
称量瓶		
瓷坩埚		

表 2.10 递减(差减)称量法记录

称量物	第一份	第二份	第三份
称量瓶+试样质量(倾出前)m_1(g)			
称量瓶+试样质量(倾出后)m_2(g)			
试样质量(m_1-m_2)(g)			
称量后天平零点(mg)			

表2.11　固定质量称量法记录

项　目	第一份	第二份	第三份
试样质量(g)			
称量后天平零点(mg)			

2.2.1.4　注意事项

(1) 使用天平动作要轻,防止天平震动。在天平中称量样品时,不要将样品洒落在天平底部或称量盘上。

(2) 要求倒出的样品量大约为0.5 g,允许波动的范围是(0.5±0.05)g,若称量质量不足,可按照上述操作继续称量,若倒出的样品量超出此范围,应重新称量。若一次称量的质量达不到要求,可以再多进行两次相同的操作。

直接称量法微课

固定称量法微课

减量称量法微课

2.2.2　配制盐酸标准滴定溶液

配制盐酸标准滴定溶液

【任务书】

“建材化学分析技术”课程项目任务书

任务名称:配制盐酸标准滴定溶液

实施班级:__________　　实施小组:__________

任务负责人:__________　　组员:______、______、______、______

起止时间:____年____月____日至____年____月____日

任务目标:

(1) 学习并掌握间接法制备标准滴定溶液的原理与方法。

(2) 初步学习滴定分析技术的综合应用。

(3) 掌握标准滴定溶液浓度的计算方法与表示方法。

(4) 掌握滴定终点的判断、测量数据的读取与记录方法。

(5) 能够完成测定结果的处理和报告撰写。

任务要求:

(1) 提前准备好测试方案。

(2) 按时间有序入场进行任务实施。

(3) 按要求准时完成任务测试。

(4) 按时提交项目报告。

“建材化学分析技术”课程组印发

【任务解析】

滴定分析用标准溶液在滴定分析中用于测定试样中的主要成分或常量成分。制备方法主要有两种：(1)基准法，用基准试剂或纯度相当的其他物质直接制备；(2)标定法，这是最普通的制备标准溶液的方法。

市售的盐酸中 HCl 含量不稳定，且常含有杂质，应采用间接法配制，再用基准物标定。常用的基准物有无水碳酸钠和硼砂。

本任务采用无水碳酸钠基准物进行标定。

滴定反应　　$2HCl + Na_2CO_3 = 2NaCl + CO_2\uparrow + H_2O$

2.2.2.1　准备工作

溴甲酚绿-甲基红混合指示剂

(1) 任务所需试剂

HCl(市售，A.R)、Na_2CO_3 基准物质(G.R)、溴甲酚绿-甲基红混合指示剂、甲基橙指示剂。

(2) 任务所需仪器

电子分析天平、量筒、移液管(25 mL)、细口试剂瓶(500 mL)、容量瓶(250 mL)、锥形瓶、烧杯、玻璃棒、电炉、滴定管。

2.2.2.2　操作步骤

(1) 配制 HCl 溶液(0.1 mol/L，500 mL)

粗配0.1 mol/L盐酸溶液

称取基准碳酸钠

① 计算：计算欲配制 0.1 mol/L HCl 溶液 500 mL 应量取的市售盐酸体积。

② 配制：量取 4.2～4.5 mL 市售盐酸，注入预先盛有少量水的试剂瓶中(提示：此操作必须在通风橱中进行)，加水稀释至 500 mL，摇匀，贴标签，待标定。

(2) 标定(采用基准法进行)

① 配制 Na_2CO_3 基准溶液

准确称取 Na_2CO_3 基准物质 1.0～2.0 g，转移至 100 mL 小烧杯中，加入约 50 mL 蒸馏水使烧杯中的 Na_2CO_3 基准物质完全溶解后，定量转移至 250 mL 容量瓶中，稀释至刻度，摇匀，贴标签。

② 标定 HCl 标准滴定溶液

方法一：选用溴甲酚绿-甲基红混合指示剂

标定盐酸溶液浓度

移取上述 Na_2CO_3 基准液 25.00 mL 于 250 mL 的锥形瓶中，加入 10 滴溴甲酚绿-甲基红混合指示剂，用待标定的盐酸滴定至溶液由绿色变为暗红色，煮沸 2 min，冷却后继续滴定至溶液再呈暗红色，即为滴定终点。平行测定 4 次。

方法二：以甲基橙作指示剂

移取上述 Na_2CO_3 基准液 25.00 mL 于 250 mL 的锥形瓶中，加入一两滴甲基橙指示剂，待标定的盐酸滴定溶液由黄色变为橙色后煮沸 2 min，冷却后继续用 HCl 滴至橙色，即为滴定终点。平行测定 4 次。

比较上述两种标定方法所测结果的差异。

2.2.2.3　数据记录与结果计算

(1) 按下式计算 Na_2CO_3 标准溶液的浓度(mol/L)

$$c_{Na_2CO_3} = \frac{m \times 1000}{M_{Na_2CO_3} \times 250.0} \tag{2.20}$$

式中　$c_{Na_2CO_3}$——Na_2CO_3 标准滴定溶液的浓度，mol/L；

$M_{Na_2CO_3}$——Na_2CO_3 的摩尔质量，g/mol；

m——Na_2CO_3 基准物的质量，g；

250.0——容量瓶的容积，mL；

1000——升与毫升的单位换算。

(2) 按照下式计算盐酸标准溶液的准确浓度。

$$c_{HCl}=\frac{2\times c_{Na_2CO_3}\times V_{Na_2CO_3}}{V_{HCl}} \tag{2.21}$$

式中　c_{HCl}——待标 HCl 溶液的浓度，mol/L；

$c_{Na_2CO_3}$——Na_2CO_3 标准滴定溶液的浓度，mol/L；

$V_{Na_2CO_3}$——移取的 Na_2CO_3 标准滴定溶液的体积，mL；

2——化学计量比；

V_{HCl}——消耗的待标 HCl 溶液的体积，mL。

2.2.2.4　注意事项

(1) 由于 HCl 具有挥发性，因此在量取浓盐酸时可多取一些，以抵消 HCl 的挥发损失。

(2) 对标准滴定溶液浓度进行调整时，应注意标准滴定溶液体积的变化。

2.3　项 目 评 价

2.3.1　项目报告考评要点

项目报告是项目实施的真实反映，所以项目报告的考评是项目考核的主要内容，项目报告主要考核要点如下：

(1) 报告格式是否正确。

(2) 测试准备是否正确。

(3) 测试步骤是否正确。

(4) 测试数据是否真实。

(5) 书写是否规范。

(6) 测试结果是否符合要求。

2.3.2　项目考评要点

本项目的验收考评主要考核学员相关专业理论、相关专业技能的掌握情况和基本素质的养成情况，具体考核要点如下：

(1) 专业理论

① 掌握滴定分析的基本概念。

② 掌握盐酸标准滴定溶液配制与标定的原理和方法。

③ 掌握电子分析天平的工作原理和使用方法。

④ 熟悉所用试剂的组成、性质、配制和使用方法。

⑤ 熟悉所用仪器、设备的性能和使用方法。

⑥ 掌握实验数据的处理方法。

(2) 专业技能

① 能准备和使用所需的仪器及试剂。

② 能完成盐酸标准滴定溶液的配制与标定。

③ 会用电子分析天平完成三种方法的称量。

④ 能完成测试结果的处理与项目报告撰写。

⑤ 能进行仪器设备的维护和保养。

(3) 基本素质

① 培养团队意识和合作精神。

② 培养组织、交流和撰写计划与报告的能力。

③ 培养学生独立思考和解决问题的能力,锻炼学生创新思维。

④ 培养学生的敬业精神和遵章守纪的意识。

"建材化学分析技术"课程项目实施报告(参考格式)

项目名称:________________ 实施人/小组:________

任务名称:________________ 实施时间:________

任务目标:

(1) ________________;(2) ________________

……

测试准备:

(1) 仪器

(2) 试剂

操作步骤:

(1) ________________;(2) ________________

……

分析与讨论:

____

小组评价:

____

教师评价:

____

"建材化学分析技术"课程组印发

2.3.3 项目拓展

(1) 经标定后,若所制备的 HCl 标准滴定溶液的浓度大于 0.1 mol/L,可按照下式计算出应加入水的体积 V_1(mL)。

$$V_1=\frac{c_0-c}{c}\times V\times 1000 \tag{2.22}$$

式中 c_0——调整前的标准滴定溶液的浓度,mol/L;

c——所要求制备的标准滴定溶液的浓度,mol/L;

V——调整前标准滴定溶液的体积,mL。

计算后用量筒量取体积为 V_1(mL)的水,倒入盛有 HCl 标准滴定溶液的试剂瓶中,充分摇匀,然后按照标定的步骤进行第二次标定。再调整,直到达到要求的浓度为止。

(2) 经标定后，如果所标定的 HCl 标液浓度小于 0.1 mol/L，可按照下式计算出应加入浓 HCl 的体积 V_2(mL)。

$$V_2=\frac{c-c_0}{c_1-c}\times V\times 1000 \tag{2.23}$$

式中　c_1——需补加的浓溶液浓度，mol/L。

计算后量取 V_2(mL)的浓 HCl，倒入盛有 HCl 标准滴定溶液的试剂瓶中，充分摇匀，然后按照标定的步骤进行第二次标定。以下步骤同(1)。

2.4　项 目 训 练

[**填空题**]

1. 准确度是指测量值和(　　　　)相符合的程度，用(　　　　)来衡量。
2. 精密度指测量值和(　　　　)相符合的程度，用(　　　　)来衡量。
3. 系统误差产生的原因有(　　　　)、(　　　　)、(　　　　)、(　　　　)。
4. 随机误差分布规律和特点有(　　　　)、(　　　　)、(　　　　)。
5. 消除或校正系统误差的方法有(　　　　)、(　　　　)、(　　　　)。
6. 有效数字的修约规则是(　　　　)，(　　　　)。
7. 减量称量法用于称量(　　　　)的固体试剂或试样。
8. 若天平砝码生锈，则称量结果偏(　　　　)，砝码磨损，称量结果偏(　　　　)。
9. 配制标准溶液的方法一般有(　　　　)和(　　　　) 两种。
10. 如用 KHP 测定 NaOH 标准滴定溶液的浓度，这种确定溶液准确浓度的操作，称为(　　　　)。而此处 KHP 称为(　　　　)物质。
11. 准确称取金属锌 0.3250 g，溶解后，稀释定容到 250 mL 容量瓶中，则此 Zn^{2+} 溶液的物质的量浓度为(　　　　) mol/L。

[**选择题**]

12. 下列论述中，正确的是(　　)。

A. 准确度高，一定需要精密度高　　B. 进行分析时，过失误差是不可避免的

C. 精密度高，系统误差一定高　　D. 分析工作中，要求分析误差为零

13. 下列论述中错误的是(　　)。

A. 方法误差属于系统误差　　B. 系统误差呈正态分布

C. 系统误差又称可测误差　　D. 系统误差包括偶然误差

14. 可用下述哪种方法减少测定过程中的偶然误差(　　)。

A. 增加平行实验的次数　　B. 进行对照实验

C. 进行空白实验　　D. 进行仪器校准

15. 下列数据包含三位有效数字的是(　　)。

A. 0.32　　B. 99　　C. 1×10^2　　D. $K_a=1.07\times10^{-3}$

16. 0.0234×4.303×71.07÷127.5 的计算结果是(　　)。

A. 0.0561259　　B. 0.056　　C. 0.05613　　D. 0.0561

17. 下列电子天平精度最高的是(　　)。

A. WDZK-1 上皿天平(分度值 0.1 g)　　B. QD-1 型天平(分度值 0.01 g)

C. KIT 数字式天平(分度值 0.1 mg)　　D. MD200-1 型天平(分度值 10 mg)

18. 带有玻璃活塞的滴定管常用来装(　　)。

A. 见光易分解的溶液　　B. 酸性溶液

C. 碱性溶液　　D. 任何溶液

19. 下列容量瓶的使用不正确的是(　　)。

A. 使用前应检查是否漏水　　B. 瓶塞与瓶应配套使用

C. 使用前在烘箱中烘干　　D. 容量瓶不宜代替试剂瓶使用

20. 直接法配制标准溶液必须使用(　　)。

A. 基准试剂　　B. 化学纯试剂　　C. 分析纯试剂　　D. 优级纯试剂

21. 现需要配制 0.1000 mol/L $K_2Cr_2O_7$ 溶液,下列量器中最合适的是(　　)。

A. 容量瓶　　B. 量筒　　C. 刻度烧杯　　D. 酸式滴定管

［判断题］

22. (　　)在分析数据中,所有的"0"均为有效数字。

23. (　　)系统误差总是出现,偶然误差则是偶然出现。

24. (　　)随机误差影响测定结果的精密度。

25. (　　)精密度是指在相同条件下,多次测定值间相互接近的程度。

26. (　　)一般来说,精密度高,准确度一定高。

27. (　　)实验中发现个别数据相差较远,为提高测定的准确度和精密度,应将其舍去。

28. (　　)定量分析要求越准确越好,所以记录测量值的有效数字位数越多越好。

29. (　　)在不加样品的情况下,用测定样品同样的方法、步骤,对空白样品进行定量分析,称之为"空白实验"。

30. (　　)分析者每次都读错数据属于系统误差。

31. (　　)向滴定管中装溶液时,为了避免将溶液倒到外面,应当使用漏斗引流。

32. (　　)易吸潮的试剂可以用固定质量称量法。

33. (　　)滴定时,最好每次都从 0.00 mL 开始,这样可以减小体积误差。

34. (　　)对于所有的移液管都要用洗耳球吹出最后一滴。

35. (　　)测量的准确度要求较高时,容量瓶应在使用前进行体积校准。

36. (　　)用来直接配制标准溶液的物质称为基准物质,$KMnO_4$ 是基准物质。

［简答题］

37. 准确度和精密度有何不同？它们之间有什么关系？

38. 系统误差有哪些？其来源有哪些？

39. 标准偏差表示的是分析结果的准确度还是精密度？

40. 提高分析结果准确度的途径有哪些？

41. 移液管如何校准？滴定管如何校准？

42. 移液管在使用中应当注意什么？

43. 滴定管如何试漏？

44. 基准物质应该具备什么条件？标定碱标液时,邻苯二甲酸氢钾(KHP,M=204.23 g/mol)和二水合草酸($H_2C_2O_4 \cdot 2H_2O$,M=126.07 g/mol)都可以作为基准物质,你认为选择哪一种更好？为什么？

45. 简述制备标准滴定溶液的两种方法。下列物质中哪些可用直接法制备标准滴定溶液？哪些只能用间接法制备？

NaOH, H_2SO_4, HCl, $KMnO_4$, $K_2Cr_2O_7$, $AgNO_3$, NaCl, $Na_2S_2O_3$。

46. 标定盐酸标准滴定溶液时,溶解碳酸钠基准试剂所用的蒸馏水体积是否需要准确量取？为什么？

［计算题］

47. 用正确的有效数字报告下列计算结果:

(1) 计算质量分数为37%的 HCl 溶液的物质的量浓度(摩尔质量为 36.441 g/mol,密度为 1.201

kg·L^{-1}）。

（2）计算 2.5×10^{-2} mol/L HCl 溶液的 pH。

（3）计算 pH 值为 2.58 的某溶液的 H^+ 浓度。

48. 用返滴定法测定某组分的含量，按下式计算结果：

$$x=\frac{\left(\frac{0.7825}{126.07}-\frac{18.25\times0.1025}{1000}\right)\times86.94}{0.4825}$$

问该分析结果应用几位有效数字报出？

49. 标定某 HCl 溶液，4 次平行测定结果（mol/L）分别是 0.1020、0.1015、0.1013、0.1014。分别用 $4\bar{d}$ 检验法和 Q 检验法（$P=0.90$）判断数据 0.1020 是否应该舍去。

50. 测定水泥熟料中 SiO_2 的含量，所得分析结果为 21.45、21.30、21.20、21.50、21.25。

（1）判断该组数据中是否有应该舍去的数据。

（2）计算测定结果的算术平均值、个别测量的绝对偏差、算术平均偏差、标准偏差。

（3）报出分析结果。

51. 将 10 mg NaCl 溶于 100 mL 水中，请用 c、w、ρ 表示该溶液的浓度。

52. 标定盐酸溶液（约 0.1 mol/L）消耗体积 20～30 mL 时，需称取碳酸钠基准物多少克？

53. 有 0.0892 mol/L 的 H_2SO_4 溶液 480 mL，现欲使其浓度增至 0.1000 mol/L。请计算应加入 0.5000 mol/L 的 H_2SO_4 溶液多少毫升？

54. 市售盐酸的密度为 1.18 g/mL，其中 HCl 的含量为 36%～38%，欲用此 HCl 制备 500 mL、0.1 mol/L 的 HCl 溶液，应取浓 HCl 体积多少毫升？

55. 某铁厂化验室要经常分析铁矿石中铁的含量。若使用的 $K_2Cr_2O_7$ 溶液的浓度为 0.02000 mol/L。为避免计算，直接用所消耗的 $K_2Cr_2O_7$ 溶液的体积数表示出铁含量，应当称取铁矿多少克？

56. 称取已烘干的基准试剂碳酸钠 0.6000 g，溶解后以甲基橙为指示剂，用盐酸标准溶液滴定消耗 22.60 mL，计算盐酸标准溶液的物质的量浓度。

［**案例分析**］

57. 两位分析者同时测定某一试样中硫的质量分数，称取试样均为 3.5 g，分别报告结果如下：

甲：0.042%，0.041%；　　乙：0.04099%，0.04201%。

哪一份报告是合理的，为什么？

58. 有两位学生使用相同的分析仪器标定某溶液的浓度（mol/L），结果如下：

甲：0.20，0.20，0.20（相对平均偏差 0.00%）；

乙：0.2043，0.2037，0.2040（相对平均偏差 0.1%）。

如何评价他们的实验结果的准确度和精密度？

59. 某同学在使用移液管移取溶液，操作步骤如下：

先将移液管用自来水洗 3 遍，用蒸馏水洗 3 遍，然后放入待取溶液中，吸取一定量的溶液，然后将移取的溶液从移液管上口放入烧杯中，该同学看到放完溶液后管尖还有液滴，又用洗耳球将残留溶液吹到烧杯中。问该同学的操作是否正确，并分析错误操作会给分析结果带来怎样的影响？如何改正？

60. 某同学进行滴定操作，具体操作如下：

先将滴定管用自来水洗 3 遍，用蒸馏水洗 3 遍，然后将前一天配好的高锰酸钾溶液借助漏斗装入碱式滴定管中，开始滴定。指出该同学的错误之处，并分析错误操作会给分析结果带来怎样的影响？如何改正？

61. 某同学用容量瓶配制一定物质的量浓度的溶液，加水时不慎超过了刻度线。他倒出了一些溶液，又重新加水到刻度线。请问这位同学的做法正确吗？如果不正确，会引起什么误差？

项目3　硅酸盐试样中二氧化硅含量的酸碱滴定法测定

【项目描述】

在用酸碱滴定法完成建筑材料(水泥、玻璃和陶瓷)生产中的典型测试任务时,需要学习酸碱滴定法的基本理论知识、酸碱滴定中常用溶液pH值的计算、酸碱滴定中所用缓冲溶液的基本性质及配制、酸碱滴定中常用指示剂的性质及使用,掌握酸碱滴定的基本操作技能。常见的典型任务有:测定硅酸盐试样中二氧化硅含量、测定工业用碱总碱度、测定水泥及熟料中游离氧化钙、用离子交换法测定水泥中三氧化硫含量等。通过对这些指标的检测,可了解原料的配比情况,及时调整参数控制生产,监控产品质量,确保生产正常进行。

【项目目标】

[素质目标]

(1) 遵纪守法、诚实守信、热爱劳动,遵守职业道德准则和行为规范,具有社会责任感和社会参与意识。

(2) 具有质量意识、环保意识、安全意识、信息意识、工匠精神和创新思维。

(3) 具有自我管理能力,有较强的集体意识和团队合作精神。

(4) 具有健康的体魄、心理和人格,养成良好的行为习惯。

(5) 具有良好的职业素养和人文素养。

[知识目标]

(1) 了解酸碱滴定的基本理论知识。

(2) 掌握酸碱溶液pH值的计算。

(3) 掌握缓冲溶液的基本知识和使用方法。

(4) 掌握酸碱指示剂的基本性质和使用方法。

(5) 理解酸碱滴定变化过程的特点及指示剂的选择方法。

(6) 掌握酸碱滴定中常用酸碱溶液的配制与准备方法。

(7) 了解非水溶液中酸碱滴定的基本知识。

(8) 掌握酸碱滴定法测试硅酸盐试样的分析方法和分析流程。

[能力目标]

(1) 能准备酸碱滴定法测定硅酸盐试样用试剂。

(2) 能准备酸碱滴定法测定硅酸盐试样用仪器。

(3) 能用酸碱滴定法完成给定试样的测定。

(4) 能够完成测定结果的处理工作及项目报告的撰写。

3.1　项目导学

3.1.1　酸碱滴定法概述

酸碱滴定法是以中和反应为基础，利用酸或碱的标准溶液来进行滴定的分析方法，也称中和法，其反应实质是：

$$H^+ + OH^- \rightleftharpoons H_2O$$

一般的酸和碱，以及能与酸或碱作用的物质都可以用酸碱滴定法来测定。酸碱滴定法的标准溶液是强酸或强碱溶液，如 HCl、H_2SO_4、HNO_3、NaOH、KOH 等。

由于酸碱强弱不同，一般能用于酸碱滴定法的有：强酸与强碱互相滴定、强碱滴定弱酸（如 NaOH 滴定 HAc）、强酸滴定弱碱（如 HCl 滴定 $NH_3 \cdot H_2O$）、强碱滴定多元酸（如 NaOH 滴定磷酸），以及强酸滴定强碱弱酸盐（如 HCl 滴定 Na_2CO_3）等。

在酸碱滴定过程中是否达到中和反应的化学计量点，是依靠指示剂的变色来确定的。酸碱滴定法的指示剂有多种，它们的性质各不相同，有的在酸性溶液中变色（如甲基橙），有的在碱性溶液中变色（如酚酞）。各种滴定的化学计量点并不都是 pH＝7 时，达到化学计量点时溶液的 pH 值随酸碱强弱程度不同而不同。因此，选择合适的指示剂是酸碱滴定法的关键问题。

3.1.1.1　酸碱质子理论

酸碱质子理论

酸碱质子理论认为：凡是能给出质子（H^+）的物质是酸，凡是能接受质子的物质是碱。某种酸 HA 失去质子后形成酸根 A^-，其对质子具有一定的亲和力，故 A^- 是碱。这种由于一个质子的转移而形成一对能互相转化的酸碱，称为共轭酸碱对。这种关系可用下式表示：

酸　　　质子　　碱

$$HA \rightleftharpoons H^+ + A^-$$

表 3.1　共轭酸碱对实例

酸		质子		碱
HAc	$\rightleftharpoons$	H^+	+	Ac^-
H_2CO_3	$\rightleftharpoons$	H^+	+	HCO_3^-
HCO_3^-	$\rightleftharpoons$	H^+	+	CO_3^{2-}
NH_4^+	$\rightleftharpoons$	H^+	+	NH_3
HSO_4^-	$\rightleftharpoons$	H^+	+	SO_4^{2-}
$H_2PO_4^-$	$\rightleftharpoons$	H^+	+	HPO_4^{2-}

由此可知，酸碱可以是阳离子、阴离子，也可以是中性分子。同一种物质如 HCO_3^- 既具有给出质子的能力，表现为酸，也具有接受质子的能力，表现为碱。这种物质称为两性物质。

3.1.1.2　酸碱离解平衡

酸碱离解平衡

（1）水的质子自递作用

水分子具有两性作用。也就是说，一个水分子可以从另一个水分子中夺取质子

而形成 H_3O^+ 和 OH^-，即水分子之间存在质子的传递作用，称为水的质子自递作用。

$$H_2O+H_2O \rightleftharpoons H_3O^+ + OH^-$$

反应的平衡常数称为水的质子自递常数或水的离子积常数，用 K_w 表示。

$$K_w=[H_3O^+][OH^-]$$

水合质子 H_3O^+ 也常常简写作 H^+，因此水的质子自递常数常简写为

$$K_w=[H^+][OH^-]$$

在 25 ℃时，$K_w \approx 10^{-14}$。

(2) 酸碱离解

酸碱的强弱取决于物质给出质子或接受质子的能力。物质给出质子的能力越强，酸性就越强，反之就越弱。同样，物质接受质子的能力越强，碱性就越强，反之就越弱。酸碱的强弱程度可由酸碱的离解常数 K_a 和 K_b 的大小来定量说明。

例如，弱酸 HA 在水溶液中的离解反应和平衡常数为

$$HA+H_2O \rightleftharpoons H_3O^+ + A^-$$

$$K_a=\frac{[H^+][A^-]}{[HA]}$$

平衡常数 K_a 即为酸的离解常数，此值越大，表示该酸越强。

HA 的共轭碱 A^- 的离解反应和平衡常数为

$$A^- + H_2O \rightleftharpoons HA+OH^-$$

$$K_b=\frac{[HA][OH^-]}{[A^-]}$$

K_b 为碱的离解常数，是衡量碱性强弱的尺度。显然，共轭酸碱对的 K_a 和 K_b 有下列关系：

$$K_aK_b=[H^+][OH^-]=K_w=10^{-14} \quad (25\ ℃) \tag{3.1}$$

由此可以看出，共轭酸碱对中酸的酸性越强，其共轭碱的碱性就越弱。

【例题 3.1】 已知 NH_3 的离解常数 $K_b=1.8\times10^{-5}$，求 NH_3 的共轭酸 NH_4^+ 的离解常数 K_a。

【解】 NH_3 的共轭酸为 NH_4^+，它的离解反应为

$$NH_4^+ + H_2O \rightleftharpoons NH_3 + H_3O^+$$

$$K_a=\frac{K_w}{K_b}=\frac{10^{-14}}{1.8\times10^{-5}}=5.6\times10^{-10}$$

多元酸在水中逐级离解，溶液中存在多个共轭酸碱对，这些共轭酸碱对的 K_a 和 K_b 之间也有一定的对应关系。例如三元酸 H_3A

一般地，

$$H_3A \underset{K_{b3}}{\overset{K_{a1}}{\rightleftharpoons}} H_2A^- \underset{K_{b2}}{\overset{K_{a2}}{\rightleftharpoons}} HA^{2-} \underset{K_{b1}}{\overset{K_{a3}}{\rightleftharpoons}} A^{3-}$$

则 $K_{a1}K_{b3}=K_{a2}K_{b2}=K_{a3}K_{b1}=[H^+][OH^-]=K_w$

【例题 3.2】 计算 HS^- 的 K_b 值。

【解】 HS^- 为两性物质，K_b 是它作为碱的离解常数，即

$$HS^- + H_2O \rightleftharpoons H_2S+OH^-$$

其共轭酸是 H_2S，共轭碱是 S^{2-}。HS^- 的 K_b 即 S^{2-} 的 K_{b2}，可以由 H_2S 的 K_{a1} 求得。H_2S 的 $K_{a1}=1.3\times10^{-7}$，所以

$$K_{b2}=\frac{K_w}{K_{a1}}=\frac{10^{-14}}{1.3\times10^{-7}}=7.7\times10^{-8}$$

3.1.2 酸碱溶液的 pH 值

酸碱滴定过程中，溶液的 pH 值是在不断变化的。为了解滴定过程中溶液 pH 值的变化规律，就必须掌握酸碱溶液 pH 值的计算方法。

3.1.2.1 质子条件

质子条件

酸碱反应的本质是质子的转移。当反应达到平衡时，酸失去的质子数与碱得到的质子数一定相等。准确反映整个平衡体系中质子转移的数量关系的数学表达式称为质子条件。列出质子条件时，先选择溶液中大量存在并参与质子转移的物质作为参考水平，然后判断溶液中哪些物质得到了质子，哪些物质失去了质子，并根据得失质子的物质的量应该相等列出等式，即为质子条件式。由质子条件式即可计算溶液的$[H^+]$。

例如，一元弱酸 HA 的水溶液中，存在的离解平衡有：

HA 的离解反应 $HA+H_2O \rightleftharpoons H_3O^+ + A^-$

水的离解反应 $H_2O+H_2O \rightleftharpoons H_3O^+ + OH^-$

选择 HA 和 H_2O 作为参考水平，可知 H_3O^+（以下简化为 H^+）是得质子的产物，A^- 和 OH^- 是失质子的产物。根据得失质子的物质的量应该相等，可写出质子条件如下：

$$[H^+]=[A^-]+[OH^-] \tag{3.2}$$

对多元酸碱，在列质子条件时要注意平衡浓度前的系数。

例如，Na_2CO_3 的水溶液中存在下列平衡：

$$CO_3^{2-}+H_2O \rightleftharpoons HCO_3^- + OH^-$$

$$CO_3^{2-}+2H_2O \rightleftharpoons H_2CO_3 + 2OH^-$$

$$H_2O+H_2O \rightleftharpoons H_3O^+ + OH^-$$

选择 CO_3^{2-} 和 H_2O 作为参考水平，并将各种存在形式与之相比较，可知 OH^- 为失质子的产物，而 HCO_3^-、H_2CO_3 及 H^+ 为得质子的产物，其中 H_2CO_3 得到 2 个质子，所以$[H_2CO_3]$前应乘以系数 2，以使得失质子的物质的量相等。因此 Na_2CO_3 溶液的质子条件为：

$$[H^+]+[HCO_3^-]+2[H_2CO_3]=[OH^-] \tag{3.3}$$

3.1.2.2 酸碱溶液 pH 值的计算

强酸强碱pH值计算

（1）强酸强碱溶液 pH 值的计算

例如 HCl，其质子条件为

$$[H^+]=[OH^-]+[Cl^-]$$

因为$[OH^-]=\dfrac{K_w}{[H^+]}$，HCl 全部解离，所以

$$[H^+]=\frac{K_w}{[H^+]}+c_{HCl}$$

解此方程即得 H^+ 浓度的精确计算公式。

一般情况下，c_{HCl}远大于$[OH^-]$，可忽略水的离解，求近似值$[H^+]=c_{HCl}$

所以，强酸 pH 值计算公式为

$$[H^+]=c_{HCl}$$

$$pH=-\lg[H^+]$$

$$pH=-\lg c_{HCl}$$

同理，强碱 NaOH 溶液：求近似值$[OH^-]=c_{NaOH}$

所以，强碱 pH 值计算公式为

$$[OH^-]=c_{NaOH}$$
$$pOH=-\lg[OH^-]$$
$$pOH=-\lg c_{NaOH}$$
$$pH=14-pOH$$

【例题 3.3】 分别求 0.01 mol/L、0.1 mol/L、1 mol/L 的 HCl 溶液的 pH 值。

【解】 根据强酸计算公式，有

$$pH=-\lg c_{HCl}$$

当溶液浓度为 0.01 mol/L 时， $pH=-\lg 0.01=2$

当溶液浓度为 0.1 mol/L 时， $pH=-\lg 0.1=1$

当溶液浓度为 1 mol/L 时， $pH=-\lg 1=0$

【例题 3.4】 分别求浓度为 0.01 mol/L、0.1 mol/L、1 mol/L 的 NaOH 溶液的 pH 值。

【解】 根据强碱计算公式有：

$$pOH=-\lg c_{NaOH},\qquad pH=14-pOH$$

当溶液浓度为 0.01 mol/L 时，

$$pOH=-\lg 0.01=2,\qquad pH=14-pOH=12$$

当溶液浓度为 0.1 mol/L 时，

$$pOH=-\lg 0.1=1\qquad pH=14-pOH=13$$

当溶液浓度为 1 mol/L 时，

$$pH=-\lg 1=0,\qquad pH=14-pOH=14$$

由上可以看出，强酸或强碱溶液 pH 值随着浓度的变化而变化，溶液浓度每增加 10 倍或者减至 $\frac{1}{10}$，溶液的 pH 值增加 1 或者减少 1。

一元弱酸弱(碱)溶液pH值计算

(2) 一元弱酸(碱)溶液 pH 值的计算

例如，一元弱酸 HA，它在水溶液中的质子条件为：

$$[H^+]=[A^-]+[OH^-]$$

利用平衡常数式把$[A^-]=K_a[HA]/[H^+]$和$[OH^-]=K_w/[H^+]$代入上式可得

$$[H^+]=\frac{K_a[HA]}{[H^+]}+\frac{K_w}{[H^+]}\tag{3.4}$$

式(3.4)为计算一元弱酸溶液$[H^+]$的精确公式(由于数学处理复杂，在实际工作中也无此需求，故不列出)。若酸不是太弱，可不考虑水的离解时，即当 $cK_a\geqslant 20K_w$ 时，可得 H^+ 浓度近似公式(见表 3.2)。若弱酸的浓度和离解常数均不太小，即当 $cK_a\geqslant 10K_w$，且 $c/K_a\geqslant 105$ 时，可得 H^+ 浓度的最简计算公式为

$$[H^+]=\sqrt{cK_a}\tag{3.5}$$

这就是常用的计算一元弱酸溶液$[H^+]$的最简式。

同理，对于一元弱碱溶液，只需将上述计算一元弱酸溶液$[H^+]$公式中的 K_a 换成 K_b，$[H^+]$换成$[OH^-]$，得出一元弱碱溶液中$[OH^-]$的公式为

$$[OH^-]=\sqrt{cK_b}\tag{3.6}$$

【例题 3.5】 计算 $c_{HAc}=0.50$ mol/L 的 HAc 溶液的 pH 值。($K_{HAc}=1.8\times10^{-5}$)

【解】 已知 $c_{HAc}=0.50$ mol/L，$K_{HAc}=1.8\times10^{-5}$，因为 $c/K_a\geqslant 105$，$cK_a>10K_w$，所以可用最简式计算，即

$$[H^+]=\sqrt{cK_a}$$

$$[H^+]=\sqrt{0.50\times1.8\times10^{-5}}\ \text{mol/L}=3\times10^{-3}\ \text{mol/L}$$

$$pH=-\lg(3\times10^{-3})=2.52$$

答：$c_{HAc}=0.50$ mol/L 的 HAc 溶液的 pH 值为 2.52。

【例题 3.6】 计算 $c_{NH_3}=0.10$ mol/L 的 NH_3 水溶液的 pH 值。$[K_{NH_3}=1.8\times10^{-5}]$

【解】 已知 $c_{NH_3}=0.10$ mol/L，$K_{NH_3}=1.8\times10^{-5}$，

因为 $c/K_b\geqslant105$，$cK_b>10K_w$，所以可用最简式计算，即

$$[OH^-]=\sqrt{cK_b}$$

$$OH^-=\sqrt{0.10\times1.8\times10^{-5}}\ \text{mol/L}=1.34\times10^{-3}\ \text{mol/L}$$

$$pOH=-\lg(1.34\times10^{-3})=2.87$$

$$pH=14-2.87=11.13$$

答：$c_{NH_3}=0.10$ mol/L 的 NH_3 溶液的 pH 值为 11.13。

(3) 多元弱酸(碱)溶液 pH 值的计算

二元弱酸(碱)溶液pH值计算

例如：二元弱酸 H_2S，在水溶液中的离解可以分为两步(两级)：

$$H_2S \rightleftharpoons H^+ + HS^- \qquad K_{a1}=1.3\times10^{-7}$$

$$HS^- \rightleftharpoons H^+ + S^{2-} \qquad K_{a2}=7.1\times10^{-15}$$

对多元酸，如果 $K_{a1}\gg K_{a2}$，溶液中的 H^+ 主要来自第一级电离，第二级离解出的 H^+ 的极少，可以忽略。这样，二元弱酸和多元弱酸可以按照一元弱酸的计算方法进行处理，只考虑第一级电离即可，即

$$[H^+]=\sqrt{cK_{a1}} \tag{3.7}$$

多元弱碱的计算与二元弱酸方法类似。

(4) 两性物质溶液 pH 值的计算

两性物质pH值计算

两性物质在水溶液中既可给出质子显酸性，又可接受质子显碱性，其酸碱平衡较为复杂。以 NaHA 为例，溶液中的离解平衡有：

$$HA^- \rightleftharpoons H^+ + A^{2-}$$

$$HA^- + H_2O \rightleftharpoons H_2A + OH^-$$

$$H_2O \rightleftharpoons H^+ + OH^-$$

质子条件为：$[H_2A]+[H^+]=[A^{2-}]+[OH^-]$

把平衡常数 K_{a1}、K_{a2} 代入上式，当满足 $cK_{a2}\geqslant10K_w$ 和 $c/K_{a1}\geqslant10$ 两条件时，可得：

$$[H^+]=\sqrt{K_{a1}K_{a2}} \tag{3.8}$$

【例题 3.7】 计算 0.10 mol/L 的 NaH_2PO_4 溶液的 pH 值，已知 H_3PO_4 的 $pK_{a1}=2.12$，$pK_{a2}=7.20$，$pK_{a3}=1.36$。

【解】 $H_2PO_4^-$ 作两性物质所涉及的常数是 K_{a1} 和 K_{a2}，$c=0.10$ mol/L，则 $cK_{a2}=0.10\times10^{-7.20}>10K_w$，$c/K_{a1}=0.10/10^{-2.12}>10$

可采用最简式(3.8)计算

$$[H^+]=\sqrt{K_{a1}K_{a2}}=\sqrt{10^{-2.12}\times10^{-7.20}}=10^{-4.66}\ \text{mol/L}$$

$$pH=4.66$$

酸碱溶液pH值计算汇总

若计算 Na_2HPO_4 溶液的$[H^+]$，则涉及 K_{a2} 和 K_{a3}，所以在运用公式以及条件判断时，应将相应的 K_{a1} 和 K_{a2} 分别改换为 K_{a2} 和 K_{a3}。

一元弱酸(弱碱)、两性物质溶液的 pH 值的计算是最常用的。其他各种酸(碱)

溶液 pH 值计算公式这里不再推导，现将各种酸溶液 pH 值计算的最简式以及使用条件列于表 3.2 中，计算各种碱溶液的 pH 值时，只需将相应的$[H^+]$和 K_a 换成$[OH^-]$和 K_b。

表 3.2 几种酸溶液计算 pH 值的最简式及使用条件

类 别	计算公式	使用条件(允许误差 5%)
强酸	$[H^+]=c$ $[H^+]=\sqrt{K_w}$	$c\geqslant4.7\times10^{-7}$ mol/L $c\leqslant1.0\times10^{-8}$ mol/L
一元弱酸	$[H^+]=\sqrt{cK_a}$	$cK_a\geqslant10K_w$ 且 $c/K_a\geqslant105$
二元弱酸	$[H^+]=\sqrt{cK_{a1}}$	$cK_{a1}\geqslant10K_w$ $c/K_{a1}\geqslant105$ 且 $2cK_{a2}/[H^+]\leqslant1$
两性物质	$[H^+]=\sqrt{K_{a1}K_{a2}}$	$cK_{a2}\geqslant10K_w$ 且 $c/K_{a1}\geqslant10$

3.1.3 缓冲溶液

缓冲溶液介绍

在分析测定中，有些化学反应需要在一定的酸度范围内进行，将溶液调整到所需要的 pH 值较容易，但若要反应过程中使溶液的 pH 值保持基本不变，则需要使用“缓冲溶液”。缓冲溶液是指能够抵抗外加少量强酸、强碱或稍加稀释，其自身 pH 值不发生显著变化的溶液。缓冲溶液一般是由浓度较大的弱酸(或弱碱)及其共轭碱(或共轭酸)组成，如 HAc-NaAc、NH_4Cl-$NH_3\cdot H_2O$ 等。高浓度的强酸、强碱溶液，其 H^+ 或 OH^- 的浓度很大，外加的少量酸或碱不会对溶液的酸度产生太大的影响。在这种情况下，强酸(pH<2)或强碱(pH>12)也可作为缓冲溶液。

3.1.3.1 缓冲溶液 pH 值计算

缓冲溶液pH值计算

由弱酸 HA 与其共轭碱 A^- 组成的缓冲溶液，若用 c_{HA}、c_{A^-} 分别表示 HA、A^- 的浓度，可推出计算该缓冲溶液 pH 值的最简式：

$$[H^+]=K_a\cdot\frac{c_{HA}}{c_{A^-}}$$

$$pH=pK_a-\lg\frac{c_{HA}}{c_{A^-}}$$

$$pH=pK_a+\lg\frac{c_{A^-}}{c_{HA}}$$

对于一般上式可写成

$$[H^+]=K_a\cdot\frac{c_{酸}}{c_{盐}}$$

$$pH=pK_a+\lg\frac{c_{盐}}{c_{酸}}\tag{3.9}$$

同理，可以推导出弱碱和弱碱盐(如 $NH_3\cdot H_2O$-NH_4Cl)缓冲溶液 pH 值计算最简式为：

$$[OH^-]=K_b\cdot\frac{c_{碱}}{c_{盐}}$$

$$pH=14-pK_b-\lg\frac{c_{盐}}{c_{碱}}$$

【例题 3.8】 有一缓冲溶液，由 HAc-NaAc 组成，HAc 浓度为 0.10 mol/L，NaAc 的浓度为 0.10 mol/L。求该溶液的 pH 值。

【解】 已知 HAc 的 $K_a=1.8\times10^{-5}$，$pK_a=4.74$，根据式(3.9)计算得：

$$pH=pK_a+\lg\frac{c_{盐}}{c_{酸}}=4.74+\lg\frac{0.10}{0.10}=4.74$$

缓冲溶液的 pH 值与组成缓冲溶液的弱酸的离解常数 pK_a 有关，也与弱酸及其共轭碱的浓度比有关。由于浓度比的对数值相对于 pK_a 来说是一个较小数值，所以缓冲溶液 pH 值主要由 pK_a 决定。对于同一种缓冲溶液，pK_a 为常数，溶液的 pH 值则随溶液的浓度比而改变。因此适当地改变浓度比值，就可以在一定范围内配制不同 pH 值的缓冲溶液。

表 3.3　列出一些常用的缓冲溶液

缓冲溶液	酸的存在形态	碱的存在形态	pK_a
氨基乙酸-HCl	$^+NH_3CH_2COOH$	$^+NH_3CH_2COO^-$	2.35
一氯乙酸-NaOH	$CH_2ClCOOH$	CH_2ClCOO^-	2.86
邻苯二甲酸氢钾-HCl	$C_6H_4(COOH)_2$	$C_6H_4(COO)_2H^-$	2.95
甲酸-NaOH	HCOOH	$HCOO^-$	3.76
HAc-NaAc	HAc	Ac^-	4.74
六亚甲基四胺-HCl	$(CH_2)_6N_4H^+$	$(CH_2)_6N_4$	5.15
NaH_2PO_4-Na_2HPO_4	$H_2PO_4^-$	HPO_4^{2-}	7.20
$Na_2B_4O_7$-HCl	H_3BO_3	$H_2BO_3^-$	9.24
NH_4Cl-$NH_3\cdot H_2O$	NH_4^+	NH_3	9.26
氨基乙酸-NaOH	NH_2CH_2COOH	$NH_2CH_2COO^-$	9.60
$NaHCO_3$-Na_2CO_3	HCO_3^-	CO_3^{2-}	10.25
Na_2HPO_4-NaOH	HPO_4^{2-}	PO_4^{3-}	12.32

3.1.3.2　缓冲容量和缓冲范围

任何缓冲溶液的缓冲能力都是有一定限度的。若加入酸、碱过多或过分稀释，缓冲溶液都会失去其缓冲作用。缓冲溶液的缓冲能力用缓冲容量来衡量。缓冲容量是使 1 L 缓冲溶液的 pH 值改变 1 个单位所需要加入强酸或强碱物质的量。显然，缓冲溶液的缓冲容量越大，其缓冲能力越强。

缓冲容量和缓冲范围

缓冲容量的大小与缓冲溶液组分的总浓度有关，其总浓度越大，缓冲容量越大。此外，还与缓冲溶液中组分的浓度比值有关，若缓冲组分的总浓度一定，缓冲组分的浓度比值为 1∶1 时，缓冲容量为最大。

缓冲溶液的缓冲作用都有一定的范围，缓冲溶液所能控制的 pH 值范围称为该缓冲溶液的有效作用范围，简称缓冲范围。这个范围一般在两种组分的浓度比[(10∶1)～(1∶10)]之间，也就是在 pK_a 值两侧各一个 pH 单位之内，即

$$pH=pK_a\pm1 \tag{3.10}$$

例如，HAc-NaAc 缓冲溶液，$pK_a=4.74$，其缓冲范围为 $pH=4.74\pm1$，即 pH 范围为 3.74～5.74。NH_4Cl-$NH_3\cdot H_2O$ 缓冲溶液，$pK_a=9.26$，其缓冲范围为 pH=8.26～10.26。

3.1.3.3 缓冲溶液的选择

缓冲溶液的种类和选择

缓冲溶液的选择首先要求其对分析过程无干扰。另外，还要求所需控制的 pH 值在缓冲溶液的缓冲范围之内，即所选择弱酸的 pK_a 应接近于所需的 pH 值，缓冲组分的总浓度应大一些（一般在 0.01～1 mol/L 之间），并控制组分的浓度比接近于 1∶1，以保证足够的缓冲容量。

3.1.3.4 标准缓冲溶液

标准缓冲溶液的 pH 值是在一定温度下经过实验测得的。标准缓冲溶液可用作测量溶液 pH 值的参照溶液，即用来校准 pH 计。常用的标准缓冲溶液及其 pH 值列于表 3.4 中。

表 3.4 常用的标准缓冲溶液及其 pH 值

标准缓冲溶液	pH 值(25 ℃)	标准缓冲溶液	pH 值(25 ℃)
饱和酒石酸钾钠(0.034 mol/L)	3.56	0.025 mol/L KH_2PO_4-0.025 mol/L Na_2HPO_4	6.86
0.050 mol/L 邻苯二甲酸氢钾	4.01	0.010 mol/L 硼砂	9.18

3.1.4 酸碱指示剂

为了正确运用酸碱滴定法进行分析测定，必须了解滴定过程中溶液 pH 值的变化规律，特别是化学计量点附近 pH 值的变化，才有可能选择合适的指示剂，正确地指示滴定终点。表示滴定过程中溶液 pH 值随标准溶液用量变化而改变的曲线称为滴定曲线。下面分别讨论酸碱指示剂和各种类型的滴定及指示剂的选择。

酸碱指示剂性质和作用原理

3.1.4.1 酸碱指示剂的作用原理

酸碱指示剂一般是有机弱酸或弱碱，其酸式和碱式的结构不同，颜色也不同。当溶液的 pH 值改变时，指示剂由于结构的改变而发生颜色的改变。

例如：酚酞是有机弱酸，在溶液中有如下平衡：

$$\text{无色(内酯式)} \underset{-H_2O}{\overset{+H_2O}{\rightleftharpoons}} \text{无色} \underset{H^+}{\overset{OH^-}{\rightleftharpoons}} \text{无色} \underset{H^+}{\overset{OH^-}{\rightleftharpoons}} \text{红色(醌式)}$$

无色(内酯式)　　无色　　无色　　红色(醌式)

在酸性溶液中，上述平衡向左移动，酚酞主要以无色的羟式存在；在碱性溶液中，平衡向右移动，酚酞转变为醌式而显红色，但在浓碱溶液中酚酞的醌式结构会转变为无色的羟酸盐结构。

又如，甲基橙是一种有机弱碱，在水溶液中有如下的离解平衡和颜色变化：

$$(CH_3)_2N^+\!=\!C_6H_4\!=\!N\!-\!NH\!-\!C_6H_4\!-\!SO_3^- \underset{H^+}{\overset{OH^-}{\rightleftharpoons}} (CH_3)_2N\!-\!C_6H_4\!-\!N\!=\!N\!-\!C_6H_4\!-\!SO_3^-$$

红色(醌式)　　黄色(偶氮式)

增大溶液的酸度，反应向左进行，甲基橙主要以醌式结构存在，溶液呈红色；反之，降低溶液的酸度，反应向右进行，甲基橙主要以偶氮式结构存在，溶液呈黄色。

因此，酸碱指示剂颜色的改变是由于溶液 pH 值的变化而引起指示剂结构发生变化。

3.1.4.2　指示剂的变色范围

酸碱指示剂的变色范围

为进一步说明指示剂颜色变化与酸度的关系，现以 HIn 代表指示剂酸色型，以 In^- 代表指示剂碱色型，在溶液中指示剂的离解平衡关系可用下式表示：

$$HIn \rightleftharpoons H^+ + In^-$$

$$K_{HIn} = \frac{[H^+][In^-]}{[HIn]}$$

$$\frac{K_{HIn}}{[H^+]} = \frac{[In^-]}{[HIn]} \tag{3.11}$$

式中，K_{HIn}为指示剂的离解常数。显然，溶液的颜色决定于指示剂碱色型与酸色型浓度的比值$[In^-]/[HIn]$，而该比值则与K_{HIn}和$[H^+]$有关。在一定温度下，对于某种指示剂，K_{HIn}为常数，因此该比值就只决定于$[H^+]$。

当$[In^-]/[HIn]=1$，$[H^+]=K_{HIn}$，即两者浓度相等（各占 50%），溶液表现出酸式色和碱式色的中间颜色，此时 $pH=pK_{HIn}$，称为指示剂的理论变色点。

当溶液中的$[H^+]$发生变化时，$[In^-]/[HIn]$的比值也发生变化，溶液应当呈现不同的颜色。但由于人眼辨别颜色的能力有限，一般来说，当$[In^-]/[HIn]<1/10$时，观察到的是 HIn 的颜色；当$[In^-]/[HIn]=1/10$时，可以在 HIn 颜色中勉强看到 In^- 的颜色，此时 $pH_1=pK_{HIn}-1$；当$[In^-]/[HIn]>10/1$时，观察到的是 In^- 的颜色；当$[In^-]/[HIn]=10/1$时，可以在 In^- 颜色中勉强看到 HIn 的颜色，此时 $pH_2=pK_{HIn}+1$。上述情况可以表示为：

$$\frac{[In^-]}{HIn} < \frac{1}{10} \quad = \frac{1}{10} \quad =1= \quad \frac{10}{1} \quad > \frac{10}{1}$$

酸色　　略带酸色　　中间色　　略带碱色　　碱色

若在一根数轴上以 pH 为单位，在不同区域标以不同颜色，则酸碱指示剂的理论变色范围可以用图 3.1 表示。

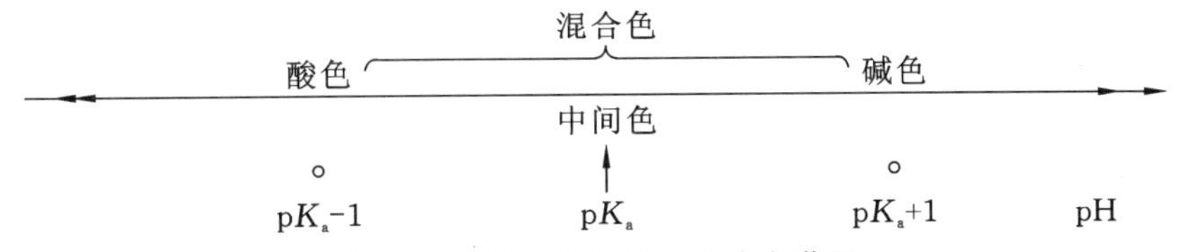

图 3.1　酸碱指示剂的理论变色范围

当$\frac{1}{10}<\frac{[In^-]}{[HIn]}<\frac{10}{1}$时，溶液的 pH 值由 pK_a-1 变到 pK_a+1，指示剂从酸色经过中间过渡色变化到碱色。这种理论上可以看到的引起指示剂颜色变化的 pH 间隔，称之为指示剂的变色范围。因此，指示剂的变色范围为 $pH=K_{HIn}\pm1$。

常用酸碱指示剂使用

由上可知，指示剂的理论变色范围为 $pH=pK_{HIn}\pm1$，2 个 pH 单位。不同的指示剂 pK_{HIn}不同，变色范围也各不相同。由于人眼对各种颜色的敏感度不同，加上两种颜色之间的相互影响，因此，实际观察到的各种指示剂的变色范围和理论值不完全相同，而是略有上下。例如，甲基红 $pK_{HIn}=5.0$，理论变色范围应该是 4.0～6.0，而实际的变色范围则是 4.4～6.2，这也常称为指示剂的实际变色范围。

常用酸碱指示剂在室温下水溶液中的变色范围列于表 3.5 中。

表 3.5 几种常用的酸碱指示剂

指示剂	变色范围	颜色		变色点	浓度	用量
	pH	酸色	碱色	pH		滴(每 10 mL)
百里酚蓝[1]	1.2～2.8	红	黄	1.7	1 g/L 的 20%乙醇溶液	1～2
甲基黄	2.9～4.0	红	黄	3.3	1 g/L 的 90%乙醇溶液	1
甲基橙	3.1～4.4	红	黄	3.4	0.5 g/L 的水溶液	1
溴酚蓝	3.0～4.6	黄	紫	4.1	1 g/L 的 20%乙醇或其钠盐水溶液	1
溴甲酚绿	3.8～5.4	黄	蓝	4.9	1 g/L 的乙醇溶液	1～3
甲基红	4.4～6.2	红	黄	5.1	1 g/L 的 60%乙醇或其钠盐水溶液	1
溴百里酚蓝	6.2～7.6	黄	蓝	7.3	1 g/L 的 20%乙醇或其钠盐水溶液	1
中性红	6.8～8.0	红	黄橙	7.4	1 g/L 的 60%乙醇溶液	1
酚红	6.7～8.4	黄	红	8.0	1 g/L 的 60%乙醇或其钠盐水溶液	1
酚酞	8.0～10.0	无色	红	9.1	0.5 g/L 的 90%乙醇溶液	1～3
百里酚蓝[2]	8.0～9.8	黄	蓝	8.9	1 g/L 的 20%乙醇溶液	1～4
百里酚酞	9.4～10.6	无色	蓝	10.0	1 g/L 的 90%乙醇溶液	1～2

3.1.4.3 使用指示剂应注意的问题

① 温度

指示剂的 K 值受温度的影响，因此当温度改变时，指示剂的变色范围也随之改变。例如，酚酞 18 ℃时变色范围为 8.0～10.0；在 100 ℃时，则为 8.0～9.2。因此，标准溶液的标定和分析样品的测定应在同温度下进行。

② 指示剂用量

指示剂的用量是一个非常重要的因素，不宜过多也不宜过少。用量过多，一方面，由于指示剂本身是弱酸或弱碱，也要消耗定量的标准溶液；另一方面，终点时颜色变化不敏锐。用量过少，由于人眼辨色能力的限制，无法观察到溶液颜色的变化。一般来讲，在不影响观察指示剂颜色转变的前提下，以用量少为佳。

③ 滴定程序

由于深色较浅色明显，所以当溶液由浅色变为深色时，人眼容易辨别。比如，以甲基橙作指示剂，用碱标准溶液滴定酸时，终点颜色的变化是由橙红变黄，它就不及用酸标液滴定碱时终点颜色由黄变橙红明显。所以用酸标准溶液滴定碱时可用甲基橙作指示剂；而用碱标准溶液滴定酸时，一般采用酚酞作指示剂，因为终点从无色变为红色比较敏锐。

混合指示剂

3.1.4.4 混合指示剂

在某些酸碱滴定中，由于化学计量点附近 pH 突跃范围小，使用单一指示剂确定终点无法达到所需要的准确度，可考虑采用混合指示剂。混合指示剂是利用颜色的互补作用，使指示剂变色范围变窄，颜色变化更敏锐。

混合指示剂的配制方法一般有两类：一类是由两种或两种以上的指示剂混合而成。例如，溴甲酚绿和甲基红按一定配比混合后，在 pH<5.1 时呈酒红色，pH>5.1 时呈绿色，中间 pH=5.1 时呈灰色，变色十分敏锐。另一类是由一种指示剂和一种惰性染料混合而成。例如，甲基橙和靛蓝磺酸钠组成的混合指示剂，在 pH<3.1 时呈紫色，pH>4.4 时呈绿色，中间 pH=4.1 时呈浅灰色，颜色变化很明显，靛蓝磺酸钠为蓝色染料，对甲基橙颜色起衬托作用。如果把甲基红、溴百里酚蓝、百里酚蓝、酚酞按一定比例混合，溶于乙醇，配成混合指示剂，可随溶液 pH 值的变化而逐渐变色，实验室中使用的 pH 试纸就是基于混合指示剂的原理而制成的。常见混合指示剂见表 3.6。

表 3.6　几种常见的混合指示剂

指示剂溶液的组成	变色时pH值	颜色		备注
		酸色	碱色	
一份 0.1%甲基黄乙醇溶液 一份 0.1%次甲基蓝乙醇溶液	3.3	蓝紫	绿	pH=3.2，蓝紫色 pH=3.4，绿色
一份 0.1%甲基橙水溶液 一份 0.25%靛蓝二磺酸水溶液	4.1	紫	黄绿	
一份 0.1%甲酚绿钠盐水溶液 一份 0.2%甲基橙水溶液	4.3	橙	蓝绿	pH=3.5，黄色 pH=4.05，绿色 pH=4.3，浅绿
三份 0.1%溴甲酚绿乙醇溶液 一份 0.2% 甲基红乙醇溶液	5.1	酒红	绿	
一份 0.1%溴甲酚绿钠盐水溶液 一份 0.1%氯酚红钠盐水溶液	6.1	黄绿	蓝绿	pH=5.4，蓝绿色 pH=5.8，蓝色 pH=6.0，蓝带紫 pH=6.2，蓝紫
一份 0.1%中性红乙醇溶液 一份 0.1%次甲基蓝乙醇溶液	7.0	紫蓝	绿	pH=7.0，紫蓝
一份 0.1%甲酚红钠盐水溶液 三份 0.1%百里酚蓝钠盐水溶液	8.3	黄	紫	pH=8.2，玫瑰红 pH=8.4，清晰的紫色
一份 0.1%百里酚蓝 50%乙醇溶液 三份 0.1%酚酞 50%乙醇溶液	9.0	黄	紫	从黄到绿，再到紫

3.1.5　酸碱滴定曲线

3.1.5.1　强碱滴定强酸或强酸滴定强碱

配制溴甲酚绿-甲基红混合指示剂

现以 0.1000 mol/L 的 NaOH 溶液滴定 20.00 mL 0.1000 mol/L 的 HCl 溶液为例，讨论强碱滴定强酸过程中溶液 pH 值的变化情况和滴定曲线的形状。

(1) 溶液 pH 值的变化情况

① 滴定前

溶液的 pH 值取决于 HCl 溶液的原始浓度，即分析浓度。

$$[H^+]=0.1000\ \text{mol/L}$$

$$pH=-\lg[H^+]=1.00$$

强碱滴定强酸过程变化

② 滴定开始至化学计量点前

随着 NaOH 溶液的加入,溶液中 H^+ 浓度减小,溶液的 pH 值取决于剩余 HCl 的浓度。例如,当加入 NaOH 溶液 19.98 mL 时,则未中和的 HCl 溶液的体积为 0.02 mL,此时溶液中

$$[H^+]=\frac{0.1000\times 0.02}{20.00+19.98}\approx 5.0\times 10^{-5}(\text{mol/L})$$

$$pH=-\lg[H^+]=4.30$$

从滴定开始至化学计量点前各点的 pH 值均可按上述方法计算。

③ 化学计量点时

当加入 NaOH 溶液 20.00 mL 时,HCl 恰好全部被中和,此时溶液中

$$[H^+]=[OH^-]=1.0\times 10^{-7}(\text{mol/L})$$

$$pH=7.00$$

④ 化学计量点后

NaOH 溶液过量,溶液的 pH 值取决于过量 NaOH 的浓度。例如,当加入 NaOH 溶液 20.02 mL 时,NaOH 溶液过量 0.02 mL,此时溶液中

$$[OH^-]=\frac{0.1000\times 0.02}{20.00+20.02}\approx 5.0\times 10^{5}(\text{mol/L})$$

$$pOH=4.30\quad pH=9.70$$

化学计量点后各点的 pH 值均可按上述方法计算。

将上述计算值列于表 3.7 中。

表 3.7 0.1000 mol/L NaOH **溶液滴定** 20.00 mL 0.1000 mol/L HCl **溶液**

加入 NaOH 溶液		剩余 HCl 溶液的体积 V(mL)	过量 NaOH 溶液的体积 V(mL)	$[H^+]$ (mol/L)	pH 值
mL	%				
0.00	0	20.00		1.00×10^{-1}	1.00
18.00	90.0	2.00		5.26×10^{-3}	2.28
19.80	99.0	0.20		5.02×10^{-4}	3.30
19.98	99.9	0.02		5.00×10^{-5}	4.30①
20.00	100.0	0.00		1.00×10^{-7}	7.00②
20.02	100.1		0.02	2.00×10^{-10}	9.70③
20.20	101.0		0.20	2.01×10^{-11}	10.70
22.00	110.0		2.00	2.10×10^{-12}	11.68
40.00	200.0		20.00	3.00×10^{-13}	12.52

注:①②③之间出现滴定突跃。

(2) 滴定曲线的形状

以 NaOH 的加入量为横坐标,溶液的 pH 值为纵坐标,绘制滴定曲线,如图 3.2 所示。

由表 3.7 的数据和图 3.2 的滴定曲线可知,滴定开始时溶液的 pH 值变化缓慢,曲线比较平坦,因为此时溶液中的酸量较大,正是强酸缓冲容量最大的区域,加入 18.00 mL NaOH 溶液,pH 值仅改变 1.3 个单位。随着滴定的不断进行,pH 值变化开始加快,曲线逐渐倾斜,因为这时溶液中酸量减少,缓冲容量下降,只需加入 1.80 mL (甚至 0.18 mL) 的 NaOH 溶液,pH 值就改变 1 个单位。化学计量点

前后，溶液的 pH 值变化极快，曲线呈现一段近似垂直线，滴定从剩余 0.02 mL HCl 溶液到不足 0.02 mL，NaOH 溶液即从 NaOH 溶液不足 0.02 mL（相当于 −0.1%）到过量 0.02 mL（相当于 +0.1%），共 0.04 mL（约 1 滴），而溶液的 pH 值却从 4.30 急剧升高到 9.70，变化 5.40 个 pH 单位，溶液由酸性突变为碱性。此后若继续加入 NaOH 溶液，pH 值变化逐渐缓慢，曲线又比较平坦，进入强碱的缓冲区。

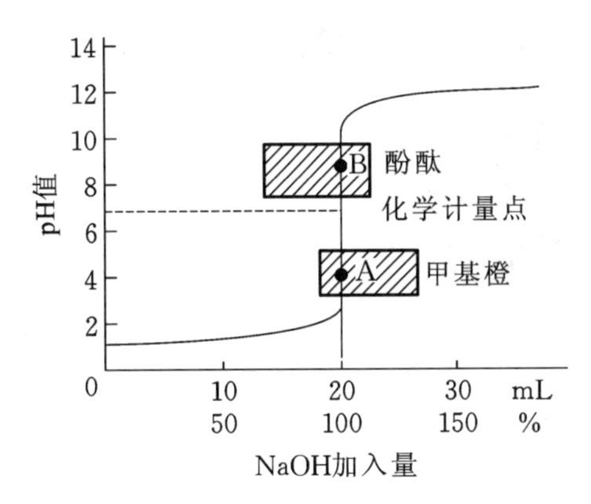

图 3.2　0.1000 mol/L 的 NaOH 滴定 20.00 mL 0.1000 mol/L HCl 的滴定曲线

（3）滴定突跃

化学计量点前后 ±0.1% 范围内 pH 值的急剧变化称为“滴定突跃”，其 pH 值变化范围称为滴定突跃范围。滴定突跃具有重要的实际意义，是选择指示剂的依据。

（4）指示剂的选择

在酸碱滴定中，若用指示剂指示终点，则应根据化学计量点附近的滴定突跃来选择指示剂，应使指示剂的变色范围处于或部分处于滴定突跃范围之内，这是正确选择指示剂的原则。在此次滴定中，酚酞、甲基红、甲基橙均适用。如果以甲基橙作指示剂，应滴定到甲基橙由橙色变为黄色时，溶液的 pH 值约为 4.4，才能保证滴定误差不超过 0.1%，符合滴定分析的要求。若用酚酞为指示剂，当酚酞变微红色时 pH 值略大于 8.0，此时滴定误差小于 0.1%，也能符合滴定分析的要求。

滴定突跃

酸碱滴定中指示剂变色过程

浓度对滴定的影响

必须指出，滴定突跃范围的大小与溶液的浓度有关，溶液越浓，突跃范围越大，溶液越稀，突跃范围越小，见图 3.3。当酸碱浓度增大 10 倍，为 1 mol/L 时，突跃范围为 3.3～10.7，增大 2 个 pH 单位。反之，当酸碱浓度降低 10 倍，为 0.01 mol/L 时，突跃范围为 5.3～8.7，减小 2 个 pH 单位，指示剂的选择将会受到限制，若仍以甲基橙作指示剂，误差将在 1% 以上，最好使用甲基红或酚酞。强酸滴定强碱的情况与强碱滴定强酸的情况相似，但 pH 值的变化方向相反。若用 0.1000 mol/L HCl 滴定 0.1000 mol/L NaOH，这时酚酞、甲基红都可以选为指示剂。如果用甲基橙作指示剂，只能滴至黄色，颜色稍有改变，如滴至橙色则 pH 值已低于 4.3，滴定误差将超过 0.1%。

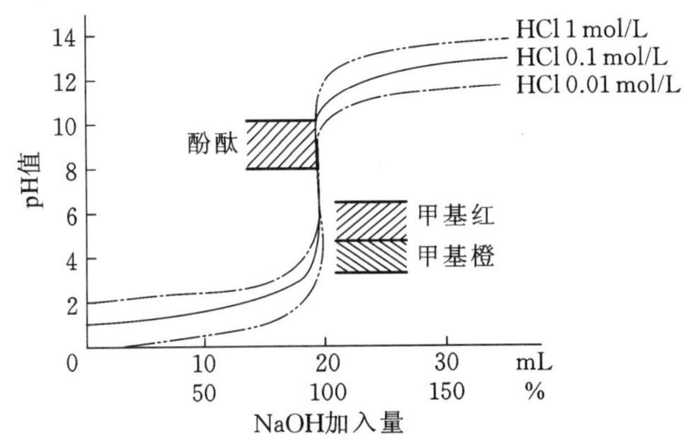

图 3.3　不同浓度 NaOH 滴定不同浓度 HCl 的滴定曲线

3.1.5.2 一元弱酸(碱)的滴定

强碱滴定弱酸

(1) 强碱滴定弱酸

强碱滴定弱酸的基本反应为

$$HA+OH^- \Longrightarrow H_2O+A^-$$

现以 0.1000 mol/L 的 NaOH 溶液滴定 20.00 mL 0.1000 mol/L 的 HAc 溶液为例，说明这一类滴定过程 pH 值的变化与滴定曲线的形状。已知 HAc 的离解常数 $pK_a=4.74$。

① 滴定开始前

此时溶液是 0.1000 mol/L 的 HAc 溶液，根据弱酸 pH 值计算最简式

$$[H^+]=\sqrt{c_{HAc}K_{HAc}}=\sqrt{0.1000\times10^{-4.74}}=10^{-2.87}(mol/L)$$

$$pH=2.87$$

② 滴定开始至化学计量点前

由于 NaOH 的滴入，溶液中未反应的 HAc 和反应生成的 NaAc 组成 HAc-NaAc 缓冲体系，溶液的 pH 值由 HAc-NaAc 缓冲体系决定，即

$$[H^+]=K_a\cdot\frac{c_{酸}}{c_{盐}}$$

例如，当加入 NaOH 溶液 19.98 mL 时，剩余的 HAc 为 0.02 mL，则

$$c_{HAc}=\frac{0.1000\times0.02}{20.00+19.98}\ mol/L=5.0\times10^{-5}\ mol/L$$

$$c_{Ac^-}=\frac{0.1000\times19.98}{20.00+19.98}\ mol/L=5.0\times10^{-2}\ mol/L$$

因此，代入缓冲溶液 pH 值计算公式，即

$$[H^+]=K_a\cdot\frac{c_{酸}}{c_{盐}}$$

$$pH=pK_a+\lg\frac{c_{Ac^-}}{c_{HAc}}=-\lg10^{-4.74}+\lg\frac{5.0\times10^{-2}}{5.0\times10^{-5}}=7.74$$

③ 化学计量点时

因加入的 20 mL 的 NaOH 与 HAc 全部反应生成 NaAc，NaAc 为一元弱碱，所以溶液的性质由 Ac^- 决定。由于

$$c_{Ac^-}=\frac{0.1000\times20.00}{20.00+20.00}\times0.1000\ mol/L=5.0\times10^{-2}\ mol/L$$

$$[OH^-]=\sqrt{c_{Ac^-}\cdot K_b}=\sqrt{c_{Ac^-}\cdot\frac{K_w}{K_a}}=\sqrt{5.0\times10^{-2}\times\frac{10^{-14}}{10^{-4.74}}}=10^{-5.28}(mol/L)$$

$$pOH=5.28$$

$$pH=14-pOH=14-5.28=8.72$$

④ 化学计量点后

此时溶液是由过量的 NaOH 和滴定的产物 NaAc 组成。由于过量的 NaOH 存在，抑制了 Ac^- 的水解。因此，溶液的 pH 值决定于过量的 NaOH 的浓度。例如，当加入 NaOH 溶液 20.02 mL 时(过量的 NaOH 体积为 0.02 mL)，则

$$[OH^-]=\frac{0.1000\times0.02}{20.00+20.02}=5.0\times10^{-5}(mol/L)$$

$$pOH=4.30 \qquad pH=9.70$$

按照上述方法，可将滴定过程中其他各点的 pH 值逐一计算，计算结果列于表 3.8 中，并绘出滴定曲线，见图 3.4 的曲线Ⅰ。图中虚线为强碱滴定强酸曲线的前半部分。

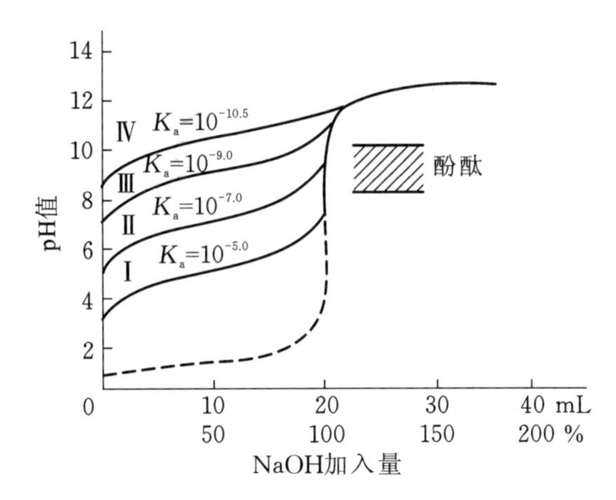

图 3.4 NaOH **溶液滴定不同弱酸溶液的滴定曲线**

表 3.8 0.1000 mol/L NaOH **溶液滴定** 20.00 mL 0.1000 mol/L HAc **溶液**

加入 NaOH 溶液		剩余 HAc 溶液的体积	过量 NaOH 溶液的体积	pH 值
mL	%	V(mL)	V(mL)	
0.00	0	20.00		2.87
18.00	90.0	2.00		4.74
19.80	99.0	0.20		5.70
19.98	99.9	0.02		7.74①
20.00	100.0	0.00		8.72②
20.02	100.1		0.02	9.70③
20.20	101.0		0.20	10.70
22.00	110.0		2.00	11.68
40.00	200.0		20.00	12.52

注：①②③之间出现滴定突跃。

将 NaOH 滴定 HAc 的滴定曲线与 NaOH 滴定 HCl 的滴定曲线相比较，可以看出它们有以下不同。

Ⅰ. 曲线起点的 pH 值较高，因为 HAc 是弱酸，仅部分电离，$[H^+]$较小。

Ⅱ. 滴定开始后 pH 值升高较快，曲线较倾斜，这是由于反应生成的 Ac^- 产生同离子效应，抑制了 HAc 的离解，$[H^+]$较快降低；继续加入 NaOH 溶液，pH 值升高缓慢，曲线较平坦，这是因为不断生成的 NaAc 在溶液中形成 HAc-NaAc 缓冲体系，使 pH 值变化相对缓慢，当 50%的 HAc 被滴定时，溶液的缓冲容量最大，曲线最为平坦；接近化学计量点时，pH 值升高加快，曲线又较倾斜，这是因为此时溶液中剩余 HAc 已很少，溶液的缓冲能力显著减弱。

Ⅲ. 化学计量点附近出现一个较为短小的滴定突跃，其突跃范围的 pH 值为 7.74～9.70，处于碱性范围内，因此在酸性范围内变色的指示剂如甲基橙、甲基红等都不能使用，而只能选择在弱碱性范围内变色的指示剂，如酚酞、百里酚酞等。

Ⅳ. 化学计量点时溶液不是中性而呈弱碱性，溶液中仅含 NaAc，为碱性物质，pH 值为 8.72。强碱滴定弱酸时，滴定突跃范围的大小与弱酸的强度(K_a)和溶液的浓度有关。如图 3.4 所示，浓度一定，酸越弱(K_a 越小)，滴定突跃范围越小。当 $K_a=10^{-9}$时，已无明显突跃，一般酸碱指示剂都不适用。对同一种弱酸，浓度越大，滴定突跃范围越大。若要求滴定误差≤0.1%，必须使滴定突跃超过 0.3 个 pH 单位，人眼才能辨别出指示剂颜色的变化，滴定就可以直接进行，通常，当 $cK_a \geq 10^{-8}$时才能满足该要求。因此，以 $cK_a \geq 10^{-8}$为弱酸能被强碱溶液直接目视准确滴定的判据。对于 $cK_a<10^{-8}$的弱酸，不能借助指示剂直接滴定，但可使用仪器检测终点，还可以利用化学反应将弱酸强化或采用非水滴定法测定。

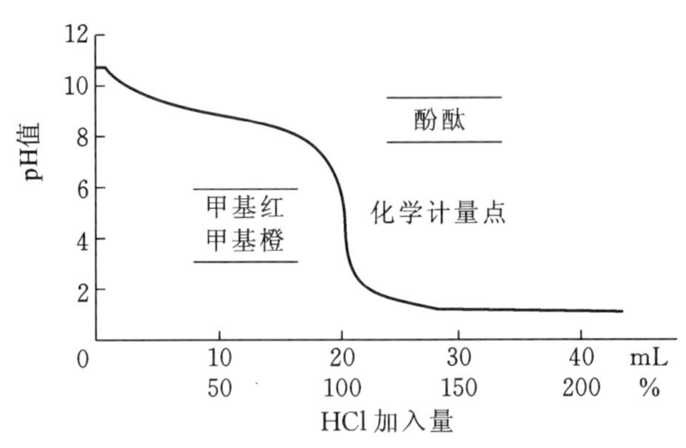

图 3.5 0.1000 mol/L HCl 滴定 20.00 mL 0.1000 mol/L NH_3 的滴定曲线

强酸滴定弱碱

3.1.5.3 强酸滴定弱碱

例如，0.1000 mol/L 的 HCl 溶液滴定 20.00 mL 0.1000 mol/L 的 NH_3 溶液，基本反应为：

$$NH_3+H^+=NH_4^+$$

滴定过程中 pH 值变化数据和滴定曲线见表 3.9 和图 3.5。

滴定曲线与强碱滴定弱酸相似，但 pH 值的变化方向是相反的。化学计量点 pH 值为 5.28，滴定突跃范围的 pH 值为 6.26～4.30，在弱酸性范围内，可选用甲基红、溴甲酚绿为指示剂。如选用甲基橙，滴定至橙色(pH=4.0)时，误差将在+0.2%以上。和弱酸的滴定一样，只有当 $cK_b \geq 10^{-8}$时，才能直接目视滴定。

表 3.9 0.1000 mol/L HCl 溶液滴定 20.00 mL 0.1000 mol/L NH_3 溶液

加入 HCl 溶液		溶液组成	计算式	pH 值
mL	%			
0.00	0	NH_3	$[OH^-]=\sqrt{cK_b}$	11.13
18.00	90.0	$NH_4^+ + NH_3$	$[OH^-]=K_b \frac{c_{NH_3}}{c_{NH_4^+}}$	8.30
19.98	99.9			6.26
20.00	100.0	NH_4^+	$[OH^-]=K_b \frac{c_{NH_3}}{c_{NH_4^+}}$	5.28
20.02	100.1			4.30
22.00	110.0	$H^+ + NH_4^+$	$[H^+]=c_{HCl}$	2.32
40.00	200.0			1.48

多元酸碱滴定

3.1.5.4 多元酸碱的滴定

多元酸碱的滴定比一元酸碱的滴定复杂，这是因为多元酸碱在溶液中是分步电离的，这就意味着必须考虑电离出来的 H^+ 和 OH^- 的总量能否被准确滴定；分步电离出 H^+ 和 OH^- 能否被分别滴定。下面结合实例作简要的讨论。

(1) 强碱滴定多元酸

大量的实验证明，多元酸的滴定可按下述原则判断：

① 用 $cK_{a1} \geq 10^{-8}$判断各级离解出的 H^+ 可否被直接滴定。

② 当 $cK_{a1} \geqslant 10^{-8}$ 时，相邻的两个 K_a 的比值大于或等于 10^4 时，较强的那一级离解的 H^+ 先被滴定，出现第一个滴定突跃，较弱的那一级离解的 H^+ 后被滴定。但能否出现第二个滴定突跃，则取决于酸的第二级离解常数值是否满足

$$cK_{a2} \geqslant 10^{-8}$$

③ 如果相邻的两个 K_a 的比值小于 10^4，滴定时两个滴定突跃将混在一起，形成一个滴定突跃。

例如，用 0.1000 mol/L NaOH 滴定 20 mL 的 0.1000 mol/L H_3PO_4。

H_3PO_4 是三元酸，在水溶液中分三步离解，其 $K_{a1}=7.5\times10^{-3}$，$K_{a2}=6.3\times10^{-8}$，$K_{a3}=4.4\times10^{-13}$。按照上述判断原则，H_3PO_4 的浓度为 0.1 mol/L，根据 $cK_{a1}\geqslant10^{-8}$，相邻的 K_{a1} 和 K_{a2} 的比值大于 10^4，说明 H_3PO_4 首先被滴定成 NaH_2PO_4，可得第一个突跃；又根据 $cK_{a2}\approx10^{-8}$，相邻的 K_{a2} 和 K_{a3} 的比值约等于 10^4，说明 NaH_2PO_4 可被进一步中和成 Na_2HPO_4，可得第二个突跃；而 $cK_{a3}<10^{-8}$，说明第三级电离出的 H^+ 极少，不能用 NaOH 直接滴定。多元酸滴定的 pH 计算较复杂，通常只计算化学计量点的 pH 值。

第一化学计量点时，根据 H^+ 浓度计算的最简式

$$[H^+]=\sqrt{K_{a1}K_{a2}}=\sqrt{10^{-2.16}\times10^{-7.21}}=10^{-4.68}(\text{mol/L})$$

$$\text{pH}=4.68$$

确定第一化学计量点时，可选用甲基橙（由橙色→黄色）或甲基红（由红色→橙色）作指示剂。但用甲基橙时终点出现偏早，最好选用溴甲酚绿和甲基橙混合指示剂，其变色点 pH=4.3，可较好地指示第一化学计量点的到达。

第二化学计量点时，同样根据 H^+ 浓度计算的最简式为

$$[H^+]=\sqrt{K_{a2}K_{a3}}=\sqrt{10^{-7.21}\times10^{-12.32}}=10^{-9.76}\ \text{mol/L}$$

$$\text{pH}=9.76$$

此时可选择酚酞为指示剂，最好选用酚酞和百里酚酞混合指示剂，因其变色点 pH=9.9，在终点时变色明显，其滴定过程变化曲线见图 3.6。

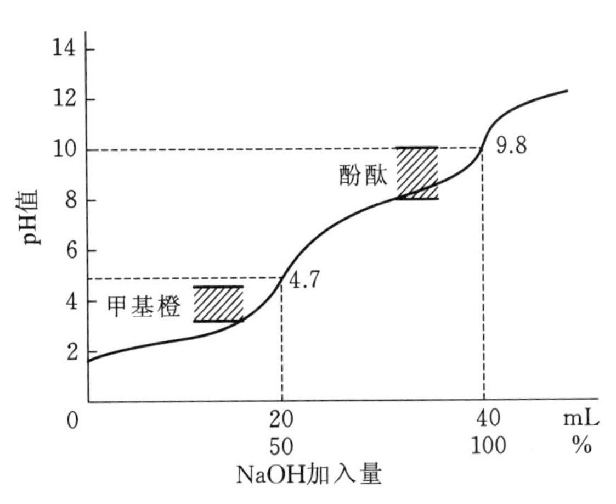

图 3.6 0.1000 mol/L NaOH **滴定** 20 mL **的** 0.1000 mol/L H_3PO_4 **的滴定曲线**

(2) 强酸滴定多元碱

多元碱的滴定与多元酸的滴定类似。

例如用 0.1000 mol/L 的 HCl 滴定 0.10 mol/L 的 Na_2CO_3（$K_{a1}=10^{-6.38}$，$K_{a2}=10^{-10.25}$）。

由于 Na_2CO_3 是二元碱，在水溶液中存在如下离解平衡：

$$CO_3^{2-}+H_2O \rightleftharpoons HCO_3^-+OH^-$$

$$HCO_3^-+H_2O \rightleftharpoons H_2CO_3+OH^-$$

第一化学计量点时，HCl 与 Na_2CO_3 反应生成 $NaHCO_3$。$NaHCO_3$ 为两性物质，其浓度为 0.05000 mol/L，根据两性物质 pH 值计算最简式计算，则

$$[H^+]=\sqrt{K_{a1}K_{a2}}=\sqrt{10^{-6.38}\times10^{-10.25}}=10^{-8.32}\ \text{mol/L}$$

$$\text{pH}=8.32$$

计算第一化学计量点 pH 值为 8.32，此时可选用酚酞作指示剂。但 $K_{a1}/K_{a2}\approx10^4$，又有 HCO_3^- 的缓冲作用，突跃不太明显，滴定误差可达±1%，可用 Na_2HCO_3 溶液作参比。若选用酚红与百里酚蓝混合指示剂（pH=8.2～8.4），准确度可提高，滴定误差为 0.5%。

第二化学计量点时，HCl 进一步与 $NaHCO_3$ 反应生成 H_2CO_3（CO_2+H_2O），其在水溶液中的饱

和浓度约为 0.040 mol/L,按照二元弱酸 pH 计算最简式计算,则

$$[H^+]=\sqrt{cK_{a1}}=\sqrt{0.040\times10^{-6.38}}=1.3\times10^{-4}\ \text{mol/L}$$

$$pH=3.89$$

计算第二化学计量点 pH 值为 3.89,此时可以选用甲基橙作指示剂。接近终点时,溶液中 CO_2 过多,导致酸度过大,致使终点提前出现。为提高滴定准确度,在滴定快到终点时,应剧烈晃动或加热煮沸溶液以加快 H_2CO_3 的分解,从而除去 CO_2。

3.1.6 非水溶液中的酸碱滴定

非水滴定介绍

3.1.6.1 非水滴定概念及特点

对于许多弱酸弱碱,当其电离常数很小时,或当 $cK_a<10^{-8}$(或 $cK_b<10^{-8}$)时,滴定突跃不明显,一般不能准确滴定。一些在水中溶解度很小的有机酸,以水为介质时,也会遇到困难。

因此,滴定分析中,常采用各种非水溶剂作为滴定介质(如冰醋酸、乙醇等),可相应增强样品的酸碱性,从而可以进行直接滴定。这种方法扩大了酸碱滴定的应用范围。非水滴定测定法除酸碱滴定外,还有氧化还原滴定、配位滴定和沉淀滴定,其中以酸碱滴定应用较广。

3.1.6.2 非水溶剂分类

非水溶剂根据溶剂的酸碱性,可定性地将它们分为以下四大类:

(1) 酸性溶剂

这类溶剂给出质子的能力比水强,接受质子的能力比水弱,即酸性比水强,碱性比水弱,故称为酸性溶剂,如甲酸、冰醋酸、硫酸等。

(2) 碱性溶剂

这类溶剂接受质子的能力比水强,给出质子的能力比水弱,即碱性比水强,酸性比水弱,故称为碱性溶剂,如乙二胺、丁胺、乙醇胺等。

(3) 两性溶剂

根据酸碱质子理论,它们既可以给出质子又可以接受质子,且给出质子和接受质子的能力相当,这类溶剂的酸碱性与水相近,属于这类溶剂的主要是醇类,如甲醇、乙醇、乙二醇、丙醇等。

(4) 惰性溶剂

这类溶剂几乎没有接受质子和给出质子的能力,不具有酸碱性,如苯、氯仿、四氯化碳等。

3.1.6.3 非水溶剂作用

不同物质所表现出的酸性或碱性的强弱,不仅与这种物质本身给出或接受质子的能力大小有关,而且与溶剂的性质有关。即如果溶剂接受质子的能力越强,则物质的酸性越强;溶剂给出质子的能力越强,则物质的碱性越强。换言之,在碱性溶剂中,酸的强度增大,而在酸性溶剂中,碱的强度增大。如苯酚在水中酸性很弱($K=10^{-10}$),而在碱性溶剂乙二胺中,酸性增强,这是因为乙二胺接受质子的能力较水强,苯酚给出质子能力增强。

可是在水溶液中,它们的强度却没有什么差别,这是因为它们在水溶液中给出质子的能力都很强,而水的碱性已足够使它充分接受这些酸给出的质子,只要这些酸的浓度不是太大,则它们将定量地与水作用,全部转化为相应的共轭碱。

$$HClO_4+H_2O\longrightarrow H_3O^++ClO_4^-$$

$$H_2SO_4+2H_2O\longrightarrow 2H_3O^++SO_4^{2-}$$

$$HCl+H_2O\longrightarrow H_3O^++Cl^-$$

$$HNO_3 + H_2O \longrightarrow H_3O^+ + NO_3^-$$

因此，它们的酸的强度在水中全部被拉平到 H_3O^+ 的水平。这种将各种不同强度酸拉平到溶剂化质子水平的效应称为拉平效应。具有拉平效应的溶剂称为拉平溶剂。在这里，水是 $HClO_4$、H_2SO_4、HCl 和 HNO_3 的拉平溶剂。因此，$HClO_4$、H_2SO_4、HCl 和 HNO_3 四种酸在水中的稀溶液均为强酸。如果是在冰醋酸介质中，由于醋酸是酸性溶剂，对质子的亲和力较弱，这四种酸给出质子的能力在程度上就显示出差异，实验证明，强度顺序为：$HClO_4 > H_2SO_4 > HCl > HNO_3$。这种能区分出酸(或碱)的强弱的效应称为区分效应。具有区分效应的溶剂称为区分溶剂。在这里，冰醋酸是 $HClO_4$、H_2SO_4、HCl 和 HNO_3 的区分溶剂。

拉平效应和区分效应都是相对的。一种溶剂对某些酸或碱具有拉平效应，对另一些酸或碱则具有区分效应。例如，水对 HCl、H_2SO_4 具有拉平效应，对 HAc、HCl 则具有区分效应；冰醋酸对 HCl、H_2SO_4 具有区分效应，对弱碱性物质($K_b < 10^{-9}$) 则具有拉平效应。

3.1.6.4　非水溶剂选择

非水滴定中，溶剂的选择至关重要。在选择溶剂时首先要考虑的是溶剂的酸碱性，因为它直接影响滴定反应的完全程度。例如，吡啶在水中是一个极弱的有机碱($K_b = 1.4 \times 10^{-9}$)，在水溶液中，中和反应很难发生，进行直接滴定非常困难。如果改用冰醋酸作溶剂，由于冰醋酸是酸性溶剂，给出质子的倾向较强，从而增强了吡啶的碱性，这样就可以顺利地用 $HClO_4$ 进行滴定了。

非水溶剂的选择

在非水滴定中，良好的溶剂应具备下列条件：

(1) 对试样的溶解度较大，并能提高它的酸度或碱度。

(2) 能溶解滴定生成物和过量的滴定剂。

(3) 溶剂与样品及滴定剂不发生化学反应。

(4) 有合适的终点判断方法(目视指示剂法或电位滴定法)。

(5) 易提纯，黏度小，挥发性低，易于回收，价格便宜，使用安全。

惰性溶剂没有明显的酸性和碱性，因此没有拉平效应，这样就使惰性溶剂成为一种很好的区分溶剂。

在非水滴定中，利用拉平效应，可以滴定酸或碱的总量。若要分别滴定混合酸或混合碱，必须利用区分效应，显示其强度差别，从而分别进行滴定。

3.1.6.5　非水滴定剂的选择

非水滴定剂的选择

(1) 酸性滴定剂

在非水介质中滴定碱时，常用的溶剂为冰醋酸，用高氯酸的冰醋酸溶液为滴定剂，滴定过程中产生的高氯酸盐在冰醋酸中具有较大的溶解度，高氯酸的冰醋酸溶液是用含 70%～72%的高氯酸水溶液配制而成的，其中的水分一般通过加入一定量的酸酐除去。$HClO_4$-HAc 滴定剂一般用邻苯二甲酸氢钾作为基准物质进行标定，反应式为

$$C_8H_5KO_4 + HClO_4 = C_8H_6O_4 + KClO_4$$

滴定时以甲基紫或结晶紫为指示剂。

(2) 碱性滴定剂

在非水介质中滴定酸时，常用的碱性滴定剂为甲醇钠和甲醇钾的苯-甲酸溶液。碱金属氢氧化物和季铵碱(如氢氧化四丁基铵)也可用作滴定剂。季铵碱的优点是碱性强度大，滴定产物易溶于有机溶剂。碱性滴定剂可以用苯甲酸作基准物质来标定，反应式为

$$C_6H_5COOH + CH_3ONa = C_6H_5COO^- + Na^+ + CH_3OH$$

碱性滴定剂在储存和使用时，必须注意防水和避免 CO_2 的影响。

3.1.6.6 非水滴定终点的确定

非水滴定中，确定滴定终点的方法很多，最常用的有电位法和指示剂法。用指示剂来确定终点，关键在于选用合适的指示剂。一般来说，非水滴定用的指示剂随溶剂而异。在酸性溶剂中，一般使用结晶紫、甲基紫、α-萘酚等作指示剂。在碱性溶剂中，一般使用百里酚蓝、偶氮紫、邻硝基苯胺。常用的指示剂列于表 3.10。

表 3.10 非水溶液滴定中所用的指示剂

序号	溶剂	指示剂
1	酸性溶剂（冰醋酸）	甲基紫、结晶紫、中性红等
2	碱性溶剂（乙二胺、二甲基甲酰胺）	百里酚蓝、偶氮紫、邻硝基苯胺、对羟基偶氮等
3	惰性溶剂（氯仿、四氯化碳、苯、甲苯）	甲基红等

3.1.7 知识扩展

离子交换法测三氧化硫全过程

(1) 离子交换树脂简介

离子交换树脂常用于原水处理的有钠型阳离子交换树脂和阴离子交换树脂，全名由分类名称、骨架名称、基本名称组成。根据树脂的酸碱性分，属酸性的在名称前加“阳”，强酸性阳离子树脂与 NaCl 作用，转变为钠型树脂使用，就叫作“钠型阳离子交换树脂”。属碱性的在名称前加“阴”。在硅酸盐材料的生产和化学分析领域，离子交换树脂也称为离子交换法，主要用来测定水泥和石膏中的三氧化硫；除去某些干扰离子以及制备纯水等。

通常根据所需交换的离子，来选择树脂的种类，即明、强、朝。如测定水泥和石膏中的三氧化硫时，主要是交换 $CaSO_4$ 中的 Ca^{2+}，因此选用对 Ca^{2+} 选择性强、交换速度快、受酸效应影响较小的磺酸基强酸性阳离子交换树脂，如(732)强酸性苯乙烯系阳离子交换树脂。在制备纯水时，除用强酸性阳离子交换树脂除去水中的 Ca^{2+}、Mg^{2+} 等阳离子外，还需要采用强碱性阴离子交换树脂除去水中存在的 Cl、SO_4^{2-} 等阴离子。如采用(717)强碱性苯乙烯系阴离子交换树脂。

交换树脂在使用时需选择合适的粒度。从理论上讲粒度越小，表面积越大，离子交换反应达到平衡所需的时间越短。但粒度过小，树脂机械强度降低，耐磨性较差。所以在实际工作中应根据具体情况加以选择。通常在制纯水的离子交换装置中，选用 16～50 目(ϕ0.3～1.2 mm)的树脂较好。

离子交换法的操作方式根据所使用的器皿和操作方式的不同分为静态离子交换法和动态离子交换法。静态离子交换法是将树脂(过量)放在待交换溶液中一起搅拌(于烧杯中)，待交换反应达到平衡后，再滤出树脂的方法。动态离子交换法是使待交换溶液流经交换柱内的树脂的方法。

(2) 离子交换法测定水泥中的三氧化硫含量原理

水泥中的硫主要由煤和石膏带入，其含量常用三氧化硫来表示，因此水泥和熟料都要测定三氧化硫含量。适量的石膏作为缓凝剂加入可调节水泥的凝结时间，并可提高水泥的强度。制造水泥时，石膏还是一种膨胀组分，赋予水泥膨胀性能，石膏加入量的多少，可以通过测定三氧化硫的含量加以控制。若三氧化硫含量过高，会导致水泥安定性不好，进而影响混凝土的质量。因此，水泥中三氧化硫含量也是一个重要的质量指标。用离子交换法来测定三氧化硫含量操作简便、快速，测定结果的准确度也能满足生产控制的需要，在水泥化学分析国家标准中被列为代用法。本任务是利用酸碱置换滴定法测定三氧化硫含量。

在水介质中，用氢型阳离子交换树脂对石膏中的 $CaSO_4$ 进行两次静态交换，生成等物质的量的氢离子，以酚酞为指示剂，用 NaOH 标准滴定溶液滴定。

本方法只作为企业生产控制用，只适用于掺加天然石膏的水泥，不适用于掺加工业副产石膏的水泥以及水泥生料，试样中的氟、氮、磷元素会给测定结果造成正误差。

反应式如下：

$$CaSO_4+2R—SO_3H \xlongequal{\quad} Ca(R—SO_3)_2+H_2SO_4$$

$$2NaOH+H_2SO_4 \xlongequal{\quad} Na_2SO_4+2H_2O$$

(3) 需用的试剂与仪器

① 任务所需试剂

a. H 型 732 苯乙烯强酸性阳离子交换树脂(1×12)的处理：将 250 g 钠型 732 苯乙烯强酸性阳离子交换树脂(1×12)用 250 mL 95%乙醇浸泡 12 h 以上，然后倾出乙醇，再用水浸泡 6～8 h。将树脂装入离子交换柱(直径约 5 cm，长约 70 cm)中，用 1500 mL HCl(1+3)以 5 mL/min 的流速淋洗。然后再用蒸馏水逆洗交换柱中的树脂，直至流出液中无 Cl^-(用 5 g/L 的 $AgNO_3$ 溶液检验)。将树脂倒出，用布氏漏斗抽气抽滤，然后储存于广口瓶中备用(树脂久放后使用时应用水倾洗数次)。

b. H 型 732 苯乙烯强酸性阳离子交换树脂(1×12)的再生：用过的树脂应浸泡在稀酸中，当积至一定数量后，倾出其中夹带的不溶残渣，然后再用上述方法进行再生。

c. $AgNO_3$ 溶液(5 g/L)：将 0.5g 硝酸银溶于水中，加入 1 mL 硝酸，加水稀释至 100 mL，储存于棕色瓶中。

d. 酚酞指示剂溶液(10 g/L)。

e. HCl(1+3)：1 体积 HCl 溶于 3 体积的水中。

f. 邻苯二甲酸氢钾(基准物)。

g. NaOH 标准滴定溶液(0.06 mol/L)。

(10 g/L) 酚酞溶液配制

配制：称取 12 g 氢氧化钠溶于水后，加水稀释至 5 L，充分摇匀，储存于塑料瓶或带胶塞(装有钠石灰干燥管)的硬质玻璃瓶内。

标定：称取 0.3 g 邻苯二甲酸氢钾($C_8H_5KO_4$，基准试剂)，精确至 0.0001 g，置于 300 mL 烧杯中，加入约 200 mL 预先新煮沸过并冷却后用氢氧化钠溶液中和至酚酞呈微红色的冷水，搅拌使其溶解，加入六七滴酚酞指示剂溶液，用氢氧化钠标准滴定溶液滴定至微红色，记录消耗体积 V。浓度计算参照 3.2.1.3 中氢氧化钠标准滴定溶液浓度计算公式。

② 任务所需仪器

a. 磁力搅拌器：带有塑料外壳的搅拌子，配有调速和加热装置；离子交换柱：直径约 5 cm，长约 70 cm。

b. 碱式滴定管、电子分析天平、锥形瓶、加热电热板等常用滴定器皿。

(4) 操作步骤

准确称取约 0.2 g 试样，精确至 0.0001 g，置于已盛有 5 g 树脂、10 mL 热水及一根搅拌子的 150 mL 烧杯中，摇动烧杯使试样分散。然后加入 40 mL 沸水，立即置于磁力搅拌器上，加热搅拌 10 min。取下，以快速滤纸过滤，用热水洗涤烧杯和滤纸上的树脂四五次，滤液及洗液收集于已放有 2 g 树脂及一根磁力搅拌子的 150 mL 烧杯中(此时溶液体积在 100 mL 左右)。将烧杯再置于磁力搅拌器上，搅拌 3 min 后取下，用快速滤纸将溶液过滤于 300 mL 烧杯中，用热水洗涤烧杯和滤纸上的树脂五六次。向溶液中加入五六滴酚酞指示剂溶液，用 NaOH 标准滴定溶液滴定至微红色。保存滤纸上的树脂，可以回收处理后再利用。

(5) 结果计算

SO_3 的质量分数按下式计算：

$$w_{SO_3}=\frac{cVM_{SO_3}}{2m\times1000}\times100\% \tag{3.12}$$

式中 w_{SO_3}——SO_3 的质量分数,%;

c——NaOH 标准溶液的浓度, mol/L;

V——滴定时消耗 NaOH 标准滴定溶液的体积,mL;

M_{SO_3}——SO_3 的摩尔质量,80.00 g/mol;

m——试料的质量,g。

(6) 注意事项

① 交换柱树脂层中如有气泡,应予以排除,方法是:用玻璃棒插入,上下移动,驱逐气泡;或者用食指堵住柱口,倒置交换柱,使树脂下沉,然后再倒过来,如此反复几次,气泡也可排除。

② 树脂的处理与再生在实验前进行。树脂再生的方法是:将用过的树脂浸泡在稀酸中,当积至一定数量后,倾出其中夹带的不溶残渣,然后再按树脂的处理方法进行再生。

③ 此法只适用于掺有天然石膏并且不含有氟、磷、氯的水泥中的 SO_3 的测定。

知识框图

3.1.8 本项目知识结构框图

本项目知识结构框图见二维码。

3.2 项 目 实 施

3.2.1 硅酸盐试样中二氧化硅含量的氟硅酸钾容量法测定

【任务书】

"建材化学分析技术"课程项目任务书

任务名称:硅酸盐试样中二氧化硅含量的氟硅酸钾法测定

实施班级:__________ 实施小组:______________

任务负责人:__________ 组员:________、________、________、________

起止时间:____年____月____日至____年____月____日

任务目标:

(1) 掌握氟硅酸钾容量法测定二氧化硅的原理及方法。

(2) 能配制、标定 NaOH 标准滴定溶液。

(3) 能准备测定所用仪器及其他试剂。

(4) 能用氟硅酸钾容量法完成硅酸盐中二氧化硅含量的测定。

(5) 能够完成测定结果的处理和报告撰写。

任务要求:

(1) 提前准备好测试方案。

(2) 按时间有序入场进行任务实施。

(3) 按要求准时完成任务测试。

(4) 按时提交项目报告。

"建材化学分析技术"课程组印发

【任务解析】

氟硅酸钾法测定二氧化硅

作为硅酸盐材料(水泥、玻璃和陶瓷)，要求硅的含量(常用二氧化硅含量表示)必须在一定范围内。因此，原料测定二氧化硅含量既是监控原料品质，又是为配料提供依据；半成品测定二氧化硅含量是监控生产是否按工艺设计在进行；成品测定二氧化硅含量是监控产品质量是否达到产品设计要求。用氟硅酸钾容量法来测定二氧化硅含量，操作简便、快速，测定结果的准确度也能满足生产控制的需要，在国家标准中被列为代用法。本任务是利用酸碱间接滴定法进行测定。

氟硅酸钾容量法测定原理：

硅酸在有过量的氟离子和钾离子存在下的强酸性溶液中，能与氟离子作用生成氟硅酸离子 SiF_6^{2-}，并进而与钾离子作用生成氟硅酸钾(K_2SiF_6)沉淀。该沉淀在热水中定量水解生成相应的氢氟酸，因此可以用酚酞作指示剂，用 NaOH 标准溶液来滴定至呈微红色即为终点。

$$SiO_3^{2-}+6F^-+6H^+ \longrightarrow SiF_6^{2-}+3H_2O$$

$$SiF_6^{2-}+2K^+ \longrightarrow K_2SiF_6\downarrow$$

$$K_2SiF_6+3H_2O \longrightarrow 2KF+H_2SiO_3+4HF$$

$$HF+NaOH \longrightarrow NaF+H_2O$$

3.2.1.1　准备工作

(150 g/L)氟化钾溶液配制

(50 g/L)氯化钾溶液配制

(50 g/L)氯化钾-乙醇溶液配制

(10 g/L)酚酞溶液配制

(1) 任务所需试剂

① 固体试剂：NaOH、KCl(分析纯)。

② 浓酸：HCl、HNO_3(分析纯)。

③ 氟化钾溶液(150 g/L)。

④ 氯化钾溶液(50 g/L)。

⑤ 氯化钾-乙醇溶液(50 g/L)。

⑥ 酚酞指示剂溶液(10 g/L)。

⑦ 邻苯二甲酸氢钾(基准物)：于 105～110 ℃烘至质量恒定。

⑧ NaOH 标准滴定溶液($c_{NaOH}=0.15$ mol/L)。

(2) 任务所需仪器

碱式滴定管、电子分析天平、塑料烧杯、塑料漏斗、塑料搅拌棒、加热电热板等常用滴定器皿。

3.2.1.2　操作步骤

氢氧化钠溶液的配制

氢氧化钠溶液的标定

(1) 配制 NaOH 标准滴定溶液($c_{NaOH}=0.15$ mol/L)

粗配：称取 30 g 氢氧化钠(NaOH)溶于水后，加水稀释至 5 L，充分摇匀，储存于塑料瓶或带胶塞(装有钠石灰干燥管)的硬质玻璃瓶内。实际使用时根据所需浓度量取并进行稀释。

标定：称取 0.8 g 邻苯二甲酸氢钾($C_8H_5KO_4$，基准试剂)，精确至 0.0001 g，置于 300 mL 烧杯中，加入约 200 mL 预先新煮沸过并冷却后用氢氧化钠溶液中和至酚酞呈微红色的冷水，搅拌使其溶解，加入六七滴酚酞指示剂溶液，用氢氧化钠标准滴定溶液滴定至微红色，记录消耗体积 V_1。同时做空白实验。

(2) 试样中二氧化硅含量的测定

称取水泥熟料 0.2 g(准确至±0.0001 g)于 300 mL 塑料烧杯中，加少量水润湿，加入 15 mL HNO_3，搅拌，冷却至 30 ℃以下。加入固体氯化钾，仔细搅拌、压碎大颗粒氯化钾至饱和并有少量氯化钾析出，然后再加入约 2 g 氯化钾和 10 mL 氟化钾(150 g/L)溶液，仔细搅拌、压碎大颗粒氯化钾，使其完全饱和，并有少量氯化钾析出(此时搅拌，溶液

氟硅酸钾法测硅含量全过程

应该比较混浊，如氯化钾析出量不够，应再补充加入氯化钾，但氯化钾的析出量不宜过多），在 10～26 ℃下放置 15～20 min，其间搅拌 1 次。用中速滤纸过滤，先过滤溶液，固体氯化钾和沉淀留在杯底，溶液滤完后用氯化钾溶液（50 g/L）洗涤塑料杯及沉淀，洗涤过程中使固体氯化钾溶解，洗液总量不超过 25 mL。将滤纸连同沉淀取下，置于原塑料杯中，沿杯壁加入 10 mL 氯化钾-乙醇溶液（50 g/L）及 1 mL 酚酞指示剂溶液，将滤纸展开，用氢氧化钠标准滴定溶液（0.15 mol/L）中和未洗尽的酸，仔细搅动、挤压滤纸并随之擦洗杯壁直至溶液呈红色（过滤、洗涤、中和残余酸的操作应迅速，以防止氟硅酸钾沉淀的水解）。向杯中加入约 200 mL 沸水（煮沸后用氢氧化钠标准滴定溶液中和至酚酞呈微红色），用氢氧化钠标准滴定溶液（0.15 mol/L）滴定至微红色，记录消耗体积 V。

3.2.1.3 数据记录与结果计算

（1）NaOH 溶液的浓度按下式计算：

$$c=\frac{m\times 1000}{(V_1-V_0)M} \tag{3.13}$$

式中 c——NaOH 标准滴定溶液的浓度，mol/L；

V_1——滴定时消耗 NaOH 标准滴定溶液的体积，mL；

V_0——空白实验滴定时消耗 NaOH 标准滴定溶液的体积，mL；

m——邻苯二甲酸氢钾基准物的质量，g；

M——邻苯二甲酸氢钾的摩尔质量，204.2 g/mol。

（2）二氧化硅的质量分数按下式计算：

$$w_{SiO_2}=\frac{cVM_{SiO_2}}{4000m}\times 100\% \tag{3.14}$$

式中 w_{SiO_2}——SiO_2 的质量分数，%

c——NaOH 标准滴定溶液的物质的量浓度，mol/L；

V——滴定时 NaOH 标准溶液的体积，mL；

M_{SiO_2}——SiO_2 的摩尔质量，60.08 g/mol；

m——试样的质量，g。

3.2.1.4 注意事项

（1）本法适用于各种（酸不溶物小于 0.5%）水泥熟料、水泥以及黏土、长石、粉煤灰等试样的分析。

（2）溶液中含 HF 侵蚀玻璃使测试结果偏高，必须在塑料烧杯中操作，过滤用漏斗及量取 KF 溶液的量筒均为塑料制品或涂蜡的玻璃制品。

（3）固体 KCl 应该在加入硝酸后冷却至室温时加入较好，因为硝酸在溶解试样时放热，溶液温度升高，如果此时加入 KCl 至饱和，则放置后温度下降，KCl 结晶析出太多，给过滤、洗涤造成困难。

（4）用（50 g/L）KCl 洗涤沉淀应该迅速，同时控制洗涤用量，共 25 mL 较为合适。

（5）用 NaOH 中和残余酸操作要迅速，否则 K_2SiF_6 水解，使结果偏低。中和时应将滤纸展开，切忌滤纸成团，否则包在滤纸中的残余酸不能中和而使结果偏高。另外中和残余酸时，NaOH 量不宜过多，否则其体积太大会影响下一步水解的温度。为此可采用浓度较大的 NaOH 溶液。

（6）K_2SiF_6 沉淀水解反应是吸热反应，因此水解时体积要大，温度要高，水解才能完全。NaOH 滴定时温度不应低于 70 ℃。滴定速度应适当加快，以防止 H_2SiO_3 参与反应使结果偏高。同时沸水预先用 NaOH 溶液中和至酚酞呈微红色，消除水质对测定结果的影响。

（7）滴定以酚酞呈微红色为终点，并应与 NaOH 标准滴定溶液标定时的终点颜色一致，以减小滴定误差。

3.2.2　工业纯碱中碱含量的测定

【任务书】

“建材化学分析技术”课程项目任务书

任务名称：工业纯碱中碱含量的测定

实施班级：＿＿＿＿＿＿＿＿　　实施小组：＿＿＿＿＿＿＿＿＿＿

任务负责人：＿＿＿＿＿＿　　组员：＿＿＿＿、＿＿＿＿、＿＿＿＿、＿＿＿＿

起止时间：＿＿＿年＿＿＿月＿＿＿日至＿＿＿年＿＿＿月＿＿＿日

任务目标：

（1）熟悉纯碱的主要组分。

（2）掌握纯碱中碱含量测定原理和方法。

（3）能准备纯碱中碱含量测定所用仪器及试剂。

（4）能够完成纯碱总碱度的测定。

（5）能够完成测定结果的处理和报告撰写。

任务要求：

（1）提前准备好测试方案。

（2）按时间有序入场进行任务实施。

（3）按要求准时完成任务测试。

（4）按时提交项目报告。

“建材化学分析技术”课程组印发

【任务解析】

工业纯碱总碱度的检测

工业用纯碱是生产玻璃的一种原料，测定工业纯碱的总碱度，一方面是鉴定原料的品质，另一方面是为配料提供依据。本任务是利用酸碱直接滴定法进行测定。

工业纯碱是不纯的碳酸钠，俗称苏打。纯碱中除 Na_2CO_3 外，还可能含有 NaCl、Na_2SO_4、NaOH、$NaHCO_3$ 等，用酸滴定时，除其中主要组分 Na_2CO_3 被中和外，其他碱性杂质如 NaOH 或 $NaHCO_3$ 等也都被中和。因此这个测定的结果是碱的总量，通常以 Na_2CO_3 的质量分数来表示。用 HCl 溶液滴定 Na_2CO_3 时，其反应包括以下两步：

$$Na_2CO_3 + HCl = NaHCO_3 + NaCl$$

$$Na_2CO_3 + 2HCl = 2NaCl + CO_2\uparrow + H_2O$$

全部中和后，其 pH 值为 3.8～3.9，一般选用甲基红-溴甲酚绿混合指示剂，滴定至溶液由绿色变为暗红色即为终点。

3.2.2.1　准备工作

（1）任务所需试剂

① 工业纯碱（分析纯）。

② 盐酸标准滴定溶液（0.5 mol/L），配制详见 2.2.2。

③ 甲基红-溴甲酚绿混合指示剂（将 0.05 g 甲基红与 0.05 g 溴甲酚绿溶于约 50 mL 无水乙醇中，再用无水乙醇稀释至 100 mL）。

（2）任务所需仪器

酸式滴定管、电子分析天平、锥形瓶、加热电热板等常用滴定器皿。

3.2.2.2 操作步骤

工业纯碱总碱度测定全过程

称取约0.8 g试样，置于已恒量的称量瓶或瓷坩埚中，移入烘箱或高温炉内，在250～270 ℃下干燥至恒量，精确至0.0002 g。将试料倒入250 mL锥形瓶中，再准确称量称量瓶或瓷坩埚的质量，两次称量之差为试样的质量。加入100 mL刚煮沸经冷却的蒸馏水使其溶解(必要时可稍加热促进溶解)，加10滴甲基红-溴甲酚绿混合指示液，用HCl标准滴定溶液滴定至溶液由绿色变为暗红色，煮沸2 min，待冷却后继续滴定至暗红色即为终点。同时做空白实验。

3.2.2.3 数据记录与结果计算

工业纯碱中碱的含量按下式计算：

$$w_{Na_2CO_3}=\frac{c(V-V_0)M}{2000m}\times 100\% \tag{3.15}$$

式中 $w_{Na_2CO_3}$——总碱量(以Na_2CO_3计)以质量分数表示，%；

c——盐酸标准滴定溶液的浓度，mol/L；

V——滴定纯碱时消耗HCl标准滴定溶液的体积，mL；

V_0——空白实验消耗HCl标准滴定溶液的体积，mL；

M——Na_2CO_3的摩尔质量，105.99 g/mol；

m——纯碱试样的质量，g。

3.2.2.4 注意事项

(1) 试样的溶解要完全，如果不溶可借助电热板或电炉适当加热。

(2) 滴定到红色时立即停止，然后再加热褪色后滴定到红色，如果直接滴定到红色或暗红色加热不褪色则表明已超过终点，故需细心控制滴定终点。

3.2.3 水泥及熟料中游离氧化钙含量的测定

【任务书】

"建材化学分析技术"课程项目任务书

任务名称：水泥及熟料中游离氧化钙含量的测定

实施班级：____________ 实施小组：__________________

任务负责人：__________ 组员：________、________、________、________

起止时间：____年____月____日至____年____月____日

任务目标：

(1) 掌握水泥中f-CaO含量的测定原理和方法。

(2) 能配制、标定苯甲酸无水乙醇标准滴定溶液。

(3) 能准备测定所用仪器及其他试剂。

(4) 能完成水泥中f-CaO含量的测定。

(5) 能够完成测定结果的处理和报告撰写。

任务要求：

(1) 提前准备好测试方案。

(2) 按时间有序入场进行任务实施。

(3) 按要求准时完成任务测试。

(4) 按时提交项目报告。

"建材化学分析技术"课程组印发

【任务解析】

熟料中游离氧化钙的含量可以间接反映出该熟料煅烧时的烧成制度。如果水泥的游离氧化钙含量过高，会导致水泥安定性不好，进而影响混凝土的质量。因此，水泥中游离氧化钙含量是一个重要的质量指标。在水泥化学分析国家标准中游离氧化钙含量的测定又分为甘油乙醇法和乙二醇法，它们皆为代用法。本任务是利用酸碱非水滴定法进行测定。

水泥熟料中游离氧化钙的测定

(1) 甘油乙醇法测定游离氧化钙含量原理

以硝酸锶为催化剂，使水泥熟料中的 f-CaO 与甘油无水乙醇溶液（乙醇为助溶剂）在微沸下反应，生成弱碱性甘油钙，使酚酞指示剂变红。用苯甲酸-无水乙醇标准滴定溶液滴定至溶液红色消失，根据苯甲酸-无水乙醇标准滴定溶液的浓度和消耗量，可计算熟料中 f-CaO 的含量。

(2) 乙二醇快速测定法测定原理

在加热搅拌下，使试样中的 f-CaO 与乙醇作用生成弱碱性的乙二醇钙，以酚酞为指示剂，用苯甲酸-无水乙醇标准滴定溶液滴定。

本项目采用常用的乙二醇法完成任务实施。

3.2.3.1　准备工作

(1) 任务所需试剂

① 无水乙醇：(体积分数，%)$V_{无水乙醇}/V_{水}$ 不低于 99.5%(A.R)；

② 乙二醇：(体积分数，%)$V_{乙二醇}/V_{水}$ 99%(G.R)；

③ $CaCO_3$：基准试剂(G.R)；

④ 苯甲酸(C_6H_5COOH)：固体(A.R)；

⑤ 氢氧化钠-无水乙醇溶液：(0.01 mol/L)将 0.4 g 氢氧化钠溶于 1000 mL 无水乙醇中，摇匀，防止吸潮；

⑥ 乙二醇-无水乙醇溶液(2+1)：将 1000 mL 乙二醇与 500 mL 无水乙醇混合，加入 0.2 g 酚酞，混匀。用氢氧化钠-无水乙醇溶液中和至微红色，储存于干燥密封的瓶中，防止吸潮；

⑦苯甲酸-无水乙醇标准滴定溶液：$c_{C_6H_5COOH}=0.1$ mol/L。

粗配：称取 12.2 g 已在干燥器中干燥 24 h 后的苯甲酸溶于 1000 mL 无水乙醇中，储存于带胶塞(装有硅胶干燥管)的玻璃瓶中。

标定：取一定量碳酸钙($CaCO_3$ 基准试剂)置于铂(或瓷)坩埚中，在(950±25) ℃下灼烧至恒量，从中称取 0.04 g 氧化钙(m_s)，精确至 0.0001 g，置于 250 mL 干燥的锥形瓶中，加入 30 mL 乙二醇-乙醇溶液，放入一根干燥的搅拌子，装上冷凝管置于游离氧化钙测定仪上以适当的速度搅拌溶液，同时升温并加热煮沸，当冷凝下的乙醇开始连续滴下时，继续在搅拌下加热微沸 5 min，取下锥形瓶，立即用苯甲酸-无水乙醇标准滴定溶液滴定至微红色消失，并记录其消耗的体积(V_1)。同时做空白实验。

苯甲酸-无水乙醇标准滴定溶液浓度按下式计算：

$$c=\frac{2m\times 1000}{(V_1-V_0)M} \tag{3.16}$$

式中　c——苯甲酸-无水乙醇标准滴定溶液的浓度，mol/L；

V_1——滴定时消耗苯甲酸-无水乙醇标准滴定溶液的体积，mL；

V_0——空白实验时消耗苯甲酸-无水乙醇标准滴定溶液的体积，mL；

m——碳酸钙基准物的质量，g；

M——碳酸钙的摩尔质量，100.00 g/mol。

(2) 任务所需仪器

游离氧化钙测定仪：具有加热、搅拌、计时功能，并配有冷凝管。

酸式滴定管、电子分析天平、锥形瓶、加热电热板等常用滴定器皿。

游离氧化钙测试全过程

3.2.3.2 操作步骤

称取约 0.5 g 试样，精确至 0.0001 g，置于 250 mL 干燥的锥形瓶中，加入 30 mL 乙二醇-乙醇溶液，放入一根干燥的搅拌子，装上冷凝管，置于游离氧化钙测定仪上，以适当的速度搅拌溶液，同时升温并加热煮沸，当冷凝下的乙醇开始连续滴下时，继续在搅拌下加热微沸 5 min，取下锥形瓶，立即用苯甲酸-无水乙醇标准滴定溶液滴定至微红色消失，记录消耗的体积 V。

3.2.3.3 数据记录与结果计算

试样中游离氧化钙含量按下式计算：

$$f_{CaO}=\frac{cVM_{CaO}}{2000m}\times 100\% \tag{3.17}$$

式中 f_{CaO}——游离氧化钙的质量分数，%；

c——苯甲酸-无水乙醇标准滴定溶液物质的量浓度，mol/L；

V——滴定时消耗苯甲酸-无水乙醇标准滴定溶液的体积，mL；

M_{CaO}——CaO 的摩尔质量，56.00 g/mol；

m——称取样品的质量，g。

3.2.3.4 注意事项

(1) 试样的细度应小于 0.08 mm。

(2) 试剂应是无水的，使用完毕应密封保存，容器应干燥。

(3) 冷凝管的操作要注意按照规程进行，防止过热发生爆炸。

(4) 搅拌加热时间，应严格按照操作步骤进行控制。

3.3 项目评价

3.3.1 项目报告考评要点

参见 2.3.1。

3.3.2 项目考评要点

(1) 专业理论

① 掌握酸碱滴定分析的基本概念。

② 掌握 HCl、NaOH 标准滴定溶液配制与标定的原理和方法。

③ 掌握硅酸盐产品与原料中的 SiO_2 含量测定原理和方法。

④ 熟悉所用试剂的组成、性质、配制和使用方法。

⑤ 熟悉所用仪器、设备的性能和使用方法。

⑥ 掌握实验数据的处理方法。

(2) 专业技能

① 能准备和使用所需的仪器及试剂。

② 能完成酸碱滴定常用标准滴定溶液的配制与标定。

③ 能完成给定硅酸盐产品的分析测试。

④ 能完成测试结果的处理与项目报告撰写。

⑤ 能进行仪器设备的维护和保养。

(3) 基本素质

① 培养团队意识和合作精神。

② 培养组织、交流、撰写计划与报告的能力。

③ 培养学生独立思考和解决问题的能力，锻炼学生创新思维。

④ 培养学生的敬业精神和遵章守纪的意识。

(项目报告格式参见 2.3.2)

3.3.3　项目拓展

酸碱滴定法是一种常用的化学分析方法，除了应用于硅酸盐领域外，还可以应用在日用化学品、肥料、酒水分析等其他领域。

3.3.3.1　肥皂中游离苛性碱的测试

肥皂是油脂和碱皂化的产品，在皂化过程中，少量的碱没有参加皂化，游离的苛性碱对肥皂的稳定性和安定性有一定的影响，所以对肥皂中游离苛性碱的测试，是肥皂检测的常见项目。

肥皂中游离苛性碱对于钠皂而言是指氢氧化钠，对于钾皂来说是指氢氧化钾，通常采用非水体系酸碱滴定法来测试。

测试原理：根据肥皂的性质及溶解性，采用中性无水乙醇作为溶剂，利用回流冷凝装置将肥皂加热溶解，溶解后用酚酞作指示剂，用盐酸乙醇溶液进行酸碱滴定。

3.3.3.2　农业用碳酸氢铵中铵态氮的测定

碳酸氢铵是常用的农业肥料，是一种弱酸弱碱盐，水溶液呈碱性，测试其氮含量可采用强酸标准溶液进行酸碱滴定。

测试原理：碳酸氢铵在硫酸标准溶液作用下，以甲基红-亚甲基蓝作指示剂，用氢氧化钠溶液滴定过量的硫酸，根据硫酸溶液的消耗量计算氮含量。

3.3.3.3　白酒中游离酸含量的测定

白酒在酿造过程中会产生乙酸、乳酸、丁酸、己酸和脂肪酸等有机酸，这些有机酸大部分以游离态形式存在，小部分以盐类形式存在，其游离酸总量可采用酸量法测试，折算为乙酸含量。

测试原理：取适量白酒，用水稀释后，以酚酞为指示剂，用氢氧化钠滴定。

3.4　项 目 训 练

[填空题]

1. 酚酞的变色范围是 pH=(　　　　)。当溶液的 pH 值小于这个范围的下限时呈(　　　　)色。当溶液的 pH 值大于这个范围的上限时则呈(　　　　)色，当溶液的 pH 值在这个范围之内时呈(　　　　)色。

2. 一般用基准物质配制标准溶液的五个主要过程为:(　　　　)、(　　　　)、(　　　　)、(　　　　)、(　　　　)。

3. 摩尔质量的基本单位是(　　　　),在化学上常用(　　　　)表示,在数值上等于该物质的(　　　　)。

4. 37%的浓盐酸,其密度为 1.19 g/mL,其物质的量浓度为(　　　　) mol/L。实验室需配制 500 mL 0.5 mol/L 的稀盐酸,则需用(　　　　)(填写仪器名称)量取上述浓盐酸(　　　　) mL。

5. 用已知准确浓度的 HCl 溶液滴定 NaOH 溶液,以甲基橙来指示反应化学计量点的到达。HCl 溶液称为(　　　　),甲基橙称为(　　　　)。该滴定化学计量点的 pH 值等于(　　　　),滴定终点的 pH 值范围为(　　　　)。

6. 酸碱滴定曲线的变化规律是(　　　　)。滴定时酸、碱的浓度愈(　　　　),滴定突跃范围愈(　　　　)。酸碱的强度愈(　　　　),则滴定的突跃范围愈(　　　　)。

7. 滴定分析法是分析化学中重要的一类分析方法,常用于测定含量(　　　　)的组分。此方法的特点是(　　　　)、(　　　　)、(　　　　),在实际生产和科学研究中应用非常广泛。

8. 0.01 mol/L 的盐酸溶液其 pH 值为(　　　　),向此溶液中加入几滴甲基橙,溶液显(　　　　)色。0.01 mol/L 的 NaOH 溶液 pH 值为(　　　　),向此溶液中加入几滴酚酞试液,溶液显(　　　　)色。

9. 硅酸盐产品与原料中的 SiO_2 测定方法主要有(　　　　)、(　　　　)、(　　　　)等三种,快速分析水泥熟料中的 SiO_2 用的是(　　　　)。

10. 作为基准物质的化学试剂应具备的条件是(　　　　)、(　　　　)、(　　　　)。基准物的用途是(　　　　)和(　　　　)。

[选择题]

11. 标定 HCl 溶液常用的基准物有(　　)。

A. 无水 Na_2CO_3　　B. 草酸($H_2C_2O_4 \cdot 2H_2O$)

C. $CaCO_3$　　D. 邻苯二甲酸氢钾

12. 某基准物质 A 的摩尔质量为 50 g/mol,用来标定 0.2 mol/L 的 B 溶液,设反应为 A+2B=P,则每份基准物的称取量应为(　　)g。

A. 0.1~0.2　　B. 0.2~0.4　　C. 0.4~0.8　　D. 0.8~1.0

13. 某弱酸 HA 的 $K_a=1.0\times10^{-5}$,则其 0.1 mol/L 水溶液的 pH 值为(　　)。

A. 1.0　　B. 2.0　　C. 3.0　　D. 3.5

14. 物质的量浓度相同的下列物质的水溶液,其 pH 值最高的是(　　)。

A. NaAc　　B. Na_2CO_3　　C. NH_4Cl　　D. NaCl

15. 酸碱滴定中选择指示剂的原则是(　　)。

A. $K_a=K_{HIn}$

B. 指示剂的变色范围与计量点完全重合

C. 指示剂的变色范围全部或部分落入滴定的 pH 突跃范围之内

D. 指示剂应在 pH=7.00 时变色

16. 已知邻苯二甲酸氢钾($KHC_8H_4O_4$)的摩尔质量为 204.2 g/mol,用它来标定 0.1 mol/L NaOH 溶液,应称取邻苯二甲酸氢钾为(　　) g 左右。

A. 0.25　　B. 1　　C. 0.1　　D. 0.5

17. 某 25 ℃的水溶液,其 pH 值为 4.5,则此溶液中的 H^+ 浓度为(　　)mol/L。

A. $10^{-4.5}$　　B. $10^{4.5}$　　C. $10^{-11.5}$　　D. $10^{-9.5}$

18. 0.0095 mol/L NaOH 溶液的 pH 值是(　　)。

A. 12　　B. 12.0　　C. 11.98　　D. 2.02

19. 在 1 L 纯水(25 ℃)中加入 0.1 mL 1 mol/L NaOH 溶液，则此溶液的 pH 值为(　　)。

A. 1.0　　B. 4.0　　C. 10.0　　D. 13.0

20. NH_3 的共轭酸是(　　)。

A. NH_2^-　　B. NH_2OH　　C. N_2H_4　　D. NH_4^+

21. 在纯水中加入一些酸，则溶液中(　　)。

A. $[H^+][OH^-]$的乘积增大　　B. $[H^+][OH^-]$的乘积减小

C. OH^- 的浓度增大　　D. H^+ 浓度增大

22. 酸碱滴定突跃范围为 7.0～9.0，最适宜的指示剂为(　　)。

A. 甲基红(4.4～6.4)　　B. 酚酞(8.0～10.0)

C. 中性红(6.8～8.0)　　D. 甲酚红(7.2～8.8)

23. 某酸碱指示剂的 $pK_{HIn}=5$，其理论变色范围的 pH 值为(　　)。

A. 2～8　　B. 3～7　　C. 4～6　　D. 5～7

24. 酸碱指示剂的变色原理是(　　)。

A. 指示剂的变色范围与化学计量点完全相符

B. 指示剂应在 pH=7.00 时变色

C. 指示剂变色范围应全部落在 pH 突跃范围之内

D. 溶液 pH 值变化时，指示剂结构改变，其颜色随之变化

25. 下列标准溶液可用直接法配制的有(　　)。

A. H_2SO_4　　B. KOH　　C. $Na_2S_2O_3$　　D. $K_2Cr_2O_7$

[判断题]

26. (　　)酸碱指示剂在酸性溶液中呈现酸色，在碱性溶液中呈现碱色。

27. (　　)无论何种酸或碱，只要其浓度足够大，都可被强碱或强酸溶液定量滴定。

28. (　　)在滴定分析中，等量点必须与滴定终点完全重合，否则会引起较大的滴定误差。

29. (　　)对酚酞不显颜色的溶液一定是酸性溶液。

30. (　　)用 HCl 标准溶液滴定浓度相同的 NaOH 和 $NH_3 \cdot H_2O$ 时，它们化学计量点的 pH 值均为 7。

31. (　　)能用 HCl 标准溶液准确滴定 0.1 mol/L NaCN。已知 HCN 的 $K=4.9\times10^{-10}$。

32. (　　)各种类型的酸碱滴定，其化学计量点的位置均在突跃范围的中点。

33. (　　)酸碱指示剂的选择原则是变色敏锐、用量少。

34. (　　)NaOH 标准溶液宜用直接法配制，而 $K_2Cr_2O_7$ 则用间接法配制。

35. (　　)酸碱滴定中，化学计量点时溶液的 pH 值与指示剂的理论变色点的 pH 值相等。

36. (　　)酸碱指示剂一般都是酸性物质。

37. (　　)酸的离解常数通常表示为 K_b。

38. (　　)碱的离解常数通常表示为 K_a。

39. (　　)HAc 和 Ac 是共轭酸碱对。

40. (　　)$K_bK_a=10^{-14}$。

41. (　　)共轭酸碱对中，酸的酸性强弱不影响其共轭碱的碱性。

42.(　　)酸碱反应的本质是酸碱中电荷的转移。
43.(　　)温度对一元弱酸的离解常数大小没有影响。
44.(　　)多元弱酸碱的离解,溶液中质子的电离只考虑第一级。
45.(　　)两性物质就是既具有酸性又具有碱性的物质。
46.(　　)缓冲溶液的缓冲容量和缓冲能力大小没有直接的关系。
47.(　　)缓冲溶液的缓冲能力大小是不受外界条件影响的。
48.(　　)缓冲溶液的大小与缓冲溶液组分的浓度没有直接关系。
49.(　　)缓冲溶液的总浓度一定,其组分比值大小对缓冲容量大小没有影响。
50.(　　)酸碱指示剂一般是弱酸和弱碱,其结构和颜色变化没有直接的关系。
51.(　　)酚酞指示剂在酸性条件下,呈现的是醌式结构。
52.(　　)酚酞指示剂在酸性条件下,呈现红色。
53.(　　)甲基橙在酸性条件下,呈现的是偶氮式结构。
54.(　　)甲基橙在酸性条件下,呈现黄色。
55.(　　)指示剂的理论变色范围与 pK_a 的大小没有直接的关系。
56.(　　)指示剂的理论变色范围和实际变色范围是完全重合的。
57.(　　)混合指示剂的变色不如单一指示剂变色敏锐。
58.(　　)指示剂在使用时,其添加量越多终点颜色越容易观察。
59.(　　)指示剂在使用时,其添加量的多少对终点的判定没有太大的影响。
60.(　　)滴定过程中,滴定曲线的变化与滴定的 pH 变化没有直接的关系。
61.(　　)滴定过程中,pH 值明显变化的范围称为滴定突跃。
62.(　　)指示剂的变色范围不在滴定突跃中,也是可以准确指示滴定终点的。
63.(　　)滴定突跃的范围大小与滴定溶液的浓度没有直接的关系。
64.(　　)滴定突跃的范围大小与溶液的浓度有关,浓度越大,突跃范围越小。
65.(　　)强酸滴定强碱和强碱滴定强酸的过程,其滴定曲线变化是相同的。
66.(　　)强碱滴定弱酸和强碱滴定强酸的滴定起点的 pH 值是相同的。
67.(　　)强酸滴定弱碱和强酸滴定强碱的滴定起点的 pH 值是相同的。
68.(　　)多元酸的滴定过程和多元碱的滴定过程是相同的。
69.(　　)酸性溶剂给出质子的能力比水弱。
70.(　　)碱性溶剂得到质子的能力比水弱。
71.(　　)两性溶剂的酸碱性呈现的是中性。
72.(　　)两性溶剂得到质子的能力和失去质子的能力不同。
73.(　　)非水溶剂的滴定过程控制条件和水性溶剂的滴定过程控制条件基本相同。
74.(　　)HS^- 的水解性能和 H_2S 水解性能是相同的。
75.(　　)非水体系的滴定,溶剂的选择无须考虑其溶解度大小。
76.(　　)滴定终点没法用电位滴定法判定。
77.(　　)酸碱滴定终点只能用酸碱指示剂来判定。
78.(　　)水泥熟料中游离氧化钙含量的测定使用的是水溶液体系滴定。
79.(　　)盐酸标准滴定溶液可以采用直接法进行配制。
80.(　　)氢氧化钠标准滴定溶液可以采用直接法进行配制。
81.(　　)碳酸钠基准物质是标定盐酸溶液唯一的基准物质。
82.(　　)硼砂可用于标定氢氧化钠标准滴定溶液。

83.(　　)硼砂容易提纯，但由于易吸收水分，所以不常用于标定盐酸。

84.(　　)氢氧化钠溶液配制好后常储存于大型玻璃瓶中。

85.(　　)氟硅酸钾容量法测定硅含量时，所用指示剂为甲基橙。

86.(　　)工业纯碱总碱度的测试，所用标准溶液是硫酸。

87.(　　)氟硅酸钾容量法测硅含量时，残余酸的中和程度对终点没有太大影响。

88.(　　)氢氧化钠标准溶液标定时，中和水的颜色深浅对测定结果没有影响。

89.(　　)标定标准滴定溶液时，可直接采用蒸馏水进行溶解，无须将蒸馏水加热后再冷却进行溶解。

90.(　　)滴定度就是 1 mL 的标准溶液测定的待测组分的百分含量。

[**综合实验题**]

91. 在进行氢氧化钠标准滴定溶液的配制与标定时，其主要操作过程如下：

称取两份基准物质(　　)(约 1 g，精确至 0.0001 g)，分别置于 300 mL 的烧杯中，标上杯号，加入(　　)mL 新煮沸并用氢氧化钠溶液中和至酚酞呈(　　)色的冷蒸馏水中，使其溶解后加入两三滴(　　)指示剂，分别用 0.25 mol/L 的氢氧化钠标准滴定溶液滴定至溶液呈(　　)色，30 s 不褪色即为终点，分别记录滴定所消耗的氢氧化钠溶液的体积。

① 为什么要加入新煮沸并用氢氧化钠溶液中和至酚酞呈浅红色的冷蒸馏水？

② 标定氢氧化钠标准滴定溶液时，终点如何判断？颜色如果过深对结果有无影响，为什么？

③ 如果称取的邻苯二甲酸氢钾的质量为 1.005 g，消耗的氢氧化钠标准滴定溶液的体积是19.45 mL，试计算氢氧化钠标准滴定溶液的浓度。

92. 氟硅酸钾容量法测定水泥熟料中 SiO_2 的含量，其主要操作步骤如下：

在(　　)上称取 0.2000 g 试样，置于 250～300 mL(　　)中，加水润湿(3～5 mL)，用塑料棒将试样压碎，一次加入 10～15 mL(　　)并充分搅拌，待试样溶解后，冷却至 30 ℃以下，加入(　　)KCl，仔细搅拌并压碎颗粒，直至饱和(此时仍有少量 KCl 颗粒不溶)。再加入 2 g 固体 KCl 及 10 mL(　　)KF 溶液，然后(　　)15～20 min，用中速滤纸过滤，用 50 g/L KCl(　　)溶液洗涤(　　)烧杯两次，再沿滤纸边洗涤沉淀一次。

然后将滤纸连同沉淀置于原塑料烧杯中，加 10 mL(50 g/L)KCl-乙醇溶液(30 ℃以下)，1 mL(　　)指示剂，将滤纸展开，用已配好的 0.15 mol/L NaOH 标准溶液中和至溶液呈红色，用塑料棒反复压挤滤纸，用滤纸擦洗杯壁，再将滤纸浸入溶液中，如此操作至出现微红色为止。再向杯中加入(　　)200 mL，以 0.1500 mol/L NaOH 标准溶液滴定至(　　)，记录消耗的 NaOH 体积为 V=18.32 mL。

① 计算 SiO_2 含量。

② 用氟硅酸钾法测定二氧化硅含量为什么要中和残余酸？

③ 为什么本实验必须在塑料仪器中进行？

项目4　硅酸盐试样中铁、铝、钙、镁含量的配位滴定法测定

【项目描述】

在用配位滴定法完成建筑材料生产中的典型测试任务时，需要学习配位滴定法的基本理论知识、配位滴定中酸度的控制、配位滴定中常用指示剂的性质及使用；掌握配位滴定的基本操作技能。其常见的典型任务有：硅酸盐试样中钙、镁、铁、铝的测定，硅酸盐中其他金属元素的测定等。通过对这些指标的检测，可了解原料的配比情况，及时调整参数控制生产，监控产品质量，确保生产正常进行。

【项目目标】

［素质目标］

(1) 遵纪守法、诚实守信、热爱劳动，遵守职业道德准则和行为规范，具有社会责任感和社会参与意识。

(2) 具有质量意识、环保意识、安全意识、信息素养、工匠精神和创新思维。

(3) 具有自我管理能力，有较强的集体意识和团队合作精神。

(4) 具有健康的体魄、心理和人格，养成良好的行为习惯。

(5) 具有良好的职业素养和人文素养。

［知识目标］

(1) 了解配位滴定的基本理论知识。

(2) 掌握影响配位滴定的主要因素。

(3) 掌握金属指示剂的基本性质和使用方法。

(4) 理解配位滴定变化过程的特点及指示剂的选择方法。

(5) 掌握配位滴定中常用标准溶液的配制与准备方法。

(6) 掌握配位滴定法测试硅酸盐试样的分析方法和分析流程。

［能力目标］

(1) 能准备配位滴定法测定硅酸盐试样用试剂。

(2) 能准备配位滴定法测定硅酸盐试样用仪器。

(3) 能用配位滴定法完成给定试样的测定。

(4) 能够完成测定结果的处理及项目报告的撰写。

4.1　项 目 导 学

4.1.1　配位滴定法概述

配位滴定法是一种以生成配位化合物为基础的滴定分析方法。

配位滴定概论

4.1.1.1　简单配合物概念

简单配合物由中心离子和单基配位体(如 F^-、Cl^-、CN^-、NH_3 等)所形成,如硫酸铜氨$[Cu(NH_3)_4]SO_4$。简单配合物一般没有螯合物稳定,常形成逐级配合物,如同多元弱酸一样,存在逐级解离平衡,这种现象称为分级配合现象。

例如,在 Cd^{2+} 与 CN^- 的配位反应中,分级生成了$[Cd(CN)]^+$、$[Cd(CN)_2]$、$[Cd(CN)_3]^-$、$[Cd(CN)_4]^{2-}$等 4 种配位化合物。它们的稳定常数分别为 $10^{5.5}$、$10^{5.1}$、$10^{4.7}$、$10^{3.6}$。可见,各级配合物的稳定常数都不大,彼此相差也很小。

简单配合物的逐级稳定常数一般较为接近,使溶液中常有多种配位形式同时存在,平衡情况变得复杂,限制了它们在滴定分析中的应用,因此,除个别反应(如 Ag^+ 与 CN^-、Hg^{2+} 与 Cl^- 等反应)外,简单配合物大多数不能用于配位滴定,在分析化学中一般多用作掩蔽剂、辅助配位剂和显色剂等。

4.1.1.2　螯合物概念及特点

螯合物概念及特点

配合物中的配位体根据不同的配位原子个数,可分为单基配位体和多基配位体两类。多基配位体中含有两个或两个以上的配位原子,如乙二胺 $NH_2CH_2CH_2NH_2$。

配位体中有两个或两个以上的配位原子与同一中心离子形成的具有稳定环状结构的配合物,称为螯合物,螯合物中的配位体称为螯合剂或配位剂。如乙二胺分子中有两个氨基 N 原子,分别可提供一对孤对电子,可与一个中心离子 Cu^{2+} 结合形成具有两个五原子环的螯合物:

$$Cu^{2+} + 2\begin{array}{l}CH_2—NH_2\\ \mid\\ CH_2—NH_2\end{array} \rightleftharpoons \left[\begin{array}{ccc}H_2C—H_2N & & NH_2—CH_2\\ \mid \quad\quad & \searrow Cu \swarrow & \quad\quad \mid\\ & \nearrow \quad \nwarrow & \\ H_2C—H_2N & & NH_2—CH_2\end{array}\right]^{2+}$$

在螯合物中,中心离子与配位剂分子(或离子)数目之比,称为配位比。螯合物的环上有几个原子,称为几原子环。由于螯合物具有环状结构(见图 4.1),其稳定性比简单配合物高得多,其中五原子环和六原子环最稳定。同一配位体形成的螯合环数目越多,螯合物越稳定。

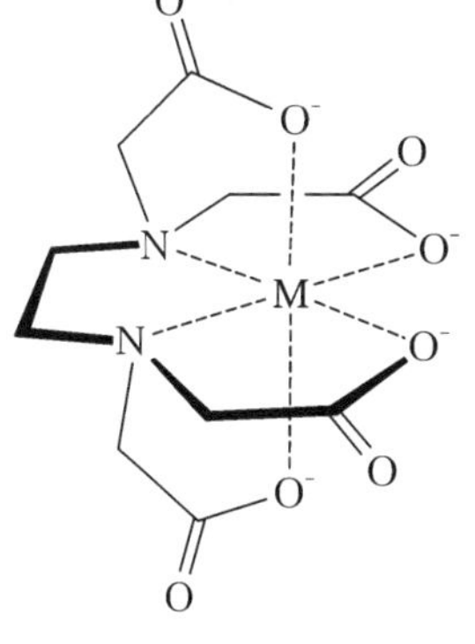

图 4.1　螯合物示意图

表 4.1 中 Cu^{2+} 与氨、乙二胺、三乙醇胺所形成的配合物的比较清楚地说明了这一点。

表 4.1　Cu^{2+} 与氨、乙二胺、三乙醇胺所形成的配合物的比较

配合物	配位比	螯环数	$\lg K_{稳}$
$H_3N \searrow Cu \swarrow NH_3$;$H_3N \nearrow \quad \nwarrow NH_3$	1∶4	0	12.6

续表 4.1

配合物	配位比	螯环数	$\lg K_{稳}$
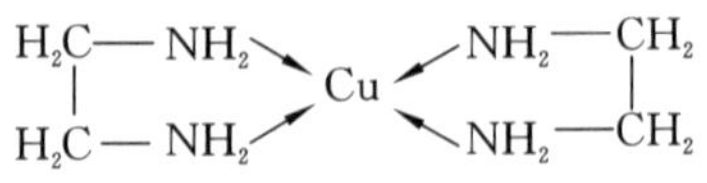 H_2C—NH_2→Cu←NH_2—CH_2 │　　　　　　　　　│ H_2C—NH_2→　　←NH_2—CH_2	1∶2	2	19.6
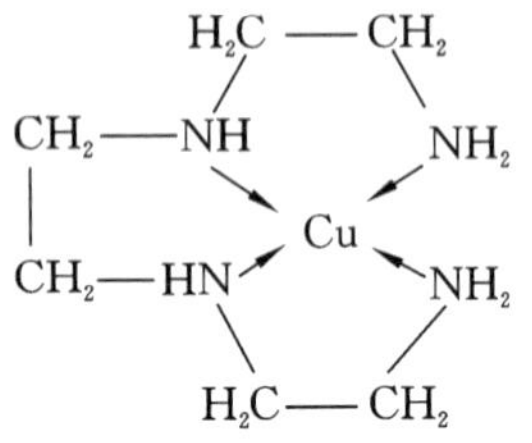 H_2C—CH_2 CH_2—NH　　NH_2 Cu CH_2—HN　　NH_2 H_2C—CH_2	1∶1	3	20.6

螯合物是目前应用最广的一类配合物，它的稳定性强。虽然螯合物有时也存在分级配位现象，但情况较简单，如适当控制反应条件，就能得到所需要的配位物。而且，有的螯合剂对金属离子具有一定的选择性。因此，螯合剂广泛用作滴定剂和掩蔽剂等。

4.1.1.3 配位滴定反应条件

能形成配合物的配位反应很多，但能用于配位滴定的配位反应必须具备下列条件：

① 反应必须按一定的化学反应式定量进行，且配位比要恒定；

② 反应生成的配合物必须稳定；

③ 反应必须有足够快的速度；

④ 有适当的指示剂或其他方法确定终点。

配位反应具有极强的普遍性，但不是所有的配位反应及其生成的配合物均可满足上述条件。

其中氨羧配位剂应用最为广泛。

4.1.1.4 氨羧配位剂

氨羧配位剂是以氨基乙酸为基体的有机配位剂。氨基乙酸分子中氨基的 N 原子和羧基的 O 原子都可提供一对孤对电子，能和许多金属形成稳定的环状螯合物。如与 Cu^{2+} 形成的氨基乙酸铜中性配合分子：

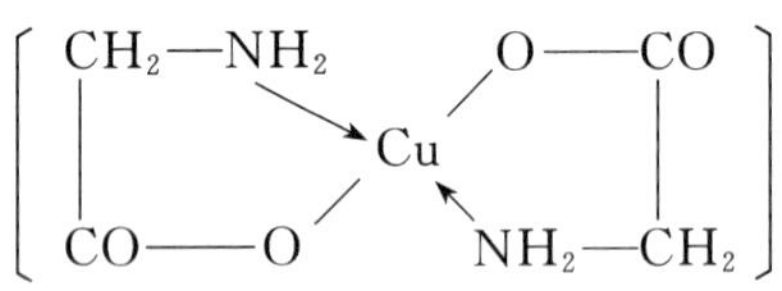

```
⎡ CH2—NH2           O—CO ⎤
⎢ |        ↘      /    |  ⎥
⎢ |          Cu        |  ⎥
⎢ |        /     ↖     |  ⎥
⎣ CO——O          NH2—CH2 ⎦
```

氨羧配位剂与许多金属形成的复杂多环螯合物结构稳定，广泛用于金属离子的滴定。氨羧配位剂的种类很多，应用最为广泛的是乙二胺四乙酸及其二钠盐，简称 EDTA，也可简写为 H_4Y。其结构式为：

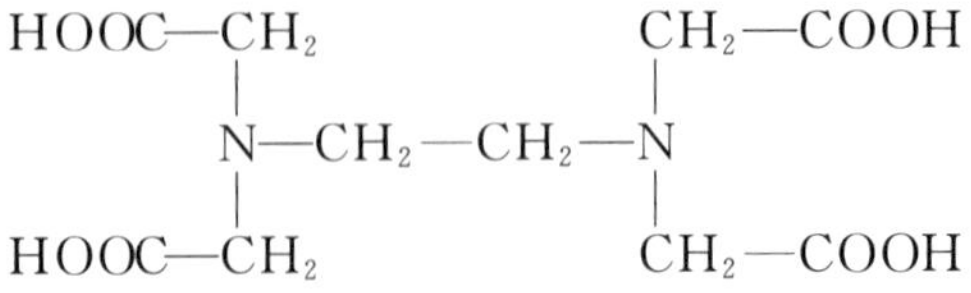

```
HOOC—CH2                CH2—COOH
       |                |
       N—CH2—CH2—N
       |                |
HOOC—CH2                CH2—COOH
```

EDTA 两个氨基 N 原子和四个羧基 O 原子都具有孤对电子。与金属离子配位时，能形成 5 个五原环的螯合物。

4.1.2　EDTA 的性质及其配合物

乙二胺四乙酸(通常用 H_4Y 表示)简称 EDTA,其结构简式如下:

$$\begin{matrix} HOOCCH_2 & & & & CH_2COOH \\ & \diagdown & & \diagup & \\ & N—CH_2—CH_2—N & & & \\ & \diagup & & \diagdown & \\ HOOCCH_2 & & & & CH_2COOH \end{matrix}$$

乙二胺四乙酸为白色无水结晶粉末,室温时溶解度较小[22 ℃时溶解度为 0.02 g/(100 mL 水)],难溶于酸和有机溶剂,易溶于碱或氨水中形成相应的盐。由于乙二胺四乙酸溶解度小,因而不适合用作标准滴定溶液。

EDTA 二钠盐($Na_2H_2Y \cdot 2H_2O$,也简称为 EDTA,相对分子质量为 372.24)为白色结晶粉末,室温下可吸附水分 0.3%,80 ℃时可烘干除去。在 100～140 ℃时将失去结晶水而成为无水的 EDTA 二钠盐(相对分子质量为 336.24)。EDTA 二钠盐易溶于水[22 ℃时溶解度为 11.1 g/(100 mL 水),浓度约 0.3 mol/L,pH≈4.4],因此通常使用 EDTA 二钠盐作标准滴定溶液。

EDTA的性质及其配合物

4.1.2.1　EDTA 在溶液中的酸解离及解离常数

乙二胺四乙酸在水溶液中,具有双偶极离子结构:

$$\begin{matrix} HOOCH_2C & & & & CH_2COO^- \\ & \diagdown H & & H\diagup & \\ & N—CH_2—CH_2—N & & & \\ & \diagup + & & +\diagdown & \\ ^-OOCH_2C & & & & CH_2COOH \end{matrix}$$

因此,当 EDTA 溶解于酸度很高的溶液中时,它的两个羧酸根可再接受两个 H^+ 形成 H_6Y^{2+},这样就相当于一个六元酸,在水溶液中存在一系列的解离平衡:

$$H_6Y^{2+} \rightleftharpoons H^+ + H_5Y^+ \qquad K_{a1}=1.26\times10^{-1}$$
$$H_5Y^+ \rightleftharpoons H^+ + H_4Y \qquad K_{a2}=2.51\times10^{-2}$$
$$H_4Y \rightleftharpoons H^+ + H_3Y^- \qquad K_{a3}=1.00\times10^{-3}$$
$$H_3Y^- \rightleftharpoons H^+ + H_2Y^{2-} \qquad K_{a4}=2.16\times10^{-4}$$
$$H_2Y^{2-} \rightleftharpoons H^+ + HY^{3-} \qquad K_{a5}=6.92\times10^{-7}$$
$$HY^{3-} \rightleftharpoons H^+ + Y^{4-} \qquad K_{a6}=5.50\times10^{-11}$$

表 4.2　EDTA 的六级离解常数

K_{a1}	K_{a2}	K_{a3}	K_{a4}	K_{a5}	K_{a6}
$10^{-0.9}$	$10^{-1.6}$	$10^{-2.0}$	$10^{-2.67}$	$10^{-6.16}$	$10^{-10.26}$

4.1.2.2　EDTA 各种形式的分布

EDTA 在水溶液中总是以 H_6Y^{2+}、H_5Y^+、H_4Y、H_3Y^-、H_2Y^{2-}、HY^{3-} 和 Y^{4-} 等 7 种形式存在。它们的分布系数 δ 与溶液 pH 值的关系如图 4.2 所示。

由分布曲线图中可以看出,在 pH<1 的强酸溶液中,EDTA 主要以 H_6Y^{2+} 形式存在;在 pH 为 2.75～6.24 时,主要以 H_2Y^{2-} 形式存在;仅在 pH>10.34 时才主要以 Y^{4-} 形式存在。

值得注意的是,在 7 种型体中只有 Y^{4-}(为了方便,以下均用符号 Y 来表示 Y^{4-})能与金属离子直接配位。Y 分布系数越大,EDTA 的配位能力越强。而 Y 分布系数的大小与溶液的 pH 值密切相关,所以溶液的酸度便成为影响 EDTA 配合物稳定性及滴定终点敏锐性的一个很重要的因素。

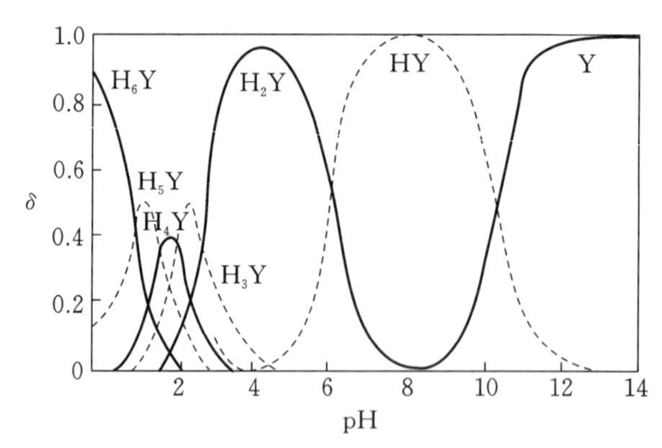

图 4.2　EDTA 溶液中各种存在形式的分布图

4.1.2.3　EDTA 与金属阳离子的配位化合物的特点

EDTA 与金属阳离子的配位化合物的特点如下：

(1) 稳定性高

EDTA 分子中有 2 个氮原子和四个羧氧原子，都有孤对电子，即有 6 个配位原子。因此，绝大多数的金属离子均能与 EDTA 形成多个五元环，例如 EDTA 与 Ca^{2+} 的螯合物的结构如图 4.3(a)所示。从图中可以看出，EDTA 与金属离子形成 5 个五元环，具有这类环状结构的螯合物很稳定。

图 4.3(b)所示是 EDTA 与 Ca^{2+} 形成的螯合物的立体构型。

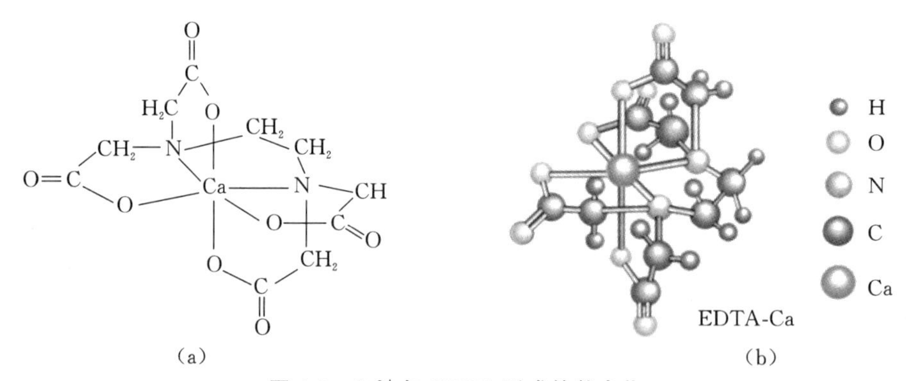

图 4.3　Ca^{2+} 与 EDTA 形成的螯合物

(2) 配位比简单

由于多数金属离子的配位数不超过 6，所以 EDTA 与大多数金属离子可形成 1∶1 型的配合物。只有极少数金属离子，如锆(Ⅳ)和钼(Ⅵ)等例外。

(3) 易溶于水

EDTA 的阴离子带有 4 个负电荷，而通常金属离子多为 1 价、2 价和 3 价，因此生成的配合物仍带电荷而易溶于水，从而使配位滴定可在水溶液中进行。

(4) 配合物的颜色

EDTA 与金属离子所形成的配合物的颜色取决于金属离子。无色的金属离子与 EDTA 配位时，则形成无色的螯合物，有色的金属离子与 EDTA 配位时，一般则形成深色的螯合物。例如：

CuY^{2-}	NiY^{2-}	CoY^{2-}	MnY^{2-}	CrY^{-}	FeY^{-}
深蓝	蓝色	紫红	紫红	深紫	黄

因此，滴定这些离子时，需控制其浓度不要太大。否则，使用指示剂确定终点时将很困难。

4.1.3　配位解离平衡及影响因素

4.1.3.1　配合物的绝对稳定常数

配合物的绝对稳定常数

实际应用中，配离子的稳定性常用生成配离子的平衡常数来表示，称为稳定常数，又称为形成常数，可用 $K_{稳}$ 表示。

金属离子(M)与EDTA(Y)在溶液中形成配合物(MY)的平衡如下：

$$M+Y \rightleftharpoons MY$$

$$K_{MY}=\frac{[MY]}{[M][Y]}$$

通常配合物的稳定常数 K_{MY} 都比较大，为了书写方便，常用对数形式表示。如，Ca^{2+} 与 EDTA 的配位反应：

$$Ca^{2+}+Y^{4-} \rightleftharpoons CaY^{2-}$$

$$K_{CaY}=\frac{[CaY^{2-}]}{[Ca^{2+}][Y^{4-}]}=5\times10^{10}$$

$$\lg K_{CaY}=\lg(5\times10^{10})=10.69$$

对具有相同配位体数目的配位化合物或配离子来说，$K_{稳}$ 值越大，说明配位化合物越稳定。$K_{稳}$ 不因浓度、酸度及其他配位基或干扰离子等外界条件的变化而改变。表4.3中列出了几种常见EDTA配合物的稳定常数。

表4.3　几种常见EDTA配合物的稳定常数

金属离子	Ag^{+}	Al^{3+}	Ba^{2+}	Ca^{2+}	Cu^{2+}	Fe^{2+}
$\lg K_{MY}$	7.32	16.3	7.86	10.69	18.8	14.32
金属离子	Fe^{3+}	Mg^{2+}	Mn^{2+}	Pb^{2+}	Sn^{2+}	Zn^{2+}
$\lg K_{MY}$	25.10	8.67	13.87	18.04	22.11	16.50

4.1.3.2　EDTA的副反应和副反应系数

EDTA的副反应和副反应系数

金属离子与EDTA生成配合物的同时，由于配合物在水中存在离解平衡。因而溶液的酸度、溶液中共存的金属干扰离子及辅助配位剂等，都可能对配合物的离解平衡产生影响。

$$\begin{array}{ccccc} M & + & Y & \rightleftharpoons & MY \\ L\swarrow\searrow OH & & H\swarrow\searrow N & & H\swarrow\searrow OH \\ ML\quad M(OH) & & HY\quad NY & & MHY\quad M(OH)Y \\ \vdots\qquad\vdots & & \vdots & & \\ ML_n\quad M(OH)_n & & H_6Y & & \end{array}$$

配位效应　　酸效应　　共存离子效应

在金属离子与EDTA发生主反应生成配合物的同时，溶液中还可能存在上式中的各种副反应。上式中N为共存的金属干扰离子，L为作为掩蔽剂、缓冲剂等加入的辅助配位剂。

从上述反应可以看出，反应物M和Y的各种副反应不利于主反应的进行，而生成物MY的各种副反应促使平衡向右移动，有利于主反应的进行，但这些混合物大多不稳定，可以忽略不计。下面首先讨论EDTA的副反应和副反应系数。

① 酸效应

在众多的副反应中，对主反应影响最大的是溶液的酸度。

滴定分析中酸度是一个重要条件，直接影响 EDTA 的有效浓度。在一定酸度下，EDTA 以 7 种形式按一定比例同时存在，溶液中未与金属离子配位的 EDTA 浓度为各种形式的总浓度，用[Y′]表示：

$$[Y'] = [H_6Y^{2+}] + [H_5Y^{+}] + [H_4Y] + [H_3Y^{-}] + [H_2Y^{2-}] + [HY^{3-}] + [Y^{4-}]$$

在这 7 种型体中，只有 Y^{4-} 才能与金属离子直接配位。溶液的酸度升高，即$[H^+]$增大时，Y 与 H^+ 间的反应逐级进行，促使 MY 发生离解，配合物 MY 的稳定性降低，溶液中$[Y^{4-}]$减小，EDTA 参加主反应的能力下降。这种由于 H^+ 与 Y 之间的副反应，EDTA 主反应能力下降的现象，称为酸效应。

酸效应影响程度的大小可用酸效应系数 $\alpha_{Y(H)}$ 来衡量。

$$\alpha_{Y(H)} = \frac{[Y']}{[Y]}$$

式中，[Y′]是未与 M 配位的 EDTA 各种形式的总浓度；[Y]是未与 M 配位的游离 EDTA 浓度。

可见 $\alpha_{Y(H)}$ 取决于溶液的酸度。溶液酸度越大(pH 越小)，$\alpha_{Y(H)}$ 越大，酸效应影响越大；pH＞12 时，$\alpha_{Y(H)}=1$，[Y′]=[Y]，Y 与 M 的配位能力最强，生成的配合物最稳定。因此，酸效应系数是判断 EDTA 能否准确滴定某种金属离子的重要参数。酸效应系数 $\alpha_{Y(H)}$ 常用对数形式表示，不同 pH 值条件下 EDTA 的酸效应系数[$\lg\alpha_{Y(H)}$]见表 4.4。

表 4.4　不同 pH 值条件下 EDTA 的酸效应系数[$\lg\alpha_{Y(H)}$]

pH	$\lg\alpha_{Y(H)}$	pH	$\lg\alpha_{Y(H)}$	pH	$\lg\alpha_{Y(H)}$	pH	$\lg\alpha_{Y(H)}$	pH	$\lg\alpha_{Y(H)}$
0.0	23.64	2.4	12.19	4.8	6.84	7.2	3.10	9.6	0.75
0.2	22.47	2.6	11.62	5.0	6.45	7.4	2.88	9.8	0.59
0.4	21.32	2.8	11.09	5.2	6.07	7.6	2.68	10.0	0.45
0.6	20.18	3.0	10.60	5.4	5.69	7.8	2.47	10.2	0.33
0.8	19.07	3.2	10.14	5.6	5.33	8.0	2.27	10.4	0.24
1.0	18.01	3.4	9.70	5.8	4.98	8.2	2.07	10.6	0.16
1.2	16.98	3.6	9.27	6.0	4.65	8.4	1.87	10.8	0.11
1.4	16.02	3.8	8.85	6.2	4.34	8.6	1.67	11.0	0.07
1.6	15.11	4.0	8.44	6.4	4.06	8.8	1.48	11.6	0.02
1.8	14.21	4.2	8.04	6.6	3.80	9.0	1.28	12.0	0.01
2.0	13.51	4.4	7.64	6.8	3.55	9.2	1.10	13.0	0.00
2.2	12.82	4.6	7.24	7.0	3.32	9.4	0.92	14.0	0.00

② 配位效应

由上表可以看出，酸度对 $\alpha_{Y(H)}$ 影响很大，实际应用中应严格控制 pH 范围。

溶液中有其他也能与金属离子 M 配位的辅助配位剂存在时，可发生配位副反应，使溶液中[M]降低，金属离子参加主反应的能力降低，称为配位效应，也称掩蔽效应。

如 F^- 离子能与 Al^{3+} 离子逐级形成 AlF^{2+}、AlF_2^{+}、…、AlF_6^{3-} 等稳定的配合物。实验证明，在 pH=4.0 时，用 $CuSO_4$ 标准滴定溶液返滴定法测定水泥中的铝，溶液中 F^- 大于 2 mg 时，测定结果明显偏低，且终点变化不灵敏。这是由于 Al^{3+} 与 F^- 间产生的副反应影响 Al^{3+} 与 Y^{4-} 之间主反应的进行。

一些易水解的金属离子，在酸度很低时，可与 OH^- 发生副反应，生成不同羟基化合物，使[M]降低，称为金属离子的水解效应。

配位效应和水解效应都使溶液中游离金属离子浓度降低，影响主反应的进行。其影响程度用金属离子的总配位效应系数(或称总掩蔽效应系数) α_M来衡量。

$$\alpha_M=\frac{[M']}{[M]}$$

式中,[M′]为未与EDTA配位的游离金属离子及其与辅助配位剂L的配合物的总浓度;[M]为游离金属离子浓度。

$$Al^{3+}+Y^{4-} \rightleftharpoons AlY^-$$
$$\Downarrow F^-$$
$$AlF^{2+}$$
$$\Downarrow F^-$$
$$AlF_2^+$$
$$\Downarrow F^-$$
$$\vdots$$
$$AlF_6^{3-}$$

金属离子与EDTA形成的配合物一般为MY,称为正配合物。但在酸度高时,有些金属离子配合物进一步形成MHY酸式配合物;酸度低时,又可能形成M(OH)Y、$M(OH)_2Y$等碱式配合物,这些混合型配合物的生成,使正配合物MY的浓度降低,生成EDTA配合物的平衡向右移动,使配合物的形成能力有所增加,有利于主反应的进行,这种现象称为混合配位效应。如Al^{3+}在溶液pH值大于6时,能显著地形成碱式配合物,但在实际测定Al^{3+}时,pH值都较低,MY与OH^-间的副反应可不考虑,另外有些金属离子的碱式配合物很不稳定,测定时也可以不考虑。因此混合配位效应的影响一般较小,通常不予考虑。

在没有任何副反应存在时,配合物MY的稳定程度用(绝对)稳定常数K_{MY}表示。当有副反应时,配合物的稳定性将发生变化,K_{MY}已不能反映配合物的实际稳定程度,此时应该用表观稳定常数表示。配合物的表观稳定常数是指考虑各种副反应的影响后,所得到的实际稳定常数,用K'_{MY}表示。K_{MY}与K'_{MY}的关系为:

$$K'_{MY}=\frac{K_{MY}}{\alpha_M\alpha_{Y(H)}}$$

取对数式为:

$$\lg K'_{MY}=\lg K_{MY}-\lg\alpha_M-\lg\alpha_{Y(H)} \tag{4.1}$$

当溶液的pH值和辅助配位剂的浓度一定时,$\alpha_{Y(H)}$和α_M为定值,此时K'_{MY}为常数。K'_{MY}是随反应条件改变而变化的常数,故称表观稳定常数,又称为条件稳定常数。

4.1.3.3　配位反应能够定量进行的根据

假设无其他副反应存在,即只考虑酸效应的影响。下面是配位反应能够定量进行,其表观稳定常数最低值的计算公式:

$$\lg K'_{MY}=\lg K_{MY}-\lg\alpha_{Y(H)}\geqslant pM_0-2pT \tag{4.2}$$

式中　pM_0——被测金属离子起始浓度(对终点体积而言)的负对数值。

pT——滴定精度的负对数值。

若被测金属离子起始浓度$c_0=1\times10^{-2}$ mol/L,滴定精度$T=0.1\%$

则
$$\lg K'_{MY}=\lg K_{MY}-\lg\alpha_{Y(H)}\geqslant 8 \tag{4.3}$$

所以通常认为表观稳定常数的对数值必须大于或等于8,才能进行定量滴定。

【例题4.1】　假设无其他配位副反应存在,试计算pH=2.0和pH=5.0时ZnY的表观稳定常数。

【解】　由表4.3查得$\lg K_{ZnY}=16.50$

查表4.4,pH=2.0时,$\lg\alpha_{Y(H)}=13.51$

$$\lg K'_{ZnY}=\lg K_{ZnY}-\lg\alpha_{Y(H)}=16.50-13.51=2.99$$

pH=5.0时,
$$\lg\alpha_{Y(H)}=6.45$$
$$\lg K'_{ZnY}=\lg K_{ZnY}-\lg\alpha_{Y(H)}=16.50-6.45=10.05$$

计算表明,在pH=2.0时滴定Zn^{2+},$\lg K'_{ZnY}$仅为2.99,Y与H^+的副反应严重,配合物ZnY很不稳定。而在pH=5.0时滴定Zn^{2+},$\lg K'_{ZnY}$为10.05,ZnY很稳定,配位反应完全。因而在配位滴定中选择和控制酸度非常重要。

【例题4.2】　用EDTA溶液滴定Ca^{2+}为什么必须在pH=10.0的溶液中进行,而不能在pH=5.0

的溶液中进行，但滴定 Zn^{2+} 时，则可以在 pH=5.0 时进行？

【解】 由表 4.3 得 $\lg K_{CaY}=10.69$， $\lg K_{ZnY}=16.50$

由表 4.4 得 pH=5.0 时， $\lg\alpha_{Y(H)}=6.45$

pH=10.0 时， $\lg\alpha_{Y(H)}=0.45$

假设无其他配位副反应存在，当 pH=5.0 时

$$\lg K'_{ZnY}=16.50-6.45=10.05>8$$

$$\lg K'_{CaY}=10.69-6.45=4.24<8$$

∴ pH=5.0 时，用 EDTA 能准确滴定 Zn^{2+}，但不能准确滴定 Ca^{2+}。

当 pH=10.0 时

$\lg K'_{ZnY}=16.50-0.45=14.25>8$

$\lg K'_{CaY}=10.69-0.45=10.24>8$

∴ pH=10.0 时，Zn^{2+} 和 Ca^{2+} 都可以用 EDTA 溶液准确滴定。

4.1.3.4 EDTA 酸效应曲线

稳定性好的配合物，溶液酸度略为高些亦能准确滴定。而对于稳定性较差的，酸度高于某一值时，就不能被准确滴定了。通常较低的酸度条件对滴定有利，但为了防止一些金属离子在酸度较低的条件下发生羟基化反应甚至生成氢氧化物，必须控制适宜的酸度范围。

若滴定反应中除 EDTA 酸效应外，没有其他副反应，则根据单一离子准确滴定的判别式，在被测金属离子的浓度为 0.01 mol/L 时，$\lg K'_{MY}\geqslant 8$

因此
$$\lg K'_{MY}=\lg K_{MY}-\lg\alpha_{Y(H)}\geqslant 8$$

即
$$\lg\alpha_{Y(H)}\leqslant \lg K_{MY}-8 \tag{4.4}$$

将各种金属离子的 $\lg K_{MY}$ 代入式(4.4)，即可求出对应的最大 $\lg\alpha_{Y(H)}$ 值，再从表 4.4 查得与它对应的最小 pH。例如，对于浓度为 0.01 mol/L 的 Zn^{2+} 溶液的滴定，把 $\lg K_{ZnY}=16.50$ 代入式(4.4)得 $\lg\alpha_{Y(H)}\leqslant 8.5$，从表 4.4 可查得 pH≥4.0，即滴定 Zn^{2+} 允许的最小 pH 值为 4.0。

将金属离子的 $\lg K_{MY}$ 值与最小 pH 值(或对应的 $\lg\alpha_{Y(H)}$ 与最小 pH 值)绘成曲线，称为酸效应曲线，如图 4.4 所示。

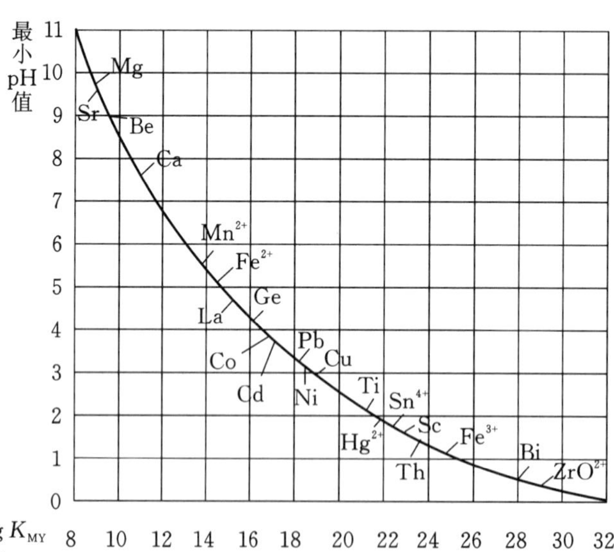

图 4.4 酸效应曲线

实际工作中，利用酸效应曲线可查得单独滴定某种金属离子时所允许的最小 pH 值，还可以看出混合离子中哪些离子在一定 pH 值范围内有干扰(这部分内容将在下面讨论)。此外，酸效应曲线还可当 $\lg\alpha_{Y(H)}$-pH 曲线使用。

必须注意，使用酸效应曲线查单独滴定某种金属离子的最小 pH 值的前提是：金属离子浓度为 0.01 mol/L；允许测定的相对误差为±0.1%；溶液中除 EDTA 酸效应外，金属离子未发生其他副反应。如果前提变化，曲线将发生变化，因此要求的 pH 也会有所不同。

酸效应曲线的用途：

① 可选择滴定的酸度，即各种金属离子能定量进行滴定的最高允许酸度(pH_{min})。

② 从曲线上可以看出，比较稳定的配合物，可在较高酸度下滴定；稳定性较差些的配合物，须在弱酸性溶液中滴定；稳定性更差些的配合物，就要在碱性溶液中滴定。

③ 可初步判断某一酸度下，共存离子相互之间的干扰情况。一般而言，酸效应曲线上被测金属离子 M 以下的离子 N 都干扰测定。酸效应曲线上被测金属离子 M 以上的离子 N，在两者浓度相近时，若 $\lg K_{MY}-\lg K_{NY}>5$，则 N 不干扰 M 的测定。

④ 可以确定 M 离子与 N 离子不干扰的最低酸度(pH_{max})，将在后面讨论。

⑤ 兼作 pH-$\lg\alpha_{Y(H)}$ 表用。

【例题 4.3】 有一溶液中 Fe^{3+}、Mn^{2+} 浓度都为 0.002 mol/L，滴定到达终点时溶液稀释一倍，要求精度等于或小于 0.2%，分别求滴定 Fe^{3+} 和 Mn^{2+} 时最高允许酸度(pH_{min})？

【解】 (1) 求滴定 Fe^{3+} 的最高允许酸度

查表 4.3 得 $\lg K_{FeY}=25.10$

$$pc_{Fe^{3+}}=-\lg\left(0.002\times\frac{1}{2}\right)=3.0$$

$$pT=-\lg 0.2\%=2.7$$

$$\therefore\qquad [\lg\alpha_{Y(H)}]_{max}=25.10-3.0-2\times2.7=16.7$$

查表 4.4 得 $pH_{min}=1.2$，即滴定 Fe^{3+} 的最高允许酸度为 pH≈1.2。

(2) 求滴定 Mn^{2+} 的最高允许酸度

查表 4.3 得 $\lg K_{MnY}=13.87$

$$pc_{Mn^{2+}}=-\lg\left(0.002\times\frac{1}{2}\right)=3.0$$

$$pT=-\lg 0.2\%=2.7$$

$$\therefore\qquad [\lg\alpha_{Y(H)}]_{max}=13.87-3.0-2\times2.7=5.47$$

查图 4.4 得 $pH_{min}=5.5$，即滴定 Mn^{2+} 的最高允许酸度约为 pH=5.5。

【例题 4.4】 已知铝的起始浓度 $c_{Al^{3+}}=1\times10^{-4}$ mol/L，要求精度 $T=1\%$，求用 EDTA 滴 Al^{3+} 的最高酸度是多少？此酸度下，用 EDTA 滴定 Al^{3+} 的表观稳定常数 $\lg K'_{AlY}$ 为多少？

【解】 (1) 求用 EDTA 滴定 Al^{3+} 的最高酸度

查表 4.3 得 $\lg K_{AlY}=16.3$

$$pc_{Al^{3+}}=-\lg(1\times10^{-4})=4.0$$

$$pT=-\lg 1\%=2.0$$

$$\therefore\qquad [\lg\alpha_{Y(H)}]_{max}=16.3-4.0-2\times2.0=8.3$$

查图 4.4 得　$pH_{min}=4.1$，即滴定 Al^{3+} 的最高酸度为 pH≈4.1。

(2) 求此酸度下用 EDTA 滴定 Al^{3+} 的 $\lg K'_{AlY}$

根据(1)所求可知 pH=4.1 时，$\lg\alpha_{Y(H)}=8.3$

在不考虑其他副反应的情况下

∴ $$\lg K'_{AlY}=16.3-8.3=8.0$$

然而，实际滴定时所采用的pH值要比允许的最小pH值大一些，这样可以保证被滴定的金属离子配位更完全。但pH值不能过大，否则会引起金属离子羟基化。例如，滴定Mg^{2+}时pH值应大于9.6；若pH值大于12，Mg^{2+}将形成$Mg(OH)_2$沉淀而不与EDTA配位，影响测定结果。

金属指示剂

4.1.4 金属指示剂

金属指示剂又称金属离子指示剂，是配位滴定法中使用的指示剂。指示终点的原理是在一定pH值下，指示剂与金属离子配位，生成与指示剂游离态颜色不同的络离子。化学计量点时，滴定剂置换出指示剂，当观察到从络离子的颜色转变为指示剂游离态的颜色时即达终点。如在pH=10时，用乙二胺四乙酸二钠测定水的硬度，选铬黑T作指示剂。当溶液由红色变为蓝色时即达终点。

4.1.4.1 金属指示剂变色原理

金属指示剂与被测金属发生离子反应，形成一种与指示剂自身颜色不同的配合物，当滴入EDTA后，溶液中游离的金属离子逐步被配位，达化学计量点时，已与指示剂配位的金属离子被EDTA夺取，释放出指示剂而引起溶液颜色发生变化，呈现指示剂本身颜色。

滴定前：$$\mathrm{M}+\underset{\text{甲色}}{\mathrm{In}}=\underset{\text{乙色}}{\mathrm{MIn}}$$

终点时：$$\underset{\text{乙色}}{\mathrm{MIn}}+\mathrm{Y}=\mathrm{MY}+\underset{\text{甲色}}{\mathrm{In}}$$

指示剂变色点的pM值，可由金属离子与指示剂形成配合物的稳定常数K_{MIn}求得。

MIn在溶液中有如下离解平衡：

$$\mathrm{MIn}\rightleftharpoons\mathrm{M}+\mathrm{In}$$

$$K_{MIn}=\frac{[\mathrm{MIn}]}{[\mathrm{M}][\mathrm{In}]}$$

$$\lg K_{MIn}=\mathrm{pM}+\lg\frac{[\mathrm{MIn}]}{[\mathrm{In}']}$$

当$[\mathrm{MIn}]=[\mathrm{In}']$时，此时，$\lg K_{MIn}=\mathrm{pM}$，即指示剂的变色点。

配位滴定中所用的指示剂一般为有机弱酸，它与金属离子所形成的配合物的表观稳定常数K'_{MIn}随溶液酸度的变化而变化。在选择指示剂时必须考虑体系的酸度，使指示剂变色点的pM值在化学计量点附近的滴定突跃范围内。

4.1.4.2 金属指示剂必须具备的条件

① 在滴定的pH范围内，指示剂本身的颜色与它和金属离子形成配合物的颜色应有显著不同。

② 指示剂与金属离子形成的配合物应有适当的稳定性，一般要求$\lg K'_{MIn}\geqslant5$和$\lg K'_{MY}-\lg K'_{MIn}\geqslant2$。

③ 指示剂应具有一定的选择性，在特定条件下，只与被测金属离子显色，显色反应要灵敏、迅速，且有良好的可逆性。

④ 指示剂与金属离子生成的配合物应易溶于水。如果生成胶体溶液或沉淀，指示剂与EDTA的置换作用缓慢，以致终点会拖后。

⑤ 指示剂应比较稳定，便于储藏和使用。

金属指示剂的封闭

4.1.4.3 金属指示剂的封闭、僵化和氧化变质现象

(1) 金属指示剂的封闭现象

指示剂与某些金属离子生成极稳定的配合物，滴入过量EDTA也不能夺取MIn配合物中的金属离子，使指示剂在化学计量点附近没有颜色的变化，这种现象称为指

示剂的封闭现象。如果是干扰离子发生封闭作用，常采用加入比指示剂配位能力更强的配位剂来掩蔽干扰离子，以达到消除封闭的目的。如果是被测离子发生封闭作用，常采用回滴法或选用其他指示剂。

（2）金属指示剂的僵化现象

有些指示剂或指示剂与金属离子生成的配合物在水中不易溶解，或溶解度极低，或指示剂与金属离子所形成配合物的稳定性接近于 EDTA 与金属离子形成配合物的稳定性，因而使 EDTA 与 MIn 之间的交换缓慢，终点拖长，这种现象称为指示剂的僵化现象。若僵化不严重，可在接近滴定终点时放慢滴定速度，也可适当加热或加入有机溶剂来消除僵化现象。

金属指示剂的僵化

（3）金属指示剂的氧化变质现象

由于金属指示剂大多为具有双键的有机化合物，这种化合物易为日光、氧化剂或空气所分解；有些指示剂在水溶液中不稳定，日久变质。因此，金属指示剂一般储藏在磨口的棕色容器中。使用时，常与 NaCl 或 KCl、KNO_3 等中性盐配成固体混合物，称为固体指示剂。这样，储存时间能长一些。

4.1.4.4　常用的金属指示剂

（1）磺基水杨酸（SSal）

磺基水杨酸又名硫柳酸、磺柳酸等，为白色结晶粉末，易溶于水，其水溶液无色，在分析中常配成 10% 的水溶液使用。它与 Fe^{3+} 形成配合物的颜色随 pH 不同而不同。

常用的金属指示剂1

pH＝1.8～2.5　　$FeIn^{+}$　　紫红色

pH＝4～8　　$FeIn_2^{-}$　　橙红色

pH＝8～11　　$FeIn_3^{3-}$　　黄色

在 pH≤2 左右的溶液中以 SSal 为指示剂，用 EDTA 滴定 Fe^{3+}，终点为由红色变为黄色。由于指示剂本身无色，$FeIn^{+}$ 配合物又不是很稳定，所以应多加指示剂，以提高反应灵敏度，增强 $FeIn^{+}$ 配合物的稳定性，避免终点提前，减小误差。

（2）酸性铬兰 K

酸性铬兰 K 化学名称是 2-(2-羟基-5-磺酸基-1-偶氮苯)-1,8-二萘酚-3,6-二磺酸钠盐，为棕黑色粉末，溶于水，其水溶液不稳定，故通常将指示剂用固体 KCl 粉末稀释后使用。

pH＜6 时，指示剂显红色，pH＞6 时，指示剂显蓝色或蓝中带微弱的紫色。它是 Ca^{2+}、Mg^{2+}、Zn^{2+}、Mn^{2+} 的指示剂，它的配合物都是红色，在 pH＝10.00 时，可作为测钙、镁合量的指示剂。

通常酸性铬兰 K 与惰性染料奈酚绿 B 按 1＋2.5 混合，配成 K-B 指示剂。这样，在萘酚绿 B 的衬托下，当滴至终点时，溶液呈蓝色，易于掌握。

pH＝10.0 时，K-B 指示剂，$\lg K'_{MgIn}\approx 6.0$，$\lg K'_{CaIn}\approx 5.4$。

（3）钙黄绿素

钙指示剂的化学名称是 2-羟基-1-(2-2-羟基-4-磺酸基-1-萘偶氮基)-3-萘甲酸。橙红色粉末，游离酸难溶于水，钠盐易溶解。酸性溶液中呈黄色，碱性溶液中呈淡红色。通常是配成 1＋50 的 KNO_3 或 KCl 的混合固体使用。

在 pH＜11 时，指示剂本身具有绿色荧光，此荧光可为 Fe^{3+}、Al^{3+}、Cu^{2+}、Co^{2+}、Ni^{2+}、Mn^{2+} 等离子所熄灭。但不为 Cd^{2+}、Zn^{2+} 所熄灭。

常用的金属指示剂2

pH＞12 时，指示剂本身为橘红色，没有荧光，但与 Ca^{2+}、Sr^{2+}、Ba^{2+}、Al^{3+} 等离子配位，其配合物呈黄绿色荧光，对 Ca^{2+} 特别灵敏。在滴定 Ca^{2+}、Sr^{2+}、Ba^{2+} 时，通常加 KOH 调节碱度

而不用 NaOH，因为 NaOH 与指示剂产生的荧光比 KOH 产生的荧光稍强一些。

钙黄绿素只是 Ca^{2+} 的指示剂，Mg^{2+} 不能同时被指示。所以可在大量 Mg^{2+} 存在下作滴定 Ca^{2+} 的优良指示剂。

Fe^{3+}、Al^{3+}、Mn^{2+} 的干扰可加三乙醇胺掩蔽；Cu^{2+}、Co^{2+}、Ni^{2+}、Zn^{2+} 的干扰可加 KCN 掩蔽。

若只用钙黄绿素，终点时有残余荧光，加入酚酞和甲基百里香酚蓝后，可以掩蔽残余荧光，改善滴钙的终点，而且甲基百里香酚蓝还可消除终点时 Mg^{2+} 的返色影响，终点时溶液由荧光绿变为红色，十分明显。

在实际应用中，将钙黄绿素、甲基百里香酚蓝及酚酞指示剂按 1＋1＋0.2 配成混合指示剂，然后以 50 倍的 KNO_3 稀释，简称 CMP 指示剂。

观察荧光指示剂的终点，若利用自然光，光线应由操作者的背后或侧面射入，有利于终点观察。而不应在直射光线的照射下进行滴定。

(4) 甲基百里香酚蓝(MTB)

甲基百里香酚蓝又称甲基麝香草酚蓝，是具有金属光泽的黑色粉末，溶于水，通常与 50 倍或 100 倍 KNO_3(或 KCl)混匀研细使用。

MTB 是一种应用较广的指示剂，在酸性或碱性条件下与金属离子配位均呈蓝色。在酸性溶液中指示剂本身显黄色，在碱性条件下指示剂本身显极淡的灰色或无色，可以在碱性范围内指示测定 Ca^{2+}、Mg^{2+}、Mn^{2+}、Ba^{2+} 等离子的终点。

据实验，若以 KOH 调整溶液的 pH 值，用 MTB 滴 Ca^{2+} 的最佳酸度为 $pH=12.8\pm0.1$，当 $pH>13.4$ 时，指示剂本身呈蓝色，滴定终点没有颜色变化。

TiO^{2+}、Al^{3+} 及少量 Fe^{3+} 的干扰可用三乙醇胺掩蔽；Cu^{2+}、Co^{2+}、Ni^{2+} 等离子的干扰可用 KCN 掩蔽；Mn^{2+} 离子的干扰可加三乙醇胺，用空气氧化后再加 KCN 联合掩蔽。

水泥化学分析中，MTB 主要用作滴定 Ca^{2+} 的指示剂，特别是在 Mg^{2+} 含量较高的情况下，此指示剂不被 $Mg(OH)_2$ 沉淀所吸附，终点变色敏锐，溶液中有 Ag^+ 存在时，终点不明显，此时就不能用 MTB。

(5) PAN 指示剂

PAN 指示剂化学名称为 1-(2-吡啶偶氮)-2-萘酚，为橙红色针状结晶(粉末)，几乎不溶于水，可溶于碱、氨溶液及甲醇、乙醇溶液中。常配成 0.1% 的乙醇溶液使用。

PAN 在 pH＝1.9～12.2 时呈黄色，可与 Cu^{2+}、Bi^{3+}、Cd^{2+}、Hg^{2+}、Pb^{2+}、Zn^{2+}、Fe^{3+}、Ni^{2+}、Mn^{2+}、Th^{4+} 及稀土等离子形成红色螯合物。这些螯合物的溶解度都很小，易形成胶体溶液或沉淀，致使终点颜色变化缓慢，为了加快变色过程，可以适当加热或加适量有机溶剂。

PAN 是 Cu^{2+} 的良好指示剂，利用这一点可以配成一种广泛的 Cu-PAN 指示剂。该指示剂实际上是 CuY 与 PAN 的混合溶液，是一种间接指示剂。可以指示所有能与 EDTA 配位的金属离子，其作用原理如下：

$$\underset{\text{蓝色}}{CuY}+\underset{\text{黄色}}{PAN}+M=MY+\underset{\text{紫红色}}{Cu\text{-}PAN}$$

Cu-PAN 指示剂：黄绿色。

再用 EDTA 滴定，溶液由紫红色变为黄绿色即为终点。

$$\underset{\text{紫红色}}{Cu\text{-}PAN}+Y=\underbrace{\underset{\text{蓝色}}{CuY}+\underset{\text{黄色}}{PAN}}_{\text{黄绿色}}$$

由于滴定前加入的 CuY 量与最后生成的 CuY 量是相等的，所以加入 CuY 不影响测定结果。

水泥化学分析中，常以 PAN 为指示剂，用铜盐标准滴定溶液返滴定测铝含量；或用 Cu-PAN 指示剂，以 EDTA 直接滴定测铝含量。

4.1.5 配位滴定曲线

配位滴定与酸碱滴定的异同点

配位滴定与酸碱滴定的异同点：

(1) 相同点

酸碱的电子理论指出，酸碱中和反应是碱的未共用电子对跃迁到酸的空轨道中而形成配位键的反应。在配位反应中，配位剂 EDTA 供给电子对，是碱；中心离子接受电子对，是酸。所以从广义上讲，配位反应也属于酸碱反应的范畴。有关酸碱滴定法中的一些讨论，在 EDTA 滴定中也基本适用。配位滴定中，被测金属离子的浓度也会随 EDTA 的加入，不断减小，到达计量点前后，将发生突变，可利用适当方法指示。

(2) 不同点

配位滴定曲线

① 在配位滴定中 M 有配位效应和水解效应，EDTA 有酸效应和共存离子效应，所以配位滴定比酸碱滴定复杂；

② 酸碱滴定中，K_a，K_b 是不变的；而配位滴定中，K'_{MY} 是随滴定体系中反应的条件而变化。欲使滴定过程中 K'_{MY} 基本不变，常用酸碱缓冲溶液控制酸度。

4.1.5.1 配位滴定曲线的绘制

现以 pH=12 时，用 0.01000 mol/L 的 EDTA 溶液滴定 20.00 mL 0.01000 mol/L 的 Ca^{2+} 溶液为例，通过计算滴定过程中的 pM，说明配位滴定过程中配位滴定剂的加入量与待测金属离子浓度之间的变化关系。

由于 Ca^{2+} 既不易水解也不与其他配位剂反应，因此在处理此配位平衡时只需考虑 EDTA 的酸效应。即在 pH 为 12.00 条件下，CaY^{2-} 的表观稳定常数为：

滴定过程中，其反应为：

$$Ca^{2+} + Y^{4-} \rightleftharpoons CaY^{2-}$$

$$\Big\Vert H^+$$

$$HY \underset{H^+}{=\!=} H_2Y \underset{H^+}{=\!=} H_3Y \underset{H^+}{=\!=} H_4Y$$

$$\lg K_{CaY}=10.7 \quad pH=12.0 \text{ 时}, \quad \lg\alpha_{Y(H)}=0.01$$

$$\lg K'_{CaY}=\lg K_{CaY}-\lg\alpha_{Y(H)}=10.7-0.01=10.69\geqslant 8$$

∴ EDTA 能定量滴定 Ca^{2+}。

① 滴定前 溶液中只有 Ca^{2+}，$[Ca^{2+}]=0.01000$ mol/L，所以 pCa=2.00。

② 化学计量点前 溶液中有剩余的金属离子 Ca^{2+} 和滴定产物 CaY^{2-}。由于 $\lg K'_{CaY}$ 较大，剩余的 Ca^{2+} 对 CaY^{2-} 的离解又有一定的抑制作用，可忽略 CaY^{2-} 的离解，按剩余的金属离子 Ca^{2+} 浓度计算 pCa 值。

当滴入的 EDTA 溶液体积为 18.00 mL 时：

$$[Ca^{2+}]=\frac{2.00\times 0.01000}{20.00+18.00}=5.26\times 10^{-3}\ (mol/L)$$

即

$$pCa=-\lg[Ca^{2+}]=2.28$$

当滴入的 EDTA 溶液体积为 19.98 mL 时

$$[Ca^{2+}]=\frac{0.01\times 0.02}{20.00+19.98}=5\times 10^{-6}\ (mol/L)$$

即

$$pCa=-\lg[Ca^{2+}]=5.3$$

当然在十分接近化学计量点时，剩余的金属离子极少，计算 pCa 时应该考虑 CaY^{2-} 的离解，有关内容这里就不讨论了。在一般要求的计算中，化学计量点之前的 pM 可按此方法计算。

③ 化学计量点时　Ca^{2+} 与 EDTA 几乎全部形成 CaY^{2-}，所以

$$[CaY^{2-}]=0.01\times\frac{20.00}{20.00+20.00}=5\times10^{-3}(mol/L)$$

因为 $pH\geqslant12$，$\lg\alpha_{Y(H)}=0$，所以 $[Y^{4-}]=[Y]_{总}$；同时，$[Ca^{2+}]=[Y^{4-}]$

则
$$\frac{[CaY^{2-}]}{[Ca^{2+}]^2}=K'_{MY}$$

因此
$$\frac{5\times10^{-3}}{[Ca^{2+}]^2}=10^{10.69},\quad [Ca^{2+}]=3.2\times10^{-7}\ mol/L$$

即
$$pCa=6.5$$

(4) 化学计量点后　当加入的 EDTA 溶液为 20.02 mL 时，过量的 EDTA 溶液为 0.02 mL。

此时
$$[Y]_{总}=\frac{0.01\times0.02}{20.00+20.02}=5\times10^{-6}(mol/L)$$

则
$$\frac{5\times10^{-3}}{[Ca^{2+}]\times5\times10^{-6}}=10^{10.69},\quad [Ca^{2+}]=10^{-7.69}\ mol/L$$

即
$$pCa=7.69$$

表 4.5 为 pH=12 时用 0.01000 mol/L EDTA 滴定 20.00 mL 0.01000 mol/L Ca^{2+} 溶液中 pCa 的变化情况。

表 4.5　pH=12 时用 0.01 mol/L EDTA 滴定 20.00 mL 0.01mol/L Ca^{2+} 溶液中 pCa 的变化

滴入 EDTA 溶液		剩余 Ca^{2+} 溶液	过量 EDTA 溶液	pCa
mL	%	mL	mL	
0.00	0.0	20.00		2.00
18.00	90.0	2.00		3.30
19.80	99.0	0.20		4.30
19.98	99.9	0.02		5.30
20.00	100.0	0.00		6.49
20.02	100.1		0.02	7.69

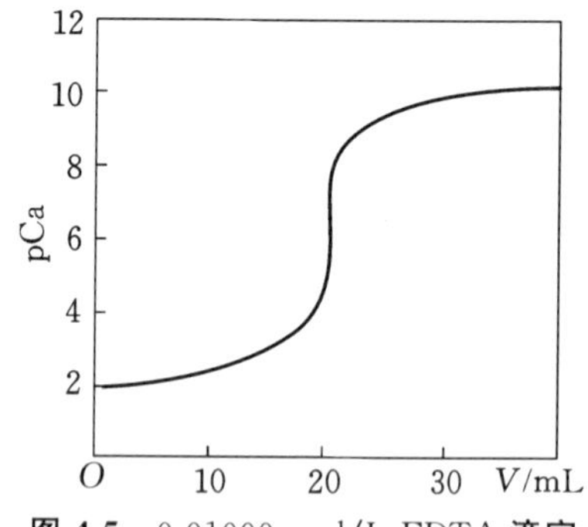

图 4.5　0.01000 mol/L EDTA **滴定** 0.01000 mol/L Ca^{2+} **的滴定曲线**

根据表 4.5 所列数据，以 pCa 值为纵坐标，加入 EDTA 的体积为横坐标作图，得到如图 4.4 所示的滴定曲线。

从表 4.5 或图 4.5 可以看出，在 pH=12 时，用 0.01000 mol/L EDTA 滴定 0.01000 mol/L Ca^{2+}，计量点时的 pCa 为 6.5，滴定突跃的 pCa 为 5.3～7.7。可见滴定突跃较大，可以准确滴定。

由上述计算可知配位滴定比酸碱滴定复杂，不过两者有许多相似之处，酸碱滴定中的一些处理方法也适用于配位滴定。

影响滴定突跃大小的因素

4.1.5.2　影响滴定突跃大小的因素

配位滴定中滴定突跃越大，就越容易准确地指示终点。前面计算结果表明，配合物的表观稳定常数和被滴定金属离子的浓度是影响突跃范围的主要因素。

(1) 配合物的表观稳定常数对滴定突跃的影响

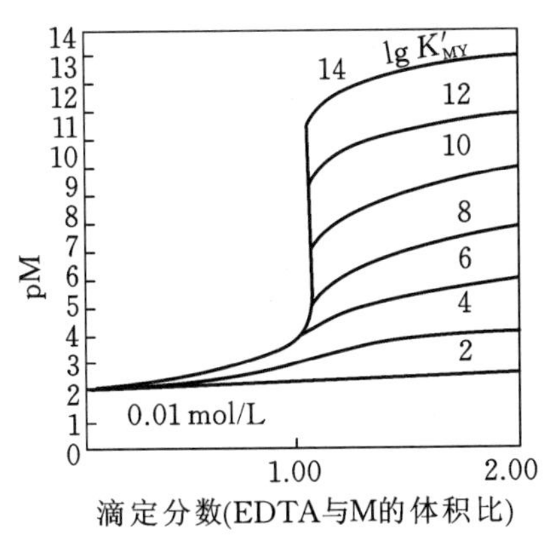

图 4.6 不同 $\lg K'_{MY}$ 的滴定曲线

图 4.6 是金属离子浓度一定的情况下,不同 $\lg K'_{MY}$时的滴定曲线。由图 4.6 可看出配合物的表观稳定常数 $\lg K'_{MY}$越大,滴定突跃(ΔpM)越大。决定配合物 $\lg K'_{MY}$大小的因素,首先是绝对稳定常数 $\lg K_{MY}$(内因),但对某一指定的金属离子来说绝对稳定常数 $\lg K_{MY}$是一常数,此时溶液酸度、配位掩蔽剂及其他辅助配位剂的配位作用将起决定作用。

因为:

$$\lg K'_{MY}=\lg K_{MY}-\lg\alpha_{M}-\lg\alpha_{Y(H)}$$

配合物的绝对稳定常数越大,其表观稳定常数值也相应增大,滴定突跃也增大。滴定系统酸度越低,$\lg\alpha_{Y(H)}$越小,$\lg K'_{MY}$越大,形成的配合物越稳定。滴定系统酸度越高,$\lg\alpha_{Y(H)}$越大,$\lg K'_{MY}$就越小,形成的配合物越不稳定。对稳定性高的配合物,溶液的 pH 值低一些,仍可滴定;而对于稳定性差的配合物,若溶液 pH 值低,就不能滴定。由于 EDTA 滴定金属离子时会释放出 H^+,使溶液酸度增大,从而造成$\lg K'_{MY}$在滴定过程中逐渐减小。因此,一般在配位滴定中都使用缓冲溶液,使溶液的 pH 值基本保持不变。

其他配位剂及缓冲溶液(对 M 有配位效应)的存在,能使 $\lg\alpha_M$值增大,$\lg K'_{MY}$减小,滴定突跃也变小。

① 酸度 酸度高时,$\lg\alpha_{Y(H)}$大,$\lg K'_{MY}$变小,因此滴定突跃就减小。

② 其他配位剂的配位作用 滴定过程中加入掩蔽剂、缓冲溶液等辅助配位剂会使 $\lg\alpha_M$值增大,使 $\lg K'_{MY}$变小,因而滴定突跃就减小。

(2) 浓度对滴定突跃的影响

图 4.7 是用 EDTA 滴定不同浓度 M 时的滴定曲线。由图 4.7 可以看出金属离子的起始浓度 c_{M_0}越小,曲线起点越高,滴定突跃越短,不利于指示剂的选择,反之,C_{M_0}越大,起点越低,突跃部分越长。

浓度对滴定突跃的影响

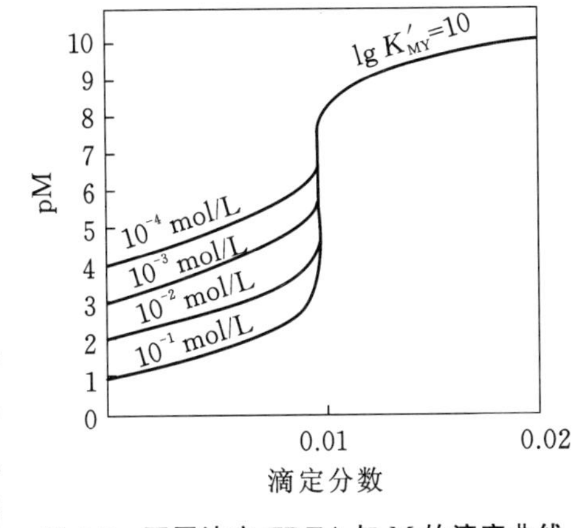

图 4.7 不同浓度 EDTA 与 M 的滴定曲线

4.1.5.3 选择金属指示剂的方法

配位滴定,虽然也可绘出类似酸碱滴定的滴定曲线,再根据滴定曲线的突跃和金属指示剂的变色范围来选择指示剂,然而要测定出各种指示剂对可滴定的每一种金属离子的变色范围,显然具有一定的困难。在某些情况下,如果只需判明指示剂是否适用,可用下列指示剂的判别式判断,方法简单。

$$pc_0+2\leqslant\lg K'_{MIn}\leqslant\lg K'_{MY}-2 \qquad (4.5)$$

式中符号意义与前所用相同。

式(4.5)是在特定条件下推导出来的。在这一条件下,式(4.5)为配位滴定选择指示剂提供一个可遵循的原则,即有色配合物 MIn 的 $\lg K'_{MIn}$在式(4.5)范围内,该指示剂就可选用。但由于金属指示剂的有关常数目前很不齐全,实际上大多采用实验的方法选择指示剂。即先实验其终点时颜色变化是否敏锐,然后检查滴定结果是否准确,这样就可确定该指示剂是否符合要求。

【例题 4.5】 若 Ca^{2+}浓度为 1.0×10^{-4} mol/L,在 pH=12.0 时,用 EDTA 滴定 Ca^{2+},能否用甲基百里香酚蓝(MTB)作指示剂($\lg K'_{CaIn}=7.5$)?滴定到什么颜色为终点?

【解】 查表得 $\lg K_{CaY}=10.69$

查表得 pH=12.0 时，$\lg\alpha_{Y(H)}=0.01$

据式(4.5)得

$$pc_{Ca}+2\leqslant \lg K'_{CaIn}\leqslant \lg K'_{CaY}-2$$

$$-\lg(1.0\times10^{-4})+2\leqslant 7.5\leqslant 10.69-0.01$$

即

$$6<7.5<10.68 \quad 不等式成立$$

故能用甲基百里香酚蓝(MTB)作指示剂，滴定到浅灰色或无色为终点。

4.1.6 提高配位滴定选择性的方法

由于EDTA具有相当强的配位能力，能与许多金属离子形成配合物，在实际工作中遇到的分析试液常存在几种离子，用EDTA滴定时可能相互干扰。因此，提高配位滴定的选择性，就成为配位滴定中要解决的重要问题。提高配位滴定选择性，就是要设法消除共存离子(N)的干扰，以便准确地滴定被测金属离子(M)。

4.1.6.1 利用酸效应选择滴定的条件

前面讨论过，当滴定一种金属离子时，如果满足 $\lg K'_{MY}\geqslant 8$ 就可以被定量滴定，其误差 $T\leqslant\pm0.1\%$。但当溶液中有两种金属离子共存时，干扰情况与两者的表观稳定常数值和浓度有关，一般情况下要求：

$$\frac{c_{M_0}\cdot K'_{MY}}{c_{N_0}\cdot K'_{NY}}\geqslant 10^5$$

$$\lg(c_{M_0}\cdot K'_{MY})-\lg(c_{N_0}\cdot K'_{NY})\geqslant 5$$

$$\lg K'_{MY}-\lg K'_{NY}\geqslant pc_{M_0}-pc_{N_0}+5 \tag{4.6}$$

如果没有水解、掩蔽等副反应，则上式可写成：

$$\lg K_{MY}-\lg K_{NY}\geqslant pc_{M_0}-pc_{N_0}+5 \tag{4.7}$$

式(4.7)的意义：

① 当 $\Delta\lg K=\lg K_{MY}-\lg K_{NY}$ 符合式(4.7)，就具备了利用酸效应进行选择滴定的可能性。

② 当两种离子的起始浓度相等或相近，即 $pc_{M_0}\approx pc_{N_0}$，则只要 $\Delta\lg K\geqslant 5$，就可以选择滴定M离子，而N离子不干扰。

③ 式(4.7)只说明选择滴定M离子的可能性，不能用来计算滴定M离子的酸度。

由上面的讨论可以看出，提高配位滴定选择性的途径主要是降低干扰离子的浓度或降低NY的稳定性。

4.1.6.2 提高配位滴定选择性的方法

(1) 利用酸效应

利用配位滴定中的酸效应消除干扰是比较方便而又重要的方法。由于酸度不同，各种金属离子与EDTA所生成配合物的 $\lg K'_{MY}$ 也不同，利用这一点，可以选择适当的酸度，使M离子被准确滴定，而干扰离子N基本不与EDTA配位或不干扰M的测定，这一酸度首先不能高于滴定M离子的最高酸度(即 pH_{min})，否则M离子配位不完全，使结果偏低，其次，又不低于某一酸度，否则N离子也能被EDTA配位，使结果偏高。

利用酸效应曲线，可以找出滴定M离子时允许的最高酸度和N离子存在下滴定M离子的最低酸度，从而确定滴定M离子的pH值范围。

具体步骤如下：(图算法)

① 当M、N离子浓度相近，且 $\Delta\lg K\geqslant 5$ 时，由 $\lg K_{MY}$ 找到M离子在曲线上的点，由此点作水平线，水

平线与纵坐标的交点就是滴定M离子的最高酸度(即pH_{min})。若高于此酸度,M离子配位不完全。

② 在横坐标上,从$\lg K_{NY}+5$处作垂线,与曲线相交,由此点作水平线,与纵坐标必有一交点,该交点的pH就是N离子存在下滴定M离子的最低酸度(即pH_{max})。若低于此酸度,N离子就开始干扰。

③ 滴定M离子后,如欲连续滴定N离子,由$\lg K_{NY}$在曲线上的点作水平线,所得pH为滴定N离子的最高酸度。

④ M离子与N离子浓度不同时,若M离子比N离子大10倍,则步骤①中,用$\Delta\lg K>4$,在步骤②中,用$\lg K_{NY}+4$;若N离子比M离子大10倍,则用$\Delta\lg K>6$,$\lg K_{NY}+6$;余类推。

【例题4.6】 溶液中含有毫克量的Fe^{3+}、Al^{3+}、Ca^{2+}和Mg^{2+},能否利用控制酸度分别滴定Fe^{3+}和Al^{3+}?

【解】 按各离子浓度相近的条件来估计

查表4.3得 $\lg K_{FeY}=25.1$ $\lg K_{AlY}=16.3$

$\lg K_{CaY}=10.69$ $\lg K_{MgY}=8.7$

(1) 选择滴定Fe^{3+}的可能性

∵ $\lg K_{FeY}-\lg K_{CaY}=25.1-10.69=14.41>5$

$\lg K_{FeY}-\lg K_{MgY}=25.1-8.7=16.4>5$

∴ Ca^{2+}、Mg^{2+}不干扰Fe^{3+}的滴定

又∵ $\lg K_{FeY}-\lg K_{AlY}=25.1-16.3=8.8>5$

∴ Al^{3+}存在下,可以利用控制酸度选择性滴定Fe^{3+}。

从图4.4可知滴定Fe^{3+}的最高酸度,即$pH_{min}=1.2$,而Al^{3+}存在下不干扰Fe^{3+}测定的最低酸度可根据$\lg K_{AlY}+5=16.3+5=21.3$,在酸效应曲线上查得$pH_{max}=2.0$,故可控制溶液pH在1.2～2.0范围内滴定$Fe^{3+}$。但是,考虑到指示剂的适用pH范围,通常用磺基水杨酸作指示剂,测Fe^{3+}的pH范围控制在1.5～2.0。

(2) 选择滴定Al^{3+}的可能性

由于铁、铝连续滴定,即在滴铁后再滴铝,所以不考虑铁的干扰。

∵ $\lg K_{AlY}-\lg K_{CaY}=16.3-10.69=5.61>5$

$\lg K_{AlY}-\lg K_{MgY}=16.3-8.7=7.6>5$

∴ 在Ca^{2+}、Mg^{2+}存在下,可以选择性滴定Al^{3+}。

由$\lg K_{AlY}$在图4.4上查找到,滴Al^{3+}的$pH_{min}=4.2$,而Ca^{2+}存在下不干扰Al^{3+}测定的最低酸度可根据$\lg K_{CaY}+5=10.7+5=15.7$,在酸效应曲线上查得$pH_{max}=4.5$,故可控制溶液pH在4.2左右滴定$Al^{3+}$。

【例题4.7】 溶液中有Fe^{3+}、Zn^{2+}、Mg^{2+}等离子其c_{M0}均为0.01 mol/L,利用酸效应曲线图算法,如何控制酸度连续滴定其含量?

【解】 查表4.3得 $\lg K_{FeY}=25.1$ $\lg K_{ZnY}=16.5$ $\lg K_{MgY}=8.7$

(1) 滴定Fe^{3+}

∵ $\lg K_{FeY}-\lg K_{ZnY}=25.1-16.5=8.6>8$

∴ 在Zn^{2+}、Mg^{2+}存在下,可以选择滴定Fe^{3+}。

由$\lg K_{FeY}=25.1$,在酸效应曲线上查图4.4得,滴Fe^{3+}的最高酸度$pH_{min}=1.2$;再由$\lg K_{ZnY}+5=21.5$查图4.4得,滴Fe^{3+}的最低酸度$pH_{max}=2.0$。故可在$pH=1.2～2$时滴定Fe^{3+}。

(2) 滴Zn^{2+}

∵ $\lg K_{ZnY}-\lg K_{MgY}=16.5-8.7=7.8$

∴ 在Mg^{2+}存在下,可以选择滴定Al^{3+},但误差T在$0.1\%<T<1\%$。

由$\lg K_{ZnY}=16.5$查图4.4得滴Zn^{2+}的最高酸度为$pH_{min}=4.0$;再由$\lg K_{MgY}+5=13.7$查图4.4得

滴 Zn^{2+} 的最低酸度 $pH_{max}=5.5$。故可在 pH=4.0～5.5 时滴定 Zn^{2+}。

(3) 滴 Mg^{2+}

由 $\lg K_{MgY}=8.7$ 查图 4.4 得滴 Mg^{2+} 的最高酸度 $pH_{min}=9.7$，考虑到溶液中 Mg^{2+} 在 pH>10 以后将逐渐形成 $Mg(OH)_2$ 沉淀，故滴 Mg^{2+} 一般在 pH=10 时进行。

(2) 利用掩蔽和解蔽

若被测金属离子的配合物与干扰离子配合物的稳定常数相差不大($\Delta\lg K<5$)，就不能用控制酸度的方法进行选择滴定。此时可以利用掩蔽剂来降低干扰离子的浓度以消除干扰。

常用的掩蔽方法有配位掩蔽法、沉淀掩蔽法和氧化还原掩蔽法。

① 配位掩蔽法：这是利用掩蔽剂与干扰离子形成稳定配合物以消除干扰的方法，是滴定分析中应用最多的一种方法。

例如，测定水中的 Ca^{2+}、Mg^{2+} 时，Fe^{3+}、Al^{3+} 对测定有干扰，若先加入三乙醇胺与 Fe^{3+}、Al^{3+} 生成更稳定的配合物，就可在 pH=10 时，直接滴定 Ca^{2+} 和 Mg^{2+}。

配位掩蔽法使用的掩蔽剂应具备下列条件：

a. 掩蔽剂不与被测离子配位，或形成的配合物的稳定常数远小于待测离子与 EDTA 配合物的稳定常数。

b. 干扰离子与掩蔽剂形成的配合物比 EDTA 形成的配合物更稳定；所形成的配合物应是无色或浅色的，不影响终点的判断。

c. 在滴定被测离子所控制的酸度范围内，掩蔽剂仍具有很强的掩蔽能力。

② 沉淀掩蔽法：这是利用干扰离子与掩蔽剂形成沉淀以消除干扰的方法。

例如，在 Ca^{2+}、Mg^{2+} 共存的溶液中，加入 NaOH 溶液使系统的 pH>12，则 Mg^{2+} 生成 $Mg(OH)_2$ 沉淀，可直接滴定 Ca^{2+}。

沉淀掩蔽法要求生成的沉淀溶解度要小，且沉淀完全；生成的沉淀是无色或浅色的，且吸附作用小，以免影响终点的观察。这种掩蔽法在实际应用中有一定的局限性。

③ 氧化还原掩蔽法：这是利用氧化还原反应改变干扰离子价态以消除干扰的方法。

例如，在滴定 Bi^{3+}、Zr^{4+} 离子时，Fe^{3+} 有干扰。若在溶液中加入还原剂如抗坏血酸或盐酸羟酸，将 Fe^{3+} 还原成 Fe^{2+}，因 $\lg K_{FeY^{2-}}$ 比 $\lg K_{FeY^{-}}$ 要小得多，所以能消除干扰。

有的氧化还原掩蔽剂既具有氧化或还原能力，同时又是配位剂，能与干扰离子生成配合物。例如，抗坏血酸对 Fe^{3+}，$Na_2S_2O_3$ 对 Cu^{2+}，既是还原剂又是配位剂。配位滴定中常用的配位掩蔽剂及沉淀掩蔽剂分列于表 4.6 及表 4.7 中。

(3) 预先分离

当利用控制酸度进行分别滴定或掩蔽干扰离子都困难时，只能进行分离，分离是将待测组分与其他组分分开，该法在此不讨论。

如果在测定中必须进行沉淀分离，应注意由于分离而使待测组分损失的问题。对于含量少的待测组分，不应该先沉淀分离大量的干扰组分后，再进行测定，否则待测组分损失引起的误差更大。此外，还应尽可能选用能同时沉淀各种干扰组分的沉淀剂来进行分离，以简化分离操作手续。

(4) 选用其他滴定剂

除 EDTA 外，其他氨羧配位剂与金属离子形成配合物的稳定性各有特点，可以选择不同的配位剂进行滴定，以提高滴定的选择性。

例如，EGTA 与 Ca^{2+}、Mg^{2+} 形成配合物的稳定性相差较大，可以在 Ca^{2+}、Mg^{2+} 共存时直接滴定 Ca^{2+}；而 EDTA 必须在 Mg^{2+} 沉淀为 $Mg(OH)_2$ 后才能滴定。又如用 CDTA 滴定 Al^{3+} 时，配位速度

快，可省去 EDTA 滴定 Al^{3+} 需要加热的手续。

表 4.6　常用掩蔽剂

名称	pH 范围	被掩蔽的离子	备注
NH_4F	pH＝4～6	Al^{3+}、TiO^{2+}、Sn^{4+}、ZrO^{2+}、WO_4^{2-} 等	用 NH_4F 比用 NaF 好，加入后溶液 pH 值变化不大
	pH＝10	Mg^{2+}、Ca^{2+}、Sr^{2+}、Ba^{2+} 及稀土元素	
三乙醇胺（TEA） $N(CH_2CH_2OH)_3$	pH＝10	Al^{3+}、Sn^{4+}、TiO^{2+}、Fe^{3+}	与 KCN 并用，可提高掩蔽效果
	pH＝11～12	Fe^{3+}、Al^{3+} 及少量 Mn^{2+}	
二硫基丙醇（BAL） $CH_2—SH$ | $CH_2—SH$ | $CH_2—OH$	pH＝10	Hg^{2+}、Ca^{2+}、Zn^{2+}、Pb^{2+}、Bi^{3+}、Sn^{4+}、Sb^{3+}、Ag^{+} 及少量 Cu^{2+}、Cu^{+}、Ni^{2+}	Co^{2+}、Cu^{2+}、Ni^{2+} 与 BAL 的配合物有色
酒石酸 CH(OH)COOH | CH(OH)COOH	pH＝1～2	Fe^{2+}、Sn^{2+}、Mo（Ⅵ）、Sb^{3+}、Sn^{4+}、Fe^{3+} 及 5 mg 以下的 Cu^{2+}	与抗坏血酸联合掩蔽效果好
	pH＝5.5	Fe^{2+}、Al^{3+}、Sn^{4+}、Ca^{2+}	
	pH＝10	Al^{3+}、Sn^{4+}	
草酸 COOH | COOH	pH＝2	Sn^{2+}、Cu^{2+}	草酸对 Fe^{3+} 的掩蔽能力比酒石酸强，对 Al^{3+} 却不如酒石酸
	pH＝5.5	ZrO^{2+}、Th^{4+}、Fe^{3+}、Fe^{2+}、Al^{3+}	
柠檬酸 $C(OH)COOH(CH_2COOH)_2$	pH＝5～8	UO_2^{2+}、Th^{4+}、ZrO^{2+}、Sn^{2+}	
	pH＝7	UO_2^{2+}、Th^{4+}、ZrO^{2+}、TiO^{2+}、Nb^{5+}、WO_4^{2-}、Ba^{2+}、Fe^{3+}、Cr^{3+}	
抗坏血酸（VC）	pH＝1～2	Fe^{3+}	与 KI 或 KSCN 联合掩蔽
	pH＝2.5	Cu^{2+}、Hg^{2+}、Fe^{2+}	
	pH＝5～6	Cu^{2+}、Hg^{2+}	
	pH＝10	Fe^{3+}	
邻二氮菲	pH＝1～2	Cu^{2+}、Ni^{2+}	
	pH＝5～6	Cu^{2+}、Ni^{2+}、Zn^{2+}、Ca^{2+}、Co^{2+} 及微量 Fe^{3+}	

表 4.7　沉淀掩蔽法示例

掩蔽剂	被掩蔽离子	被测定离子	pH 值	指示剂
氢氧根（OH^-）	Al^{3+}（转变为 AlO_2^-）、Mg^{2+}	Ca^{2+}	＞12	CMP
氟化物（F^-）	Ba^{2+}、Sr^{2+}、Ca^{2+}、Mg^{2+}、TiO^{2+}、Al^{3+}、稀土元素	Zn^{2+}、Cd^{2+}、Mn^{2+}	10	铬黑 T
硫酸根（SO_4^{2-}）	Ba^{2+}、Sr^{2+}、Pb^{2+}	Ca^{2+}、Mg^{2+}	10	K-B
硫化物（Na_2S）	Hg^{2+}、Pb^{2+}、Bi^{3+}、Cu^{2+}、Ca^{2+} 等	Ca^{2+}、Mg^{2+}	10	K-B
钼酸根（MoO_4^{2-}）	Pb^{2+}	Cu^{2+}	8	紫脲酸铵

4.1.7 配位滴定方式

直接滴定方式

4.1.7.1 直接滴定方式

直接滴定方式是配位滴定中最基本的方法。这种方法是将被测物质处理成溶液后，调节酸度，加入指示剂(有时还需要加入适当的辅助配位剂及掩蔽剂)，直接用EDTA标准滴定溶液进行滴定，然后根据消耗的EDTA标准滴定溶液的体积，计算试样中待测组分的百分含量。

(1) 直接滴定法要求

① 被测离子的浓度 c 与 K'_{MY} 应满足式(4.2)，即 $\lg cK'_{MY} \geqslant 6$ 的要求。

② 配位速度应很快。

③ 应有变色敏锐的指示剂，且没有封闭现象。

④ 在选用的滴定条件下，被测离子不发生水解和沉淀反应。

(2) 直接滴定法示例

可以直接滴定的金属离子如下：

pH=1.0 时，Zr^{4+}；

pH=2.0～3.0 时，Fe^{3+}、Bi^{3+}、Th^{4+}、Ti^{4+}、Hg^{2+}；

pH=5.0～6.0 时，Zn^{2+}、Pb^{2+}、Cd^{2+}、Cu^{2+} 及稀土元素；

pH=10.0 时，Mg^{2+}、Co^{2+}、Ni^{2+}、Zn^{2+}、Cd^{2+}、Pb^{2+}；

pH=12.0 时，Ca^{2+} 等。

例如：钙的测定在 pH=13 时，用 CMP 作指示剂，此时 Ca^{2+} 与 CMP 配位，呈现绿色荧光，用 EDTA 将 Ca-CMP 配合物中的 Ca^{2+} 完全夺取出来时，绿色荧光消失，指示剂游离出来，溶液呈红色即为终点。反应如下：

滴定前：
$$Ca^{2+} + In^- = \underset{\text{绿色荧光}}{CaIn^+}$$

滴定反应：
$$Ca^{2+} + H_2Y^{2-} = CaY^{2-} + 2H^+$$

终点时：
$$\underset{\text{绿色荧光}}{CaIn^+} + H_2Y^{2-} = CaY^{2-} + 2H^+ + \underset{\text{红色}}{In^-}$$

溶液中 Fe^{3+}、Al^{3+}、Mg^{2+} 将干扰测定，但在此条件下 Mg^{2+} 生成 $Mg(OH)_2$ 沉淀，而 Fe^{3+}、Al^{3+} 可在调 pH 前加三乙醇胺掩蔽。

根据滴定消耗 EDTA 标准滴定溶液的体积和浓度，可计算钙的含量。若以 CaO 形式表示，则 CaO 的质量分数按下式计算：

$$w_{CaO} = \frac{V_1 \times c \times \frac{M_{CaO}}{1000}}{m} \times 100\% \tag{4.8}$$

式中 V_1——EDTA 标准滴定溶液的体积，mL；

c——EDTA 标准滴定溶液的浓度，mol/L；

m——试料的质量，g；

M_{CaO}——CaO 的摩尔质量，mol/L。

例如，Mg^{2+} 的测定，在 pH=10 的氨性溶液中，Ca^{2+}、Mg^{2+} 均与 K-B 指示剂形成红色配合物。用 EDTA 滴定时，此红色配合物中的 Ca^{2+}、Mg^{2+} 被 EDTA 夺取出来，游离出指示剂，终点时溶液显指示剂本身的纯蓝色，有关反应如下：

滴定前：
$$Ca^{2+} + In^- = CaIn^+ (\text{红色})$$
$$Mg^{2+} + In^- = MgIn^+ (\text{红色})$$

滴定反应：
$$Ca^{2+} + H_2Y^{2-} = CaY^{2-} + 2H^+$$

$$Mg^{2+} + H_2Y^{2-} \longrightarrow MgY^{2-} + 2H^+$$

终点时：　　$CaIn^+$（红色）$+ H_2Y^{2-} \longrightarrow CaY^{2-} + 2H^+ + In^-$（纯蓝色）

$MgIn^+$（红色）$+ H_2Y^{2-} \longrightarrow MgY^{2-} + 2H^+ + In^-$（纯蓝色）

溶液中 Fe^{3+}、Al^{3+}、TiO^{2+} 将干扰测定，可先加三乙醇胺和酒石酸钾钠联合掩蔽。此法测定的是钙、镁合量，用钙、镁合量所消耗的 EDTA 体积 V_2 减去单独滴定 Ca^{2+} 所消耗的体积 V_1，即为 Mg^{2+} 消耗的 EDTA 体积。据此可计算 MgO 的质量分数。

$$w_{MgO} = \frac{(V_2 - V_1) \times c \times \frac{M_{MgO}}{1000}}{m} \times 100\% \tag{4.9}$$

式中　V_1——单独滴定 Ca^{2+} 所消耗的 EDTA 标准滴定溶液的体积，mL；

V_2——滴 Ca^{2+}、Mg^{2+} 时消耗 EDTA 标准滴定溶液的体积，mL；

c——EDTA 标准滴定溶液的浓度，mol/L；

m——试料的质量，g；

M_{MgO}——MgO 的摩尔质量，g/mol。

4.1.7.2　置换滴定方式

置换滴定方式是利用置换反应，置换出等物质的量的另一种金属离子（或 EDTA），然后滴定，这就是置换滴定法。置换滴定法灵活多样，不仅能扩大配位滴定的应用范围，同时还可以提高配位滴定的选择性。

置换滴定法

（1）置换出金属离子

如被测定离子 M 与 EDTA 反应不完全或所形成的配合物不稳定，这时可让 M 置换出另一种配位化合物 NL 中等物质的量的 N，用 EDTA 溶液滴定 N，从而可求得 M 的含量。

$$M + NL \rightleftharpoons ML + N, \qquad N + Y \rightleftharpoons NY$$

例如：水泥化学分析中，当实验溶液中 MnO 含量超过 0.5 mg 时，用返滴定法测铝含量，锰将明显干扰测定，直接法测铝含量又缺少合适的指示剂，因此，常采用加少量等物质的量的 CuY^{2-} 溶液，使 Al^{3+} 置换出 CuY^{2-} 配合物中的 Cu^{2+}，以 PAN 为指示剂，此时游离出来的 Cu^{2+} 与 PAN 生成紫红色配合物 Cu-PAN，然后用 EDTA 标准滴定溶液滴定。终点时，Cu-PAN 配合物中的 Cu^{2+} 被 EDTA 夺取，指示剂 PAN 游离出来，溶液由紫红色变成黄色，有关反应如下：

置换反应：　　$Al^{3+} + CuY^{2-} \longrightarrow AlY^- + Cu^{2+}$

显色反应：　　$Cu^{2+} + PAN \longrightarrow$ Cu-PAN（紫红色）

滴定反应：　　$Al^{3+} + H_2Y^{2-} \longrightarrow AlY^- + 2H^+$

终点时：　　Cu-PAN（紫红色）$+ H_2Y^{2-} \longrightarrow CuY^{2-} +$ PAN（黄色）$+ 2H^+$

滴定前加入的 CuY^{2-} 和最后生成的 CuY^{2-} 是等量的，故加入 CuY^{2-} 的量不影响测定结果。滴定中消耗 EDTA 的量相当于铝的含量。若以 Al_2O_3 的形式表示，则 Al_2O_3 的质量分数可按下式计算：

$$w_{Al_2O_3} = \frac{Vc \times \frac{1}{2} \times \frac{M_{Al_2O_3}}{1000}}{m} \times 100\% \tag{4.10}$$

式中　V——EDTA 标准滴定溶液的体积，mL；

c——EDTA 标准滴定溶液的浓度，mol/L；

m——试料的质量，g；

$M_{Al_2O_3}$——Al_2O_3 的摩尔质量，g/mol。

（2）置换出 EDTA

将被测定的金属离子 M 与干扰离子全部用 EDTA 配位，加入选择性高的配位剂 L 以夺取 M，并释放出 EDTA，$MY+L \rightleftharpoons ML+Y$ 反应完全后，释放出与 M 等物质的量的 EDTA，然后再用金属盐类标准滴定溶液滴定释放出来的 EDTA，从而即可示得 M 的含量。

另外，利用置换滴定方式的原理，还可以改善指示剂指示滴定终点的敏锐性。例如，钙镁特(CMG)与 Mg^{2+} 显色很灵敏，但与 Ca^{2+} 显色的灵敏性较差，为此，在 pH＝10.0 的溶液中用 EDTA 滴定 Ca^{2+} 时，常于溶液中先加入少量 MgY，此时发生下列置换反应：

$$MgY+Ca^{2+} \rightleftharpoons CaY+Mg^{2+}$$

置换出来的 Mg^{2+} 与钙镁特显很深的红色。滴定时，EDTA 先与 Ca^{2+} 配位，当达到滴定终点时，EDTA 夺取 Mg—CMG 中的 Mg^{2+}，形成 MgY，游离出指示剂，显蓝色，颜色变化很明显。由于加入的 MgY 和最后生成的 MgY 的量是相等的，故加入的 MgY 不影响滴定结果。

例如，普通硅酸盐中钛的测定，当 TiO_2 含量在 1%以内时，常采用苦杏仁酸置换法测定钛的含量。

在滴定 Fe^{3+} 后的溶液中，调 pH 为 3.8～4.0，按铜盐返滴法测得 Al^{3+}、TiO^{2+} 合量。然后加入一定量的苦杏仁酸，将已与 TiO^{2+} 配位的 EDTA 置换出来，仍以 PAN 为指示剂，继续用 $CuSO_4$ 标准滴定溶液滴定置换出来的 EDTA，据此时消耗 $CuSO_4$ 标准滴定溶液的量，求得 TiO_2 的含量。有关反应如下：

置换反应：$\underset{\text{钛与EDTA配合物}}{\text{Ti-EDTA}} + H_2Z \longrightarrow \underset{\text{苦杏仁酸钛}}{\text{Ti-}H_2Z} + \text{EDTA}$

滴定反应：$Cu^{2+} + \text{EDTA} \longrightarrow \text{Cu-EDTA}$

终点时：Cu^{2+}(微过量)＋PAN(黄色)═══Cu-PAN(紫红色)

TiO_2 的质量分数可按下式计算：

$$w_{TiO_2}=\frac{cVK\times\frac{1}{2}\times\frac{M_{TiO_2}}{1000}}{m}\times 100\% \tag{4.11}$$

式中 c——EDTA 标准滴定溶液的浓度，mol/L；

V——滴定由苦杏仁酸置换出的 EDTA 所消耗 $CuSO_4$ 标准滴定溶液的体积，mL；

K——EDTA 与 $CuSO_4$ 溶液的体积比；

m——试料的质量，g；

M_{TiO_2}——TiO_2 的摩尔质量，g/mol。

4.1.7.3 返滴定方式

返滴定方式

返滴定(回滴定)方式：在被测定的溶液中先加入一定过量的 EDTA 标准滴定溶液，待被测的离子完全反应后，再用另外一种金属离子的标准滴定溶液滴定剩余的 EDTA，根据两种标准滴定溶液的浓度和用量，即可求得被测物质的含量。

(1) 返滴定方式的使用条件

返滴定剂所生成的配位化合物应有足够的稳定性，但不宜超过被测离子配位化合物的稳定性太多，否则在滴定过程中的返滴定剂会置换出被测离子，引起误差而且终点不敏锐。

返滴定方式主要用于下列情况：

① 缺乏变色敏锐的指示剂，或被测离子对指示剂有严重的封闭或僵化现象。

② 被测离子与 EDTA 配位速度很慢。

③ 被测离子在测定条件下易发生水解或生成沉淀，影响测定结果。

(2) 返滴定方式示例

返滴定方式测 Al^{3+}，多以 PAN 为指示剂，用铜盐标准滴定溶液返滴定；若以二甲酚橙为指示剂，则用锌盐或铅盐标准滴定溶液返滴定。

Al^{3+} 的测定，由于以下原因不能采用直接滴定方式：

① Al^{3+} 与 EDTA 配位速度缓慢，需在过量的 EDTA 存在下煮沸才能配位完全。

② Al^{3+} 易水解，在最高酸度(pH＝4.1)时，水解反应相当明显，并可能形成多核羟基配位化合物，

如$[Al_2(H_2O)_6(OH)_3]^{3+}$、$[Al_3(H_2O)_6(OH)_6]^{3+}$等。这些多核配位化合物不仅与 EDTA 配位缓慢，并可能影响 Al 与 EDTA 的配位比，对滴定十分不利。

③ 在酸性介质中，Al^{3+}对常用的指示剂二甲酚橙有封闭作用。

由于上述原因Al^{3+}一般采用返滴定方式进行测定：试液中先加入稍过量的 EDTA 标准滴定溶液，在 pH≈3.5 时煮沸 2～3 min，使配位完全。冷至室温，在 pH=5～6 的 HAc-NaAc 缓冲溶液中，以二甲酚橙作指示剂，用Zn^{2+}标准滴定溶液返滴定。

用返滴定方式测定的常见离子还有Ti^{4+}、Sn^{4+}（易水解且无适宜指示剂）和Cr^{3+}、Co^{2+}、Ni^{2+}（与 EDTA 配位反应速度慢）。

例如，铜盐回滴方式测铝是在滴Fe^{3+}以后的溶液中，加入一定量、过量的 EDTA 标准滴定溶液，加热至 70～80 ℃，调整溶液 pH 至 3.8～4.0，煮沸，此时溶液中Al^{3+}、TiO^{2+}与 EDTA 配位：

$$Al^{3+}+H_2Y^{2-}=\!=\!=AlY^-+2H^+$$

溶液中少量的TiO^{2+}也能与 EDTA 定量配位：

$$TiO^{2+}+H_2Y^{2-}=\!=\!=TiOY^{2-}+2H^+$$

过量的 EDTA 标准滴定溶液，以 PAN 为指示剂，用$CuSO_4$标准滴定溶液返滴定。

$$H_2Y^{2-}+Cu^{2+}=\!=\!=CuY^{2-}+2H^+$$

终点时，稍过量的Cu^{2+}与 PAN 生成紫红色配合物，当溶液由黄色变为紫红色即为终点。

$$Cu^{2+}+\text{PAN(黄色)}=\!=\!=\text{Cu-PAN(紫红色)}$$

根据 EDTA 标准滴定溶液的实际用量，计算试样中Al_2O_3的质量分数。

$$w_{Al_2O_3}=\frac{(cV_1-KV_2)\times\frac{1}{2}\times\frac{M_{Al_2O_3}}{1000}}{m}\times100\% \tag{4.12}$$

式中　V_1——EDTA 标准滴定溶液的体积，mL；

V_2——$CuSO_4$标准滴定溶液的体积，mL；

c——EDTA 标准滴定溶液的浓度，mol/L；

K——EDTA 与$CuSO_4$溶液的体积比；

m——试料的质量，g；

$M_{Al_2O_3}$——Al_2O_3的摩尔质量，g/mol。

此法测定结果是铝、钛合量。如需测得铝的准确含量，可单独测钛之后从合量中减去钛含量，即为铝含量。

【例题 4.8】 称取含Fe_2O_3和Al_2O_3的试料 0.2015g，试料溶解后，在 pH=2.0 时以磺基水杨酸为指示剂，加热至 60 ℃左右，以 0.02008 mol/L 的 EDTA 滴定至紫红色消失，消耗 EDTA 15.20 mL。然后加入上述 EDTA 标准滴定溶液 25.00 mL，加热煮沸，调整 pH=4.3 时，以 PAN 为指示剂，趁热用 0.02112 mol/L $CuSO_4$标准滴定溶液返滴定，用去 8.16 mL。计算试样中Fe_2O_3和Al_2O_3的质量分数。

【解】

$$w_{Fe_2O_3}=\frac{Vc\times\frac{1}{2}\times\frac{M_{Fe_2O_3}}{1000}}{m}\times100\%$$

$$=\frac{15.20\times0.02008\times\frac{1}{2}\times\frac{159.69}{1000}}{0.2015}\times100\%=12.09\%$$

$$w_{Al_2O_3}=\frac{Vc\times\frac{1}{2}\times\frac{M_{Al_2O_3}}{1000}}{m}\times100\%$$

$$=\frac{(25.00\times0.02008-8.16\times0.02112)\times\frac{1}{2}\times\frac{101.96}{1000}}{0.2015}\times100\%=8.34\%$$

4.1.7.4 间接滴定方式

(1) 间接滴定方式适用范围

有些金属离子(如 Li^{+}、Na^{+}、K^{+}、W^{5+} 等)和一些非金属离子(如 SO_4^{2-}、PO_4^{3-} 等),由于不能与 EDTA 配位,或与 EDTA 生成的配位物不稳定,不便于配位滴定,这时可采用间接滴定方式进行测定。间接滴定方式一般是利用沉淀反应。

(2) 间接滴定方式示例

例如,SO_4^{2-}、PO_4^{3-} 等阴离子不与 EDTA 配位,采用间接法可以测定。如 SO_4^{2-} 的测定,可在一定条件下,加入一定量、过量的 $BaCl_2$ 标准滴定溶液,使 SO_4^{2-} 沉淀为 $BaSO_4$,以 MgY^{2-} 和铬黑 T 为指示剂,在 pH=10.0 的条件下,用 EDTA 滴定过量的 Ba^{2+},从而求得 SO_4^{2-} 的含量。PO_4^{3-} 的测定,在一定条件下,可将 PO_4^{3-} 沉淀为 $MgNH_4PO_4$,然后过滤、洗净并将它溶解,调节溶液的 pH=10.0,用铬黑 T 作指示剂,以 EDTA 标准滴定溶液滴定 Mg^{2+},从而求得试样中磷的含量。

例如,对钠的测定,先将 Na^{+} 沉淀为醋酸铀锌钠 $NaAc \cdot Zn(Ac)_2 \cdot UO_2(Ac)_2 \cdot 9H_2O$,再分离出沉淀,洗净并将它溶解,然后用 EDTA 滴定溶解产生的 Zn^{2+},由 Zn^{2+} 的量,从而求得试样中 Na^{+} 的含量。

间接滴定方式手续烦琐,引入误差机会较多,所以应用较少。

4.1.8 知识扩展

4.1.8.1 氨羧配位剂 EGTA 简介

除 EDTA 外,还有不少氨羧配位剂,它们与金属形成配合物的稳定性各具特点。选用不同的氨羧配位剂作为滴定剂,可以选择性地滴定某些离子。

比如 EGTA(乙二醇二乙醚二胺四乙酸),在 Mg^{2+} 存在下测定 Ca^{2+} 时,可用 EGTA 直接滴定,$\Delta \lg K = 10.97 - 5.21 = 5.76 > 5$,滴定误差小于 0.3%,比用 EDTA 滴定提高了选择性。EGTA 镁配合物是很不稳定的,而 EGTA 钙配合物仍很稳定。因此,如在 Mg^{2+} 存在下滴定 Ca^{2+},选用 EGTA 作滴定剂有利于提高选择性。

4.1.8.2 硅酸盐试样中的钛含量测定

普通硅酸盐水泥中 TiO_2 的含量一般为 0.2%~0.3%,黏土中 TiO_2 含量为 0.4%~1%,铝酸盐水泥中 TiO_2 含量为 2%~5%。钛的配位滴定通常有苦杏仁酸置换-铜盐溶液返滴定和过氧化氢配位铋盐溶液返滴定。前者多应用于生料、熟料、黏土、粉煤灰等 TiO_2 含量小于 1%的试样,由于可以同铁、铝在同份溶液中连续滴定,十分方便;后者多应用于矾土、高铝水泥、钛渣等含钛量较高的试样。

苦杏仁酸置换测定二氧化钛微课

苦杏仁酸置换-铜盐溶液返滴定是在测定完铁后的溶液中,先在 pH=3.8~4.0 的条件下,以铜盐返滴定测定 Al^{3+} 和 TiO_2 的合量,然后加入苦杏仁酸溶液,夺取 $TiOY^{2-}$ 配合物中的 TiO^{2+},与之生成更稳定的苦杏仁酸配合物,同时释放出与 TiO^{2+} 等摩尔数的 EDTA,然后仍以 PAN 为指示剂,以铜盐标准滴定溶液返滴定释放出的 EDTA。借以求得 TiO_2 的含量。

过氧化氢配位铋盐溶液返滴定是在滴定完 Fe^{3+} 的溶液中,加入适量的过氧化氢(H_2O_2)溶液,使之与 TiO^{2+} 生成 $TiO(H_2O_2)^{2+}$ 黄色配合物,然后再加入过量 EDTA,使之生成更稳定的三元配合物 $TiO(H_2O_2)Y^{2-}$。剩余的 EDTA 以半二甲酚橙为指示剂,用铋盐溶液返滴定。

4.1.8.3 硅酸盐试样中的锰含量测定

水泥原材料(如铁矿石、矿渣)中锰的配位滴定,根据锰含量的不同,选择不同的方法。锰含量低的试样,采用EDTA配位滴定差减法;锰含量高的试样采用以氟化铵掩蔽钙、镁的直接滴定法或用过硫酸铵沉淀分离锰,溶解后直接滴定。

如果实验溶液中MnO的含量在0.5 mg以下,可用三乙醇胺和酒石酸钾钠将Fe^{3+}、Al^{3+}、TiO^{2+}、Mn^{2+}等离子掩蔽之后,以K-B为指示剂,在pH=10时以EDTA溶液滴定钙、镁合量;另取一份实验溶液,以盐酸羟胺将Mn^{3+}-TEA配合物中的Mn^{3+}解离出来还原为Mn^{2+},用同样的方法,以EDTA溶液滴定钙、镁、锰总量。从两次测定所消耗EDTA标准滴定溶液体积之差,计算试样中MnO的含量。

4.1.9 本项目知识结构框图

知识框图

本项目知识结构框图见二维码。

4.2 项目实施

4.2.1 测定水的总硬度

水的总硬度测定

【任务书】

"建材化学分析技术"课程项目任务书

任务名称:测定水的总硬度
实施班级:______________ 实施小组:____________________
任务负责人:____________ 组员:__________、__________、__________、__________
起止时间:______年______月______日至______年______月______日
任务目标:

(1)掌握测定水的总硬度的原理及方法。

(2)熟悉称量分析常用仪器、设备的性能和使用方法。

(3)能准备测定所用仪器及其他试剂。

(4)能用配位滴定法完成水的总硬度测定。

(5)能够完成测定结果的处理和报告撰写。

任务要求:

(1)提前准备好测试方案。

(2)按时间有序入场进行任务实施。

(3)按要求准时完成任务测试。

(4)按时提交项目报告。

"建材化学分析技术"课程组印发

【任务解析】

水中含量最多的八大离子，即钙(Ca^{2+})、镁(Mg^{2+})、钠(Na^{+})、钾(K^{+})、碳酸根(CO_3^{2-})、碳酸氢根(HCO_3^{-})、硫酸根(SO_4^{2-})和氯离子(Cl^{-})。水垢是水中钙、镁的碳酸盐，酸式碳酸盐，硫酸盐，氯化物等所致。水的总硬度指水中钙、镁离子的总浓度，其中包括碳酸盐硬度(即通过加热能以碳酸盐形式沉淀下来的钙、镁离子，故又叫暂时硬度)和非碳酸盐硬度(即加热后不能沉淀下来的那部分钙、镁离子，又称永久硬度)。我国使用较多的表示方法是将所测得的钙、镁折算成 CaO 的质量，即每升水中含有 CaO 的毫克数，单位为 mg/L；硬度是工业用水的重要指标，如锅炉给水经常要进行硬度分析，为水的处理提供依据。

测定水的硬度就是测定水中 Ca^{2+}、Mg^{2+} 的总含量，一般采用配位滴定法，即在 pH=10 的氨性缓冲溶液中，以 K-B 为指示剂，用 EDTA 标准溶液直接滴定，直至溶液由微红色变为纯蓝色，即为终点。滴定时，水中存在的少量 Fe^{3+}、Al^{3+} 等干扰离子用三乙醇胺掩蔽，Cu^{2+}、Pb^{2+} 等重金属离子可用 KCN、Na_2S 来掩蔽。

在酸性溶液中用三乙醇胺掩蔽铁、铝，以 K′-B 为指示剂，在 pH=10 的氨性缓冲溶液中用 EDTA 标准滴定溶液滴定水中的钙、镁总量。

4.2.1.1 准备工作

(1) 任务所需试剂

① $CaCO_3$(优级纯)，乙二胺四乙酸二钠、氯化铵、浓氨水(分析纯)。

② pH 为 10 的氨性缓冲溶液。

③ K-B 指示剂。

④ (1+2)三乙醇胺溶液。

pH为10的氨性缓冲溶液配制

K-B指示剂配制

(1+2)三乙醇胺溶液配制

(2) 任务所需仪器

碳酸钙标准溶液配制

烘箱、干燥器、电子分析天平、电子秤、酸式滴定管、烧杯、移液管、量筒、搅拌棒、电炉等。

4.2.1.2 操作步骤

(1) 0.015 mol/L $CaCO_3$ 标准溶液的配制

准确称取在 105～110 ℃烘干 2 h 的基准 $CaCO_3$ 0.5～0.6 g(精确至 0.0001 g)于 250 mL 烧杯中，加入 100 mL 水。盖上表面皿，沿杯口滴加 HCl(1+1)至 $CaCO_3$ 全部溶解后，加热微沸数分钟。冷却至室温移入 250 mL 容量瓶中，用蒸馏水淋洗杯壁数次，并将洗液一起转入容量瓶中，用水稀释至刻度线，摇匀。

粗配EDTA溶液

(2) 0.015 mol/L EDTA 溶液的配制

称取 5.6 g $Na_2H_2Y \cdot 2H_2O$(即 EDTA)置于 250 mL 烧杯中，加水微热溶解后，稀释到 1 L，转移到聚乙烯塑料瓶中，摇匀。

(3) 0.015 mol/L EDTA 溶液的标定

吸取 25.00 mL $CaCO_3$ 标准溶液，置于 300 mL 烧杯中，用水稀释至 200 mL，加入适量的 CMP 指示剂，在搅拌下滴加 KOH 溶液(200 g/L)，至出现稳定绿色荧光后，再过量 1～2 mL，以 0.015 mol/L EDTA 标准滴定溶液滴定至绿色荧光消失呈红色即为终点。

标定EDTA溶液

(4) 水的总硬度的测定

准确移取适当体积的水样(一般取 50～100 mL)置于 250 mL 锥形瓶中，加入一两滴 HCl(1+1)使之酸化。煮沸数分钟，以除去 CO_2。冷却后，加入 3 mL 三乙醇胺溶液、5 mL 氨性缓冲溶液，再加入适量的 K-B 指示剂，用 0.015 mol/L EDTA 标准滴定溶液滴定至酒红色变为纯蓝色，即为终点。

水的总硬度测定操作

4.2.1.3　数据记录与结果计算

EDTA 标准滴定溶液浓度按下式计算：

$$c_{\mathrm{EDTA}}=\frac{m\times 25\times 1000}{250\times V\times 100.09}=\frac{m}{V\times 1.0009} \tag{4.13}$$

式中　c_{EDTA}——EDTA 标准滴定溶液的浓度，mol/L；

V——滴定时 EDTA 标准滴定溶液的体积，mL；

m——$CaCO_3$ 基准物质量，g；

100.09——$CaCO_3$ 的摩尔质量，g/mol。

计算水样中 CaO 的浓度，并以度(°)和 ppm 两种方式报告水的硬度的测试结果。

水样中 CaO 的浓度按下式计算：

$$w_{\mathrm{CaO}}=\frac{cVM_{\mathrm{CaO}}}{V_{水}}\times 1000 \tag{4.14}$$

式中　w_{CaO}——水样中 CaO 的浓度，mg/L；

M_{CaO}——CaO 的摩尔质量，g/mol；

V——滴定时消耗 EDTA 标准滴定溶液的体积，mL；

c——EDTA 标准滴定溶液的浓度，mol/L；

$V_{水}$——移取水样的体积，mL。

4.2.1.4　注意事项

① 测定总硬度时用氨性缓冲溶液调节 pH 值。

② 注意加入掩蔽剂掩蔽干扰离子，掩蔽剂要在指示剂之前加入。

③ 测定总硬度的时候在临近终点时应慢滴多摇。

④ 测定时要是水温过低应将水样加热到 30～40 ℃再进行测定。

测定水的总硬度微课

4.2.2　硅酸盐试样中铁、铝含量的测定

硅酸盐试样中的铁含量的测定

硅酸盐试样中的铝含量的测定

硫酸铜回滴测定三氧化二铝的含量

【任务书】

“建材化学分析技术”课程项目任务书

任务名称：硅酸盐试样中铁、铝含量的测定

实施班级：__________　　实施小组：______________

任务负责人：________　　组员：________、________、________、________

起止时间：____年____月____日至____年____月____日

任务目标：

(1) 学习用 EDTA 配位滴定法测定硅酸盐试样中 Fe_2O_3、Al_2O_3 的方法。

(2) 学习使用控制酸度进行连续滴定的方法和条件。

(3) 掌握 EDTA 标准滴定溶液与 $CuSO_4$ 标准滴定溶液体积比的测定。

(4) 能够完成测定结果的处理和报告撰写。

任务要求：

(1) 提前准备好测试方案。

(2) 按时间有序入场进行任务实施。

(3) 按要求准时完成任务测试。

(4) 按时提交项目报告。

“建材化学分析技术”课程组印发

【任务解析】

硅酸盐在地壳中占 75%以上，天然的硅酸盐矿物有石英、云母、滑石、长石、白云石等。水泥、玻璃、陶瓷制品、砖、瓦等则为人造硅酸盐。黄土、黏土、砂土等土壤的主要成分也是硅酸盐。硅酸盐的组成除 SiO_2 外主要有 Fe_2O_3、Al_2O_3、CaO 和 MgO 等。

以水泥为例，控制水泥中的 Fe_2O_3，主要是为了及时调整铁质原料的加入量，从而达到控制铝率的目的。黏土中的 Al_2O_3 含量一般是比较稳定的，只要控制好 Fe_2O_3 的含量，就能使铝率稳定。

硅酸盐试样中铁、铝含量通常都可采用 EDTA 配位滴定法来测定。试样经预处理制成试液后，在 pH=1.8～2.0，以磺基水杨酸作指示剂，用 EDTA 标准溶液直接滴定 Fe^{3+}。在滴定 Fe^{3+} 后的溶液中，加过量的 EDTA 并调整 pH 值至 4～5，以 PAN 作指示剂，在热溶液中用 $CuSO_4$ 标准溶液回滴过量的 EDTA 以测定 Al^{3+} 含量。

(1) Fe_2O_3 的测定原理

在 pH=1.8～2.0 的酸性溶液中，Fe^{3+} 能与 EDTA 生成稳定的 FeY^- 配合物，并定量配位。在此酸度下，由于酸效应避免了许多杂质的干扰，铝基本上也不影响，常温下由于反应较慢，为了加速铁的配位，溶液应加热至 60～70 ℃。常用的指示剂为磺基水杨酸钠。

有关反应式如下：

显色反应：
$$Fe^{3+} + HIn^- \rightleftharpoons FeIn^+ + H^+$$
　　　　　　无色　　　紫红色

滴定反应：
$$Fe^{3+} + H_2Y^{2-} \rightleftharpoons FeY^- + 2H^+$$

终点反应：
$$FeIn^+ + H_2Y^{2-} \rightleftharpoons FeY^- + HIn^- + H^+$$
　　　紫红色　　　　　　黄色　　无色

终点颜色随溶液中铁含量的多少而不同。铁含量很少时为无色，铁含量在 10 mg 以上可滴至亮黄色。

(2) Al_2O_3 的测定原理

在滴定 Fe^{3+} 后的溶液中，加入过量 EDTA 标准滴定溶液，加热至 70～80 ℃，调 pH=3.8～4.0，煮沸，此时溶液中 Al^{3+} 与它配位。

$$Al^{3+} + H_2Y^{2-}(\text{过量}) \rightleftharpoons AlY^- + 2H^+$$

过量的 EDTA 以 PAN 为指示剂，用 $CuSO_4$ 标准滴定溶液返滴定。

$$Cu^{2+} + H_2Y^{2-}(\text{剩余}) \rightleftharpoons \underset{\text{蓝色}}{CuY^{2-}} + 2H^+$$

终点时，稍过量的 Cu^{2+} 与 PAN 指示剂生成紫红色配合物。

$$Cu^{2+} + \underset{\text{黄色}}{PAN} \rightleftharpoons \underset{\text{紫红色}}{Cu\text{-}PAN}$$

当溶液由黄色→黄绿色→亮紫色即为终点。

4.2.2.1　准备工作

(1) 任务所需试剂

① (1+1)氨水溶液。

② (1+1)盐酸溶液。

③ 100 g/L 磺基水杨酸钠指示剂。

④ 2 g/L PAN 指示剂。

⑤ pH=4.3 的乙酸-乙酸钠缓冲溶液。

⑥ 50 g/L 苦杏仁酸溶液。

⑦ 0.015 mol/L EDTA 标准滴定溶液[参见 4.2.1.2(2)(3)]。

⑧ 试样溶液 B(参见 1.2.3.2)。

(1+1)氨水溶液配制

(1+1)盐酸溶液配制

磺基水杨酸钠溶液配制

PAN指示剂配制

pH为4.3的乙酸-乙酸钠缓冲溶液配制

(50 g/L)苦杏仁酸溶液配制

(2) 任务所需仪器

烘箱、高温炉、干燥器、电子分析天平、电子秤、温度计、精密 pH 试纸、酸式滴定管、烧杯、移液管、量筒、搅拌棒、电炉等。

4.2.2.2　操作步骤

硫酸铜溶液粗配

(1) 粗配 $CuSO_4$ 溶液

称取 3.7 g 硫酸铜($CuSO_4 \cdot 5H_2O$)溶于水中，加(1+1)硫酸 4～5 滴，加水稀释至 1 L，摇匀。

(2) EDTA 标准溶液与 $CuSO_4$ 标准溶液体积比的测定

硫酸铜溶液标定

从酸式滴定管中准确放出 10～15 mL(V_1')EDTA 标准滴定溶液于 400 mL 烧杯中，用水稀释至 200 mL，加 15 mL 乙酸-乙酸钠缓冲溶液(pH=4.3)，加热至沸，取下稍冷，加 5～6 滴 2 g/L PAN 指示剂溶液，以硫酸铜标准滴定溶液滴定至亮紫色，记下消耗的 $CuSO_4$ 标准滴定溶液的体积(V_2')。

测三氧化二铁含量的操作

(3) Fe_2O_3 的测定

移取实验溶液 25.00 mL，置于 300 mL 烧杯中，加水稀释至约 100 mL，用 $NH_3 \cdot H_2O$(1+1)和 HCl(1+1)调节溶液 pH 值在 1.8～2.0 之间(用精密 pH 试纸检验)，将溶液加热至 70 ℃，加 10 滴磺基水杨酸钠指示剂溶液，用 0.015 mol/L EDTA 标准滴定溶液缓慢滴定至无色或亮黄色(终点时溶液温度不低于 60 ℃)。保留此溶液供测定 Al_2O_3 用。

硫酸铜返滴定测三氧化二铝含量的操作

(4) Al_2O_3 的测定

在滴定铁后的溶液中，加入 EDTA 标准滴定溶液(0.015 mol/L)至过量 10～15 mL，加热至 60～70 ℃，用 $NH_3 \cdot H_2O$(1+1)调节溶液 pH 至 3～3.5，加入 15 mL 乙酸-乙酸钠缓冲溶液(pH=4.3)，煮沸 1～2 min，取下稍冷，加入 4～5 滴 PAN 指示剂溶液(2 g/L)，用 $CuSO_4$ 标准滴定溶液(0.015 mol/L)滴定至溶液呈亮紫色，记下消耗 $CuSO_4$ 标准滴定溶液的体积(V_1)。此时滴定的是钛、铝合量，保留此溶液供测定 TiO_2 用。

苦杏仁酸置换配位滴定钛操作

(5) TiO_2 的测定

滴定钛、铝合量后的溶液加入 10 mL 苦杏仁酸溶液(100 g/L)。继续煮沸 1 min，补加 1 滴 PAN 指示剂溶液(2 g/L)，用 0.015 mol/L $CuSO_4$ 标准滴定溶液滴定至溶液呈亮紫色，记下消耗的 $CuSO_4$ 标准滴定溶液的体积(V_2)。

4.2.2.3 数据记录与结果计算

① EDTA 标准滴定溶液与硫酸铜标准滴定溶液体积比按下式计算：

$$K=\frac{V_1'}{V_2'} \tag{4.15}$$

式中 V_1'——消耗 EDTA 标准滴定溶液的体积，mL；

V_2'——消耗硫酸铜标准滴定溶液的体积，mL；

K——EDTA 标准溶液与 $CuSO_4$ 标准溶液的体积比。

② Fe_2O_3 的质量分数按下式计算：

$$w_{Fe_2O_3}=\frac{T_{Fe_2O_3/EDTA}\times V\times 10}{m\times 1000}\times 100\% \tag{4.16}$$

式中 $w_{Fe_2O_3}$——Fe_2O_3 质量分数，%；

$T_{Fe_2O_3/EDTA}$——每毫升 EDTA 标准滴定溶液相当于 Fe_2O_3 的质量，mg/mL；

V——滴定时消耗 EDTA 标准滴定溶液的体积，mL；

10——全部试样与移取试样的体积比；

m——试样的质量，g。

③ Al_2O_3 的质量分数按下式计算：

$$w_{Al_2O_3}=\frac{T_{Al_2O_3/EDTA}\times[V-(V_1+V_2)K]\times 10}{m\times 1000}\times 100\% \tag{4.17}$$

式中 $w_{Al_2O_3}$——Al_2O_3 的质量分数，%；

$T_{Al_2O_3/EDTA}$——每毫升 EDTA 标准滴定溶液相当于 Al_2O_3 的质量，mg/mL；

K——每毫升 $CuSO_4$ 标准滴定溶液相当于 EDTA 标准滴定溶液的体积(单位为毫升)；

V——加入 EDTA 标准滴定溶液的体积，mL；

V_1——消耗的 $CuSO_4$ 标准滴定溶液的体积，mL；

V_2——苦杏仁酸置换后，消耗的 $CuSO_4$ 标准滴定溶液的体积，mL；

m——试样的质量，g；

10——全部实验溶液与所分取实验溶液的体积比。

④ TiO_2 的质量分数按下式计算：

$$w_{TiO_2}=\frac{T_{TiO_2/EDTA}\times KV_2\times 10}{m\times 1000}\times 100\% \tag{4.18}$$

4.2.2.4 注意事项

(1) Fe_2O_3 的测定注意事项

① 用磺基水杨酸钠作指示剂，终点时将有少量铁残留于溶液中，但对低含量铁的测定影响不大，且这一方法已沿用多年，快速、简易，除了可用在水泥、生料、熟料分析中，还可用在黏土类样品分析中。但如铁矿石一类样品，应用铋盐返滴定法。

② 滴定终点颜色随着铁含量的增加，亮黄色逐渐加深。滴定速度要慢，慢滴快搅。

③ 滴定终点时被测溶液温度要高于 60 ℃。温度降低时应加热后再滴定。

(2) Al_2O_3 的测定注意事项

① 以铜盐溶液返滴定时，终点颜色与 EDTA 及指示剂的量有关，因此需作适当调整，以最后突变为亮紫色为宜。EDTA 标准滴定溶液以过量 10～15 mL 为宜，即返滴定时消耗的 $CuSO_4$ 标准滴定溶液大于 10 mL。

② 苦杏仁酸置换钛，以钛含量不大于 2 mg 为宜。

③ 当钛含量较低，生产中又不需要测定钛时，可不用苦杏仁酸置换，全以铝量计算也可。

硅酸盐试样中钙含量的测定

硅酸盐试样中镁含量的测定

4.2.3 硅酸盐试样中钙、镁含量的测定

【任务书】

“建材化学分析技术”课程项目任务书

任务名称：硅酸盐试样中钙、镁含量的测定

实施班级：__________ 实施小组：______________

任务负责人：________ 组员：________、________、________、________

起止时间：____年____月____日至____年____月____日

任务目标：

(1) 练习熔融法分解试样的方法。

(2) 掌握用 EDTA 法快速测定水泥熟料中 CaO、MgO 的原理和方法。

(3) 掌握使用沉淀掩蔽法、配位掩蔽法等消除干扰离子的条件和方法。

(4) 能够完成测定结果的处理和报告撰写。

任务要求：

(1) 提前准备好测试方案。

(2) 按时间有序入场进行任务实施。

(3) 按要求准时完成任务测试。

(4) 按时提交项目报告。

“建材化学分析技术”课程组印发

【任务解析】

硅酸盐的组成中除有 SiO_2 外主要还有 Fe_2O_3、Al_2O_3、CaO 和 MgO 等。

以水泥为例，通过对 CaO 含量的测定，基本上可以判断出石灰石与其他原材料的比例，同时可与配料方案中要求的 $CaCO_3$ 含量进行对比，以相对控制水泥的 $CaCO_3$ 滴定值，但是，石灰石中除含有大量的 $CaCO_3$ 以外，往往还含有 $MgCO_3$。通常采用测定水泥中的 CaO 和 MgO 的方法进行控制，MgO 是水泥中的有害成分，含量超标会导致水泥安定性不良，故需要检测水泥中的钙、镁含量。

硅酸盐试样中通常都可采用 EDTA 配位滴定法来测定。试样经预处理制成试液后，是在酸性溶液中用酒石酸钾钠和三乙醇胺掩蔽铁、铝，以 K-B 混合指示剂为指示剂，在 pH＝10 的氨性缓冲溶液中用 EDTA 标准滴定溶液滴定水中的钙、镁总量。然后另取一份溶液，预先在酸性溶液中加入适量 KF(20 g/L)溶液，以抑制硅酸的干扰。然后在 pH≥13 的强碱性溶液中，以 CMP 为指示剂，用三乙醇胺为掩蔽剂掩蔽铁和铝，用 EDTA 标准滴定溶液滴定，测定钙的含量，同时计算镁的含量。

(1) 氧化钙的测定反应原理

有关反应式如下：

显色反应：

$$\underset{\text{红色}}{Ca^{2+}+CMP} \rightleftharpoons \underset{\text{绿色荧光}}{Ca\text{-}CMP}$$

滴定反应：

$$Ca^{2+}+H_2Y^{2-} \rightleftharpoons CaY^{2-}+2H^+$$

终点反应：

$$\underset{\text{绿色荧光}}{Ca\text{-}CMP}+H_2Y^{2-} \rightleftharpoons CaY^{2-}+\underset{\text{红色}}{CMP}+2H^+$$

(2) 氧化镁的测定原理

有关反应式如下：

显色反应：

$$\left.\begin{array}{l} Mg^{2+}+HJ^{2-} \rightleftharpoons CaJ^-+H^+ \\ Ca^{2+}+HJ^{2-} \rightleftharpoons MgJ^-+H^+ \end{array}\right\}\text{酒红色}$$

滴定反应：

$$Mg^{2+}+H_2Y^{2-} \rightleftharpoons MgY^{2-}+2H^+$$

$$Ca^{2+}+H_2Y^{2-} \rightleftharpoons CaY^{2-}+2H^+$$

终点反应：

$$\text{酒红色}\left\{\begin{array}{l} MgJ^-+H_2Y^{2-} \rightleftharpoons MgY^{2-}+HJ^{2-}+H^+ \\ CaJ^-+H_2Y^{2-} \rightleftharpoons CaY^{2-}+HJ^{2-}+H^+ \end{array}\right\}\text{纯蓝色}$$

4.2.3.1 准备工作

(1) 任务所需试剂

① 20 g/L 氟化钾溶液。

② (1＋2)的三乙醇胺溶液。

③ CMP 指示剂。

④ 200 g/L 氢氧化钾溶液。

⑤ pH 为 10 的缓冲溶液。

⑥ 100 g/L 酒石酸钾钠溶液。

⑦ K-B 混合指示剂。

氟化钾(20 g/L)溶液配制

(1+2)三乙醇胺溶液配制

CMP指示剂配制

氢氧化钾(200 g/L)溶液配制

pH为10的缓冲溶液配制

酒石酸钾钠(100 g/L)溶液配制

K-B混合指示剂配制

⑧ 试样溶液B(参见1.2.3.2)。

⑨ 0.015 mol/L EDTA标准滴定溶液[详见4.2.1.2(2)(3)]。

(2) 任务所需仪器

烘箱、高温炉、干燥器、电子分析天平、电子秤、广泛pH试纸、酸式滴定管、烧杯、移液管、量筒、搅拌棒、电炉等。

4.2.3.2　操作步骤

(1) CaO的测定

配位法测氧化钙(带硅滴钙)

移取25.00 mL实验溶液,放入400 mL烧瓶中,加入7 mL KF溶液(20 g/L),搅拌并放置2 min以上,加水稀释至约200 mL。加5 mL三乙醇胺(1+2)及少许的CMP混合剂,在搅拌下加入KOH溶液(200 g/L)至出现绿色荧光后再过量5~8 mL(此时溶液pH值在13以上),用0.015 mol/L EDTA标准滴定溶液滴定至绿色荧光消失并呈现红色。

(2) MgO的测定

配位法测氧化镁

移取25.00 mL实验溶液,放入400 mL烧瓶中,加水稀释至200 mL,加入1 mL酒石酸钾钠溶液和5 mL三乙酸胺(1+2),搅拌,然后加入25 mL pH=10缓冲溶液及少许酸性铬蓝K-萘酚绿B混合指示剂,用0.015 mol/L EDTA标准滴定溶液滴定,接近终点时应缓慢滴定至纯蓝色。此时测定的是钙、镁合量。

4.2.3.3　结果计算

(1) CaO的质量分数按下式计算

$$w_{CaO}=\frac{T_{CaO/EDTA}\times V_1\times 10}{m\times 1000}\times 100\% \tag{4.19}$$

式中　w_{CaO}——CaO的质量分数,%;

$T_{CaO/EDTA}$——每毫升EDTA标准滴定溶液相当于CaO的质量,mg/mL;

V_1——滴定时消耗EDTA标准滴定溶液的体积,mL;

10——全部实验溶液与所分取实验溶液体积比;

m——试样的质量,g。

(2) MgO的质量分数按下式计算

$$w_{MgO}=\frac{T_{MgO/EDTA}\times (V_2-V_1)\times 10}{m\times 1000}\times 100\% \tag{4.20}$$

式中　w_{MgO}——MgO的质量分数,%;

$T_{MgO/EDTA}$——每毫升EDTA标准滴定溶液相当于MgO的质量,mg/mL;

V_1——滴定钙镁合量时消耗EDTA标准滴定溶液的体积,mL;

V_2——滴定氧化钙时消耗EDTA标准滴定溶液的体积,mL;

10——全部实验溶液与所分取实验溶液体积比;

m——试样的质量,g。

4.3 项目评价

4.3.1 项目报告考评要点

参见2.3.1。

4.3.2 项目考评要点

本项目的验收考评主要考核学员相关专业理论、相关专业技能的掌握情况和基本素质的养成情况，具体考核要点如下：

(1) 专业理论

① 掌握配位滴定分析的基本概念。

② 掌握EDTA标准溶液配制与标定的原理和方法。

③ 掌握硅酸盐产品与原料中的钙镁铁铝测定原理和方法。

④ 熟悉所用试剂的组成、性质、配制和使用方法。

⑤ 熟悉所用仪器、设备的性能和使用方法。

⑥ 掌握实验数据的处理方法。

(2) 专业技能

① 能准备和使用所需的仪器及试剂。

② 能完成配位滴定常用标准溶液的配制与标定。

③ 能完成给定硅酸盐产品的分析测试。

④ 能完成测试结果的处理与项目报告撰写。

⑤ 能进行仪器设备的维护和保养。

(3) 基本素质

① 培养团队意识和合作精神。

② 培养组织、交流和撰写计划与报告的能力。

③ 培养学生独立思考和解决问题的能力，锻炼学生创新思维。

④ 培养学生的敬业精神和遵章守纪的意识。

(项目报告格式参见2.3.2)

4.3.3 项目拓展

配位滴定在许多领域都有非常广泛的应用，尤其是在化学化工、农业、药品等方面，显示出了它的应用优越性。

4.3.3.1 配位滴定法在牙膏原材料检测中的应用

在牙膏行业中，EDTA标准溶液被应用于牙膏原材料的检测，包括摩擦剂天然碳酸钙、磷酸氢钙含量的检测。

4.3.3.2 配位滴定法在药品与医疗研究中的应用

配位滴定法测定赖氨葡锌颗粒中葡萄糖酸锌的含量。锌作为二价金属离子可与乙二胺四乙酸二钠形成非常稳定的配合物，反应迅速，符合分析滴定的要求。在适当的 pH 值的条件下，赖氨葡锌颗粒中只含有一种锌金属离子，无干扰现象，测定结果准确，操作简便，作为葡萄糖酸锌含量的测定方法，可用于制定赖氨葡锌颗粒的质量标准。

4.4　项 目 训 练

[**选择题**]

1. 在配位滴定中，用回滴定方式测定 Al^{3+} 含量时，若在 pH＝5～6 时以某金属离子标准溶液回滴定过量的 EDTA，金属离子标准溶液应选(　　)。

A. Mg^{2+}　　B. Zn^{2+}　　C. Ag^{+}　　D. Bi^{+}

2. Fe^{3+} 与 F^{-} 形成配位物的 $\lg\beta_1$～$\lg\beta_3$ 分别为 5.3、9.3 和 12.1，已知在某一 pH 时溶液中游离 F^{-} 的浓度为 104.0 mol/L，则溶液中铁配位物的主要存在形式是(　　)。

A. FeF^{2+} 和 FeF^{+}　　B. FeF^{+} 和 FeF　　C. FeF^{2+}　　D. FeF^{+}

3. 下列叙述中错误的是(　　)。

A. 配合剂的酸效应使配合物的稳定性降低

B. 金属离子的水解效应使配合物的稳定性降低

C. 辅助配合效应使配合物的稳定性降低

D. 各种副反应均使配合物的稳定性降低

4. 在 EDTA 配位滴定中，下列叙述正确的是(　　)。

A. 酸效应系数愈大，配合物的稳定性愈强

B. 酸效应系数愈小，配合物的稳定性愈强

C. pH 值愈大，酸效应系数愈大

D. 酸效应系数愈大，配位滴定曲线的 pM 突跃范围愈大。

5. 有关配位剂叙述错误的是(　　)。

A. 无机配位剂常用于滴定分析　　B. 氨羧类配位剂常用于配位滴定

C. EDTA 是常见的氨羧类配位剂　　D. 螯合剂配位能力强

6. 下列有关螯合物的叙述错误的是(　　)。

A. 存在环状结构　　B. 常形成逐级配合物

C. 稳定性较高　　D. 广泛用作滴定剂和掩蔽剂

7. 稳定性提高的副反应是(　　)。

A. 酸效应　　B. 干扰离子效应

C. 辅助配位效应　　D. 生成酸式或碱式的配合物

8. 用于配位滴定法的反应不需要符合的条件是(　　)。

A. 反应生成的配合物应很稳定　　B. 必须以指示剂确定滴定终点

C. 反应速度要快　　D. 生成的配合物配位数必须固定

9. 以下有关 EDTA 的叙述错误的为(　　)。

A. 酸度高时，EDTA 可形成六元酸

B. 在任何水溶液中，EDTA 总以六种型体存在

C. pH 值不同时，EDTA 的主要存在型体也不同

D. 在不同 pH 值下，EDTA 各型体的浓度比不同

10. 配位滴定所用金属指示剂不能作（　　）。

A. 沉淀剂　　B. 配位剂　　C. 酸碱指示剂　　D. 显色剂

11. 与配位滴定所需控制的酸度无关的因素为（　　）。

A. 酸效应　　B. 羟基化效应　　C. 指示剂的变色　　D. 金属离子的颜色

12. 以配位滴定法测定 Pb^{2+} 时，消除 Ca^{2+} 、Mg^{2+} 干扰最简便的方法是（　　）。

A. 配位掩蔽法　　B. 萃取分离法　　C. 沉淀分离法　　D. 控制酸度法

13. 以下有关配位滴定方式叙述错误者有（　　）。

A. 被测离子与 EDTA 所形成的配合物不稳定时可采用返滴定方式

B. 直接滴定无合适指示剂或被测离子与 EDTA 反应速度慢时可采用返滴定方式

C. 直接滴定无合适指示剂时可采用置换滴定方式

D. 被测离子与 EDTA 所形成的配合物不稳定时可采用置换滴定方式

14. 准确滴定单一金属离子的条件是（　　）。

A. $\lg c_M K'_{MY} \geq 8$　　B. $\lg c_M K_{MY} \geq 8$　　C. $\lg c_M K'_{MY} \geq 6$　　D. $\lg c_M K_{MY} \geq 6$

15. 在配位滴定中，直接滴定的条件包括（　　）。

A. $\lg cK'_{MY} \leq 8$　　B. 溶液中无干扰离子

C. 有变色敏锐无封闭作用的指示剂　　D. 反应在酸性溶液中进行

16. 配位滴定终点所呈现的颜色是（　　）。

A. 游离金属指示剂的颜色

B. EDTA 与待测金属离子形成配合物的颜色

C. 金属指示剂与待测金属离子形成配合物的颜色

D. 上述 A 与 C 的混合色

17. EDTA 的有效浓度[Y]与酸度有关，它随着溶液 pH 值增大而（　　）。

A. 增大　　B. 减小　　C. 不变　　D. 先增大后减小

18. EDTA 法测定水的总硬度是在 pH＝（　　）的缓冲溶液中进行。

A. 4～5　　B. 6～7　　C. 8～10　　D. 12～13

19. 产生金属指示剂的僵化现象是因为（　　）。

A. 指示剂不稳定　　B. MIn 溶解度小

C. $K'_{MIn} < K'_{MY}$　　D. $K'_{MIn} > K'_{MY}$

20. 使 MY 稳定性提高的副反应有（　　）。

A. 酸效应　　B. 共存离子效应　　C. 水解效应　　D. 混合配位效应

21. 在 Fe^{3+} 、Al^{3+} 、Ca^{2+} 、Mg^{2+} 混合溶液中，用 EDTA 测定 Fe^{3+} 、Al^{3+} 的含量时，为了消除 Ca^{2+} 、Mg^{2+} 的干扰，最简便的方法是（　　）。

A. 沉淀分离法　　B. 控制酸度法　　C. 配位掩蔽法　　D. 溶剂萃取法

22. 水硬度的单位是以 CaO 为基准物质确定的，10 度为 1 L 水中含有（　　）g CaO。

A. 1　　B. 0.1　　C. 0.01　　D. 0.001

23. 配位滴定中加入缓冲溶液的目的是（　　）。

A. EDTA 配位能力与酸度有关

B. 金属指示剂有其使用的酸度范围

C. EDTA 与金属离子反应过程中会释放出 H^+

D. K'_{MY} 会随酸度改变而改变

24. 测定水中钙含量时，Mg^{2+} 的干扰是用(　　)消除的。

A. 控制酸度法　　B. 配位掩蔽法　　C. 氧化还原掩蔽法　　D. 沉淀掩蔽法

25. EDTA 与金属离子多是以(　　)的关系配合。

A. 1∶5　　B. 1∶4　　C. 1∶2　　D. 1∶1

[填空题]

26. 配位滴定中一般不使用 EDTA 而用 EDTA 二钠盐(Na_2H_2Y)，这是由于(　　　)。当在强酸性(pH<1)溶液中，EDTA 为六元酸，这是因为(　　　)。

27. K'_{MY}称(　　　)，它表示(　　　)配位反应进行的程度，其计算式为(　　　)。

28. 配位滴定曲线滴定突跃的大小取决于(　　　)。在金属离子浓度一定的条件下，(　　　)，突跃越大；在条件常数 K'_{MY}一定时，(　　　)，突跃越大。

29. 生成 MY 的配合反应有 EDTA 的酸效应($\alpha_{Y(H)}$)和金属离子的辅助配位效应($\alpha_{M(L)}$)两种副反应，若配合物 MY 的稳定常数为 K_{MY}，其表观稳定常数 K'_{MY}=(　　　)。

30. EDTA 的化学名称为(　　　)。配位滴定常用水溶性较好的(　　　)来配制标准滴定溶液。

31. EDTA 的结构式中含有两个(　　　)和四个(　　　)，是可以提供六个(　　　)的螯合剂。

32. EDTA 和金属指示剂 EBT 分别与 Ca^{2+}、Mg^{2+}形成配合物，其稳定性顺序为(　　　)。

33. 影响配位平衡的因素是(　　　)和(　　　)。

34. 配位滴定曲线突跃范围主要决定于(　　　)和(　　　)。

35. 采用 EDTA 为滴定剂测定水的硬度时，因水中含有少量的 Fe^{3+}、Al^{3+}，应加入(　　　)作掩蔽剂，滴定时控制溶液 pH=(　　　)。

[简答题]

36. 简述 EDTA 与金属离子形成配合物的主要特点。

37. 用配位滴定法测定 MgO 时为什么 pH 要控制在 10 左右？

38. 为什么选 EDTA 为配位滴定的配位剂？

39. 配合物的表观稳定常数是如何得到的？为什么要使用表观稳定常数？

40. 简述金属指示剂的作用原理。

41. 什么是金属指示剂的封闭和僵化？如何避免？

42. 掩蔽的方法有哪些？举例说明如何通过掩蔽的方法防止干扰。

43. 试比较酸碱滴定和配位滴定，说明它们的相同点和不同点。

44. 配位滴定中，金属离子能够被准确滴定的具体含义是什么？金属离子能被准确滴定的条件是什么？

45. 配位滴定的酸度条件如何选择？主要从哪些方面考虑？

46. 酸效应曲线是怎样绘制的？它在配位滴定中有什么用途？

47. 金属离子指示剂应具备哪些条件？为什么金属离子指示剂使用时要求一定的 pH 范围？

48. 什么是配位滴定的选择性？提高配位滴定选择性的方法有哪些？

49. 配位滴定的方式有几种？分别在什么情况下使用？

50. 使用金属指示剂过程中存在哪些问题？

51. 影响配位滴定突跃的因素有哪些？

[判断题]

52.(　　)配位滴定法中指示剂的选择是根据滴定突跃的范围。

53.(　　)EDTA 的酸效应系数与溶液的 pH 有关,pH 越大,则酸效应系数也越大。

54.(　　)在配位反应中,当溶液的 pH 一定时,K_{MY}越大则 K'_{MY}就越大。

55.(　　)金属指示剂是指示金属离子浓度变化的指示剂。

56.(　　)造成金属指示剂封闭的原因是指示剂本身不稳定。

57.(　　)若被测金属离子与 EDTA 络合反应速度慢,则一般可采用置换滴定方式进行测定。

58.(　　)EDTA 滴定某金属离子有一允许的最高酸度(pH 值),溶液的 pH 再增大就不能准确滴定该金属离子了。

59.(　　)金属指示剂 In,与金属离子形成的配合物为 MIn,当[MIn]与[In]的比值为 2 时对应的 pM 与金属指示剂 In 的理论变色点 pMt 相等。

60.(　　)用 EDTA 进行配位滴定时,被滴定的金属离子(M)浓度增大,$\lg K_{MY}$也增大,所滴定突跃将变大。

61.(　　)用 EDTA 法测定试样中的 Ca^{2+} 和 Mg^{2+} 含量时,先将试样溶解,然后调节溶液 pH 值为 5.5~6.5,并进行过滤,目的是去除 Fe^{3+}、Al^{3+} 等干扰离子。

62.(　　)表观稳定常数是考虑了酸效应和配位效应后的实际稳定常数。

63.(　　)金属指示剂的僵化现象是指滴定时终点没有出现。

64.(　　)在配位滴定中,若溶液的 pH 值高于滴定 M 的最小 pH 值,则无法准确滴定。

65.(　　)配位滴定中,溶液的最佳酸度范围是由 EDTA 决定的。

66.(　　)铬黑 T 指示剂在 pH=7~11 范围使用,其目的是减少干扰离子的影响。

67.(　　)滴 Ca^{2+} 和 Mg^{2+} 总量时要控制 pH≈10,而滴定 Ca^{2+} 分量时要控制 pH 为 12~13。当 pH=13 时测 Ca^{2+} 则无法确定终点。

68.(　　)采用铬黑 T 作指示剂时终点颜色变化为蓝色变为紫红色。

69.(　　)配位滴定不加缓冲溶液也可以进行滴定。

70.(　　)酸效应曲线的作用就是查找各种金属离子所需的滴定最低酸度。

71.(　　)只要金属离子能与 EDTA 形成配合物,都能用 EDTA 直接滴定。

72.(　　)在水的总硬度测定中,必须依据水中 Ca^{2+} 的性质选择滴定条件。

73.(　　)钙指示剂配制成固体使用是因为其易发生封闭现象。

74.(　　)配位滴定中 pH≥12 时可不考虑酸效应,此时配合物的表观稳定常数与绝对稳定常数相等。

75.(　　)EDTA 配位滴定时的酸度,根据 $\lg c_M K'_{MY} \geq 6$ 就可以确定。

76.(　　)一个 EDTA 分子中,由 2 个氨氮和 4 个羧氧提供 6 个配位原子。

77.(　　)掩蔽剂的用量过量太多,被测离子也可能被掩蔽而引起误差。

78.(　　)EDTA 与金属离子配合时,不论金属离子的化学价是多少,一般均是以 1∶1 的配位比配合。

79.(　　)提高配位滴定选择性的常用方法有控制溶液酸度和掩蔽。

80.(　　)在配位滴定中,要准确滴定 M 离子而 N 离子不干扰须满足 $\lg K_{MY} - \lg K_{NY} \geq 5$。

81.(　　)能够根据 EDTA 的酸效应曲线来确定某一金属离子单独被滴定的最高 pH 值。

82.(　　)在只考虑酸效应的配位反应中,酸度越大形成配合物的表观稳定常数越大。

83.(　　)水硬度测定过程中需加入一定量的 $NH_3 \cdot H_2O$-NH_4Cl 溶液,其目的是保持溶液的酸度在整个滴定过程中基本保持不变。

［计算题］

84. 用$CaCO_3$基准物质标定EDTA溶液的浓度，称取0.1005 g $CaCO_3$基准物质溶解后定容为100.0 mL。移取25.00 mL钙溶液，在pH=12时用钙指示剂指示终点，用待标定EDTA滴定，用去24.90 mL。计算EDTA的浓度。

85. pH=5.5时，用0.02 mol/L的EDTA滴定含有0.02 mol/L Mg^{2+}和0.02 mol/L Zn^{2+}溶液中的Zn^{2+}。Zn^{2+}能否被准确滴定？化学计量点时pc_{Zn}是多少？（pH=5.5时，$\lg\alpha_{Y(H)}=5.5$，lgZn配合物的稳定常数=16.5，lgMg配合物的稳定常数=8.7）

86. 分别含有0.02 mol/L的Zn^{2+}、Cu^{2+}、Cd^{2+}、Sn^{2+}、Ca^{2+}的五种溶液，在pH=3.5时，哪些可以用EDTA准确滴定？哪些不能被EDTA滴定？为什么？

87. 称取含Fe_2O_3和Al_2O_3的试样0.2015 g，溶解后，在pH=2时以磺基水杨酸作指示剂，以0.02008 mol/L的EDTA标准溶液滴定到终点，消耗15.20 mL，再加入上述EDTA溶液25.00 mL，加热煮沸使EDTA与Al^{3+}反应完全，调节pH=4.5，以PAN为指示剂，趁热用0.02112 mol/L的Cu^{2+}标准溶液返滴定，用去8.16 mL，试计算试样中Fe_2O_3和Al_2O_3的质量分数。（$M_{Fe_2O_3}=159.68$ g/mol，$M_{Al_2O_3}=101.96$ g/mol）

项目5　水泥中三氧化硫含量的氧化-还原滴定法测定

【项目描述】

在用氧化还原滴定法完成建筑材料生产中的典型测试任务时，需要学习氧化还原滴定法的基本理论知识；学习氧化还原滴定中条件电极电势的计算、影响因素及其应用；学习影响氧化还原反应速率的因素；学习氧化还原滴定曲线及影响电位突跃范围的因素；掌握氧化还原滴定的基本操作技能。其常见的典型任务有：测定水泥中锰矿渣的掺加量、铝还原重铬酸钾法测定铁矿粉中的铁含量、碘量法测定水泥中三氧化硫含量等。通过对这些指标的检测，可了解原料的配比情况，及时调整参数控制生产，监控产品质量，确保生产正常进行。

【项目目标】

[素质目标]

（1）遵纪守法、诚实守信、热爱劳动，遵守职业道德准则和行为规范，具有社会责任感和社会参与意识。

（2）具有质量意识、环保意识、安全意识、信息素养、工匠精神和创新思维。

（3）具有自我管理能力，有较强的集体意识和团队合作精神。

（4）具有健康的体魄、心理和人格，养成良好的行为习惯。

（5）具有良好的职业素养和人文素养。

[知识目标]

（1）了解氧化还原滴定的基本理论知识。

（2）了解条件电极电势的计算、影响因素及其应用。

（3）了解影响氧化还原反应速率的因素。

（4）掌握高锰酸钾法、重铬酸钾法及碘量法的原理。

（5）掌握高锰酸钾法、重铬酸钾法及碘量法的滴定条件和应用范围。

（6）掌握氧化还原滴定法测试硅酸盐试样的分析方法和分析流程。

（7）理解氧化还原滴定变化过程的特点及指示剂的选择方法。

[能力目标]

（1）能准备氧化还原滴定法测定硅酸盐试样用试剂。

（2）能准备氧化还原滴定法测定硅酸盐试样用仪器。

（3）能用氧化还原滴定法完成给定试样的测定。

（4）能够完成测定结果的处理及项目报告的撰写。

5.1　项 目 导 学

5.1.1　氧化还原滴定的基础知识

氧化还原滴定法是以氧化还原反应为基础的滴定分析方法，应用范围比较广泛，它能直接测定许多具有氧化性或还原性的物质，也可以间接测定某些不具有氧化还原性的物质，例如土壤有机质、水中耗氧量、溶液中钙离子含量等。

氧化还原滴定的定义、特点

应用于氧化还原滴定的反应必须满足如下要求：①滴定剂与被滴物反应进行程度要完全；②滴定反应能迅速完成；③有适当的方法或指示剂指示反应的终点。

5.1.1.1　氧化数

氧化数是指元素一个原子的表观电荷数，这种表观电荷数由假设把每个键中的电子指定给电负性较大的原子求得。例如：在氯化钠中，Cl 的一个电子转移给 Na，氯的氧化数为－1，钠为＋1；PCl_3 分子中，P 分别与三个 Cl 形成三个共价键，将共用电子对划归电负性较大的 Cl 原子，P 的氧化数为＋3，Cl 为－1。

这种方法确定原子的氧化数有时会遇到困难，我们可以按如下规则确定一般元素原子的氧化数：

① 在单质中，元素的氧化数皆为零。

② 在正常氧化物中，氧的氧化数为－2，但在过氧化物、超氧化物和 OF_2 中，氧的氧化数分别为－1、$-\frac{1}{2}$和＋2。

③ 氢除了在活泼金属氢化物中氧化数为－1 外，在一般氢化物中氧化数为＋1。

④ 碱金属和碱土金属在化合物中氧化数分别为＋1 和＋2。

⑤ 单原子离子的氧化数等于它所带的电荷数，多原子离子中所有原子的氧化数的代数和等于该离子所带的电荷数，中性分子中各原子氧化数的代数和为零。

【例题 5.1】 通过计算确定下列化合物中 S 原子的氧化数。

H_2SO_4　　$Na_2S_2O_3$　　$K_2S_2O_8$　　SO_3^{2-}　　$S_4O_6^{2-}$

【解】 设所给化合物中 S 的氧化数分别为 x_1、x_2、x_3、x_4 和 x_5，根据上述有关规则可得：

$$2\times(+1)+1x_1+4\times(-2)=0 \qquad x_1=+6$$

$$2\times(+1)+2x_2+3\times(-2)=0 \qquad x_2=+2$$

$$2\times(+1)+2x_3+8\times(-2)=0 \qquad x_3=+7$$

$$1\cdot x_4+3\times(-2)=-2 \qquad x_4=+4$$

$$4\cdot x_5+6\times(-2)=-2 \qquad x_5=+2.5$$

5.1.1.2　氧化还原反应

根据氧化数的概念，我们可以定义：在反应前后元素的氧化数发生变化的反应为氧化还原反应。氧化数降低的过程称为还原，氧化数升高的过程称为氧化。

(1) 氧化剂与还原剂

氧化还原反应中，元素的氧化数变化实质是反应物之间发生电子的得失或电子对的偏移，失去电子的元素氧化数升高，得到电子的元素氧化数降低。也就是说，一个氧化还原反应必然包括氧化和还原两个同时发生的过程。例如 CuO 与氢气反应：

氧化数升高，被氧化

$$\overset{+2}{Cu}O+\overset{0}{H_2}=\overset{0}{Cu}+\overset{+1}{H_2}O$$

氧化数降低，被还原

氧化数降低的物质是氧化剂，发生还原反应，得到还原产物；氧化数升高的物质是还原剂，发生氧化反应，得到氧化产物。

氧化数降低，被还原

氧化剂+还原剂══还原产物+氧化产物

氧化数升高，被氧化

如果氧化数的升高和降低都发生在同一化合物中，这种氧化还原反应称为自氧化还原反应。例如：$2KClO_3 = 2KCl+3O_2\uparrow$

如果氧化数的升降都发生在同一物质的同一元素上，则这种氧化还原反应称为歧化反应。例如：$Cl_2+H_2O = HClO+HCl$

(2) 氧化还原半反应和氧化还原电对

在氧化还原反应中，氧化剂发生还原反应，还原剂发生氧化反应，它们各自与自己的反应产物构成一个半反应。如：$Cu^{2+}+Zn \rightleftharpoons Cu+Zn^{2+}$

氧化反应： $Zn-2e^- \rightleftharpoons Zn^{2+}$

还原反应： $Cu^{2+}+2e^- \rightleftharpoons Cu$

氧化还原半反应式中，同一元素的两个不同氧化数的物种组成了一个氧化还原电对，其中氧化数较高的物质称为氧化型物质，氧化数较低的物质称为还原型物质。电对常用"氧化型/还原型"表示，如 Cu^{2+}/Cu 电对，Zn^{2+}/Zn 电对。

氧化还原电对中存在如下的共轭关系：氧化型$+ne^- \rightleftharpoons$还原型

或者记作：

$$Ox+ne^- \rightleftharpoons Red \tag{5.1}$$

这种共轭关系与酸碱共轭相似，如果氧化型物质的氧化能力越强，则其共轭还原型物质的还原能力越弱；同样，若还原型物质的还原能力越强，则其共轭氧化型物质的氧化能力越弱。

氧化还原反应实质上就是电子在两对电对 Ox_1/Red_1 和 Ox_2/Red_2 之间发生交换：

氧化数降低，发生还原反应

$$Ox_1 + Red_2 \rightleftharpoons Red_1 + Ox_2$$

氧化剂　还原剂　　还原产物　氧化产物

氧化数升高，发生氧化反应

5.1.1.3 氧化还原反应方程式的配平

由于某些氧化还原反应比较复杂，所以必须遵循一定的方法，才能迅速配平。下面介绍两种配平方法。

(1) 离子-电子法配平氧化还原反应方程式

配平的一般原则和步骤：

① 根据实验结果或已有知识写出一个未配平的离子反应式。例如：

$$M_nO_4^-+Cl^- \longrightarrow Mn^{2+}+Cl_2$$

② 根据离子反应式或查标准电极电势表，写出两个半反应式，并各配平电荷数和原子数。

氧化反应　　$2Cl^- \longrightarrow Cl_2 + 2e^-$

还原反应　　$MnO_4^- + 8H^+ + 5e^- \longrightarrow Mn^{2+} + 4H_2O$

配平原子数的方法是：当产物的氧原子数比反应物减少时，应在左侧加 H^+ 使所有的氧原子都化合成 H_2O 并使原子数和电荷数相等。当产物的氧原子数比反应物增加时，应在左侧加 OH^-（或 H_2O），以提供增加的氧原子，同时生成相等数目的 H_2O（若用 H_2O 平衡则生成 H^+），并配平两边的原子数和电荷数。

③ 根据氧化剂夺取电子数和还原剂失去电子数必须相等的原则，两个半反应式各乘以适当系数（按最小公倍数），然后两式相加消去电子，必要时消去重复的项，即得到配平的离子反应方程式。

$$2Cl^- \longrightarrow Cl_2 + 2e^- \quad \times 5$$
$$MnO_4^- + 8H^+ + 5e^- \longrightarrow Mn^{2+} + 4H_2O \quad \times 2$$
$$2MnO_4^- + 10Cl^- + 16H^+ = 2Mn^{2+} + 5Cl_2 + 8H_2O$$

④ 加上没有参加氧化还原反应的物质，把离子方程式写成完整的化学方程式。

$$2KMnO_4 + 16HCl = 2MnCl_2 + 5Cl_2 + 2KCl + 8H_2O$$

⑤根据质量守恒定律，检查反应前后各种元素的原子总数是否相等。

【例题 5.2】 已知 $KMnO_4$ 与 $Na_2C_2O_4$ 反应生成 CO_2 和 Mn^{2+}，试写出完整的化学方程式。

① 写出未配平的离子反应式

$$MnO_4^- + C_2O_4^{2-} \longrightarrow Mn^{2+} + CO_2$$

② 写出两个半反应式，并各配平电荷数和原子数。

氧化反应　　$C_2O_4^{2-} \longrightarrow 2CO_2 + 2e^-$

还原反应　　$MnO_4^- \longrightarrow Mn^{2+}$

$$MnO_4^- + 8H^+ + 5e^- \longrightarrow Mn^{2+} + 4H_2O$$

③ 各乘以适当系数，使得失电子数相等，两式相加，消去电子。

$$C_2O_4^{2-} \longrightarrow 2CO_2 + 2e^- \quad \times 5$$
$$MnO_4^- + 8H^+ + 5e^- \longrightarrow Mn^{2+} + 4H_2O \quad \times 2$$
$$2MnO_4^- + 5C_2O_4^{2-} + 16H^+ = 2Mn^{2+} + 10CO_2 + 8H_2O$$

④ 加上没有参加氧化还原反应的物质，把离子方程式写成完整的化学方程式。

$$2KMnO_4 + 5Na_2C_2O_4 + 8H_2SO_4 = 2MnSO_4 + 10CO_2 + 8H_2O + K_2SO_4 + 5Na_2SO_4$$

⑤ 核对反应前后各种元素的原子总数是否相等。

从上例可以看出，离子-电子法配平氧化还原反应方程式的优点是：

① 从配平的过程中可知反应是在什么介质中进行。

② 用离子-电子法配平氧化还原反应式，可不必确定元素的化合价。

(2) 氧化数法配平氧化还原反应方程式

根据氧化剂和还原剂氧化数的变化相等的原则来配平反应方程式，其一般步骤如下：

① 写出基本反应式，并标明氧化数有变动的元素在反应前后的氧化数。

② 根据氧化剂氧化数减少的总数和还原剂氧化数增加的总数必须相等的原则，求出氧化剂和还原剂及其生成物化学式前面的系数。

③ 配平没有参加氧化还原反应的物质。

④ 核对反应前后各元素的原子总数是否等，并将箭头改为等号。

【例题 5.3】 配平下列反应式

$$KMnO_4 + FeSO_4 + H_2SO_4 \longrightarrow MnSO_4 + K_2SO_4 + Fe_2(SO_4)_3 + H_2O$$

① 先注出反应前后氧化数有变化的有关原子的氧化数。

$$K\overset{+7}{Mn}O_4 + \overset{+2}{Fe}SO_4 + H_2SO_4 \longrightarrow \overset{+2}{Mn}SO_4 + K_2SO_4 + \overset{+3}{Fe_2}(SO_4)_3 + H_2O$$

② 求出氧化剂和还原剂及其生成物化学式前面的系数。

$$2KMnO_4 + 10FeSO_4 + H_2SO_4 \longrightarrow 2MnSO_4 + K_2SO_4 + 5Fe_2(SO_4)_3 + H_2O$$

③ 配平未起氧化还原反应的物质。

$$2KMnO_4 + 10FeSO_4 + 8H_2SO_4 \longrightarrow 2MnSO_4 + K_2SO_4 + 5Fe_2(SO_4)_3 + 8H_2O$$

④ 核对反应前后各元素的原子总数是否相等,并将箭头改为等号。

5.1.1.4 电极电势

当我们把金属插入含有该金属盐的溶液中时,金属晶体中的金属离子受到极性水分子的作用,有可能脱离金属晶格以水合离子的状态进入溶液,而把电子留在金属上,这是金属溶解的趋势。金属越活泼或者溶液中金属离子浓度越小,金属溶解的趋势就越大。同时,溶液中的金属离子也有可能从金属表面获得电子而沉积在金属表面,这是金属沉积的趋势。金属越不活泼或溶液中金属离子浓度越大,金属沉积的趋势越大。在一定条件下,这两种相反的倾向可达到动态平衡:

$$M(s) \rightleftharpoons M^{n+}(aq) + ne^-$$

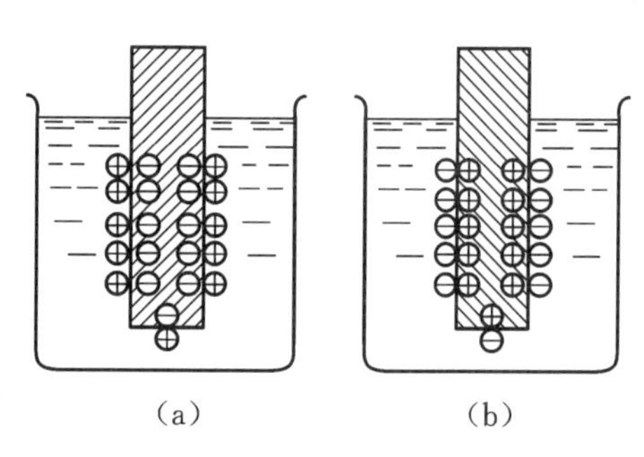

(a)　　(b)

图 5.1 金属的电极电势

如果溶解倾向大于沉积倾向,达到平衡后金属表面将有一部分金属离子进入溶液,使金属表面带负电,由于这些负电荷的静电引力作用,金属附近的溶液带正电[见图 5.1(a)]。反之,如果沉积倾向大于溶解倾向,达到平衡后金属表面则带正电,而金属附近的溶液带负电[见图 5.1(b)]。

不论是上述哪一种情况,金属与其盐溶液界面之间会因带相反电荷而形成双电层结构,这种由于双电层的作用而在金属和它的盐溶液之间产生的电势差称为电极的电极电势。

(1) 标准电极电势的测定

标准电极电势

当电对处于标准状态时的电极电势称为标准电极电势,以 $E^{\ominus}$ 表示。

测量电极的标准电极电势,可以将处在标准状态下的该电极与标准氢电极组成一个原电池,测定该原电池的电动势,由电流方向判断出正负极,根据 $E_{电池} = E_{正} - E_{负}$ 求出被测电极的标准电极电势。

例如:测定 Zn/Zn^{2+} 电对的标准电极电势,是将纯净的 Zn 片放在 1 mol/L 的硫酸锌溶液中,把它和标准氢电极用盐桥连接起来,组成一个原电池,用电流表测定可知,电流从氢电极流向锌电极,即在原电池中,氢电极为正极,锌电极为负极。

测出原电池的电动势:　$E^{\ominus}_{电池} = 0.763\ V$

因为　$E^{\ominus}_{电池} = E^{\ominus}_{正} - E^{\ominus}_{负} = E^{\ominus}_{H^+/H_2} - E^{\ominus}_{Zn^{2+}/Zn} = 0.763\ V$

可以求出锌电极的电极电势:

$$E^{\ominus}_{Zn^{2+}/Zn} = E^{\ominus}_{电池} - E^{\ominus}_{H^+/H_2} = -0.763\ V$$

同样,也可由铜氢电池的电动势求出铜电极的电极电势:

$$E^{\ominus}_{电池}=E^{\ominus}_{正}-E^{\ominus}_{负}=E^{\ominus}_{Cu^{2+}/Cu}-E^{\ominus}_{H^{+}/H_2}=0.337\ V$$

$$E^{\ominus}_{Cu^{2+}/Cu}=E^{\ominus}_{电池}+E^{\ominus}_{H^{+}/H_2}=+0.337\ V$$

利用这种方法可以测定大多数电对的电极电势，对于一些与水剧烈反应而不能直接测定的电极(如 Na^{2+}/Na，F_2/F^- 等)和不能直接组成可测定电动势的原电池的电极，可通过热力学数据间接计算出其电极的电极电势。

由于标准氢电极为气体电极，使用起来极不方便，通常采用甘汞电极或氯化银电极作为参比电极，这些电极使用方便，工作稳定。

(2) 能斯特方程

能斯特方程

对于任一个电极反应：

$$b\ 氧化型+ne^- \rightleftharpoons a\ 还原型 \tag{5.2}$$

电极电势与浓度和温度的关系可用下式来表示：

$$E=E^{\ominus}-\frac{RT}{zF}\ln\frac{(c_{还原型})^a}{(c_{氧化型})^b} \tag{5.3}$$

忽略离子强度和副反应的影响，则：

$$E=E^{\ominus}-\frac{RT}{zF}\ln\frac{(c_{还原型}/c^{\ominus})^a}{(c_{氧化型}/c^{\ominus})^b} \tag{5.4}$$

这个关系式称为能斯特方程，式中 E 是氧化型物质和还原型物质为任意浓度时电对的电极电势；$E^{\ominus}$ 是电对的标准电极电势；R 是气体常数，等于 8.314 J/(mol·K)；z 是电极反应得失的电子数；F 是法拉第常数，$F=9.6485\times10^4$ C/mol。

298 K 时，将各常数代入式(5.4)，并将自然对数换算成常用对数，即得：

$$E=E^{\ominus}-\frac{0.0592}{z}\lg\frac{(c_{还原型}/c^{\ominus})^a}{(c_{氧化型}/c^{\ominus})^b}\quad(298\ K) \tag{5.5}$$

在应用电极电势时应注意以下几点：

① 能斯特方程中氧化型和还原型并非专指氧化数有变化的物质的浓度，而是包括参加电极反应的所有物质的浓度，而且浓度的幂次应等于它们在电极反应中的系数。

例如电极反应：　　$MnO_4^-+8H^++5e^- \rightleftharpoons Mn^{2+}+4H_2O$

$$E_{MnO_4^-/Mn^{2+}}=E^{\ominus}_{MnO_4^-/Mn^{2+}}-\frac{0.0592}{2}\lg\frac{(c_{Mn^{2+}}/c^{\ominus})}{(c_{MnO_4^-}/c^{\ominus})\cdot(c_{H^+}/c^{\ominus})^8}$$

② 纯固体、纯液体和 $H_2O(l)$ 的浓度为常数，认为是 1。

③ 若电极反应中有气体参加，则气体带入的是分压与标准压力的比值(即相对分压)。

例如电极反应：$O_2(g)+4H^++4e^- \rightleftharpoons 2H_2O$

$$E_{O_2/H_2O}=E^{\ominus}_{O_2/H_2O}-\frac{0.0592}{2}\lg\frac{1}{(p_{O_2}/p^{\ominus})\cdot(c_{H^+}/c^{\ominus})^4}$$

④ z 代表电极反应中电子的转移数，与电极反应方程式的系数有关。

例如，在 $H^++e^- \rightleftharpoons \frac{1}{2}H_2$ 中，$z=1$；在 $2H^++2e^- \rightleftharpoons H_2$ 中，$z=2$。

5.1.2　电极电势的应用

5.1.2.1　标准电极电势及其应用

将测定和计算所得电极的标准电极电势排列成表，即为标准电极电势表。使用标准电极电势表需注意下面问题：

① 标准电极电势表中的 $E^{\ominus}$ 值的大小，反映了电对中的氧化型(或还原型)物质在标准状态时的氧化能力(或还原能力)的相对强弱。$E^{\ominus}$ 值越大，表示在标准状态时该电对中氧化型物质的氧化能力越强，或其共轭还原型物质的还原能力越弱。相反，$E^{\ominus}$ 值越小，表明电对中还原型物质的还原能力越强，或其共轭氧化型物质的氧化能力越弱。如 Cu^{2+} 的氧化能力比 Zn^{2+} 强，而还原能力是 Zn 比 Cu 强。

② $E^{\ominus}$ 值的大小是衡量氧化剂氧化能力或还原剂还原能力强弱的标度，它取决于物质本身，而与物质的量的多少无关，与反应方程式中的计量系数无关。如：

$$Cl_2 + 2e^- \rightleftharpoons 2Cl^- \qquad E^{\ominus} = 1.358\ V$$

$$\frac{1}{2}Cl_2 + e^- \rightleftharpoons Cl^- \qquad E^{\ominus} = 1.358\ V$$

③ 同一物质在不同的电对中，可以是氧化型，也可以是还原型。例如，在电对 Fe^{3+}/Fe^{2+} 中 Fe^{2+} 是还原型，而在电对 Fe^{2+}/Fe 中 Fe^{2+} 是氧化型。当判断一个物质的还原能力时，应查该物质是作为还原型的电对。例如，判断 MnO_4^- 在标准状态下能否氧化 Fe^{2+} 时，应查 $E^{\ominus}_{Fe^{3+}/Fe^{2+}}$。

④ 物质的氧化还原能力会受到介质的影响，所以在查表时需要注意反应的介质。通常情况，在电极反应中，H^+ 不论在反应物中还是在产物中出现，皆查酸表；OH^- 无论在反应物中出现还是在产物中出现，皆查碱表。如果电极反应中没有 H^+ 和 OH^- 出现时，可以从物质的存在状态来考虑，例如 $E^{\ominus}_{Fe^{3+}/Fe^{2+}}$，因为 Fe^{3+} 和 Fe^{2+} 只能在酸性溶液中存在，所以该电极电势只能在酸表中查。若溶液的酸碱度对电极反应没有影响，一般查酸表。

⑤ $E^{\ominus}$ 值是在标准状态时的水溶液中测出的(或计算出的)，对非水溶液，高温、固相反应均不适用。

5.1.2.2 判断氧化剂和还原剂的相对强弱

电极电势代数值的大小反映了组成电对的物质氧化还原能力的强弱。电极电势的代数值越大，表示该电对氧化型物质氧化性越强，与其相对应的还原型物质的还原性越弱。

【例题 5.4】 根据标准电极电势，列出下列各电对中氧化型物质的氧化能力和还原型物质还原能力的强弱。

$$MnO_4^-/Mn^{2+} \qquad Fe^{3+}/Fe^{2+} \qquad I_2/I^-$$

【解】 查表得各电对的标准电极电势

$$I_2 + 2e^- \rightleftharpoons 2I^-, E^{\ominus} = 0.535\ V$$

$$Fe^{3+} + e^- \rightleftharpoons Fe^{2+}, E^{\ominus} = 0.770\ V$$

$$MnO_4^- + 8H^+ + 5e^- \rightleftharpoons Mn^{2+} + 4H_2O, E^{\ominus} = 1.49\ V$$

由于电极电势越大，氧化型物质的氧化能力越强；电极电势越小，还原型物质的还原能力越强。因此，各氧化型物质氧化能力的顺序为：$MnO_4^- > Fe^{3+} > I_2$，各还原型物质还原能力的顺序为：$I^- > Fe^{2+} > Mn^{2+}$。

在实验室或生产上使用的氧化剂，一般是电极电势较大的电对的氧化型物质，如 $KMnO_4$、$K_2Cr_2O_7$、O_2、$(NH_4)_2S_2O_8$ 等；使用的还原剂一般是电极电势较小的电对的还原型物质，如活泼金属、Sn^{2+}、I^- 等，选用时视具体情况而定。

5.1.2.3 判断氧化还原反应进行的方向

从标准电极电势的相对大小比较出氧化剂和还原剂的相对强弱，就能预测出氧化还原反应进行的方向。由于氧化还原反应进行的方向是强氧化剂和强还原剂反应生成弱氧化剂和弱还原剂，也就是说，总是电极电势较大的电对中的氧化型物质与电

判断氧化还原反应进行的方向

极电势较小的电对中的还原型物质作用，发生氧化还原反应。

【例题5.5】 在标准状态时，铜粉能否与$FeCl_3$发生反应，产物是什么？

【解】 查表得各电对的标准电极电势：

$$Cu^{2+}+2e^- \rightleftharpoons Cu,\quad E^\ominus=0.337\ V$$
$$Fe^{3+}+e^- \rightleftharpoons Fe^{2+},\quad E^\ominus=0.770\ V$$
$$Fe^{3+}+3e^- \rightleftharpoons Fe,\quad E^\ominus=-0.037\ V$$

因为 $E^\ominus_{Cu^{2+}/Cu}<E^\ominus_{Fe^{3+}/Fe^{2+}}$，所以$Fe^{3+}$氧化性强于$Cu^{2+}$，Cu还原性强于$Fe^{2+}$。即$FeCl_3$能把铜粉氧化为$Cu^{2+}$，自身被还原为$Fe^{2+}$。

由于$E^\ominus_{Cu^{2+}/Cu}>E^\ominus_{Fe^{3+}/Fe^{2+}}$，所以铜粉不能把$Fe^{3+}$还原为Fe。

在生产上，印刷电路板的制造工序中，$FeCl_3$常用作铜版的腐蚀剂，把铜版上需要去掉的部分与$FeCl_3$作用，使铜变成$CuCl_2$而溶解。

【例题5.6】 有Cl^-、Br^-、I^-三种离子的酸性混合溶液，若要使I^-氧化为I_2，而不使Br^-、Cl^-被氧化，在$KMnO_4$、Fe^{3+}中选哪一种最合适？

【解】 查表可知：

$$I_2+2e^- \rightleftharpoons 2I^-,\quad E^\ominus=0.535\ V$$
$$Fe^{3+}+e^- \rightleftharpoons Fe^{2+},\quad E^\ominus=0.770\ V$$
$$Br_2+2e^- \rightleftharpoons 2Br^-,\quad E^\ominus=1.085\ V$$
$$Cl_2+2e^- \rightleftharpoons 2Cl^-,\quad E^\ominus=1.353\ V$$
$$MnO_4^-+8H^++5e^- \rightleftharpoons Mn^{2+}+4H_2O,\quad E^\ominus=1.49\ V$$

由于要使I^-氧化为I_2而不使Br^-、Cl^-被氧化，即选择一种氧化剂，氧化能力比I_2强，而又比Br_2和Cl_2弱，应选择Fe^{3+}。

5.1.2.4　判断氧化还原反应进行的程度

判断氧化还原反应进行的程度以及次序

所有的氧化还原反应原则上都可以构成原电池，正极电势高，负极电势低。随着反应的进行，正极氧化型物质浓度越来越低，电势不断降低；负极电势则随着还原型和氧化型物质浓度比的降低而增大，最终正极和负极电势相等，达到氧化还原的平衡状态。根据两个电极的电极电势，我们可以计算出氧化还原反应的平衡常数。

【例题5.7】 计算Cu-Zn原电池反应的平衡常数（忽略离子强度和副反应的影响）。

【解】 Cu-Zn原电池反应式为 $Zn+Cu^{2+} \rightleftharpoons Zn^{2+}+Cu$

此反应达到平衡时，反应的平衡常数为：

$$K^\ominus=\frac{c_{Zn^{2+}}/c^\ominus}{c_{Cu^{2+}}/c^\ominus}=\frac{c_{Zn^{2+}}/c^\ominus}{c_{Cu^{2+}}/c^\ominus}\tag{5.6}$$

反应刚开始时，$E_{Zn^{2+}/Zn}<E_{Cu^{2+}/Cu}$，随着反应进行，锌电极电极电势不断升高，铜电极电极电势不断降低，直到二者相等，达到氧化还原平衡状态：

$$E_{Zn^{2+}/Zn}=E^\ominus_{Zn^{2+}/Zn}-\frac{0.0592}{2}\lg\frac{1}{c_{Zn^{2+}}/c^\ominus}=E_{Cu^{2+}/Cu}$$
$$=E^\ominus_{Cu^{2+}/Cu}-\frac{0.0592}{2}\lg\frac{1}{c_{Cu^{2+}}/c^\ominus}$$

即

$$\frac{0.0592}{2}\lg\frac{c_{Zn^{2+}}/c^\ominus}{c_{Cu^{2+}}/c^\ominus}=E^\ominus_{Cu^{2+}/Cu}-E^\ominus_{Zn^{2+}/Zn}$$

因为
$$K^{\ominus}=\frac{c_{Zn^{2+}}/c^{\ominus}}{c_{Cu^{2+}}/c^{\ominus}}$$

所以
$$\lg K^{\ominus}=\frac{2(E^{\ominus}_{Cu^{2+}/Cu}-E^{\ominus}_{Zn^{2+}/Zn})}{0.0592}=37.2,\quad K^{\ominus}=1.6\times10^{37}$$

推而广之，对任意氧化还原反应而言：
$$\lg K^{\ominus}=\frac{z(E^{\ominus}_{正}-E^{\ominus}_{负})}{0.0592} \tag{5.7}$$

我们可以看出，对于氧化还原反应，两个电对的标准电极电势的差值越大，平衡常数越大，正反应进行得越彻底。需要注意的是，E 的大小可以用来判断氧化还原反应进行的程度，但不能说明反应的速率。

氧化还原反应浓度的影响

5.1.3 氧化还原滴定条件的选择

(1) 反应物浓度对反应速率的影响

一般来讲，增加反应物浓度都能加快反应速率。对于有 H^+ 参加的反应，提高酸度也能加快反应速率。

例：在酸性溶液中 $K_2Cr_2O_7$ 与 KI 的反应：
$$Cr_2O_7^{2-}+6I^-+14H^+ \rightleftharpoons 2Cr^{3+}+3I_2+7H_2O$$

此反应的速率较慢，通常采用增加 H^+ 和 I^- 浓度加快反应速率。实验证明：c_{H^+} 保持在 0.2～0.4 mol/L，KI 过量 5 倍，放置 5 min，反应可进行完全。

(2) 温度对反应速率的影响

氧化还原反应温度的影响

温度升高可以使反应速率加快，尤其对于速率较慢的氧化还原反应来说，温度的影响不能忽略。例如，当用 $KMnO_4$ 溶液滴定 $H_2C_2O_4$ 溶液时，由于室温下 MnO_4^{2-} 与 $C_2O_4^{2-}$ 的反应速率很慢，必须将溶液加热到 75～85 ℃。

但是，对于易挥发物质(如 I_2)，不能采用升高温度的方法加快反应速率。比如用重铬酸钾法标定硫代硫酸钠，因为碘分子易挥发，用重铬酸钾氧化碘离子的过程不能加热，只能通过增加反应时间来确保反应定量完成。

(3) 催化剂对反应速率的影响

氧化还原反应催化剂的影响

为了使反应符合滴定反应的要求，有时会使用催化剂加快反应速率，如 Ce^{4+} 氧化 AsO_2^- 的反应速率很慢，如加入少量的 KI 作为催化剂，则反应可以迅速进行。

有一类反应，例如高锰酸钾与草酸的反应，初反应即使在强酸溶液中加热至 80 ℃，反应速率仍相当慢，一旦反应发生，生成的 Mn^{2+} 就会起催化作用，使反应速率变快，这种由反应产物起催化作用的现象叫作自催化现象。

(4) 诱导反应对反应速率的影响

氧化还原反应诱导反应的影响

在氧化还原反应中，一种反应(主反应)的进行能够诱发原本反应速率极慢或不能进行的另一种反应的现象，叫作诱导作用。后一反应(副反应)叫作被诱导的反应(简称诱导反应)。

例如，$KMnO_4$ 氧化 Cl^- 的速率极慢，但是当溶液中同时存在 Fe^{2+} 时，由于
$$MnO_4^-+5Fe^{2+}+8H^+ \rightleftharpoons Mn^{2+}+5Fe^{3+}+4H_2O\text{(初级反应或主反应)}$$
$$2MnO_4^-+10Cl^-+16H^+ \rightleftharpoons 2Mn^{2+}+5Cl_2+8H_2O\text{(诱导反应)}$$

受到 MnO_4^- 与 Fe^{2+} 反应的诱导，MnO_4^- 与 Cl^- 发生反应。其中 MnO_4^- 称为作用体，Fe^{2+} 称为诱导体，Cl^- 称为受诱体。

诱导与催化不同，催化剂参加反应后，恢复至原来的状态，而在诱导反应中，诱导体参加反应后，变为其他物质，诱导反应增加了作用体高锰酸钾的消耗量而使分析结果产生误差，不利于滴定分析。但利用诱导效应的反应，可以进行选择性的分离和鉴定，如二价铅被 SnO_2^{2-} 还原为金属铅的反应很慢，但只要有少量的三价铋存在，便可立即还原，利用这一诱导反应鉴定三价铋，较之直接用 Na_2SnO_2 还原法鉴定三价铋要灵敏 250 倍。

5.1.4 氧化还原滴定曲线及指示剂选择

5.1.4.1 氧化还原滴定曲线

氧化还原滴定过程中被测试液的电极电势随着滴定剂的加入而变化，将二者关系绘制成图，即得氧化还原滴定曲线。因为氧化还原电对分为可逆电对和不可逆电对两大类。可逆电对在反应的任一瞬间能迅速地建立起氧化还原平衡（如 Fe^{3+}/Fe^{2+}，I_2/I^- 等），其实际电势与理论结果相差很小，可以根据理论计算结果绘制滴定曲线。不可逆电对在反应的瞬间不能建立氧化还原平衡（如 MnO_4^{2-}/Mn^{2+}，$Cr_2O_7^{2-}/Cr^{3+}$ 等），其实际电势与理论结果相差颇大，滴定曲线只能由实验数据来绘制。

氧化还原滴定曲线的绘制

现以 0.1000 mol/L $Ce(SO_4)_2$ 滴定 20.00 mL 0.1000 mol/L Fe^{2+} 溶液为例，说明滴定过程中滴定曲线的绘制步骤。设溶液的酸度为 1 mol/L H_2SO_4 时，$E^{\ominus}_{Fe^{3+}/Fe^{2+}}=0.68$ V；$E^{\ominus}_{Ce^{4+}/Ce^{3+}}=1.44$ V。

Ce^{4+} 滴定 Fe^{2+} 的反应式为：$Ce^{4+}+Fe^{2+} \rightleftharpoons Fe^{3+}+Ce^{3+}$

滴定过程中电位的变化可计算如下：

（1）滴定前

滴定前虽是 0.1000 mol/L 的 Fe^{2+} 溶液，但是由于空气中氧的氧化作用，不可避免地会有少量 Fe^{3+} 存在，组成 Fe^{3+}/Fe^{2+} 电对。但由于 Fe^{3+} 的浓度不确定，所以此时的电位无法计算。

（2）计量点前溶液中电极电势的计算

在化学计量点前，溶液中存在有 Fe^{3+}/Fe^{2+} 和 Ce^{4+}/Ce^{3+} 两个电对，由于溶液中 Ce^{4+} 浓度很小，很难直接求得，故此时可利用 Fe^{3+}/Fe^{2+} 电对计算 E 值。

当滴定了 99.9% 的 Fe^{2+} 时：

$$\begin{aligned} E &= E^{\ominus\prime}_{Fe^{3+}/Fe^{2+}} - 0.059\lg\frac{c_{Fe^{2+}}}{c_{Fe^{3+}}} \\ &= 0.68 - 0.059\lg 10^{-3} \\ &\approx 0.86\ \text{V} \end{aligned}$$

（3）化学计量点时，溶液电极电势的计算

化学计量点时，已加入 20.00 mL 0.1000 mol/L Ce^{4+} 标液，此时 Ce^{4+} 和 Fe^{3+} 的浓度均很小，不能直接求得，但两电对的电位相等，即

$$E_{Ce^{4+}/Ce^{3+}} = E_{Fe^{3+}/Fe^{2+}} = E_{sp}$$

$$E_{sp} = \frac{E_{Ce^{4+}/Ce^{3+}} + E_{Fe^{3+}/Fe^{2+}}}{2}$$

$$=\frac{E^{\ominus\prime}_{Ce^{4+}/Ce^{3+}}+E^{\ominus\prime}_{Fe^{3+}/Fe^{2+}}}{2}$$

$$=1.06\ V$$

对于一般的氧化还原反应：

$$n_2Ox_1+n_1Red_2 \rightleftharpoons n_1Ox_2+n_2Red_1$$

$$E_{sp}=\frac{n_1E^{\ominus\prime}_{Ox_1}/Red_1+n_2E^{\ominus\prime}_{Ox_2/Red_2}}{n_1+n_2} \tag{5.8}$$

(4) 化学计量点后溶液电极电势的计算

此时溶液中 Ce^{4+}、Ce^{3+} 浓度均容易求得，而 Fe^{2+} 则不易直接求出，故此时根据 Ce^{4+}/Ce^{3+} 电对计算 E 值比较方便。

$$E=1.44+0.059\lg\frac{c_{Ce^{4+}}}{c_{Ce^{3+}}}$$

例如，当 Ce^{4+} 有 0.1%过量(即加入 20.02 mL)时，则

$$E=1.44+0.059\lg\frac{0.1}{100}\approx 1.26\ V$$

同样可计算加入不同量的 Ce^{4+} 溶液时的电位值，将计算的结果绘制成滴定曲线，见图 5.2。

滴定曲线上滴定百分数由 99.9%到 100.1%之间的电势的变化量称为滴定突跃，突跃范围越大，滴定时准确度越高。电势滴定突跃范围是选择氧化还原指示剂的依据。借助指示剂目测化学计量点时，通常要求有 0.2 V 以上的电势突跃。

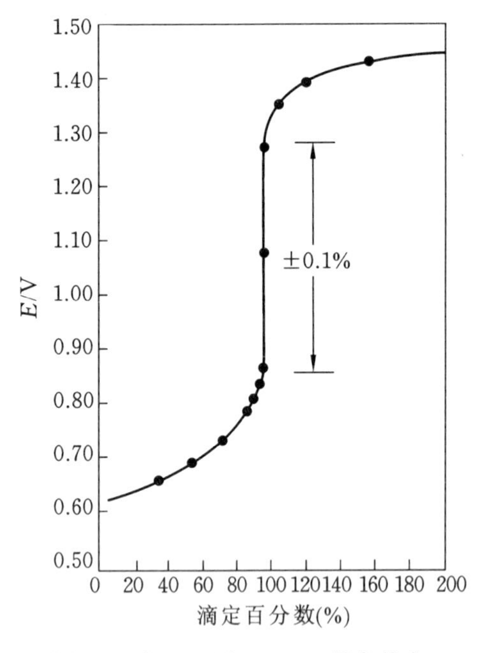

图 5.2　在 1 mol/L H_2SO_4 的条件中，用 0.1000 mol/L $Ce(SO_4)_2$ 标准溶液滴定 20.00 mL 0.1000mol/L Fe^{2+} 溶液

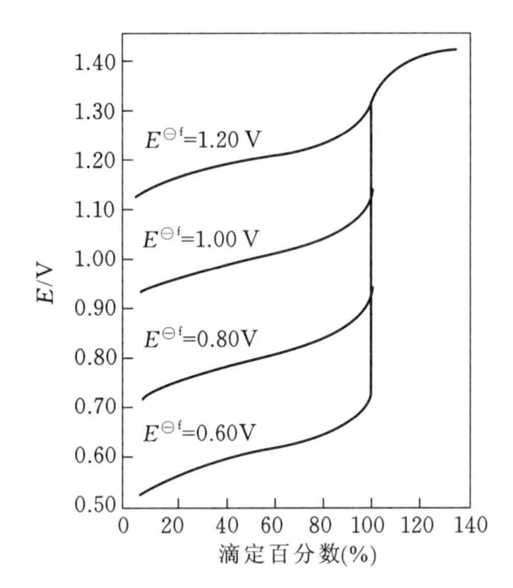

图 5.3　用 0.1000 mol/L $Ce(SO_4)_2$ 标准溶液滴定不同条件电势的 4 种还原剂

由滴定曲线的计算过程可知，滴定过程的电势突跃与两个电对的条件电极电势有关，差值越大，突跃越大。图 5.3 为 0.1000 mol/L Ce^{4+} 标准溶液滴定不同条件电极电势的 4 种还原剂溶液的滴定曲线(n 值均为 1，浓度均为 0.1000 mol/L，体积均为 50.00 mL)。因此，若要使滴定突跃明显，可设

法降低还原剂电对的电极电势，如加入配位剂，可生成稳定的配离子，以使电对的浓度比值降低，从而增大突跃。此外，电势突跃还与滴定剂和被滴定剂的浓度有关，滴定剂和被滴定剂的浓度越大，滴定突跃越大。

5.1.4.2　氧化还原指示剂

在氧化还原滴定中，除了用电位法确定终点外，通常是用指示剂法来指示滴定终点。常用的指示剂有三种：

氧化还原滴定指示剂的选择

（1）自身指示剂

有些滴定剂本身或被测物本身有颜色，其滴定产物无色或颜色很浅，这样滴定到出现颜色说明到终点，利用本身的颜色变化起指示剂的作用叫自身指示剂。如高锰酸钾滴定还原性物质时，只要过量的高锰酸钾达到 2×10^{-6} mol/L，溶液就呈粉红色。

（2）显色指示剂

有些物质本身不具有氧化还原性，但能与滴定剂或被滴定物作用产生颜色指示终点。如淀粉遇碘生成蓝色配合物（碘的浓度可小至 2×10^{-6} mol/L），当碘分子被还原为碘离子时，蓝色消失。蓝色的出现或消失表示到达终点，因此在碘量法中，可用淀粉溶液作指示剂。在室温下，用淀粉可检出约 10^{-5} mol/L 的碘溶液。温度升高，灵敏度降低。

（3）氧化还原指示剂

氧化还原指示剂是一些复杂的有机化合物，它们本身具有氧化还原性质，其氧化型与还原型具有不同的颜色。在滴定过程中，随溶液电极电势的变化，指示剂氧化型和还原型的浓度比逐渐改变，使溶液颜色发生变化。

表5.1列出的是常用的氧化还原指示剂。在氧化还原滴定中，要选择变色点的电极电势处于滴定体系的电极电势突跃范围内的指示剂。

表5.1　常用的氧化还原指示剂

指示剂	颜色变化		变色点条件电极电势 $c_{H^+}=1$ mol/L
	还原型	氧化型	
次甲基蓝	无色	蓝色	+0.53
二苯胺	无色	紫色	+0.76
二苯胺磺酸钠	无色	紫红色	+0.85
邻苯氨基苯甲酸	无色	紫红色	+0.89
邻二氮菲-亚铁	红色	淡蓝色	+1.06

5.1.5　氧化还原滴定法的分类

氧化还原滴定法是重要的滴定分析方法，尤其对有机物测定来说是应用广泛。氧化还原反应较酸碱反应、配位反应复杂，不仅存在氧化还原平衡，还受反应速率制约，所以这里要特别注意控制反应条件，另外，实际样品分析时，还需要被测组分呈一定价态，所以滴定之前的预处理也必须要掌握。下面把它结合在具体的测定方法里介绍。

5.1.5.1 高锰酸钾法

高锰酸钾法

(1) 概述

高锰酸钾是一种强氧化剂，在不同酸度条件下，其氧化能力不同。

强酸性：　$MnO_4^- + 8H^+ + 5e^- \rightleftharpoons Mn^{2+} + 4H_2O, E^{\ominus} = 1.49\ V$

中　性：　$MnO_4^- + 2H_2O + 3e^- \rightleftharpoons MnO_2 + 4OH^-, E^{\ominus} = 0.59\ V$

一般控制溶液的 H^+ 浓度为 0.5～1 mol/L。酸度过高会导致 $KMnO_4$ 分解，酸度过低会产生 MnO_2 沉淀。调节酸度时用硫酸，因为硝酸具有氧化性，会消耗还原剂；盐酸具有还原性，会被 $KMnO_4$ 氧化。

高锰酸钾法的优点是氧化能力强，可直接或间接测定多种无机物和有机物，而且本身可作为指示剂。缺点是高锰酸钾标准溶液不够稳定，滴定的选择性较差。

(2) 高锰酸钾标准滴定溶液的配制

市售 $KMnO_4$ 常含有二氧化锰及其他杂质，纯度一般为 99%～99.5%，达不到基准物质的要求。同时，蒸馏水中也常含有少量的还原性物质，$KMnO_4$ 会与之逐渐反应生成氢氧化锰，从而促使 $KMnO_4$ 溶液进一步分解，因此 $KMnO_4$ 标准溶液多采用间接法配制。

$KMnO_4$ 标准溶液配制方法如下：称取稍多于理论量的 $KMnO_4$ 溶于一定体积的蒸馏水中，加热至沸，保持微沸约 1 h，使溶液中可能存在的还原性物质完全氧化，放置 2～3 d，用微孔玻璃漏斗或玻璃棉滤去二氧化锰沉淀，滤液储于棕色瓶中，暗处保存。然后用基准物质标定溶液。

标定 $KMnO_4$ 的基准物质有：$Fe(NH_4)_2(SO_4)_2 \cdot 6H_2O$、$As_2O_3$、$Na_2C_2O_4$、$H_2C_2O_4 \cdot H_2O$ 等。其中草酸钠因不含结晶水，没有吸湿性，受热稳定，易于纯制，最为常用。草酸钠标定高锰酸钾反应如下：

$$2MnO_4^- + 5C_2O_4^{2-} + 16H^+ \rightleftharpoons 2Mn^{2+} + 10CO_2 + 8H_2O$$

为使标定准确，需注意以下滴定条件：

① 温度：此反应在室温下反应速率极慢，需加热至 75～85 ℃，但若超过 90 ℃，$H_2C_2O_4$ 会分解($H_2C_2O_4 = CO_2\uparrow + CO\uparrow + H_2O$)，滴定结束时，温度应不低于 60 ℃。

② 酸度：酸度过低，MnO_4^- 会部分分解生成 MnO_2；酸度过高，会促使草酸分解。一般滴定开始时，最佳酸度为 1 mol/L。为防止 MnO_4^- 氧化 Cl^- 的反应发生，应在硫酸介质中进行标定。

③ 滴定速度：若开始滴定速度太快，加入的 $KMnO_4$ 来不及与 $C_2O_4^{2-}$ 反应，而发生分解反应，$4MnO_4^- + 4H^+ = 4MnO_2\downarrow + 3O_2\uparrow + 2H_2O$ 使标定结果偏低，且生成 MnO_2 棕色沉淀影响终点观察。只有滴入的高锰酸钾反应生成二价锰离子作为催化剂后，滴定才可逐渐加快，或者事先加入少量 Mn^{2+} 加速反应。滴定至出现淡红色且在 30 s 不褪即到达终点，若放久，由于空气中的还原性气体和灰尘都能与高锰酸根作用而使红色消失。

(3) 高锰酸钾法的应用示例

① 直接滴定测定 H_2O_2

在酸性溶液中 H_2O_2 被 $KMnO_4$ 定量氧化，其反应为：

$2MnO_4^- + 5H_2O_2 + 6H^+ \rightleftharpoons 2Mn^{2+} + 5O_2 + 8H_2O$，可加少量 Mn^{2+} 催化反应。

市售过氧化氢为 30% 的水溶液，浓度过大，必须经过适当稀释后方可滴定。H_2O_2 样品还时常加有少量乙酰苯胺、尿素或丙乙酰胺等作稳定剂，这些物质也有还原性，能使终点滞后，造成误差。在这种情况下，以采用碘量法测定为宜。

其他还原性物质，如亚铁盐、亚砷酸盐、亚硝酸盐、过氧化物及草酸盐等也可用 $KMnO_4$ 直接滴定来测定。

② 返滴定测定 MnO_2 等

在含有 MnO_2 试液中加入过量、计量的 $C_2O_4^{2-}$，在酸性介质中发生反应：

$$MnO_2+C_2O_4^{2-}+4H^+ \rightleftharpoons Mn^{2+}+2CO_2+2H_2O$$

待反应完全后，用 $KMnO_4$ 标准溶液返滴定剩余的 $C_2O_4^{2-}$，可求得 MnO_2 的含量。采用返滴定法，还可以测定如 MnO_4^-、PbO_2、CrO_4^-、$S_2O_8^{2-}$、ClO_3^-、BrO_3^- 和 IO_3^- 等一些强氧化剂。

③ 间接滴定测定 Ca^{2+}

先用 $C_2O_4^{2-}$ 将 Ca^{2+} 全部沉淀为 CaC_2O_4，沉淀经过滤、洗涤后溶于稀硫酸，然后用 $KMnO_4$ 标准溶液滴定生成的 $H_2C_2O_4$，间接测得 Ca^{2+} 的含量。此外 Ba^{2+}、Zn^{2+} 和 Cd^{2+} 等金属盐，都可以用间接滴定来测定含量。

④ 碱性溶液中测定具有还原性的有机物

以测定甘油为例。将一定量的碱性(2 mol/L NaOH)$KMnO_4$ 标准溶液与含有甘油的试液反应：

$$\underset{\displaystyle OH}{\underset{|}{CH_2}}-\underset{\displaystyle OH}{\underset{|}{CH}}-\underset{\displaystyle OH}{\underset{|}{CH_2}}+14MnO_4^-+20OH^- = 3CO_3^{2-}+14MnO_4^{2-}+14H_2O$$

待反应完全后，将溶液酸化 MnO_4^{2-} 歧化成 MnO_4^- 和 MnO_2，加入过量、计量的还原剂标准溶液，使所有的锰还原为 Mn^{2+}，再用 $KMnO_4$ 标准溶液滴定剩余的还原剂，据此计算出甘油的含量。甲醇、甲醛、甲酸、甘油、乙醇酸、酒石酸、柠檬酸、水杨酸、葡萄糖等均可用此法测定含量。

5.1.5.2　重铬酸钾法

重铬酸钾法

(1) 概述

$K_2Cr_2O_7$ 是一种常用的氧化剂，在酸性介质中的半反应为：

$$Cr_2O_7^{2-}+6e^-+14H^+ \rightleftharpoons 2Cr^{3+}+7H_2O \quad E^{\ominus}=1.33\ V$$

$K_2Cr_2O_7$ 法与 $KMnO_4$ 法相比有如下特点：①$K_2Cr_2O_7$ 易提纯，较稳定，在 140～150 ℃干燥后，可作为基准物质直接配制标准溶液；②$K_2Cr_2O_7$ 标准溶液非常稳定，可以长期保存在密闭容器内，溶液浓度不变。③室温下 $K_2Cr_2O_7$ 不与 Cl^- 作用，故可以在 HCl 介质中作滴定剂。④$K_2Cr_2O_7$ 本身不能作为指示剂，需外加指示剂。常用二苯胺磺酸钠或邻苯氨基苯甲酸。

$K_2Cr_2O_7$ 法最大缺点是：六价铬是致癌物，废水会污染环境，应对实验产生的废水加以处理，不能直接排放。

(2) $K_2Cr_2O_7$ 法应用示例

重铬酸钾法有直接、间接法之分，对有机试样，常在其硫酸溶液中加入过量的重铬酸钾标准溶液，加热至一定温度，冷后稀释，再用硫酸亚铁铵标液返滴定，如测电镀液中的有机物，将二苯胺磺酸钠作指示剂。

铁矿中全铁的测定：

试样加热分解，先用氯化亚锡在热浓 HCl 中将三价铁还原为二价铁，冷却后用氯化汞氧化过量的氯化亚锡；加硫酸、磷酸混合酸，以二苯胺磺酸钠为指示剂，重铬酸钾溶液滴定试液，终点为溶液由浅绿变为紫红色。

其中加入硫酸的目的是保证足够酸度。加入磷酸的目的是与滴定过程中生成的三价铁作用，生成$[Fe(PO_4)_2]^{3-}$(无色)络离子，消除三价铁的黄色，有利于观察终点；并且可以降低铁电对的电极电势，使二苯磺酸钠变色点的电位落在滴定的突跃范围内。

这是测铁的经典方法，简便、快速、准确，但汞有毒，环境污染严重。

现介绍氯化亚锡-三氯化钛联合还原剂测定法：试样用硫酸-磷酸混合酸溶解后，先用氯化亚锡把大部分三价铁变为二价铁，然后以钨酸钠作指示剂，用三氯化钛还原剩余的三价铁，当过量一滴三氯化钛时，出现蓝色，30 s 不褪即可。加水稀释后，以二价铜为催化剂，稍过量的三价钛被水中溶解氧氧化为四价钛，$4Ti^{3+}+O_2+6H_2O=4TiO_2+12H^+$，钨蓝也受氧化，蓝色褪去，或直接滴加重铬酸钾至蓝色褪去，预还原步骤完成，此时应立即用重铬酸钾标准溶液滴定，以免空气中氧气氧化二价铁而引起误差。溶液变成紫红色即为终点。为不使终点提前，须在磷硫混合酸介质中进行测定。

5.1.5.3 碘量法

碘量法定义、间接碘量法反应条件

(1) 概述

碘量法是以 I_2 作为氧化剂或以 I^- 作为还原剂进行测定的分析方法。由于固体碘分子在水中的溶解度很小且易挥发，常把碘分子溶于过量 KI 溶液中，以 I_2 和 I_3^- 的形式存在，其半反应为 $I_3^-+2e^- \rightleftharpoons 3I^-$，为简化并强调化学计量关系，一般仍简写成 I_2。

由于 I_3^-/I^- 电对的 $E^\ominus=0.545$ V，I_3^- 是较弱的氧化剂，I^- 是中等强度的还原剂。用碘标准溶液直接滴定 SO_3^{2-}、As(Ⅲ)、$S_2O_3^{2-}$、维生素 C 等较强的还原剂，这种方法称为直接碘量法或碘滴定法。而利用 I^- 的还原性，使它与许多氧化性物质如 $Cr_2O_7^{2-}$、MnO_4^{2-}、BrO_3^-、H_2O_2 等反应，定量地析出 I_2，然后用 $Na_2S_2O_3$ 溶液滴定 I_2，以间接地测定这些氧化性物质，这种方法称间接碘量法或滴定碘法。

碘量法中 I_3^-/I^- 电对的可逆性好，其电极电势在很宽的 pH 范围内不受溶液酸度及其他配位剂的影响，且副反应少。碘量法采用的淀粉指示剂，灵敏度比较高。这些优点使得碘量法的应用非常广泛。

碘量法的两个主要误差来源是：碘分子易挥发及在酸性溶液中 I^- 容易被空气氧化。为了减少碘分子的挥发和碘离子与空气的接触，滴定最好在碘量瓶中进行，且置于暗处；滴定时不要剧烈摇荡。为了防止 I^- 被氧化，一般反应后应立即滴定，且滴定是在中性或弱酸性溶液中进行。

(2) 标准滴定溶液的配制和标定

碘量法中使用的标准溶液是硫代硫酸钠溶液和碘液。

① 碘标准滴定溶液的配制

市售碘不纯，用升华法可得到纯碘分子，用它可直接配成标准溶液，但由于碘分子的挥发性及对分析天平的腐蚀性，一般将市售碘配制成近似浓度，再标定。

配制方法：将一定量碘分子与 KI 一起置于研钵中，加少量水研磨，使碘分子全部溶解，再用水稀释至一定体积，放入棕色瓶保存，避免碘液与橡皮等有机物接触，否则碘易与有机物作用，会使碘溶液浓度改变。

碘的浓度也可用标定好的硫代硫酸钠标液作为二极基准来标定。

② 硫代硫酸钠标准滴定溶液的配制

硫代硫酸钠带 5 个结晶水易风化，并含少量 S、Na_2CO_3、Na_2SO_4、Na_2SO_3、NaCl 等杂质，不能作为基准物质，只能采用间接法配制，配制好的硫代硫酸钠也不稳定，因为水中溶有 CO_2，呈弱酸性，而硫代硫酸钠在酸性溶液中会缓慢分解，水中微生物会消耗硫代硫酸钠中的 S，空气会氧化还原性较强的硫代硫酸钠。

硫代硫酸钠溶液的配制方法：使用新煮沸并冷却了的蒸馏水，煮沸的目的是除去水中溶解的 CO_2、O_2，并杀死细菌，同时加入少量碳酸钠使溶液呈弱碱性，以抑制细菌生长，配好的溶液置于棕色瓶中以防光照分解，一段时间后应重新标定，如发现有混浊(S 沉淀)，应重配或过滤再标定。

标定硫代硫酸钠可用重铬酸钾、碘酸钾等基准物质，常用重铬酸钾。

(3) 碘量法滴定方式及应用

① 直接碘量法

凡是能被碘直接氧化的物质，只要反应速率足够快，就可以采用直接碘量法进行测定。比如硫化物、亚硫酸盐、亚砷酸盐、亚锡酸盐、亚锑酸盐、安乃近、维生素 C 等。

例如维生素C的测定：维生素C中的烯二醇具有还原性，能被I_2定量地氧化成二酮基。

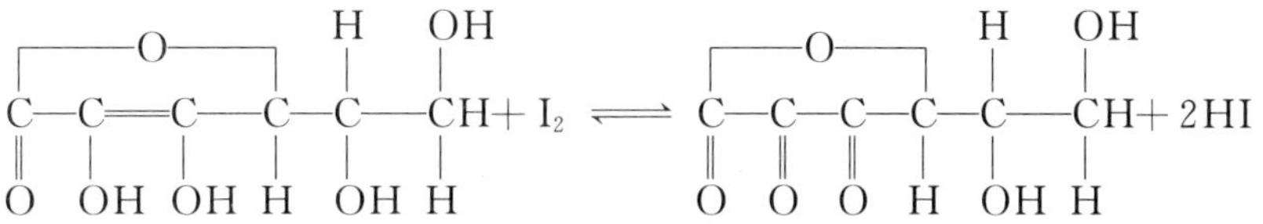

```
┌────O────┐      H    OH              ┌────O────┐      H    OH
│         │      │    │               │         │      │    │
C──C══C───C──C───CH + I₂  ⇌  C──C──C──C──C───CH + 2HI
‖   │  │  │   │   │              ‖  ‖  ‖  │  │   │
O  OH OH  H  OH   H              O  O  O  H OH   H
```

由于维生素C的还原性很强，碱性条件下很容易被空气氧化，所以滴定时加入一些醋酸，以淀粉为指示剂，用碘标准溶液进行滴定。

② 返滴定碘量法

为了使被测定的物质与I_2充分作用并达到完全，先加入过量I_2溶液，然后再用硫代硫酸钠标准溶液返滴定剩余的I_2。例如甘汞、甲醛、焦亚硫酸钠、蛋氨酸、葡萄糖等具有还原性的物质，都可用本法进行测定。此外，像安替比林、酚酞等能和过量I_2溶液产生取代反应的物质，以及制剂中的咖啡因等能和过量I_2溶液生成络合物沉淀的物质，也可用本法测定含量。

应用本法时，一般都在条件完全相同的情况下做一空白滴定（不加样品，加入定量的I_2溶液，用硫代硫酸钠标准溶液滴定），这样既可以免除一些仪器、试剂及用水误差，又可从空白滴定与回滴的差数求出被测物质的含量，而无须标定I_2标准溶液。

③ 间接碘量法

间接碘量法是利用碘离子的还原性测定氧化性物质的方法。先使氧化性物质与过量KI反应定量析出碘分子，然后用硫代硫酸钠滴定I_2，求得待测组分含量。

利用这一方法可以测定很多氧化性物质，如ClO_3^-、ClO^-、CrO_4^{2-}、IO_3^-、BrO_3^-等，以及能与CrO_4^{2-}生成沉淀的阳离子如Pb^{2+}、Ba^{2+}等，所以间接碘量法应用相当广泛。

5.1.6　知识扩展

5.1.6.1　硫酸铈法

硫酸高铈$Ce(SO_4)_2$是一种强氧化剂，但要在酸度较高的溶液中使用，因在酸度较低的溶液中Ce^{4+}易水解。Ce^{4+}/Ce^{3+}电对的电极电势决定于酸的浓度和阴离子的种类。因为在$HClO_4$中Ce^{4+}不形成配合物，在其他酸中Ce^{4+}都可能与相应的阴离子如Cl^-和SO_4^{2-}等形成配合物，所以在分析上$Ce(SO_4)_2$在$HClO_4$或HNO_3溶液中比在H_2SO_4溶液中使用得更为广泛。

在H_2SO_4介质中，$Ce(SO_4)_2$的条件电极电势介于$KMnO_4$与$K_2Cr_2O_7$之间，能用$KMnO_4$法测定的物质，一般也能用硫酸铈法定。与高锰酸钾法相比，硫酸铈法具有如下的特点：

(1) Ce^{4+}还原为Ce^{3+}时，只有一个电子的转移：$Ce^{4+}+e \rightarrow Ce^{3+}$。

在还原过程中不生成中间价态的产物，反应简单，没有诱导反应。能在多种有机物（如醇类、甘油、醛类等）存在下测定Fe^{2+}而不发生诱导氧化。

(2) 能在较高浓度的盐酸中滴定还原剂。

(3) 可由易于提纯的$Ce(SO_4)_2 \cdot 2(NH_4)_2SO_4 \cdot 2H_2O$直接配制标准溶液，不必进行标定。铈的标准溶液很稳定，放置较长时间或加热煮沸也不易分解，而且铈不像在重铬酸钾法中六价铬那样有毒，因此在废液处理上较为方便。

(4) 在酸度较低（$c_{H^+}<1$ mol/L）时，磷酸有干扰，它可能生成磷酸高铈沉淀。

(5) $Ce(SO_4)_2$溶液呈橙黄色，Ce^{3+}无色，用0.1 mol/L $Ce(SO_4)_2$滴定无色溶液时，可用它自身作指示剂，但灵敏度不高。由于Ce^{4+}的橙黄色随温度升高而加深，所以在热溶液中滴定时终点变色较明显。如用邻二氮杂菲-亚铁作指示剂，则终点时变色敏锐，效果更好。

5.1.6.2 条件电极电势

氧化还原半反应(redox half-reaction)为

$$a\text{Ox}+ne^{-}═══b\text{Red}$$

氧化型　　　　还原型

对于可逆的氧化还原电对，其电势可用能斯特方程式(Nernst equation)表示

$$E=E^{\ominus}-\frac{0.0592}{z}\lg\frac{\{c_{\text{还原型}}/c^{\ominus}\}^{a}}{\{c_{\text{氧化型}}/c^{\ominus}\}^{b}}$$

式中 $E^{\ominus}$ 电对的标准电极电势是指在一定温度下(通常为 25 ℃)，$c_{\text{还原型}}=c_{\text{氧化型}}=1$ mol/L 时(若反应物有气体参加，则其分压等于 100 kPa)的电极电势。

实际上通常知道的是离子的浓度而不是活度，为简化起见，往往忽略溶液中离子强度的影响，以浓度代替活度来进行计算，但在实际工作中，溶液的离子强度常常是较大的，这种影响往往不能忽略。此外，当溶液组成改变时，电对的氧化型和还原型的存在形式也往往随之改变，从而引起电极电势的变化。因此，用能斯特方程式计算有关电对的电极电势时，如果采用该电对的标准电极电势，不考虑这两个因素，则计算的结果与实际情况就会相差较大。

根据能斯特方程推导，$E^{\ominus\prime}$条件电极电势，亦称为克式量电位，它是在特定条件下，氧化型和还原型的总浓度均为 1 mol/L 时的实际电极电势，它在条件不变时为一常数。

一般通式为：

$$E^{\ominus\prime}=E^{\ominus}-\frac{0.0592}{z}\lg\frac{\{\gamma_{\text{氧化型}}c_{\text{还原型}}\}^{a}}{\{\gamma_{\text{还原型}}c_{\text{氧化型}}\}^{b}} \tag{5.9}$$

标准电极电势与条件电极电势的关系，与在配位反应中的稳定常数 K 和条件稳定常数 K'的关系相似。显然，在引入条件电极电势后，处理问题就比较符合实际情况。

条件电极电势的大小，反映了在外界因素影响下，氧化还原电对的实际氧化还原能力。应用条件电极电势比用标准电极电势能更正确地判断氧化还原反应的方向、次序和反应完成的程度。附表 5 列出了部分氧化还原半反应的条件电极电势。在处理有关氧化还原反应的电位计算时，采用条件电极电势是较为合理的，但由于条件电极电势的数据目前还较少，在缺乏数据的情况下，亦可采用相近条件下的条件电极电势或根据标准电极电势并通过能斯特方程式来考虑外界因素的影响。

外界条件对电极电势的影响：

(1) 离子强度的影响。离子强度较大时，活度系数远小于 1，活度与浓度的差别较大，若用浓度代替活度，用能斯特方程式计算的结果与实际情况有差异。但由于各种副反应对电势的影响远比离子强度的影响大，同时离子强度的影响又难以校正。因此一般都忽略离子强度的影响。

(2) 副反应的影响。在氧化还原反应中，常利用沉淀反应和配位反应使电对的氧化型或还原型的浓度发生变化，从而改变电对的电极电势。当加入一种可与电对的氧化型或还原型生成沉淀的沉淀剂时，电对的电极电势就会发生改变。氧化型生成沉淀时使电对的电极电势降低，而还原型生成沉淀时则使电对的电极电势升高。

(3) 酸度的影响。若有 H^{+} 或 OH^{-} 参加氧化还原半反应，则酸度变化直接影响电对的电极电势。

5.1.7 本项目知识结构框图

本项目知识结构框图见二维码。

知识框图

5.2　项目实施

5.2.1　碘量法测定水泥中三氧化硫含量

【任务书】

“建材化学分析技术”课程项目任务书

任务名称：碘量法测定水泥中三氧化硫含量

实施班级：______________　　　实施小组：____________________

任务负责人：___________　　　组员：__________、__________、__________、__________

起止时间：_____年_____月_____日至_____年_____月_____日

任务目标：

(1) 掌握碘量法测定水泥中三氧化硫的原理和方法。

(2) 能配制重铬酸钾标准滴定溶液。

(3) 能配制硫代硫酸钠标准滴定溶液。

(4) 能准备测定所用仪器及其他试剂。

(5) 能完成碘量法测定水泥中三氧化硫含量。

(6) 能够完成测定结果的处理和报告撰写。

任务要求：

(1) 提前准备好测试方案。

(2) 按时间有序入场进行任务实施。

(3) 按要求准时完成任务测试。

(4) 按时提交项目报告。

“建材化学分析技术”课程组印发

【任务解析】

水泥化学分析中，三氧化硫一般是指硫酸盐(硫酸钙)的含量，测定结果用三氧化硫计，三氧化硫主要是在磨制水泥时作为缓凝剂定量加入的石膏和煅烧熟料的原材料少量带入的，适量的三氧化硫能调节水泥凝结时间，改善水泥性能，便于水泥在工程中使用。但是，三氧化硫含量超过一定量之后，由于硫酸钙水化速度较快，水化后的大量晶体硫酸钙产生体积膨胀，破坏水泥石的结构，影响水泥凝结时间和强度。因此通用硅酸盐水泥标准中对三氧化硫有明确限量规定，准确测定硅酸盐水泥试样中三氧化硫的含量，显得尤为重要。

水泥中 SO_3 的测定，是水泥生产控制分析的主要项目之一。其 SO_3 主要以硫酸盐形式引入(水泥中掺加的不同品种的石膏)；其次是以硫化物形式引入。测定 SO_3 有多种方法，其中碘量法测定水泥中的 SO_3，具有应用广泛、操作简便、仪器设备简单，受干扰较小，结果较准确，具有很强适用性的特点，并可以分别测定水泥中硫酸盐中硫和硫化物中硫的含量。

(1) 水泥中硫酸盐硫的测定原理：准确称取一定量的水泥试料，以 H_3PO_4(相对密度 1.70)进行预处理，在加热条件下，试料中硫化物（如 FeS、MnS、CaS 等）可在酸性溶液中分解，其硫以 H_2S 气体逸出。

$$3FeS + 2H_3PO_4 = Fe_3(PO_4)_2 + 3H_2S\uparrow$$

$$3MnS + 2H_3PO_4 = Mn_3(PO_4)_2 + 3H_2S\uparrow$$

$$3CaS + 2H_3PO_4 = Ca_3(PO_4)_2 + 3H_2S\uparrow$$

试料经预处理后，加入 $SnCl_2$-H_3PO_4 溶液，其硫酸盐硫被 $SnCl_2$ 定量还原为 H_2S。

$$SO_4^{2-} + 4Sn^{2+} + 10H^+ = H_2S\uparrow + 4Sn^{4+} + 4H_2O$$

反应生成的 H_2S 以 Zn-NH_3 吸收液吸收，形成 ZnS 沉淀。

$$[Zn(NH_3)_4]^{2+} + H_2S + 2H_2O = ZnS\downarrow + 2NH_3 \cdot H_2O + 2NH_4^+$$

在形成 ZnS 沉淀的吸收液中，加入一定量、过量的 KIO_3 标准滴定溶液及 H_2SO_4 溶液，在酸性溶液中 ZnS 沉淀转化成的 H_2S 将与 KIO_3 和 KI 反应生成的 I_2 发生氧化还原反应。

$$IO_3^- + 5I^- + 6H^+ = 3I_2 + 3H_2O$$

$$ZnS + 2H^+ = Zn^{2+} + H_2S$$

$$I_2 + H_2S = 2HI + S\downarrow$$

溶液中剩余的 I_2，用 $Na_2S_2O_3$ 标准滴定溶液返滴定至淡黄色，再加入 1% 的淀粉指示剂，继续滴定至蓝色消失，即为终点。

$$I_2 + 2S_2O_3^{2-} = 2I^- + S_4O_6^{2-}$$

根据 KIO_3 和 $Na_2S_2O_3$ 两种标准滴定溶液的浓度和体积，即可求出水泥中硫酸盐硫（SO_3）的含量。

（2）水泥中硫化物硫（SO_3）的测定原理：测定水泥中硫化物硫是用盐酸分解试料，即在试料中加入 $SnCl_2$-HCl 溶液，使试料分解：

$$FeS + 2HCl = FeCl_2 + H_2S\uparrow$$

$$MnS + 2HCl = MnCl_2 + H_2S\uparrow$$

$$CaS + 2HCl = CaCl_2 + H_2S\uparrow$$

其中 $SnCl_2$ 的作用是消除 Fe^{3+} 的干扰。反应生成的 H_2S 被 Zn-NH_3 吸收液吸收，生成 ZnS 沉淀。然后向吸收液中加入一定量、过量的 KIO_3 标准滴定溶液，在 H_2SO_4 介质中，ZnS 溶解生成的 H_2S 与 KIO_3 所析出的 I_2 作用，剩余的 I_2 用 $Na_2S_2O_3$ 标准滴定溶液滴定。反应式同硫酸盐的测定。试样中除硫化物和硫酸盐外，其他状态的硫会给测定结果造成误差。

5.2.1.1 准备工作

（1）任务所需试剂

碘量法测定水泥中三氧化硫含量1

① 明胶溶液（5 g/L）。

② 淀粉指示剂溶液（10 g/L）。

③ 氯化亚锡-磷酸溶液（100 g/L）。

④ 氨性硫酸锌溶液（100 g/L）。

⑤ 重铬酸钾基准溶液（$c_{1/6K_2Cr_2O_7} = 0.0300$ mol/L）。

⑥ 碘酸钾标准滴定溶液（$c_{1/6KIO_3} = 0.03$ mol/L）。

⑦ 硫代硫酸钠标准滴定溶液（$c_{Na_2S_2O_3} = 0.03$ mol/L）。

（2）任务所需仪器

定硫仪装置 1 套（图 5.4）、干燥箱 101-1 型等常用滴定器皿、常用容量分析器皿。

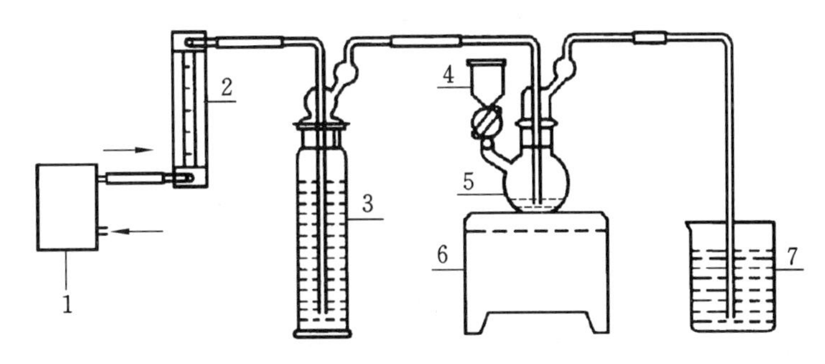

图 5.4　定硫仪装置示意图

1—吹气泵；2—转子流量计；3—洗气瓶，250 mL，内盛 100 mL 硫酸铜溶液(50 g/L)；4—分液漏斗，20 mL；
5—反应瓶，100 mL；6—电炉，600 W，与 1～2 kVA 调压变压器相连接；
7—烧杯，400 mL，内盛 20 mL 氨性硫酸锌溶液和 300 mL 水

5.2.1.2　操作步骤

(1) 配制重铬酸钾基准溶液($c_{1/6K_2Cr_2O_7}=0.0300$ mol/L)

准确称取 1.4710 g 已在 150～180 ℃烘干 2 h 的重铬酸钾基准试剂，精确至 0.0001 g，置于烧杯中，用 100～150 mL 水溶解后，移入 1000 mL 容量瓶中，用水稀释至标线，摇匀。

(2) 配制碘酸钾标准滴定溶液($c_{1/6KIO_3}=0.03$ mol/L)

粗配：准确称取 5.4 g 碘酸钾溶于 200 mL 新煮沸过的冷水中，加入 5 g 氢氧化钠及 150 g 碘化钾，溶解后再以新煮沸过的冷水稀释至 5 L，摇匀，储存于棕色瓶中。

标定：从滴定管中缓慢放出 15.00 mL 碘酸钾标准滴定溶液于 200 mL 锥形瓶中，加入 25 mL 水及 10 mL 硫酸(1+2)，在摇动下用硫代硫酸钠标准滴定溶液滴定至淡黄色后，加入约 2 mL 淀粉溶液，再继续滴定至蓝色消失。

(3) 配制硫代硫酸钠标准滴定溶液($c_{Na_2S_2O_3}=0.03$ mol/L)

粗配：将 37.5 g 硫代硫酸钠($Na_2S_2O_3 \cdot 5H_2O$)溶于 200 mL 新煮沸过的冷水中，加入约 0.5 g 无水碳酸钠，搅拌溶解后再以新煮沸过的冷水稀释至 5 L，摇匀，储存于棕色瓶中。

标定：吸取 15.00 mL 重铬酸钾基准溶液放入带有磨口塞的 200 mL 锥形瓶中，加入 3 g 碘化钾(KI)及 50 mL 水，搅拌溶解后，加入 10 mL 硫酸(1+2)，盖上磨口塞，于暗处放置 15～20 min。用少量水冲洗瓶壁和瓶塞，用硫代硫酸钠标准滴定溶液滴定至淡黄色后，加入约 2 mL 淀粉溶液，再继续滴定至蓝色消失。

(4) 水泥中硫酸盐中硫的测定

① 向 400 mL 烧杯中加入 20 mL 氨性硫酸锌溶液和 300 mL 水，按照图 5.4 将玻璃导气管插入到烧杯中。

② 称取约 0.5 g 水泥试样(m)，精确至 0.0001 g，置于 100 mL 的干燥反应瓶中，加入 10 mL 磷酸，置于小电炉上加热至沸，并继续在微沸下加热至无大气泡、液面平静、无白烟出现时为止。取下放至冷却后，向反应瓶中加入 10 mL 氯化亚锡-磷酸溶液，按图 5.4 连接各部件。

碘量法测定水泥中三氧化硫含量2

③ 启动空气泵，控制气体流量为 100～150 mL/min(每秒四五个气泡)，加热煮沸并微沸 15 min，停止加热。

警示：实验结束时反应瓶中的溶液温度较高，注意冷却后再洗涤反应瓶。

④ 关闭空气泵，把插入吸收液内的玻璃导气管作为搅棒，将溶液冷却至室温，加入 10 mL 明胶溶液，加入 15.00 mL 碘酸钾标准滴定溶液(V_1)，充分搅拌后加入 40 mL 盐酸(1+1)，用硫代硫酸钠标准滴定溶液滴定至淡黄色，加入 2 mL 淀粉溶液，继续滴定至蓝色消失(V_2)。如果 V_2 小于 1.5 mL，用

减少一半的试样质量重新实验。进行空白实验。

5.2.1.3 数据记录与结果计算

水泥中三氧化硫的含量按下式计算：

$$w_{SO_3}=T_{SO_3/K_2Cr_2O_7}\times\frac{V_1-K_2\times V_2-(V_{01}-K_2\times V_{02})}{m}\times100\% \quad (5.10)$$

式中 w_{SO_3}——硫酸盐三氧化硫的质量分数，%；

V_1——加入碘酸钾标准滴定溶液的体积，mL；

K_2——碘酸钾标准滴定溶液与硫代硫酸钠标准滴定溶液的体积比；

V_2——滴定时消耗硫代硫酸钠标准滴定溶液的体积，mL；

V_{01}——空白实验加入碘酸钾标准滴定溶液的体积，mL；

V_{02}——空白实验消耗硫代硫酸钠标准滴定溶液的体积，mL；

m——试样的质量，g；

$T_{SO_3/K_2Cr_2O_7}$——碘酸钾标准滴定溶液对三氧化硫的滴定度，g/mL。

5.2.1.4 注意事项

（1）试样的称取量以含有三氧化硫 10～15 mg 为宜。

（2）还原反应结束后，必须先拆下吸收杯中的进气导管，切断吸收液与反应瓶间的通路，以免发生倒流，引起反应瓶炸裂，导致实验作废且还易发生烫伤事故。

（3）返滴定的速度不宜过快，同时要加强搅拌，防止滴入的硫代硫酸钠溶液局部过浓而遇酸分解，影响测定结果。

（4）空白实验的条件如加热温度、时间控制、操作程序及所用试剂等级都与试样测定时的一致。

5.2.2 铁粉中铁含量的测定

【任务书】

“建材化学分析技术”课程项目任务书

任务名称：铁粉中铁含量的测定（水泥生料中铁含量的测定）

实施班级：__________ 实施小组：__________

任务负责人：__________ 组员：______、______、______、______

起止时间：____年____月____日至____年____月____日

任务目标：

（1）掌握水泥生料中三氧化二铁含量的测定原理和方法。

（2）能用直接法配制重铬酸钾标准滴定溶液。

（3）能准备测定所用仪器及其他试剂。

（4）能够完成测定结果的处理和报告撰写。

任务要求：

（1）提前准备好测试方案。

（2）按时间有序入场进行任务实施。

（3）按要求准时完成任务测试。

（4）按时提交项目报告。

“建材化学分析技术”课程组印发

【任务解析】

生产水泥时要求铁的含量(常用三氧化二铁含量表示)必须在一定范围内,主要是为了将水泥熟料中铁含量控制在4%左右。至于水泥中铁的含量没有统一规定,因为磨制水泥还须掺入5%～30%混合材料,混合材料有铁矿渣或石灰石,铁含量相差甚远。因此,采用铝还原法测定水泥生料中的三氧化二铁的含量,在国家标准中被列为代用法。本任务是利用铝还原重铬酸钾法进行铁含量的测定。

测定原理:水泥生料试样用 H_3PO_4 于250～300 ℃温度下分解,加入适量盐酸溶液,使无色$[Fe(PO_4)_2]^{3-}$ 变成黄色氯化铁,再加入铝箔将 Fe^{3+} 还原为 Fe^{2+},然后以二苯胺磺酸钠溶液为指示剂,用 $K_2Cr_2O_7$ 标准溶液滴定到溶液显紫色即为终点,根据 $K_2Cr_2O_7$ 标准滴定溶液的浓度和消耗体积,计算 Fe_2O_3 的含量。主要化学反应如下:

试样溶解:$Fe_2O_3+6H^+ \xlongequal{} 2Fe^{3+}+3H_2O$

还原反应:$3Fe^{3+}+Al \xlongequal{} 3Fe^{2+}+Al^{3+}$

滴定反应:$Cr_2O_7^{2-}+6Fe^{2+}+14H^+ \rightleftharpoons 2Cr^{3+}+6Fe^{3+}+7H_2O$

5.2.2.1 准备工作

(1) 任务所需试剂

① 磷酸(ρ=1.70g/cm^3)、盐酸(1+1)、$KMnO_4$ 溶液(50 g/L)。

② 铝箔(纯度99.9%以上)。

③ 二苯胺磺酸钠溶液(5 g/L):称取0.5g二苯胺磺酸钠溶于100 mL水中,摇匀。

④ $K_2Cr_2O_7$ 标准滴定溶液($c_{1/6K_2Cr_2O_7}$=0.02500 mol/L):称取0.6 g $K_2Cr_2O_7$ 基准试剂,精确至0.0001 g,置于300 mL烧杯中,加少量水溶解后,定量转移至1000 mL容量瓶中,加水稀释至刻度线,摇匀即可。

(2) 任务所需仪器

酸式滴定管、电子分析天平、玻璃烧杯、三角瓶、搅拌棒、电炉等常用滴定器皿。

5.2.2.2 操作步骤

准确称取0.5 g水泥生料,精确至0.0001 g,置于250 mL锥形瓶中,用少量水润湿。加入 $KMnO_4$ 溶液(50 g/L)10 mL(如为白生料则加约10滴),边摇动锥形瓶、边滴加磷酸10 mL(否则水泥生料容易结块黏附于瓶底),放在电炉上加热至白烟出现(此时溶液为紫色,呈现糊状),再加热1～2 min。取下稍冷,沿瓶口缓慢加入20 mL盐酸(1+1),在不断摇动下煮沸,以除去生成的氯气。此时体系为淡黄色,加入0.1～0.13 g铝箔,继续加热微沸,至铝箔全部溶解,此时溶液为淡黄绿色。取下冷却,用蒸馏水冲洗瓶壁,并稀释至100～150 mL,加入二苯胺磺酸钠溶液(5 g/L)2～3滴,溶液几乎无色。用 $K_2Cr_2O_7$ 标准溶液滴定到溶液显紫色,30 s内不褪色为止。

铝还原$K_2Cr_2O_7$法测定铁含量

5.2.2.3 数据记录与结果计算

(1) $K_2Cr_2O_7$ 标准滴定溶液对 Fe_2O_3 的滴定度按下式计算:

$$T_{Fe_2O_3/K_2Cr_2O_7}=\frac{c_{1/6K_2Cr_2O_7}\times M_{1/2Fe_2O_3}}{1000} \tag{5.11}$$

式中 $c_{1/6K_2Cr_2O_7}$——$K_2Cr_2O_7$ 标准滴定溶液的浓度, mol/L;

$T_{Fe_2O_3/K_2Cr_2O_7}$——每毫升 $K_2Cr_2O_7$ 标准滴定溶液相当于 Fe_2O_3 的质量,g/mL;

$M_{1/2Fe_2O_3}$——$\frac{1}{2}Fe_2O_3$ 的摩尔质量，g/mol。

（2）三氧化二铁质量分数按下式计算：

$$w_{Fe_2O_3}=\frac{T_{Fe_2O_3/K_2Cr_2O_7}\times V}{m}\times 100\% \tag{5.12}$$

式中 $w_{Fe_2O_3}$——试样中三氧化二铁质量分数，%；

$T_{Fe_2O_3/K_2Cr_2O_7}$——每毫升 $K_2Cr_2O_7$ 标准滴定溶液相当于 Fe_2O_3 的质量，g/mL；

V——消耗 $K_2Cr_2O_7$ 标准滴定溶液的体积，mL；

m——试样的质量，g。

5.2.3 测定水泥中锰矿渣的掺加量

【任务书】

"建材化学分析技术"课程项目任务书

任务名称：测定水泥中锰矿渣的掺加量

实施班级：__________　　实施小组：______________

任务负责人：________　　组员：________、________、________、________

起止时间：____年____月____日至____年____月____日

任务目标：

（1）掌握硫酸亚铁铵标准溶液的配制与标定的方法。

（2）能测定水泥中锰矿渣的掺加量。

（3）能准备测定所用仪器及其他试剂。

（4）能够完成测定结果的处理和报告撰写。

任务要求：

（1）提前准备好测试方案。

（2）按时间有序入场进行任务实施。

（3）按要求准时完成任务测试。

（4）按时提交项目报告。

"建材化学分析技术"课程组印发

【任务解析】

水泥作为硅酸盐材料，生产中要求锰的含量（常用一氧化锰含量表示）必须在一定范围内。因此，为了给在水泥生产中合理使用锰矿渣提供理论依据，需要对它的含锰量进行准确的测定。测定一氧化锰含量是确定锰矿渣的掺入量的方法，用过硫酸铵-硫酸亚铁铵容量法来测定一氧化锰含量操作简便、快速，测定结果的准确度也能满足生产控制的需要，在国家标准中被列为代用法。本任务是利用氧化还原滴定法进行测定。

过硫酸铵-硫酸亚铁铵容量法测定一氧化锰的原理：

基于锰矿渣中含 MnO 8%～15%，而水泥中的其他组分，如天然石膏基本不含 MnO，熟料中只含微量 MnO，一般为 0.2%左右。因此，水泥中 MnO 含量的多少，可完全由锰矿渣的掺加量决定。所以，分别测定水泥、熟料和锰矿渣中的 MnO 含量，便可以计算水泥中锰矿渣的掺加量。计算公式如下：

$$锰矿渣(\%)=\frac{MnO_{水}-MnO_{熟}+aMnO_{熟}}{MnO_{矿}-MnO_{熟}}\times 100\% \tag{5.13}$$

式中　$MnO_{水}$，$MnO_{熟}$，$MnO_{矿}$——水泥、熟料和矿渣中 MnO 的百分含量；

a——石膏的掺加量。

由于石膏的掺加量一般为5%左右，而熟料中的 MnO 一般在0.2%左右，所以 $aMnO_{熟}$ 项的数值很小，故可忽略不计，于是式(5.13)可简化为：

$$锰矿渣(\%)=\frac{MnO_{水}-MnO_{熟}}{MnO_{矿}-MnO_{熟}}\times 100\% \tag{5.14}$$

MnO 的测定可用比色法，也可用过硫酸铵-硫酸亚铁铵容量法。

测定时样品用磷酸溶解，在接触剂硝酸银存在下，用过硫酸铵将二价锰氧化为七价锰，然后用硫酸亚铁铵标准溶液滴定。

$$2HMnO_4+10FeSO_4+7H_2SO_4 = 2MnSO_4+5Fe_2(SO_4)_3+8H_2O$$

5.2.3.1　准备工作

(1) 任务所需试剂

① 10%磷酸氢二钠溶液。

② 5%硝酸银溶液。

③ 30%过硫酸铵溶液。

④ 0.5%二苯胺磺酸钠溶液。

⑤ 0.01 mol/L 硫酸亚铁铵溶液。

⑥ 0.02500 mol/L 六分之一 $K_2Cr_2O_7$ 基准溶液[参见 5.2.2.1(1)④]。

⑦ 0.5%二苯胺硫酸钠指示剂。

(2) 任务所需仪器

酸式滴定管、电子分析天平、玻璃烧杯、三角瓶、搅拌棒等常用滴定器皿。

测定水泥中锰矿渣的掺加量实验视频1

5.2.3.2　操作步骤

(1) 0.01 mol/L 硫酸亚铁铵溶液配制

粗配：称取 78.4 g 硫酸亚铁铵于 3000 mL 烧杯中，加入 2000 mL 水，在不断搅拌下，加入 400 mL 硫酸(1+1)，搅拌至完全溶解，稍冷后，移入 10 L 下口瓶中，加水到 10 L，混匀，待标。

标定：移取 40 mL 的待标硫酸亚铁铵于 500 mL 锥形瓶中，加水到 150～200 mL，加 20 mL 硫酸-磷酸混合酸，加 4 滴 0.5%二苯胺磺酸钠指示剂，用已知准确浓度的 0.02 mol/L 六分之一 $K_2Cr_2O_7$ 标准溶液滴至溶液呈紫色且 30 s 内不消失即为终点。

测定水泥中锰矿渣的掺加量实验视频2

(2) 一氧化锰含量测定

准确称取试样 0.5 g(矿渣称 0.2 g)于三角瓶中，用少量水润湿、加磷酸 25 mL，盖上表面皿，摇动，置电热板上加热分解，徐徐摇动至试样分解，待冒白烟后，续续加热 1～2 min，取下稍冷，加水 40 mL，素沸数分钟，加入磷酸氢二钠溶液 50 mL，摇匀，加硝酸银 2 mL、过硫酸铵 10 mL，摇匀，待高锰酸颜色氧化完全后，再加热煮沸 5～7 min(从溶液由小气泡到大气泡起计时间)，破坏多余的过硫酸铵。取下，放入冷水中迅速冷却至室温，用少量水吹洗表面皿及杯壁。用硫酸亚铁铵标准溶液滴定至溶液呈微紫色，加入二苯胺硫酸钠指示剂 3～4 滴，再继续滴定至紫色转变为淡绿色即为终点。

测定水泥中锰矿渣的掺加量实验视频3

5.2.3.3 数据记录与结果计算

（1）硫酸亚铁铵溶液浓度计算公式：

$$c=\frac{c_1V_1}{V} \tag{5.15}$$

式中 c——硫酸亚铁铵溶液物质的量浓度，mol/L；

c_1——重铬酸钾标准溶液物质的量浓度，mol/L；

V_1——滴定所消耗重铬酸钾标准溶液的体积，mL；

V——移取硫酸亚铁铵溶液的体积，mL。

（2）一氧化锰的百分含量按下式计算：

$$w_{MnO}=\frac{cV\times M}{m\times 5000}\times 100\% \tag{5.16}$$

式中 w_{MnO}——一氧化锰的百分含量，%；

c——硫酸亚铁铵标准溶液物质的量浓度，mol/L；

V——滴定消耗硫酸亚铁铵标准溶液的体积，mL；

m——试样质量，g。

5.2.3.4 注意事项

（1）溶样时间不可过长，温度不能太高（250 ℃左右）。时间过长，溶液中出现焦磷酸盐黏结杯底，不易洗脱。为此，冒白烟后加热 1～2 min，不能过长。

（2）进行氧化时，溶液的温度应保持在 70 ℃左右。

（3）破坏过硫酸铵的煮沸时间为 5 min，超过 5 min 无妨碍，不足 5 min 则破坏不全，对结果影响甚大。

5.3 项目评价

5.3.1 项目报告考评要点

参见 2.3.1。

5.3.2 项目考评要点

本项目的验收考评主要考核学员相关专业理论、相关专业技能的掌握情况和基本素质的养成情况，具体考核要点如下：

（1）专业理论

① 掌握氧化还原滴定分析的基本概念。

② 掌握直接法配制重铬酸钾标准滴定溶液的原理和方法。

③ 掌握配制与标定硫代硫酸钠、碘、高锰酸钾标准滴定溶液的原理和方法。

④ 掌握 Al 还原法测定水泥生料中铁含量的原理和方法。

⑤ 掌握碘量法测定水泥中三氧化硫含量的原理和方法。

⑥ 掌握测定水泥中锰矿渣的掺加量的原理和方法。

⑦ 熟悉所用试剂的组成、性质、配制和使用方法。

⑧ 熟悉所用仪器、设备的性能和使用方法。

⑨ 掌握实验数据的处理方法。

(2) 专业技能

① 能准备和使用所需的仪器及试剂。

② 能完成氧化还原滴定常用标准溶液的配制与标定。

③ 能完成给定硅酸盐产品的分析测试。

④ 能完成测试结果的处理与项目报告撰写。

⑤ 能进行仪器设备的维护和保养。

(3) 基本素质

① 培养团队意识和合作精神。

② 培养组织、交流和撰写计划与报告的能力。

③ 培养学生独立思考和解决问题的能力,锻炼学生创新思维。

④ 培养学生的敬业精神和遵章守纪的意识。

(项目报告格式参见 2.3.2)

5.3.3 项目拓展

氧化还原滴定法是一种常用的化学分析方法,除了在硅酸盐领域的应用外,还可以应用在精细化学品、肥料、酒水分析等其他领域。

5.3.3.1 食品中还原糖的测定——直接滴定法

将等量的碱性酒石酸铜甲液、乙液混合时,立即生成天蓝色的氢氧化铜沉淀,这种沉淀立即与酒石酸钾钠反应,生成深蓝色的可溶性酒石酸钾钠铜络合物。此络合物与还原糖共热时,二价铜即被还原糖还原为一价的红色氧化亚铜沉淀,氧化亚铜沉淀与亚铁氰化钾反应,生成可溶性化合物,达到终点时,稍微过量的还原糖将蓝色的次甲基蓝还原成无色,溶液呈浅黄色而指示滴定终点。根据试样溶液所消耗的体积计算食品中还原糖的含量。

注意事项及说明:实验中的加热温度、时间及滴定时间对测定结果有很大影响,在碱性酒石酸铜溶液标定和样品滴定时,应严格遵守实验条件,力求一致。加热温度应使溶液在 2 min 内沸腾,若煮沸的时间过长会导致耗糖量增加。滴定过程滴定装置不能离开热源,使上升的蒸汽阻止空气进入溶液,以免影响滴定终点的判断。本法是与定量的酒石酸铜作用,铜离子是定量的基础,故样品处理时,不能用铜盐作蛋白质沉淀剂。为了提高测定的准确度,根据待测样品中所含还原糖的主要成分,要求用指定还原糖表示结果,就用该还原糖标准溶液标定碱性酒石酸铜溶液。例如,用乳糖表示结果就用乳糖标准溶液标定碱性酒石酸铜溶液。

5.3.3.2 漂白粉中有效氯的测定

工业上用有效氯来表示漂白粉的漂白能力,有效氯是指漂白粉的有效成分次氯酸盐相当于氯气的氧化能力。

有效氯的测定采用间接碘量法,即利用碘离子的还原性与其反应,定量析出单质碘。用硫代硫酸钠标准溶液滴定,间接求出氧化性物质的含量。

在酸性介质中,漂白粉中的 ClO^- 先与 H^+ 反应生成 Cl_2,Cl_2 再与 I^- 反应,定量析出单质 I_2,用硫代硫酸钠标准溶液滴定 I_2。

化学计量点是根据 $Na_2S_2O_3$ 标准溶液的浓度和用量,计量有效氯的含量,其反应方程式如下:

$$Cl_2 + 2I^- = 2Cl^- + I_2$$

$$2S_2O_3^{2-} + I_2 = 2I^- + S_4O_6^{2-}$$

5.3.3.3 土壤中腐殖质含量的测定

腐殖质是土壤中复杂的有机物质，其含量大小反映了土壤的肥力。测定方法是将土壤试样在浓硫酸存在下与已知过量的 $K_2Cr_2O_7$ 溶液共热，使其中的碳被氧化，然后以邻二氮菲-亚铁作为指示剂，用 Fe^{2+} 标准溶液滴定剩余的 $K_2Cr_2O_7$。最后通过计算有机碳的含量，再换算成腐殖质的含量。

测定工业废水、污水 COD 的方法也大体相似：水样与过量重铬酸钾在硫酸介质中及硫酸银催化下，加热回流 2 h，冷却后用硫酸亚铁铵标准溶液回滴剩余的重铬酸钾，以试亚铁灵为指示剂进行滴定，最后换算成 COD 值。

5.3.3.4 药物中水分的测定——费休法

卡尔费休法测定微量水是碘量法在非水滴定中的一种应用。卡尔费休法的滴定剂为碘、二氧化硫和吡啶按一定比例溶于无水甲醇的混合溶液。滴定剂与水的总反应可表示为：

$$I_2+SO_2+3C_5H_5N+CH_3OH+H_2O \rightleftharpoons 2C_5H_5N\begin{matrix}\diagup H\\ \diagdown I\end{matrix} + C_5H_5N\begin{matrix}\diagup H\\ \diagdown SO_4CH_3\end{matrix}$$

卡尔费休法可测定无机物中的水，也可测定有机物中的水，是药物中水分测定的常用方法。根据反应中生成或消耗的水量，可以间接测定某些有机物的官能团。需要注意的是，凡是与卡尔费休法滴定剂溶液中所含组分产生反应的物质，如氧化剂、还原剂、碱性氧化物、氢氧化钠等都干扰测定。

5.4 项目训练

[填空题]

1. 能应用于氧化还原滴定分析的反应(当 $n_1=n_2$ 时)，其 lg$K$ 应(　　　　)，两电对的电极电势之差应(　　　　)V。

2. 用间接碘量法测定某样品含量时，其酸度应控制在(　　　　)范围进行，且指示剂在(　　　　)时加入，否则引起终点(　　　　)。

3. 用直接碘量法测定某样品含量时，其酸度应控制在(　　　　)范围进行，如果溶液的 pH 大于(　　　　)，碘就会发生副反应。

4. 氧化还原滴定中，影响反应进行方向的主要因素有(　　　　)、(　　　　)、(　　　　)和(　　　　)。

5. 氧化还原反应完成的程度，可用反应的(　　　　)来衡量。

6. 氧化还原反应的实质是(　　　　)。

7. 在氧化还原滴定法中，对于 1∶1 类型的反应，一般氧化剂和还原剂条件电势差大于(　　　　)才可用氧化还原指示剂指示滴定终点；条件电势差在(　　　　)之间，需要用电势法确定终点；若条件电势差小于(　　　　)，就不能用于常规滴定分析。

[选择题]

8. 溶液中氧化还原反应的平衡常数和(　　)无关。

A. 温度　　B. 标准电极电势　　C. 电子得失数　　D. 浓度

9. 间接碘量法中加入淀粉指示剂的适宜时间是(　　)。

A. 滴定开始前　　B. 滴定开始后

C. 滴定至近终点时　　D. 滴定至红棕色褪尽至无色时

10. 草酸钠($Na_2C_2O_4$)在酸性溶液中还原0.2 mol的$KMnO_4$时所需的量为(　　)mol。

A. 2　　B. 0.5　　C. 0.2　　D. 5

11. 在氧化还原滴定法中,对于1∶1类型的反应,一般氧化剂和还原剂条件电势差值至少应大于(　　)V才可用氧化还原指示剂指示滴定终点。

A. 0.2　　B. 0.2～0.3　　C. 0.3～0.4　　D. 0.6

12. 重铬酸钾$K_2Cr_2O_7$在酸性溶液中被1 mol的Fe^{2+}还原为Cr^{3+}时,所需$K_2Cr_2O_7$的量为(　　)mol。

A. 3　　B. 1/3　　C. 1/6　　D. 6

13. 电对Ce^{4+}/Ce^{3+}、Fe^{3+}/Fe^{2+}的标准电极电势分别为1.44 V和0.68 V,则下列反应的标准电动势为(　　)V。

$$Ce^{4+}+Fe^{2+}=\!=\!=Ce^{3+}+Fe^{3+}$$

A. 1.44　　B. 0.68　　C. 1.06　　D. 0.76

14. 反应(　　)的滴定曲线在化学计量点前后是对称的。

A. $Sn^{2+}+2Fe^{3+}=\!=\!=Sn^{4+}+2Fe^{2+}$

B. $2MnO_4^-+5C_2O_4^{2-}+16H^+=\!=\!=2Mn^{2+}+10CO_2+8H_2O$

C. $Ce^{4+}+Fe^{2+}=\!=\!=Ce^{3+}+Fe^{3+}$

D. $I_2+2S_2O_3^{2-}=\!=\!=2I^-+S_4O_6^{2-}$

15. 测定$KBrO_3$含量的合适方法是(　　)。

A. 酸碱滴定法　　B. $KMnO_4$法　　C. EDTA法　　D. 碘量法

16. 可测定微量水分的氧化还原滴定法为(　　)。

A. 亚硝酸钠法　　B. 铈量法　　C. 高锰酸钾法　　D. 碘量法

17. 在酸性溶液中$KBrO_3$与过量的KI反应,达到平衡时溶液中的(　　)。

A. 两电对BrO_3^-/Br^-与I_2/I^-的电势不相等

B. 反应产物I_2与KBr的物质的量相等

C. 溶液中已无BrO_3^-离子存在

D. 反应中消耗的$KBrO_3$的物质的量与产物I_2的物质的量之比为1∶3

18. 在含有Fe^{3+}和Fe^{2+}的溶液中,加入下列(　　)溶液,Fe^{3+}/Fe^{2+}电对的电势将降低(不考虑离子强度的影响)。

A. 稀H_2SO_4　　B. HCl　　C. NH_4F　　D. $Al(OH)_3$

19. Fe^{3+}/Fe^{2+}电对的电势升高和(　　)无关。

A. 溶液中离子强度改变　　B. 温度升高

C. 催化剂的种类和浓度改变　　D. Fe^{2+}浓度降低

20.用铈量法测定铁时,滴定至化学计量点时的电势是(　　)V。

(已知$\varphi^{\ominus'}_{Ce^{4+}/Ce^{3+}}=1.44$ V,$\varphi^{\ominus'}_{Fe^{3+}/Fe^{2+}}=0.68$ V)

A. 0.68　　B. 1.44　　C. 1.06　　D. 0.86

21. 以下滴定实验中,可以用自身指示剂指示滴定终点的是(　　)。

A. NaOH标准溶液滴定阿司匹林的含量　　B. EDTA标准溶液滴定水的硬度

C. 高氯酸标准溶液滴定水杨酸钠的含量　　D. 高锰酸钾标准溶液滴定$FeSO_4$的含量

22. 对于下列氧化还原反应$n_2Ox_1+n_1Red_2=n_1Ox_2+n_2Red_1$,其平衡常数表达式正确的是(　　)。

A. $\lg K'=\frac{n_1(\varphi_2^{\ominus\prime}-\varphi_1^{\ominus\prime})}{n_2\times 0.059}$　　B. $\lg K'=\frac{\varphi_1^{\ominus\prime}-\varphi_2^{\ominus\prime}}{n\times 0.059}$

C. $\lg K'=\frac{n(\varphi_1^{\ominus\prime}-\varphi_2^{\ominus\prime})}{0.059}$　　D. $\lg K'=\frac{n(\varphi_2^{\ominus\prime}-\varphi_1^{\ominus\prime})}{0.059}$

23. 高锰酸钾是一种强氧化剂，在强酸性溶液中有很强的氧化能力，因此一般都在强酸性条件下使用。酸化时通常采用(　　)。

A. 硫酸　　B. 硝酸　　C. 盐酸　　D. 高氯酸

24. 碘化物与 Cu^{2+} 的反应：$2Cu^{2+}+4I^-=2CuI\downarrow+I_2$，有 $\varphi^{\ominus}_{Cu^{2+}/Cu^+}=0.159$ V，$\varphi^{\ominus}_{I_2/I^-}=0.535$ V，问该反应的方向及进行情况如何？(　　)

A. 向右进行，反应很完全　　B. 向右进行，反应不完全

C. 向左进行，反应很完全　　D. 向左进行，反应不完全

25. 标定碘标准溶液，常用的基准物质是(　　)，溶液条件为(　　)。

A. As_2O_3；弱酸性　　B. As_2O_3；弱碱性

C. As_2O_3；中性　　D. H_3AsO_4；弱碱性

26. 电极电势对判断氧化还原反应的性质很有用，但它不能判断(　　)。

A. 氧化还原反应的完全程度　　B. 氧化还原反应速率

C. 氧化还原反应的方向　　D. 氧化还原能力的大小

27. 已知 Fe^{3+}/Fe^{2+} 和 Sn^{4+}/Sn^{2+} 两电对的标准电极电势分别为 0.77 V 与 0.15 V，则 25 ℃时 Fe^{3+} 和 Sn^{2+} 反应的平衡常数对数值($\lg K$)为(　　)。

A. $\frac{3\times(0.77-0.15)}{0.059}$　　B. $\frac{2\times(0.77-0.15)}{0.059}$　　C. $\frac{0.77-0.15}{0.059}$　　D. $\frac{0.15-0.77}{0.059}$

28. 标定高锰酸钾标准溶液，常用的基准物质是(　　)。

A. $K_2Cr_2O_7$　　B. $Na_2C_2O_4$　　C. $Na_2S_2O_3$　　D. KIO_3

29. 氧化还原滴定的主要依据是(　　)。

A. 滴定过程中氢离子浓度发生变化　　B. 滴定过程中金属离子浓度发生变化

C. 滴定过程中电极电势发生变化　　D. 滴定过程中有络合物生成

30. 在酸性介质中，用 $KMnO_4$ 溶液滴定草酸盐，滴定应(　　)。

A. 像酸碱滴定那样快速进行　　B. 在开始时缓慢进行，以后逐渐加快

C. 始终缓慢地进行　　D. 在近化学计量点附近加快进行

31. 氧化还原反应进行的程度与(　　)有关。

A. 离子强度　　B. 催化剂　　C. 电极电势　　D. 指示剂

32. 用同一 $KMnO_4$ 标液分别滴定体积相等的 $FeSO_4$ 和 $H_2C_2O_4$ 溶液，消耗的体积相等，则说明两溶液的浓度 c(mol/L)的关系是(　　)。

A. $c_{FeSO_4}=c_{H_2C_2O_4}$　　B. $c_{FeSO_4}=2c_{H_2C_2O_4}$

C. $c_{FeSO_4}=\frac{1}{2}c_{H_2C_2O_4}$　　D. $c_{FeSO_4}=4c_{H_2C_2O_4}$

33. 影响氧化还原反应平衡常数的因素是(　　)。

A. 反应物浓度　　B. 温度　　C. 催化剂　　D. 反应产物浓度

[简答题]

34. 阐述酸碱滴定法和氧化还原滴定法的主要区别。

35. 请设计两种滴定方法测定 Ca^{2+} 含量，试写出化学反应方程式，并注明反应条件。

36. 如何配制碘标准溶液，为什么碘标准溶液中需保持有过量的碘离子？

[判断题]

37.（　　）高锰酸钾滴定草酸时，高锰酸钾的颜色由快到慢消失。

38.（　　）氧化还原滴定突跃的大小取决于反应中两电对的电极电势值的差。

39.（　　）$Cr_2O_7^{2-}$ 可在 HCl 介质中测定铁矿中 Fe^{2+} 的含量。

40.（　　）氧化还原滴定中，溶液 pH 值越大越好。

41.（　　）氧化还原指示剂必须是氧化剂或还原剂。

42.（　　）增强溶液的离子强度，Fe^{3+}/Fe^{2+} 电对的条件电势将升高。

43.（　　）氧化还原滴定法适用于具有氧化还原物质的滴定分析。

44.（　　）利用氧化还原电对的电极电势，可以判断氧化还原反应进行的程度。

45.（　　）氧化还原滴定中，化学计量点时的电势是由氧化剂和还原剂的标准电极电势决定的。

46.（　　）氧化型和还原型的活度都等于 1 mol/L 时的电极电势，称为标准电势。

47.（　　）在歧化反应中，有的元素化合价升高，有的元素化合价降低。

48.（　　）由于 $E^{\ominus}_{Ag^+/Ag} > E^{\ominus}_{Cu^{2+}/Cu}$，故 Ag 的氧化性比 Cu 强。

49.（　　）电极的 $E^{\ominus}$ 值越大，表明其氧化型越容易得到电子，是越强的氧化剂。

50.（　　）标准氢电极的电势为零，是实际测定的结果。

51.（　　）氧化数在数值上就是元素的化合价。

52.（　　）氧化数发生改变的物质不是还原剂就是氧化剂。

53.（　　）任何一个氧化还原反应都可以组成一个原电池。

54.（　　）电极电势表中所列的电极电势值就是相应电极双电层的电势差。

55.（　　）电极电势大的氧化型物质氧化能力大，其还原型物质还原能力小。

56.（　　）在一定温度下，电动势 E 只取决于原电池的两个电极，而与电池中各物质的浓度无关。

57.（　　）在氧化还原反应中，两电对的电极电势的相对大小，决定氧化还原反应速率的大小。

58.（　　）改变氧化还原反应条件使电对的电极电势增大，就可以使氧化还原反应按正反应方向进行。

59.（　　）在自发进行的氧化还原反应中，总是发生标准电极电势高的氧化型被还原的反应。

60.（　　）由自发进行的氧化还原反应设计而成的原电池，正极总是标准电极电势高的氧化还原电对。

61.（　　）对于一个反应物与生成物都确定的氧化还原反应，由于写法不同，反应转移的电子数 Z 不同，则按能斯特方程计算而得的电极电势的值也不同。

62.（　　）电池电动势等于发生氧化反应电极的电极电势减去发生还原反应电极的电极电势。

63.（　　）若氧化还原反应两电对转移电子的数目不等，当反应达到平衡时，氧化剂电对的电极电势必定与还原剂电对的电极电势相等。

64.（　　）溶液中同时存在几种氧化剂，若它们都能被某一还原剂还原，一般说来，电极电势差值越大的氧化剂与还原剂之间越先反应，反应也进行得越完全。

65.（　　）条件电极电势是考虑溶液中存在副反应及离子强度影响之后的实际电极电势。

66.（　　）氧化还原滴定中，影响电势突跃范围大小的主要因素是电对的电势差，而与溶液的浓度几乎无关。

67.（　　）直接碘量法的终点是溶液从蓝色变为无色。

68.(　　)用基准试剂草酸钠标定 $KMnO_4$ 溶液时,需将溶液加热至 75～85 ℃进行滴定,若超过此温度,会使测定结果偏低。

69.(　　)溶液的酸度越高,$KMnO_4$ 氧化草酸钠的反应进行得越完全,所以用基准草酸钠标定 $KMnO_4$ 溶液时,溶液的酸度越高越好。

70.(　　)用于重铬酸钾法中的酸性介质只能是硫酸,而不能是盐酸。

[**计算题**]

71. 计算 1 mol/L 的 HCl 溶液中 $c_{Ce^{4+}}=1.00\times10^{-2}$ mol/L 和 $c_{Ce^{3+}}=1.00\times10^{-3}$ mol/L 时 Ce^{4+}/Ce^{3+} 电对的电势。已知 $\varphi^{\ominus\prime}_{Ce^{4+}/Ce^{3+}}=1.28$ V。

72. 根据电极电势计算下列反应的平衡常数。

已知:$\varphi^{\ominus}_{IO_3^-/I_2}=1.20$ V;　$\varphi^{\ominus}_{I_2/I^-}=0.535$ V

73. 称取铁矿石 0.5000 g,用酸溶解后加入 $SnCl_2$,Fe^{3+} 将还原为 Fe^{2+},然后用 24.50 mL $KMnO_4$ 标准溶液滴定。已知 1 mL $KMnO_4$ 相当于 0.01260 g $H_2C_2O_4\cdot2H_2O$,问矿样中 Fe 的质量分数是多少?($H_2C_2O_4\cdot2H_2O$:126.07;Fe:55.85)

74. 称取含钡试样 1.000 g,加入沉淀剂将 Ba^{2+} 沉淀为 $Ba(IO_3)_2$,用酸溶解沉淀后,加入过量 KI,生成的 I_2 用 $Na_2S_2O_3$ 标准溶液(0.05000 mol/L)滴定,消耗 20.05 mL,计算试样中钡的含量?(Ba:137.3)。

75. 40.00 mL 的 $KMnO_4$ 溶液恰能氧化一定质量的 $KHC_2O_4\cdot H_2C_2O_4\cdot2H_2O$,同样质量的物质又恰能被 30.00 mL 的 KOH 标准溶液(0.2000 mol/L)所中和,试计算 $KMnO_4$ 的浓度?

项目6　水泥中氯离子含量的沉淀滴定法测定

【项目描述】

在用沉淀滴定法完成建筑材料生产中的典型测试任务时，需要学习沉淀滴定法的基本理论知识、沉淀溶解平衡、沉淀滴定法在建材生产中的应用；掌握沉淀滴定的基本操作技能。其常见典型任务有水泥中氯离子含量的测定、工业纯碱中氯离子含量的测定等。通过对这些指标的检测，可了解原料的配比情况，及时调整参数控制生产，监控产品质量，确保生产正常进行。

【项目目标】

[素质目标]

（1）遵纪守法、诚实守信、热爱劳动，遵守职业道德准则和行为规范，具有社会责任感和社会参与意识。

（2）具有质量意识、环保意识、安全意识、信息素养、工匠精神和创新思维。

（3）具有自我管理能力，有较强的集体意识和团队合作精神。

（4）具有健康的体魄、心理和人格，养成良好的行为习惯。

（5）具有良好的职业素养和人文素养。

[知识目标]

（1）了解沉淀滴定的基本理论知识。

（2）掌握难溶电解质溶度积常数的含义及计算。

（3）掌握溶度积与溶解度的换算。

（4）掌握溶度积规则与使用方法。

（5）掌握沉淀滴定法测试硅酸盐试样的分析方法和分析流程。

[能力目标]

（1）能准备沉淀滴定法测定硅酸盐试样用试剂。

（2）能准备沉淀滴定法测定硅酸盐试样用仪器。

（3）能用沉淀滴定法完成给定试样的测定。

（4）能够完成测定结果的处理及项目报告的撰写。

6.1　项目导学

6.1.1　沉淀滴定法概述

沉淀滴定法是以沉淀反应为基础的一种滴定分析方法。用于滴定分析的沉淀反应必须符合以下条件：

(1) 沉淀反应必须迅速，并按一定的化学计量关系进行；

(2) 生成的沉淀应具有恒定的组成，而且溶解度必须很小；

(3) 有确定化学计量点的方法；

(4) 沉淀的吸附现象不影响滴定终点的确定，无副反应发生。

能用于沉淀滴定法的反应并不多，目前分析上应用最为广泛的是生成难溶银盐的“银量法”，例如常用 $AgNO_3$ 标准滴定溶液来滴定水溶液中 Cl^- 和 SCN^-。

$$Ag^+ + Cl^- = AgCl\downarrow (白色)$$

$$Ag^+ + SCN^- = AgSCN\downarrow (白色)$$

银量法主要用于测定 Cl^-、Br^-、I^-、Ag^+、CN^-、SCN^- 等离子及含卤素的有机化合物(如六六六、二氯酚等有机药物)，在环境与农药监测、化学及冶金工业等方面具有重要意义。

根据滴定方式的不同，银量法可分为直接法和间接法。直接法是用 $AgNO_3$ 标准滴定溶液直接滴定待测组分的方法，如在中性溶液中用 K_2CrO_4 作指示剂，用 $AgNO_3$ 标准溶液直接滴定 Cl^- 或 Br^-。间接法，又称返滴定法，是先于待测试液中加入一定量、过量的 $AgNO_3$ 标准滴定溶液，再用 NH_4SCN 标准滴定溶液来滴定剩余的 $AgNO_3$ 溶液的方法，如滴定 Cl^- 时，先将过量的 $AgNO_3$ 标准溶液加入待测定的 Cl^- 溶液中，过量的 Ag^+ 再用 NH_4SCN 标准溶液返滴定。

根据确定滴定终点所采用的指示剂不同，银量法分为以铬酸钾(K_2CrO_4)为指示剂的莫尔(Mohr)法、以铁铵矾[$NH_4Fe(SO_4)_2$]为指示剂的佛尔哈德(Volhard)法和采用吸附指示剂的法扬司(Fajans)法。

6.1.2 莫尔法

莫尔(Mohr)法，是以 K_2CrO_4 为指示剂，在中性或弱碱性介质中，用 $AgNO_3$ 标准溶液测定卤素化合物含量的方法。

(1) 基本原理

以测定 Cl^- 为例进行说明。在含有 Cl^- 的中性或弱碱性溶液中，以 K_2CrO_4 作为指示剂，用 $AgNO_3$ 标准溶液滴定时，根据分步沉淀原理，溶液中首先出现 AgCl 沉淀。当滴定到达化学计量点时，稍过量的 $AgNO_3$ 溶液就会与 K_2CrO_4 反应，生成砖红色的 Ag_2CrO_4 沉淀(量少时溶液显橙色)，指示滴定终点到达。

$$Ag^+ + Cl^- = AgCl\downarrow (白色)$$

$$2Ag^+ + CrO_4^{2-} = Ag_2CrO_4\downarrow (砖红色)$$

(2) 滴定条件

① 指示剂的用量：指示剂 K_2CrO_4 的浓度必须合适，若指示剂 K_2CrO_4 的浓度过大，终点将过早出现，且因溶液颜色过深而影响终点观察；指示剂 K_2CrO_4 的浓度过小，则终点推迟，影响滴定的准确度。实验表明：终点时 CrO_4^{2-} 浓度约为 5×10^{-3} mol/L 比较合适。

② 溶液的酸度：滴定应在中性或弱酸性介质中进行。若酸度太高，CrO_4^{2-} 将因酸效应转化为 $Cr_2O_7^{2-}$ 致使其浓度降低，导致 Ag_2CrO_4 沉淀出现过迟甚至沉淀不发生；若碱性太强，将会有棕黑色 Ag_2O 沉淀析出，妨碍终点的观察，也多消耗 $AgNO_3$ 滴定液，造成一定程度的浪费。适宜酸度范围为 pH＝6.5～10.5。当溶液中有铵盐存在时以控制溶液的 pH＝6.5～7.2 为宜。

③ 滴定时应剧烈摇动：由于 AgCl 沉淀易吸附过量的 Cl^-，使体系中 Cl^- 浓度降低，导致 Ag^+ 浓

度升高，Ag^+ 提前与 CrO_4^{2-} 结合，Ag_2CrO_4 过早出现，终点提前，测定结果偏低，带来误差。因此，滴定时需剧烈摇动，使 AgCl 沉淀吸附的 Cl^- 尽量释放出来。

④ 干扰情况：凡能与 Ag^+ 生成沉淀的离子都干扰测定，如磷酸根、砷酸根、碳酸根、硫离子和草酸根等；能与 CrO_4^{2-} 生成沉淀的 Ba^{2+} 和 Pb^{2+} 等也干扰测定；在滴定所需的 pH 范围内发生水解的物质，如 Al^{3+}、Fe^{3+}、Bi^{3+} 和 Sn^{4+} 等离子干扰测定；有色离子也干扰测定。需预先分离除去或用适当的方法掩蔽后再滴定。

此外，用莫尔法测定 Cl^- 时，不能先加入银盐进行返滴定，因为大量 Ag^+ 会与 CrO_4^{2-} 生成沉淀，用 Cl^- 返滴定时，Ag_2CrO_4 转变为 AgCl 的速度较慢，无法测定。

(3) 应用范围

① 适用于以 $AgNO_3$ 标准溶液直接滴定法测定 Cl^-、Br^- 和 CN^-，如测定氯化物、溴化物纯度以及水泥和天然水中氯含量。测定 Br^- 时因 AgBr 沉淀吸附 Br^- 而需剧烈摇动。

② 不适用于滴定 I^- 和 SCN^-。因 AgI 和 AgSCN 沉淀对 I^- 和 SCN^- 有着强烈的吸附作用。

③ 测定 Ag^+ 时，不能直接用 NaCl 标准溶液滴定，应先加入一定量、过量的 NaCl 标准溶液，再用银盐标准溶液返滴定。

莫尔法—以测定 Cl^- 为例进行演示

6.1.3　佛尔哈德法

佛尔哈德(Volhard)法，是用铁铵矾[$NH_4Fe(SO_4)_2$]作指示剂指示终点的银量法，根据滴定方式的不同，该方法可分为直接滴定法和返滴定法两种。

(1) 基本原理

① 直接滴定法测定 Ag^+

在含有 Ag^+ 的酸性溶液中，以铁铵矾作指示剂，用 NH_4SCN 的标准溶液直接滴定溶液中 Ag^+。当到达化学计量点附近时，稍过量的 NH_4SCN 溶液与 Fe^{3+} 生成红色络合物，即为终点。

$$Ag^+ + SCN^- = AgSCN\downarrow \text{(白色)} \qquad K_{sp}=1.2\times10^{-12}$$

$$Fe^{3+} + SCN^- = [Fe(SCN)]^{2+} \text{(红色)} \qquad K_{sp}=138$$

② 返滴定法滴定卤离子

在含有卤素离子 Cl^-、Br^-、I^- 的硝酸介质中，加入一定量、过量的 $AgNO_3$，再以铁铵矾为指示剂，用 NH_4SCN 标准溶液返滴定过量的 Ag^+。

$$Ag^+ + Cl^- = AgCl\downarrow \text{(白)}$$

$$Ag^+\text{(过)} + SCN^- = AgSCN\downarrow \text{(白)}$$

终点时：　$$Fe^{3+} + SCN^- = [Fe(SCN)]^{2+} \text{(红色，量少时橙色)}$$

值得注意的是，测定 Cl^- 含量时，由于 AgCl 的溶解度大于 AgSCN，在返滴定法中，滴定过量 $AgNO_3$ 达到计量点后，继续滴入稍过量的 SCN^-，可能将先和 AgCl 发生置换反应，使 AgCl 转换成溶解度更小的 AgSCN，导致终点拖后。

$$AgCl + SCN^- = AgSCN\downarrow \text{(白)} + Cl^-$$

为了避免此误差，可采用以下措施：

a. 加入过量 $AgNO_3$ 后，加热煮沸，使 AgCl 沉淀凝聚，减少对 Ag^+ 的吸附；过滤出 AgCl，并用稀 HNO_3 充分洗涤沉淀，再用 NH_4SCN 标准溶液返滴定过量的 Ag^+。

b. 滴加 NH_4SCN 之前，加入有机溶剂(硝基苯或 1，2-二氯乙烷)覆盖包住 AgCl 沉淀，阻止其与

滴定剂 SCN^- 发生沉淀转化反应。

若用此法测定 Br^- 和 I^-，则不存在以上沉淀转化的问题。但测定 I^- 时，指示剂应在加入 $AgNO_3$ 后加入，否则 Fe^{3+} 会氧化 I^-，影响分析结果的准确性。

(2) 滴定条件

① 指示剂的用量要适当。通常，指示剂适宜浓度为 0.015 mol/L。如果指示剂用量过大，Fe^{3+}（深黄色）颜色较深，将妨碍终点颜色的观察，且会导致终点提前，测定结果偏低；如果指示剂用量过小，需要加入较多的 NH_4SCN 才能使 $[Fe(SCN)]^{2+}$ 红色出现，导致终点滞后，测定结果偏高。

② 溶液酸度要适当。必须在 0.1～1 mol/L 浓度的酸性溶液（稀 HNO_3）中进行滴定，以避免很多干扰，如碳酸根、磷酸根、草酸根。酸度太高，会降低 SCN^- 浓度，导致 $[FeSCN]^{2+}$ 红色出现过迟，即终点推迟；碱性太强，铁铵矾指示剂中的 Fe^{3+} 易水解形成红棕色的 $Fe(OH)_3$ 沉淀，且 Ag^+ 在碱性溶液中会有棕黑色 Ag_2O 沉淀析出，妨碍终点的观察。

佛尔哈德法—以直接滴定法测定 Ag^+ 为例进行演示

③ 滴定过程中应充分振摇。生成的 AgSCN 沉淀易吸附溶液中的 Ag^+，使滴定终点提前，导致测定结果偏低。因此，在滴定时，尤其是在接近终点时必须剧烈振荡，使被吸附的 Ag^+ 能够及时释放出来。

④ 消除干扰离子。强氧化剂、氮的低价氧化物及铜盐、汞盐等都能与 SCN^- 反应，干扰测定，应预先分离除去。

6.1.4　法扬司法

法扬司（Fajans）法，是以吸附指示剂指示滴定终点的银量法。吸附指示剂是一类有机染料，它们在溶液中电离出的带电离子呈现一定颜色，当这种离子被带相反电荷的胶体微粒吸附在表面后，结构发生变化后引起颜色的改变，从而指示终点。吸附指示剂分为两类：

① 酸性染料，如荧光黄及其衍生物，它们是有机弱酸，离解出指示剂阴离子，易被带正电荷的胶粒吸附。

② 碱性染料，如甲基紫、罗丹明 6G 等，离解出指示剂阳离子，易被带负电荷的胶粒吸附。

(1) 基本原理

以荧光黄（HFI）指示 $AgNO_3$ 滴定 Cl^- 的终点为例，滴定前，荧光黄在溶液中解离出 FI^-，呈现黄绿色。

$$HFI = H^+ + FI^- \text{（黄绿色）}$$

然后往溶液中滴入 $AgNO_3$ 标准溶液，在达到化学计量点之前，溶液中 Cl^- 过量，AgCl 胶体微粒吸附构晶离子 Cl^- 而带负电荷，故 FI^- 不被吸附，此时溶液仍然呈黄绿色。

$$Ag^+ + Cl^- = AgCl\downarrow$$

$$AgCl + Cl^- + FI^- = AgCl \cdot Cl^- + FI^- \text{（黄绿色）}$$

继续滴入 $AgNO_3$ 标准溶液，达到化学计量点时，稍过量的 $AgNO_3$ 可使 AgCl 胶体微粒吸附 Ag^+ 而带正电荷，强烈吸附 FI^- 在 AgCl 表面形成了荧光黄银化合物而呈淡红色，使整个溶液由绿色变成淡红色，指示终点到达。

$$AgCl + Ag^+ = AgCl \cdot Ag^+$$

$$AgCl \cdot Ag^+ + FI^- = AgCl \cdot Ag^+ \cdot FI^- \text{（淡红色）}$$

(2) 滴定条件

① 保持沉淀的溶胶状态。因颜色变化发生在沉淀表面，沉淀的表面积越大，吸附量越多，终点

变色越明显，所以应尽可能使沉淀呈胶体状态（颗粒小，比表面积大）。为此，常加入胶体保护剂（糊精、淀粉、表面活性剂等），防止 AgX 沉淀凝聚，使沉淀保持溶胶状态且具有较大的吸附表面，确保终点变色敏锐。

② 选择适当的吸附指示剂。沉淀对指示剂离子的吸附能力，应略小于沉淀对被测离子的吸附能力，以免终点提前。但沉淀对指示剂离子的吸附能力也不能太小，否则终点变色不灵敏，终点延后。卤化银胶体 AgX 对卤离子和几种常用吸附指示剂的吸附能力大小次序为：

I^- ＞二甲基二碘荧光黄＞ Br^- ＞曙红＞ Cl^- ＞荧光黄

因此，滴定 Cl^- 时只能选择荧光黄；滴定 Br^- 选用曙红比较合适；滴定 I^- 时可选用二甲基二碘荧光黄或曙红。

③ 控制溶液酸度。吸附指示剂大多为有机弱酸，起指示作用的主要是阴离子，因此，为了使指示剂主要以阴离子形态存在，必须控制溶液的 pH 值。常用吸附指示剂适用 pH 值范围见表 6.1。

表 6.1　常用吸附指示剂适用 pH 范围

指示剂名称	适用 pH 范围	滴定剂	适于测定离子
荧光黄	7～10	Ag^+	Cl^-、Br^-
二氯荧光黄	4～10	Ag^+	Cl^-、Br^-
曙红	2～10	Ag^+	Br^-、I^-、SCN^-
甲基紫	1.5～3.5	Cl^-、Ba^{2+}	Ag^+、SO_4^{2-}
二甲基二碘荧光黄	中性	Ag^+	I^-

④ 滴定中应避免强光照射。因为卤化银沉淀对光敏感，见光易分解，析出金属银，从而使沉淀变为灰黑色，影响滴定终点的观察。

⑤ 溶液浓度不能太稀。一般要求浓度在 0.005 mol/L 以上，因为浓度太稀，生成的卤化银沉淀太少，沉淀吸附的指示剂过少，终点颜色变化不明显。

法扬司法—以测定Cl^-为例进行演示

6.1.5　难溶电解质的溶度积常数

当我们外出旅游，沉醉于秀美的湖光山色时，一定会惊叹于大自然的鬼斧神工。那么你知道它们是如何形成的吗？比如溶洞，就是在地下水长期侵蚀下，石灰岩里不溶性的碳酸钙受水和 CO_2 的作用转化为微溶性的碳酸氢钙，逐渐被溶解分割形成互不相依、千姿百态、陡峭秀丽的奇异景观。而其中的钟乳石、石笋等，是溶有碳酸氢钙的水，从溶洞顶滴落时，由于水分蒸发或压强减小、温度变化等原因，析出碳酸钙沉淀，经过千百万年的积聚，渐渐形成的。

$$CaCO_3+H_2O+CO_2 = Ca(HCO_3)_2$$

$$Ca(HCO_3)_2 = CaCO_3\downarrow+H_2O+CO_2\uparrow$$

（1）溶解度

在一定温度下，体系达到溶解平衡时，一定量的溶剂中含有溶质的质量，叫作溶解度，通常以符号 S 表示。

溶解度有多种表示方法，对水溶液来说，通常以饱和溶液中每 100 g 水所含溶质的质量来表示，也可以用物质的量浓度、质量浓度、体积分数等形式表示。当然都必须注明溶解时的温度，对气体溶质还应注明溶解时的压力。

(2) 电解质

在水中溶解时，能形成水合阳离子和阴离子的无机化合物，称其为电解质。

电解质的溶解度只有大小之分，没有在水中绝对不溶解的物质。易溶电解质与难溶电解质之间也没有严格的界限，通常把溶解度小于0.01 g/100 g H_2O 的电解质称为难溶电解质，溶解度在0.01～0.1 g/100 g H_2O 之间的电解质称为微溶电解质。利用溶解度的差异，可以对物质进行分离和提纯，如重结晶法等。

(3) 沉淀溶解平衡

难溶电解质的溶解和沉淀是一个可逆过程。如把固体 $CaCO_3$ 放入水中溶解时，$CaCO_3$ 固体表面的 Ca^{2+} 和 CO_3^{2-} 在极性水分子的作用下扩散到水中，成为能自由移动的离子，称为溶解过程。另外，已经溶解在水中的 Ca^{2+} 和 CO_3^{2-} 离子碰到未溶解的晶体时，又可能被吸引到晶体表面重新析出，称为沉淀过程。

一定条件下，当溶解和沉淀速率相等时，溶液成为饱和溶液，固体与溶液中相应离子之间建立起动态平衡，称为沉淀溶解平衡。

如 $CaCO_3$ 沉淀与溶液中 Ca^{2+} 和 CO_3^{2-} 之间的沉淀溶解平衡可表示为：

$$\underset{\text{(未溶解的固体)}}{CaCO_3} \underset{\text{沉淀}}{\overset{\text{溶解}}{\rightleftharpoons}} \underset{\text{(溶液中的离子)}}{Ca^{2+} + CO_3^{2-}}$$

(4) 溶度积

一定温度下，在难溶电解质饱和溶液中，沉淀溶解达到平衡，溶液中各离子浓度幂的乘积为常数，可写出沉淀溶解平衡常数，称为溶度积常数，简称溶度积，用 K_{sp} 表示。与其他平衡常数类似，表达式中不列入固态物质，如 $CaCO_3$ 溶液中的沉淀溶解平衡常数表示为：

$$[Ca^{2+}][CO_3^{2-}]=K_{sp}$$

对于一般的难溶电解质，其沉淀溶解平衡可表示为：

$$A_mB_n \underset{\text{沉淀}}{\overset{\text{溶解}}{\rightleftharpoons}} mA^{n+} + nB^{m-}$$

其平衡常数表示为：

$$K_{sp}=[A^{n+}]^m[B^{m-}]^n \tag{6.1}$$

与其他平衡常数一样，溶度积常数只与难溶电解质本身特性和温度有关。一般随温度升高，K_{sp} 增大。常见难溶电解质在常温下的溶度积常数见附表6。

6.1.6 溶度积与溶解度的换算

难溶电解质的溶度积常数—以$CaCO_3$沉淀为例进行演示

(1) 溶度积与溶解度的关系

① 溶度积和溶解度都可以用来反映物质的溶解能力，但溶度积仅是难溶电解质溶解性的特征常数，其大小可在一定程度上反映电解质的溶解能力。

② 对于同类型的难溶电解质，在一定温度下，溶度积 K_{sp} 越大，则溶解度越大；反之，溶度积 K_{sp} 越小，则溶解度越小。

③ 但对于不同类型的难溶电解质，由于溶度积表达式中离子浓度的幂指数不同，不能从溶度积的大小立即判断和比较物质的溶解能力，必须将溶度积换算为溶解度 S 后再进行比较。如 AgCl(AB型)和 Ag_2CrO_4(A_2B型)，298 K时它们的溶度积分别为 1.56×10^{-10} 和 9.0×10^{-12}，而溶解度却分别是 1.34×10^{-5} mol/L 和 6.5×10^{-5} mol/L。

(2) 溶度积与溶解度的相互换算

不同类型的难溶电解质，溶解度与溶度积的换算关系不同。对于 A_mB_n 型难溶电解质，一定温度下，在饱和溶液中，若溶解度为 S(mol/L)，存在以下溶解—沉淀平衡：

$$A_mB_n(s) \rightleftharpoons m\,A^{n+}(aq) + n\,B^{m-}(aq)$$

平衡浓度(mol/L)　　　　mS　　　　nS

则溶度积为：

$$K_{sp} = [A^{n+}]^m[B^{m-}]^n = (mS)^m \times (nS)^n$$

那么，溶解度为：

$$S = \sqrt[m+n]{\frac{K_{sp}}{m^m n^n}} \tag{6.2}$$

例如，对于AB型难溶电解质($AgCl$、AgI、$CaCO_3$ 等)，溶解度 $K_{sp}=[A^+][B^-]=S^2$，那么其溶解度 $S=\sqrt{K_{sp}}$。对于 AB_2 或 A_2B 型难溶电解质[$Mg(OH)_2$、Ag_2CrO_4 等]，溶解度 $K_{sp}=[A^+][B^-]^2=S(2S)^2=4S^3$，那么其溶解度 $S=\sqrt[3]{K_{sp}/4}$。

注意，进行换算前需要统一单位。在溶度积的计算中，离子浓度必须是物质的量浓度，其单位为mol/L，而溶解度的单位有 g/100 g・H_2O、g/L、mol/L。计算时一般要先将难溶电解质的溶解度 S 的单位换算为 mol/L。

【例题 6.1】 已知 298 K 时 AgCl 的溶度积为 1.8×10^{-10}，试求该温度下 AgCl 的溶解度。

【解】 设 AgCl 的溶解度为 S mol/L，根据 AgCl 在水中的沉淀溶解平衡，则饱和溶液中$[Ag^+]=[Cl^-]=S$ mol/L，

$$AgCl \rightleftharpoons Ag^+ + Cl^-$$

平衡时浓度：　　　　S　　S

溶度积：$K_{sp}=[Ag^+][Cl^-]=S\times S=S^2$

则溶解度：$S=\sqrt{K_{sp}}=\sqrt{1.8\times10^{-10}}=1.34\times10^{-5}$ mol/L

【例题 6.2】 已知 298 K 时 AgCl 的溶解度为 1.92×10^{-3} g/L，试求该温度下 AgCl 的溶度积。

【解】 已知 AgCl 的摩尔质量为 143.5 g/mol，设溶解度为 S mol/L

$$S=\frac{1.92\times10^{-3}\ \text{g/L}}{143.5\ \text{g/mol}}=1.34\times10^{-5}\ \text{mol/L}$$

$$AgCl \rightleftharpoons Ag^+ + Cl^-$$

平衡时浓度　　　　S　　S

溶度积：$K_{sp}=[Ag^+][Cl^-]=S\times S=S^2=1.8\times10^{-10}$

6.1.7　溶度积规则及应用

(1) 平衡移动原理

难溶电解质的沉淀溶解平衡是有条件的、暂时的动态平衡。如果外界条件发生变化，平衡就会发生移动，平衡可能向产生沉淀的方向移动而使溶液中的离子转化为固体，或者平衡向溶解的方向移动而使固体转化为溶液中的离子，在新的条件下建立起新的平衡。

(2) 溶度积规则

我们将任意浓度下，难溶电解质溶液中各离子浓度幂的乘积称为离子积，用 Q_i 表示。Q_i 和 K_{sp} 的表达形式类似，但其含义不同，K_{sp} 表示难溶电解质的饱和溶液中离子浓度幂的乘积，仅是 Q_i 的一个特例。

根据平衡移动的原理，在一定的难溶电解质溶液中，溶度积常数 K_{sp} 与离子积 Q_i 间存在下列关系：

当 $Q_i > K_{sp}$ 时，溶液过饱和，有沉淀生成，直至 $Q_i = K_{sp}$；

当 $Q_i = K_{sp}$ 时，溶液达到饱和，处于沉淀溶解平衡状态，既无沉淀析出又无沉淀溶解；

当 $Q_i < K_{sp}$ 时，溶液未饱和，无沉淀生成，若原来有沉淀，则沉淀溶解，直至 $Q_i = K_{sp}$。

上述关系称为溶度积规则，根据溶度积规则可以判断溶液中有无沉淀生成或沉淀能否溶解。

实验举例：在 $CaCO_3$ 饱和溶液中滴加 $CaCl_2$ 溶液时，溶液中有新的沉淀产生。若向含有沉淀的 $CaCO_3$ 饱和溶液中滴加 HCl，则沉淀逐渐溶解，并有气泡产生：

$$CaCO_3(s) \underset{沉淀}{\overset{溶解}{\rightleftharpoons}} Ca^{2+} + CO_3^{2-}$$

$$+$$

$$2HCl = 2Cl^- + 2H^+$$

$$\Updownarrow$$

$$H_2CO_3 \rightleftharpoons H_2O + CO_2\uparrow$$

当向 $CaCO_3$ 饱和溶液中滴加 $CaCl_2$ 溶液时，溶液中 Ca^{2+} 离子浓度增大，此时 $Q_i > K_{sp}$，平衡向产生沉淀的方向移动，溶液中析出新的沉淀，直至溶液中 Q_i 再次等于 K_{sp} 时，达到新的沉淀溶解平衡。

若向含有沉淀的 $CaCO_3$ 饱和溶液中滴加 HCl，由于 HCl 电离出的 H^+ 与溶液中的 CO_3^{2-} 生成弱电解质 H_2CO_3 并分解为 H_2O 和 CO_2，使溶液中 CO_3^{2-} 浓度降低，$Q_i < K_{sp}$，$CaCO_3$ 的沉淀溶解平衡向右移动，$CaCO_3$ 沉淀逐渐溶解，直至在新的条件下建立新的沉淀溶解平衡。

若不断滴入 HCl，使溶液中 CO_3^{2-} 浓度不断降低，则 Q_i 总小于 K_{sp}，可使 $CaCO_3$ 沉淀完全溶解。

【例题 6.3】 在 298 K 时，将浓度各为 4×10^{-5} mol/L 的 $AgNO_3$ 和 K_2CrO_4 溶液等体积混合，是否有 Ag_2CrO_4 析出？若改用 0.1 mol/L K_2CrO_4 和 $AgNO_3$ 溶液等体积混合，是否有 Ag_2CrO_4 析出？

【解】 两种溶液等体积混合，浓度减小为原来的一半，故：

$$[Ag^+] = [CrO_4^{2-}] = 4\times10^{-5}/2 = 2\times10^{-5}\ \text{mol/L}$$

反应的离子方程式为：

$$2Ag^+ + CrO_4^{2-} \rightleftharpoons Ag_2CrO_4$$

溶液中 Ag_2CrO_4 的离子积为：

$$Q_i = [Ag^+]^2[CrO_4^{2-}] = (2\times10^{-5})^2\times2\times10^{-5} = 8\times10^{-15}$$

查表，Ag_2CrO_4 的溶度积 $K_{sp} = 9.0\times10^{-12}$，

∵ $$Q_i < K_{sp}$$

∴ 无 Ag_2CrO_4 沉淀生成。

若改用 0.1 mol/L K_2CrO_4 和 $AgNO_3$ 溶液等体积混合，则：

$$[Ag^+] = 4\times10^{-5}/2 = 2\times10^{-5}\ \text{mol/L}$$

$$[CrO_4^{2-}] = 0.1/2 = 5\times10^{-2}\ \text{mol/L}$$

$$Q_i = [Ag^+]^2[CrO_4^{2-}] = (2\times10^{-5})^2\times5\times10^{-2} = 2\times10^{-11}$$

∵ $$Q_i > K_{sp}$$

∴ 有 Ag_2CrO_4 沉淀生成。

【例题 6.4】 已知 298 K 时，$Mg(OH)_2$ 的溶度积 K_{sp} 为 1.8×10^{-11}，氨水的离解常数 K_b 为 1.8×10^{-5}。(1)若在 10 mL 0.1 mol/L 的 $MgCl_2$ 溶液中加入 10 mL 0.1 mol/L 的氨水溶液，是否有 $Mg(OH)_2$ 沉淀析出？(2)若不使 $Mg(OH)_2$ 沉淀析出，溶液中 OH^- 浓度应为多少？

【解】 (1) Mg^{2+}和OH^-反应生成难溶电解质$Mg(OH)_2$，溶液中存在如下沉淀溶解平衡：

$$Mg(OH)_2 \rightleftharpoons Mg^{2+} + 2OH^-$$

两种溶液等体积混合，浓度减小为原来的一半：

$$[Mg^{2+}]=0.1/2=5\times10^{-2}\ mol/L$$

$$[NH_3\cdot H_2O]=0.1/2=5\times10^{-2}\ mol/L$$

$NH_3\cdot H_2O$离解出的OH^-浓度为：

$$[OH^-]=\sqrt{K_b c_{NH_3\cdot H_2O}}=\sqrt{1.8\times10^{-5}\times5\times10^{-2}}=9.5\times10^{-4}$$

由溶液中$[Mg^{2+}]$和$[OH^-]$可得$Mg(OH)_2$的离子积为：

$$Q_i=[Mg^{2+}][OH^-]^2=5\times10^{-2}\times(9.5\times10^{-4})^2=4.5\times10^{-8}$$

即$Q_i>K_{sp}$，故溶液中有$Mg(OH)_2$沉淀析出。

(2) 要想不析出$Mg(OH)_2$沉淀，必须控制OH^-浓度，使$Q_i<K_{sp}$。

不使$Mg(OH)_2$沉淀析出的最大OH^-浓度为：

$$[OH^-]=\sqrt{\frac{K_{sp}}{[Mg^{2+}]}}=\sqrt{\frac{1.8\times10^{-11}}{5\times10^{-2}}}=1.9\times10^{-5}\ mol/L$$

因此，当Mg^{2+}浓度不变时，溶液中OH^-浓度应控制在1.9×10^{-5} mol/L以下，就不会有$Mg(OH)_2$沉淀析出。

(3) 溶度积规则的应用

① 控制沉淀的生成。要使某物质析出沉淀，可加入沉淀剂，增大离子浓度，使离子积大于溶度积，平衡向生成沉淀的方向移动。

② 控制沉淀的溶解。若要使某沉淀溶解，可采用使某离子形成弱电解质[如$Mg(OH)_2$中加入铵盐]或使某离子发生氧化还原反应(如CuS中加入HNO_3)等，减小相关离子浓度，使离子积小于溶度积，平衡向溶解的方向移动。

③ 实现沉淀的转化。在含有沉淀的溶液中，加入适当沉淀剂，使难溶电解质转化为另一种难溶电解质的过程，称为沉淀的转化。通常由溶解度大的难溶电解质向溶解度小的难溶电解质方向转化，两种沉淀的溶解度之差越大，沉淀转化越容易进行。

④ 实现分步沉淀。在混合溶液中加入某种沉淀剂时，离子发生先后沉淀的现象，称为分步沉淀。其原理是：离子积最先达到溶度积的化合物首先析出沉淀。应用该原理，可进行混合离子的分离、提纯。各种离子所需沉淀剂的浓度差越大，分离得越完全。

6.1.8　本项目知识结构框图

本项目知识结构框图见二维码。

知识框图

6.2 项目实施

6.2.1 测定水泥中氯离子含量

【任务书】

"建材化学分析技术"课程项目任务书

任务名称：测定水泥中氯离子含量

实施班级：______________ 实施小组：____________________

任务负责人：__________ 组员：__________、__________、__________、__________

起止时间：______年______月______日至______年______月______日

任务目标：

（1）掌握硫氰酸铵容量法测定水泥中氯离子含量的方法和原理。

（2）能配制、标定硫氰酸铵标准滴定溶液。

（3）能准备测定所用仪器及其他试剂。

（4）能用硫氰酸铵容量法完成水泥中氯离子含量的测定。

（5）能够完成测定结果的处理和报告撰写。

任务要求：

（1）提前准备好测试方案。

（2）按时间有序入场进行任务实施。

（3）按要求准时完成任务测试。

（4）按时提交项目报告。

"建材化学分析技术"课程组印发

【任务解析】

氯离子是水泥中的一种有害成分，当超过一定含量时会锈蚀混凝土中的钢筋，对混凝土的结构造成很大的破坏，因此国家工业部对水泥生料、熟料及其原料中氯离子含量做出了严格的规定，其含量不得高于0.02%。在水泥化学分析国家标准中硫氰酸铵容量法被列为基准法。

硫氰酸铵容量法测定原理：试样用硝酸进行分解，同时消除硫化物的干扰。加入已知量的硝酸银标准滴定溶液使氯离子以氯化银的形式沉淀。煮沸、过滤后，将滤液和洗涤液冷却至25 ℃以下，以铁(Ⅲ)盐为指示剂，用硫氰酸铵标准滴定溶液滴定过量的硝酸银。其反应式如下：

$$Ag^{+}(\text{过量})+Cl^{-}=\!=\!=AgCl\downarrow$$

$$Ag^{+}(\text{剩余})+SCN^{-}=\!=\!=AgSCN\downarrow$$

终点时：

$$\underset{(\text{无色})}{Fe^{3+}+SCN^{-}}\rightleftharpoons\underset{(\text{红色})}{[Fe(SCN)]^{2+}}$$

硫酸铁铵指示剂的配制

6.2.1.1 准备工作

（1）任务所需试剂

① 固体试剂：$AgNO_3$、NH_4SCN（分析纯），NaCl（基准物质，在500～600 ℃下灼

烧下至恒量）。

② K_2CrO_4 指示剂溶液。

③ 硫酸铁铵指示剂溶液。

④ 定量滤纸浆。

⑤ 硝酸(1＋2)、硝酸(1＋3)、硝酸(1＋100)。

⑥ NH_4SCN 标准滴定溶液(c_{NH_4SCN}＝0.05 mol/L)。

定量滤纸浆的制备

(2) 任务所需仪器

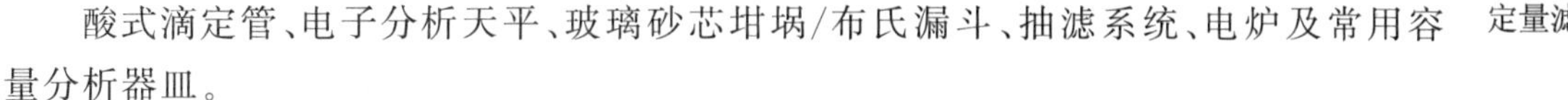
酸式滴定管、电子分析天平、玻璃砂芯坩埚/布氏漏斗、抽滤系统、电炉及常用容量分析器皿。

6.2.1.2　操作步骤

(1) 配制 NH_4SCN 标准滴定溶液(c_{NH_4SCN}＝0.05 mol/L)

① 粗配：称取 1.9 g 硫氰酸铵，溶于 500 mL 蒸馏水中，摇匀，待标定。

② 标定：用移液管准确移取 $AgNO_3$ 标准溶液 25.00 mL，放于锥形瓶中，加入 4 mol/L HNO_3 溶液 4 mL、铁铵矾指示液 2 mL，用配好的 NH_4SCN 标准滴定溶液滴定。终点前摇动溶液至完全清亮后，继续滴定至溶液呈浅红色且保持 30 s 不褪即为终点。记录消耗 NH_4SCN 标准滴定溶液的体积。

硫氰酸铵标准溶液的配制

(2) 测定水泥中氯离子含量

硫氰酸铵标准溶液的标定

① 称取约 5 g 试样，精确至 0.0001 g，置于 400 mL 烧杯中，加入 50 mL 水，搅拌使试样完全分散，在搅拌下加入 50 mL 硝酸(1＋2)，加热煮沸，微沸 1～2 min。取下，准确加入 5.00 mL 硝酸银标准滴定溶液(0.05 mol/L)放入溶液中，煮沸 1～2 min，加入少许定量滤纸浆。用预先用硝酸溶液(1＋100)洗涤过的快速滤纸(或玻璃砂芯漏斗)抽气过滤，滤液收集于 250 mL 锥形瓶中。用硝酸溶液(1＋100)洗涤烧杯、玻璃棒和滤纸，直至滤液和洗液总体积达到约 200 mL，溶液在弱光线或暗处冷却至 25 ℃以下。

② 加入 5 mL 硫酸铁铵指示剂溶液，用硫氰酸铵标准滴定溶液(0.05 mol/L)滴定至产生的红棕色在摇动下不消失为止。记录滴定所用硫氰酸铵标准滴定溶液体积 V。当 V 小于 0.5 mL 时，要用减少一半的试样质量进行重新实验。

不加入试样，按上述步骤进行空白实验，记录空白滴定所用硫氰酸铵标准滴定溶液体积 V_0。

6.2.1.3　数据记录与结果计算

(1) 硫氰酸铵滴定液的浓度 c(mol/L)按下式计算：

$$c=\frac{25.00\times c_1}{V} \tag{6.3}$$

式中　c_1——硝酸银标准滴定溶液(0.05 mol/L)的浓度，mol/L；

25.00——精确量取硝酸银滴定液(0.05 mol/L)的体积，mL；

V——消耗 NH_4SCN 标准滴定溶液的体积，mL；

c——硫氰酸铵标准滴定溶液的浓度，mol/L。

(2) 水泥中氯离子含量按下式计算：

$$w_{Cl^-}=\frac{c_{SCN^-}(V_{空白}-V)M_{Cl^-}}{m\times 1000}\times 100\% \tag{6.4}$$

式中　w_{Cl^-}——氯的质量分数，%；

M_{Cl^-}——氯的相对原子质量，35.5；

V——消耗硫氰酸铵标准滴定溶液的体积,mL;

$V_{空白}$——空白实验消耗硫氰酸铵标准滴定溶液的体积,mL;

m——试样的质量,g。

6.2.1.4 注意事项

(1) 标定硫氰酸铵标准滴定溶液是以硫酸铁铵为指示剂,在硝酸酸性的溶液中进行;加入硝酸的目的是防止三价铁的水解,但所用的硝酸应不含有亚硝酸,因亚硝酸能与 SCN^- 生成红色,干扰终点观察。

测定水泥中氯离子含量

(2) 滴定过程中要剧烈摇动溶液,以减少 AgSCN 沉淀对 Ag^+ 的吸附,避免过早显示终点。

(3) 加入硝酸后要不停地搅拌并煮沸,使生成的硫化氢和氮氧化物充分逸出,以免干扰测定,同时可以使试样溶解得更均匀。

(4) 滤纸浆不要加多,以免影响过滤速度。

(5) 滴定过程应在室温下完成,温度过高时红色络合物容易褪色。

(6) 不加入试样做空白实验,尽量保持试样测定时滴定终点颜色与空白实验时滴定终点颜色一致。

6.2.2 测定工业纯碱中氯离子含量

【任务书】

“建材化学分析技术”课程项目任务书

任务名称:测定工业纯碱中氯离子含量

实施班级:__________ 实施小组:____________

任务负责人:________ 组员:______、______、______、______

起止时间:____年____月____日至____年____月____日

任务目标:

(1) 掌握莫尔法测定工业纯碱中氯离子含量的方法和原理。

(2) 能配制、标定硝酸银标准滴定溶液。

(3) 能准备测定所用仪器及其他试剂。

(4) 能用莫尔法完成工业纯碱中氯离子含量的测定。

(5) 能够完成测定结果的处理和报告撰写。

任务要求:

(1) 提前准备好测试方案。

(2) 按时间有序入场进行任务实施。

(3) 按要求准时完成任务测试。

(4) 按时提交项目报告。

“建材化学分析技术”课程组印发

【任务解析】

工业纯碱作为普通玻璃的主要原料之一,其中或多或少都含有氯化物,其在玻璃的生产过程中会造成蓄热室空气通道的严重堵塞。按照轻工业部玻璃材料质量标准，纯碱中氯化物含量应不高于1%。本任务利用莫尔法进行测定。

将纯碱用热水溶解后，用(1+1)HNO_3 调节 pH≈8，以 K_2CrO_4 作为指示剂，用 $AgNO_3$ 标准溶液滴定，其反应如下：

$$Ag^+ + Cl^- = AgCl\downarrow \text{（白色）}$$

$$2Ag^+ + CrO_4^{2-} = Ag_2CrO_4\downarrow \text{（砖红色）}$$

达到化学计量点时，微过量的 Ag^+ 与 CrO_4^{2-} 反应析出砖红色 Ag_2CrO_4 沉淀，指示滴定终点。

6.2.2.1 准备工作

5%铬酸钾指示剂的配制

(1) 任务所需试剂

① 固体试剂：纯碱(分析纯)、NaCl(基准物质，在500～600 ℃下灼烧至恒量)。

② 5% K_2CrO_4 指示剂溶液。

③ HNO_3 溶液(1+1)。

④ $AgNO_3$ 标准滴定溶液[$c_{AgNO_3}=0.05$ mol/L]。

(1+1)硝酸溶液的配制

(2) 任务所需仪器

棕色酸式滴定管、分析天平、托盘天平、棕色试剂瓶、锥形瓶等。

6.2.2.2 操作步骤

(1) 配制 $AgNO_3$ 标准滴定溶液[$c_{AgNO_3}=0.05$ mol/L]

硝酸银标准溶液的配制

① 粗配：称取4.3 g $AgNO_3$ 溶于500 mL不含 Cl^- 的蒸馏水中，储存于带玻璃塞的棕色试剂瓶中，摇匀，置于暗处，待标定。

② 标定：准确称取基准试剂 NaCl 0.12～0.15 g，放于锥形瓶中，加50 mL不含 Cl^- 的蒸馏水溶解，加 K_2CrO_4 指示液1 mL，在充分摇动下，用配好的 $AgNO_3$ 溶液滴定至溶液析出砖红色沉淀即为终点。记录消耗的 $AgNO_3$ 标准滴定溶液的体积。平行测定3次。

(2) 测定工业纯碱中氯离子含量

硝酸银标准溶液的标定

称取约0.4 g试样，精确至0.0001 g，放于锥形瓶中，加50 mL不含 Cl^- 的蒸馏水溶解，滴加(1+1)HNO_3 调节溶液pH值≈8，加 K_2CrO_4 指示剂1 mL，在充分摇动下，用0.1 mol/L $AgNO_3$ 标准滴定溶液滴定至生成砖红色沉淀即为终点。记录消耗的 $AgNO_3$ 标准滴定溶液的体积。

6.2.2.3 数据记录与结果计算

(1) $AgNO_3$ 溶液的准确浓度按下式计算：

$$c_{AgNO_3}=\frac{m}{MV}\times 1000 \tag{6.5}$$

式中 c_{AgNO_3}——$AgNO_3$ 标准滴定溶液的浓度，mol/L；

m——称取基准试剂 NaCl 的质量，g；

M——NaCl 的摩尔质量，58.44 g/mol；

V——滴定时消耗的 $AgNO_3$ 标准滴定溶液的体积，mL。

(2) 工业纯碱中氯离子含量按下式计算：

$$w_{Cl^-}=\frac{cVM}{m\times 1000}\times 100\% \tag{6.6}$$

式中 w_{Cl^-}——氯离子的质量分数，%；

c——$AgNO_3$ 标准滴定溶液的浓度，mol/L；

m——试样的质量，g；

M——Cl^- 的摩尔质量，35.45 g/mol；

V——滴定时消耗的 $AgNO_3$ 标准滴定溶液的体积，mL。

测定工业纯碱中氯离子含量

6.2.2.4 注意事项

(1) $AgNO_3$ 试剂及其溶液具有腐蚀性，破坏皮肤组织，注意切勿接触皮肤及衣服。

(2) 不加入试样做空白实验，尽量保持实验时滴定终点颜色与空白实验时滴定终点颜色一致。

(3) 滴定过程应在室温下完成，温度过高时红色络合物容易褪色。

(4) 滴定时要充分摇动溶液，使被吸附的 Ag^+ 释放出来，防止终点过早出现，产生人为误差。

(5) 实验完毕后，盛装 $AgNO_3$ 溶液的滴定管应先用蒸馏水洗涤 2～3 次，再用自来水洗净，以免 AgCl 沉淀残留于滴定管内壁。

6.3 项 目 评 价

6.3.1 项目报告考评要点

参见 2.3.1。

6.3.2 项目考评要点

本项目的验收考评主要考核学员相关专业理论、相关专业技能的掌握情况和基本素质的养成情况，具体考核要点如下：

(1) 专业理论

① 掌握沉淀滴定分析的基本概念。

② 掌握硫氰酸铵、硝酸银标准溶液配制与标定的原理和方法。

③ 掌握沉淀滴定法测试硅酸盐试样的分析方法和分析流程。

④ 熟悉所用试剂的组成、性质、配制和使用方法。

⑤ 熟悉所用仪器、设备的性能和使用方法。

⑥ 掌握实验数据的处理方法。

(2) 专业技能

① 能准备和使用所需的仪器及试剂。

② 能完成沉淀滴定常用标准溶液的配制与标定。

③ 能用沉淀滴定法完成给定试样的测定。

④ 能完成测试结果的处理与项目报告撰写。

⑤ 能进行仪器设备的维护和保养。

(3) 基本素质

① 培养团队意识和合作精神。

② 培养组织、交流和撰写计划与报告的能力。

③ 培养学生独立思考和解决问题的能力，锻炼学生创新思维。

④ 培养学生的敬业精神和遵章守纪的意识。

（项目报告格式参见 2.3.2）

6.4 项目训练

[填空题]

1. 沉淀滴定法中莫尔法的指示剂是（　　　　）。

2. 沉淀滴定法中莫尔法滴定 pH 是（　　　　）。

3. 沉淀滴定法中佛尔哈德法的指示剂是（　　　　）。

4. 沉淀滴定法中佛尔哈德法的滴定剂是（　　　　）。

5. 沉淀滴定法中，佛尔哈德法测定 Cl^- 时，为保护 AgCl 沉淀不被溶解必须加入的试剂是（　　　　）。

6. 沉淀滴定法中，法扬司法指示剂的名称是（　　　　）。

7. 银量法按照指示滴定终点的方法不同而分为三种：（　　　　）、（　　　　）和（　　　　）。

8. 莫尔法以（　　　　）为指示剂，在（　　　　）条件下以（　　　　）为标准溶液直接滴定 Cl^- 或 Br^- 等离子。

9. 根据测定对象不同，佛尔哈德法可分为直接滴定法和返滴定法，直接滴定法用来测定（　　　　），返滴定法测定（　　　　）。

10. 佛尔哈德返滴定法测定 Cl^- 时，会发生沉淀转化现象，解决的办法一般有两种：（　　　　）、（　　　　）。

[选择题]

11. 莫尔法测定食品中氯化钠含量时，最适宜的 pH 值（　　）。

A. 3.5～11.5　　B. 6.5～10.5　　C. 小于 3　　D. 大于 12

12. 银量法中用铬酸钾作指示剂的方法又叫（　　）。

A. 佛尔哈德法　　B. 法扬司法　　C. 莫尔法　　D. 沉淀法

13. 佛尔哈德法测定银离子以（　　）为指示剂。

A. 铬酸钾　　B. 铁铵矾　　C. 荧光黄　　D. 淀粉

14. 莫尔法测定氯离子时，铬酸钾的实际用量为（　　）mol/L。

A. 0.1　　B. 0.02　　C. 0.005　　D. 0.001

15. 硝酸银标准溶液需保存在（　　）。

A. 玻璃瓶中　　B. 棕色瓶中　　C. 塑料瓶中　　D. 任何容器中

16. 标定硝酸银溶液需用（　　）。

A. 基准氯化钠　　B. 氯化钾　　C. 氯化钙　　D. 分析纯氯化钠

17.已知 $CaSO_4$ 的溶度积为 2.5×10^{-5}，如果用 0.01 mol/L 的 $CaCl_2$ 溶液与等量的 Na_2SO_4 溶液混合，若要产生硫酸钙沉淀，则混合前 Na_2SO_4 溶液的浓度(mol/L)至少应为（　　）。

A. 5.0×10^{-3}　　B. 2.5×10^{-3}　　C. 1.0×10^{-2}　　D. 5.0×10^{-2}

18. 微溶化合物 Ag_3AsO_4 在水中的溶解度是 1 L 水中 3.5×10^{-7} g，摩尔质量为 462.52 g/mol，微溶化合物 Ag_3AsO_4 的溶度积为（　　）。

A. 1.2×10^{-14}　　B. 1.2×10^{-18}　　C. 3.3×10^{-15}　　D. 8.8×10^{-20}

19. 下列叙述中，正确的是(　　)。

A. 由于 AgCl 水溶液的导电性很弱，所以它是弱电解质

B. 难溶电解质溶液中离子浓度的乘积就是该物质的溶度积

C. 溶度积大者，其溶解度就大

D. 用水稀释含有 AgCl 固体的溶液时，AgCl 的溶度积不变，其溶解度也不变

20. 下列叙述中正确的是(　　)。

A. 混合离子的溶液中，溶度积小的沉淀者一定先沉淀

B. 某离子沉淀完全，是指其完全变成了沉淀

C. 凡溶度积大的沉淀一定能转化成溶度积小的沉淀

D. 当溶液中有关物质的离子积小于其溶度积时，该物质就会溶解

21. 莫尔法测定 Cl^- 时，要求介质 pH 为 6.5～10.5，若酸度过高，则会产生(　　)。

A. AgCl 沉淀不完全　　B. AgCl 吸附 Cl^- 的作用增强

C. Ag_2CrO_4 的沉淀不易形成　　D. AgCl 的沉淀易胶溶。

22. 某微溶化合物 AB_2C_3 的饱和溶液平衡式是：$AB_2C_3=A+2B+3C$，今测得 C 的溶解度为 3×10^{-3} mol/L，则 AB_2C_3 的 K_{sp} 为(　　)。

A. 6×10^{-9}　　B. 2.7×10^{-8}　　C. 5.4×10^{-8}　　D. 1.08×10^{-16}

23. 关于以 K_2CrO_4 为指示剂的莫尔法，下列说法正确的是(　　)。

A. 指示剂 K_2CrO_4 的量越少越好

B. 滴定应在弱酸性介质中进行

C. 本法可测定 Cl^- 和 Br^-，但不能测定 I^- 或 SCN^-

D. 莫尔法的选择性较强

24. 在含有同浓度的 Cl^- 和 CrO_4^{2-} 的混合溶液中，逐滴加入 $AgNO_3$ 溶液，会发生的现象是(　　)。

A. AgCl 先沉淀　　B. Ag_2CrO_4 先沉淀

C. AgCl 和 Ag_2CrO_4 同时沉淀　　D. 以上都错

25.以铁铵矾为指示剂，用返滴法以 NH_4SCN 标准溶液滴定 Cl^- 时，下列错误的是(　　)。

A. 滴定前加入过量、定量的 $AgNO_3$ 标准溶液

B. 滴定前将 AgCl 沉淀滤去

C. 滴定前加入硝基苯，并振摇

D. 应在中性溶液中测定，以防 Ag_2O 析出

26. 已知 $K^{\ominus}_{H_2SO_4}\doteq1.0\times10^{-2}$，$K^{\ominus}_{sp\,BaSO_4}=1.1\times10^{-11}$。则 $BaSO_4$ 在 2.0 mol/L HCl 中的溶解度(mol/L)为(　　)。

A. 2.3×10^{-4}　　B. 1.5×10^{-4}　　C. 7.5×10^{-5}　　D. 1.1×10^{-5}

27. 微溶化合物 Ag_2CrO_4 在 0.0010 mol/L $AgNO_3$ 溶液中的溶解度比在 0.0010 mol/L K_2CrO_4 溶液中的溶解度(　　)。

A. 较大　　B. 较小　　C. 相等　　D. 大一倍

28. 已知 $K^{\ominus}_{NH_3}=1.8\times10^{-5}$，$M_{CdCl_2}=183.3$ g/mol，$Cd(OH)_2$ 的 $K^{\ominus}_{sp}=2.5\times10^{-14}$。现在 40 mL 0.3 mol/L氨水与 20 mL 0.3 mol/L 盐酸的混合溶液中加入 0.22 g $CdCl_2$ 固体，达到平衡后则(　　)。

A. 生成 $Cd(OH)_2$ 沉淀　　B. 无 $Cd(OH)_2$ 沉淀

C. 生成碱式盐沉淀　　D. $CdCl_2$ 固体不溶

29. 不考虑各种副反应，微溶化合物 M_mA_n 在水中溶解度的一般计算式是(　　)。

A. $\sqrt{\frac{K_{sp}^{\ominus}}{m+n}}$　　B. $\sqrt{\frac{K_{sp}^{\ominus}}{m^m+n^n}}$　　C. $\sqrt{\frac{K_{sp}^{\ominus}}{m^m \cdot n^n}}$　　D. $\sqrt[m+n]{\frac{K_{sp}^{\ominus}}{m^m \cdot n^n}}$

30. 微溶化合物 Ag_2CrO_4 在 0.0010 mol/L $AgNO_3$ 溶液中的溶解度比在 0.0010 mol/L K_2CrO_4 溶液中的溶解度(　　)。

A. 大　　B. 小　　C. 相等　　D. 大一倍

[判断题]

31. (　　)佛尔哈德法是以 NH_4SCN 为标准滴定溶液，铁铵矾为指示剂，在稀硝酸溶液中进行滴定。

32. (　　)沉淀称量法中的称量式必须具有确定的化学组成。

33. (　　)沉淀称量法测定中，要求沉淀式和称量式相同。

34. (　　)共沉淀引入的杂质量，随陈化时间的增大而增多。

35. (　　)由于混晶而带入沉淀中的杂质通过洗涤是不能除掉的。

36. (　　)沉淀 $BaSO_4$ 应在热溶液中进行，然后趁热过滤。

37. (　　)用洗涤液洗涤沉淀时，要少量、多次，为保证 $BaSO_4$ 沉淀的溶解损失不超过 0.1%，洗涤沉淀每次用 15～20 mL 洗涤液。

38. (　　)用佛尔哈德法测定 Ag^+，滴定时必须剧烈摇动。用返滴定法测定 Cl^- 时，也应该剧烈摇动。

39. (　　)称量分析中使用的“无灰滤纸”，指每张滤纸的灰分质量小于 0.2 mg。

40. (　　)可以将 $AgNO_3$ 溶液放在碱式滴定管中进行滴定操作。

41. (　　)在法扬司法中，为了使沉淀具有较强的吸附能力，通常加入适量的糊精或淀粉使沉淀处于胶体状态。

42. (　　)根据同离子效应，可加入大量沉淀剂以降低沉淀在水中的溶解度。

43. (　　)一定温度下，AB 型和 AB_2 型难溶电解质，容度积大的，溶解度也大。

44. (　　)向 $BaCO_3$ 饱和溶液中加入 Na_2CO_3 固体，会使 $BaCO_3$ 溶解度降低，容度积减小

45. (　　)溶度积的大小决定于物质本身的性质和温度，而与浓度无关。

46. (　　)AgCl 在 1 mol/L NaCl 的溶液中，由于盐效应的影响，其溶解度比在纯水中要略大一些。

[问答题]

47. 什么叫沉淀滴定法？沉淀滴定法所用的沉淀反应必须具备哪些条件？

48. 沉淀滴定法中可见指示剂有哪些？其所用指示剂是什么？

49. 对 $BaCl_2$、NH_4Cl、Na_2CO_3+NaCl、NaBr，各应选用何种方法确定终点？为什么？

50. 在下列情况下，测定结果是偏高、偏低，还是无影响？并说明其原因。

(1) 在 pH=4 的条件下，用莫尔法测定 Cl^-。

(2) 用佛尔哈德法测定 Cl^- 时既没有将 AgCl 沉淀滤去或加热促其凝聚，又没有加有机溶剂。

(3) 同(2)的条件下测定 Br^-。

(4) 用法扬斯法测定 Cl^-，以曙红作指示剂。

(5) 用法扬斯法测定 I^-，以曙红作指示剂。

项目7　水泥中三氧化硫含量的称量分析法测定

【项目描述】

在用称量分析法完成建筑材料生产中的典型测试任务时，需要学习称量分析法的基本理论知识，掌握称量分析法的基本操作技能。其常见典型任务有水泥中三氧化硫含量的称量沉淀法测定，灼烧减量(烧失量)的测定，硅酸盐试样中的二氧化硅含量的称量沉淀法测定，工业用煤中水分、灰分和挥发分的测定等。通过对这些指标的检测，可了解原、燃料的品质，监控成品质量，监控产品质量，确保生产正常进行。

【项目目标】

[素质目标]

(1) 遵纪守法、诚实守信、热爱劳动，遵守职业道德准则和行为规范，具有社会责任感和社会参与意识。

(2) 具有质量意识、环保意识、安全意识、信息素养、工匠精神和创新思维。

(3) 具有自我管理能力，有较强的集体意识和团队合作精神。

(4) 具有健康的体魄、心理和人格，养成良好的行为习惯。

(5) 具有良好的职业素养和人文素养。

[知识目标]

(1) 理解称量分析的基本理论知识。

(2) 掌握沉淀条件的选择。

(3) 掌握称量沉淀法的主要操作步骤。

(4) 掌握称量分析法结果的计算。

(5) 掌握称量分析法测定硅酸盐试样的分析方法和分析流程。

[能力目标]

(1) 具有探究学习、终身学习、分析问题和解决问题的能力。

(2) 具有良好的语言、文字表达能力和沟通能力。

(3) 具有团队合作能力。

(4) 能准备称量分析法测定硅酸盐试样需用试剂。

(5) 能准备称量分析法测定硅酸盐试样需用仪器。

(6) 能用称量分析法完成给定试样的测定。

(7) 能够完成测定结果的处理及项目报告的撰写。

7.1　项目导学

7.1.1　称量分析法概述

称量分析是定量分析的基本方法之一，是一种最古老的经典分析方法。该方法是直接通过分析天平称量得出分析结果，分析误差较小，准确度较高。因此，对于一些高含量组分的精确分析，迄今仍以称量分析法作为标准分析方法。

本项目主要介绍了以沉淀法为代表的称量分析的有关理论。根据称量分析对沉淀的要求，探讨了沉淀溶解度及沉淀纯净的影响因素，依据这些因素及沉淀本身性质，得出了晶形沉淀和无定形沉淀所适宜的沉淀条件，为称量分析的基本操作提供了理论依据。

7.1.1.1　称量分析法的定义、分类及特点

称量分析法的定义、分类和特点

(1) 称量分析法的定义

称量分析是将被测组分以某种形式与试样中其他组分分离，然后转化为一定的形式，用称量的方法计算出该组分在试样中的含量。

(2) 称量分析法的分类

根据被测组分与试样中其他组分分离的方法不同，称量分析一般分为沉淀法、气化法、电解法三类。

① 沉淀法

沉淀法是称量分析的主要方法。该方法是使被测组分以难溶化合物的形式从溶液中沉淀下来，经过滤、洗涤、烘干、灼烧后，转化为组成固定的物质，最后称量。根据称得的质量计算出被测组分的含量。

例如：硅酸盐中 SiO_2 含量的测定。用碱熔融试样，再加入 HCl 酸化，使硅酸根生成 H_2SiO_3 沉淀，经过滤、洗涤、烘干、灼烧后，转化为 SiO_2，称量其质量，即可求出试样中 SiO_2 的含量。

② 气化法

气化法是利用物质的挥发性，通过加热或其他方法使试样中某挥发性组分逸出，根据试样质量的减少计算该组分的含量；或是利用某种吸收剂吸收挥发出的气体，根据吸收剂质量的增加计算该组分的含量。

例如：物质结晶水含量的测定。称取一定质量的试样，在 105～110 ℃烘干至恒量，根据试样烘干前后质量的减少，可计算出试样结晶水的含量，也可将加热后产生的水蒸气用干燥剂吸收，根据干燥剂质量的增加计算试样结晶水的含量。

又如，沉淀法测定 SiO_2 的含量，最后得到的 SiO_2 往往含有少量的杂质(如铁、铝等)，使测定结果偏高。可将含杂质的 SiO_2 用 HF 处理，使 SiO_2 转化为 SiF_4 气体逸出，再称量残渣质量，根据两次质量差，即可求出 SiO_2 的准确质量。

③ 电解法

电解法是利用电解原理，控制适当的电位，使被测金属离子在电极上析出，根据电极质量的增加，可计算出被测金属离子的含量。

(3) 称量分析法的特点

称量分析法是经典的化学分析法。称量分析法是直接通过称量试样及所得物质的质量得到分析结果，不需用基准物质和容量仪器，引入误差机会少，准确度高。对于常量组分分析，相对误差为

0.1%～0.2%，因此称量分析法常用于仲裁分析或校准其他方法的准确度。但称量分析操作比较烦琐，耗时较长，满足不了快速分析的要求，也不适用于微量和痕量组分分析。

称量分析法中以沉淀法应用较广，在此主要讨论称量沉淀法的有关理论。

7.1.1.2 称量沉淀法对沉淀形式和称量形式的要求

称量沉淀法的分析过程及对沉淀的要求

(1) 称量沉淀法的分析过程

利用沉淀反应进行称量分析时，通过加入适当的沉淀剂，使被测组分以适当的"沉淀形式"沉淀出来，沉淀形式经过滤、洗涤、烘干、灼烧后，得到可以用来称量的"称量形式"，再进行称量，最后计算出待测组分的含量。

(2) 沉淀形式和称量形式

沉淀形式和称量形式可以相同，也可以不同，例如：

$$Ba^{2+} \xrightarrow{\text{沉淀}} BaSO_4 \xrightarrow{\text{灼烧}} BaSO_4$$

$$\underset{\text{被测组分}}{SiO_3^{2-}} \xrightarrow{\text{沉淀}} \underset{\text{沉淀形式}}{H_2SiO_3} \xrightarrow{\text{灼烧}} \underset{\text{称量形式}}{SiO_2}$$

用称量沉淀法测 Ba^{2+} 时，沉淀形式和称量形式都是 $BaSO_4$，两者相同；而用称量沉淀法测定硅酸盐中 SiO_2 含量时，沉淀形式为 H_2SiO_3，称量形式为 SiO_2，两者不同，这是由于在灼烧过程中发生了化学变化。

(3) 称量沉淀法对沉淀形式的要求

① 沉淀要完全，沉淀的溶解度要小，要求测定过程中沉淀的溶解损失不应超过分析天平的称量误差。一般要求溶解损失应小于0.1mg。例如，测定 Ca^{2+} 时，以形成 $CaSO_4$ 和 CaC_2O_4 两种沉淀形式作比较，$CaSO_4$ 的溶解度较大($K_{sp}=2.45\times10^{-5}$)、CaC_2O_4 的溶解度小($K_{sp}=1.78\times10^{-9}$)。显然，用 $(NH_4)_2C_2O_4$ 作沉淀剂比用硫酸作沉淀剂沉淀得更完全。

② 沉淀必须纯净，并易于过滤和洗涤。沉淀纯净是获得准确分析结果的重要因素之一。颗粒较大的晶体沉淀(如 $MgNH_4PO_4 \cdot 6H_2O$)其比表面积较小，吸附杂质的机会较少，因此沉淀较纯净，易于过滤和洗涤。颗粒细小的晶形沉淀(如 CaC_2O_4、$BaSO_4$)，由于某种原因其比表面积大，吸附杂质多，洗涤次数也相应增多。非晶形沉淀[如 $Al(OH)_3$、$Fe(OH)_3$]体积庞大疏松、吸附杂质较多，过滤费时且不易洗净。对于这类沉淀，必须选择适当的沉淀条件以满足称量沉淀法对沉淀形式的要求。

③ 沉淀形式应易于转化为称量形式。沉淀经烘干、灼烧时，应易于转化为称量形式。例如 Al^{3+} 的测定，若沉淀为8-羟基喹啉铝[$Al(C_9H_6NO)_3$]，在130 ℃烘干后即可称量；而沉淀为 $Al(OH)_3$，则必须经1200 ℃灼烧才能转变为无吸湿性的 Al_2O_3，之后方可称量。因此，测定 Al^{3+} 时选用前者比后者好。

(4) 称量沉淀法对称量形式的要求

① 称量形式的组成必须与化学式相符，这是定量计算的依据。例如测定 PO_4^{3-}，可以形成磷钼酸铵沉淀，但组成不固定，无法将它作为测定 PO_4^{3-} 的称量形式。若采用磷钼酸喹啉法测定 PO_4^{3-}，则可得到组成与化学式相符的称量形式。

② 称量形式要有足够的稳定性，不易吸收空气中的 CO_2、H_2O。例如测定 Ca^{2+} 时，若将 Ca^{2+} 沉淀为 $CaC_2O_4 \cdot 2H_2O$，灼烧后得到的CaO易吸收空气中 H_2O 和 CO_2，因此，CaO不宜作为称量形式。

③ 称量形式的摩尔质量尽可能大，这样可增大称量形式的质量，以减小称量误差。例如在铝的测定中，分别用 Al_2O_3 和8-羟基喹啉铝[$Al(C_9H_6NO)_3$]两种称量形式进行测定，若被测组分Al的质量为0.1000 g，则可分别得到0.1888 g Al_2O_3 和1.7040 g $Al(C_9H_6NO)_3$。两种称量形式由称量误差所引起的相对误差分别为±1%和±0.1%。显然，将 $Al(C_9H_6NO)_3$ 作为称量形式比将 Al_2O_3 作为称量形式测定铝的准确度高。

7.1.1.3　沉淀剂的选择

(1) 沉淀剂的选用要求

沉淀剂的选用要求

① 选用具有较好选择性的沉淀剂

所选的沉淀剂只能和被测组分生成沉淀，而与试液中的其他组分不起作用。例如，丁二酮肟和 H_2S 都可以沉淀 Ni^{2+}，但在测定 Ni^{2+} 时常选用前者。又如沉淀锆离子时，选用在 HCl 溶液中与锆有特效反应的苦杏仁酸作沉淀剂，这时即使有钛、铁、钡、铝、铬等十几种离子存在，也不发生干扰。

② 选用能与被测离子生成溶解度最小的沉淀的沉淀剂

所选的沉淀剂应能使被测组分沉淀完全。例如，生成难溶的钡的化合物有 $BaCO_3$、$BaCrO_4$、BaC_2O_4 和 $BaSO_4$。根据其溶解度可知 $BaSO_4$ 的溶解度最小，因此以 $BaSO_4$ 的形式沉淀 Ba^{2+} 比生成其他难溶化合物好。

③ 尽可能选用易挥发或经灼烧易除去的沉淀剂

这样沉淀中带有的沉淀剂即便未洗净，也可以借烘干或灼烧而除去。一些铵盐和有机沉淀剂都能满足这项要求。例如，用氯化物沉淀 Fe^{3+} 时，选用氨水而不用 NaOH 作沉淀剂。

④ 选用溶解度较大的沉淀剂

用此类沉淀剂可以减少沉淀对沉淀剂的吸附作用。例如，利用生成难溶钡化合物沉淀 SO_4^{2-} 时，应选 $BaCl_2$ 作沉淀剂，而不用 $Ba(NO_3)_2$。因为 $Ba(NO_3)_2$ 的溶解度比 $BaCl_2$ 小，$BaSO_4$ 吸附 $Ba(NO_3)_2$ 比吸附 $BaCl_2$ 严重。

(2) 有机沉淀剂的特点

有机沉淀剂较无机沉淀剂具有下列优点：

① 选择性高。有机沉淀剂在一定条件下，一般只与少数离子起沉淀反应。

② 沉淀的溶解度小。由于有机沉淀剂的疏水性强，所以溶解度较小，有利于沉淀完全。

③ 沉淀吸附杂质少。因为沉淀表面不带电荷，所以吸附杂质离子少，易获得纯净的沉淀。

④ 沉淀的摩尔质量大。被测组分在称量形式中占的百分比小，有利于提高分析结果的准确度。

⑤ 多数有机沉淀物组成恒定，经烘干后即可称量，简化了称量分析的操作。

(3) 有机沉淀剂的分类

① 生成螯合物的沉淀剂

能形成螯合物沉淀的有机沉淀剂，它们至少应有两种官能团：一种是酸性官能团，如—COOH、—OH、═NOH、—SH、$—SO_3H$ 等，这些官能团中的 H^+ 可被金属离子置换；另一种是碱性官能团，如$—NH_2$、—NH—、═C═O 及═C═S 等。这些官能团具有未被共用的电子对，可以与金属离子形成配位键而成为配位化合物。金属离子与有机螯合物沉淀剂反应，通过酸性基团和碱性基团的共同作用，生成微溶性的螯合物。

② 生成离子缔合物的沉淀剂

有些摩尔质量较大的有机沉淀剂，在水溶液中以阳离子和阴离子形式存在，它们与带相反电荷的离子反应后，可能生成微溶性的离子缔合物。

例如：四苯硼酸钠 $NaB(C_6H_5)_4$ 与 K^+ 有下列沉淀反应

$$B(C_6H_5)_4^- + K^+ \xlongequal{} KB(C_6H_5)_4 \downarrow$$

$KB(C_6H_5)_4$ 溶解度小，组成恒定，烘干后即可直接称量，所以四苯硼酸钠是测定 K^+ 的较好沉淀剂。

(4) 有机沉淀剂应用示例

① 丁二酮肟

丁二酮肟为白色粉末,微溶于水,通常使用它的乙醇溶液或 NaOH 溶液。它是选择性较高的生成螯合物的沉淀剂,在金属离子中,只有 Ni^{2+}、Pd^{2+}、Pt^{2+}、Fe^{2+} 能与它生成沉淀。

$$\begin{array}{c} H_3C—C{=}NOH \\ | \\ H_3C—C{=}NOH \end{array}$$

在氨性溶液中,丁二酮肟与 Ni^{2+} 生成鲜红色的螯合物沉淀,沉淀组成恒定,可烘干后直接称量,常用于称量法测定镍。Fe^{3+}、Al^{3+}、Cr^{3+} 等在氨性溶液中能生成水合氧化物沉淀干扰测定,可加入柠檬酸或酒石酸进行掩蔽。

② 8-羟基喹啉

8-羟基喹啉为白色针状晶体,微溶于水,一般使用它的乙醇溶液或丙酮溶液,是生成螯合物的沉淀剂,在弱酸性或碱性(pH=3~9)溶液中,它与许多金属离子发生沉淀反应,例如 Al^{3+} 与 8-羟基喹啉反应:

$$Al^{3+} + 3\,\text{HO—(8-羟基喹啉)} \longrightarrow Al[\text{O—(喹啉)—N}]_3\downarrow + 3H^+$$

生成的沉淀恒定,可烘干后直接称量。8-羟基喹啉的最大缺点是选择性较差,采用适当的掩蔽剂可以提高其选择性。

7.1.2 影响沉淀的因素

7.1.2.1 影响沉淀溶解度的因素

影响沉淀溶解度的因素

称量分析要求沉淀要完全,溶解度要小,而且沉淀必须纯净。因此,我们必须熟悉影响沉淀溶解度和沉淀纯净的因素,并设法降低沉淀溶解度,提高沉淀的纯度,才能得到准确的分析结果。

沉淀溶解度的大小,首先由物质本身决定,其次沉淀的溶解度还受外部条件的影响,如同离子效应、盐效应、酸效应、配位效应等。此外,温度、溶剂、沉淀的颗粒大小,也对沉淀溶解度有影响。

① 同离子效应

组成沉淀的离子称为构晶离子。当沉淀反应达到平衡时,向溶液中加入含有某一构晶离子的试剂或溶液,使沉淀溶解度降低的现象,称为同离子效应。

例如:用 $BaCl_2$ 将 SO_4^{2-} 沉淀为 $BaSO_4$($K_{sp}=1.1\times10^{-10}$),当加入与 SO_4^{2-} 等物质的量的 $BaCl_2$ 时,在 200 mL 溶液中因溶解损失的 $BaSO_4$ 的质量为:

$$m=\sqrt{1.1\times10^{-10}}\times233.4\times\frac{200}{1000}\approx5\times10^{-4}\ \text{g}=0.5\ \text{mg}$$

显然,溶解损失量已超过分析天平允许的称量误差(0.2 mg)。如果向溶液中加入过量的 $BaCl_2$,使溶液中$[Ba^{2+}]=0.01$ mol/L,则 $BaSO_4$ 沉淀在 200 mL 溶液中因溶解而损失的质量则为:

$$m_1=\frac{1.1\times10^{-10}}{0.01}\times233.4\times\frac{200}{1000}\approx5\times10^{-7}\ \text{g}=0.0005\ \text{mg}$$

此损失质量远小于分析天平允许的称量误差,可以认为 SO_4^{2-} 已沉淀完全。

因此,在称量分析中,常加入过量的沉淀剂,利用同离子效应使被测组分沉淀完全。但是,并非加入沉淀剂越多越好,沉淀剂过量太多时,还可能引起盐效应、配位效应等,反而使沉淀的溶解度增大。一般来讲,对于烘干或灼烧易挥发除去的沉淀剂,过量 50%~100%,对于不易挥发除去的沉淀剂,以过量20%～30%为宜。

② 盐效应

当沉淀反应达到平衡时，向溶液中加入其他易溶强电解质，使难溶化合物的溶解度升高的现象，称为盐效应。

例如：测定Pb^{2+}时，采用Na_2SO_4为沉淀剂，生成$PbSO_4$沉淀，在不同浓度的Na_2SO_4溶液中$PbSO_4$溶解度变化情况如表7.1所示。

表7.1 $PbSO_4$在不同浓度Na_2SO_4溶液中的溶解度

Na_2SO_4(mol/L)	0	0.001	0.01	0.02	0.04	0.100	0.200
$PbSO_4$(mol/L)	0.15	0.024	0.016	0.014	0.013	0.016	0.023

从表7.1可以看出，$PbSO_4$的溶解度并非随着Na_2SO_4浓度的增大而持续降低，而是降低到一定程度之后，沉淀的溶解度反而增大了。当Na_2SO_4浓度小于0.04 mol/L时，同离子效应占优势，$PbSO_4$的溶解度随Na_2SO_4浓度的增大而减小；当Na_2SO_4浓度大于0.04 mol/L时，盐效应占优势，所以$PbSO_4$的溶解度随Na_2SO_4浓度的增大而增大，这进一步说明沉淀剂过量太多是应避免的。

如果在溶液中加入的强电解质非同离子，只存在盐效应，则盐效应的影响更为显著。例如，AgCl、$BaSO_4$在KNO_3溶液中的溶解度比在纯水中大，而且溶解度随KNO_3浓度的增大而增大。

③ 配位效应

进行沉淀反应时，若溶液中存在能与构晶离子形成可溶性配合物的配位剂，则会使沉淀的溶解度增大，这种现象称为配位效应。

配位效应对沉淀溶解度的影响程度，与配位剂的浓度及生成配合物的稳定性有关。配位剂浓度愈大，生成的配合物愈稳定，沉淀的溶解度愈大。

例如：在含有AgCl沉淀的溶液中，加入氨水，存在如下平衡：

$$AgCl \rightleftharpoons Ag^+ + Cl^-$$

$$+2NH_3 \rightleftharpoons [Ag(NH_3)_2]^+$$

由于Ag^+与NH_3生成$[Ag(NH_3)_2]^+$配离子，AgCl沉淀溶解度增大，且沉淀的溶解度随NH_3浓度增大而增大。当NH_3浓度足够大时，沉淀可全部溶解。

沉淀反应中的配位剂主要来自两方面，一是沉淀剂本身就是配位剂，二是另外加入的其他试剂。若沉淀剂本身就是配位剂，此时，反应中既有同离子效应，减小沉淀的溶解度，又有配位效应、盐效应，增大沉淀的溶解度。例如，AgCl沉淀在NaCl溶液中的溶解度，就存在如此情况。

表7.2 AgCl在不同浓度NaCl溶液中的溶解度

NaCl(mol/L)	0	0.001	0.01	0.1	1.0	2.0
AgCl(mol/L)	1.3×10^{-2}	8.3×10^{-4}	7.5×10^{-4}	4.5×10^{-3}	1.5×10^{-1}	7.1×10^{-1}

由表7.2可知，NaCl浓度小于0.1 mol/L时，沉淀剂适当过量，同离子效应起主要作用，AgCl沉淀溶解度随NaCl浓度增加而减小；当NaCl浓度大于0.1 mol/L时，由于Ag^+与Cl^-生成$[AgCl_2]^-$配离子，配位效应占优势，AgCl的溶解度反而增加；当NaCl浓度达到1.0 mol/L时，同离子效应已被配位效应和盐效应完全抵消，AgCl溶解度比它在纯水中的溶解度还大。

④ 酸效应

溶液的酸度对沉淀溶解度的影响称为酸效应。酸效应对沉淀溶解度的影响比较复杂，对于不同类型的沉淀，酸度对沉淀溶解度的影响不同。

若沉淀为弱酸盐，如CaC_2O_4、$BaCO_3$等，酸度增加，沉淀的溶解度增大。

若沉淀为难溶酸，如硅酸(H_2SiO_3)等，酸度增加，沉淀溶解度减小。

若沉淀为强酸盐，如 AgCl、$BaSO_4$ 等，一般来讲，溶液的酸度对沉淀溶解度影响不大。但若酸度过高，硫酸盐的溶解度会随之增大，因为 SO_4^{2-} 会与 H^+ 结合生成 HSO_4^-，使 SO_4^{2-} 浓度降低，沉淀的溶解度增大。

⑤ 其他因素

除上述因素外，溶液的温度、溶剂的性质、沉淀的颗粒大小等，对沉淀的溶解度也有影响。一般来讲，温度升高，沉淀的溶解度增大；无机物沉淀在有机溶剂中的溶解度比在纯水中要小；同种沉淀，其颗粒越小，溶解度越大。

7.1.2.2 影响沉淀纯净度的因素

影响沉淀纯净度的因素

在称量分析中，不仅要求沉淀完全，而且还要保证沉淀纯净。但是当沉淀从溶液中析出时，总有一些可溶性物质随之一起沉淀下来，使沉淀沾污。因此，必须了解影响沉淀纯净度的因素，找出减少杂质混入的方法，以获得符合称量分析要求的沉淀。

影响沉淀纯净度的因素主要有共沉淀现象和后沉淀现象两种。

(1) 共沉淀现象

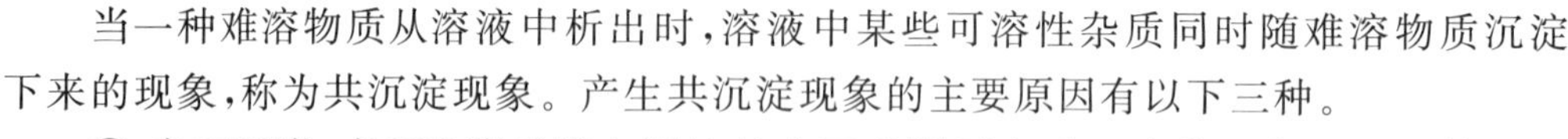

共沉淀和后沉淀现象

当一种难溶物质从溶液中析出时，溶液中某些可溶性杂质同时随难溶物质沉淀下来的现象，称为共沉淀现象。产生共沉淀现象的主要原因有以下三种。

① 表面吸附：表面吸附是指在沉淀的表面吸附了杂质。这种现象是由晶体表面上离子电荷未完全达到平衡引起的。例如，用过量的 H_2SO_4 沉淀含有 Mg^{2+} 的 $BaCl_2$ 时，生成的 $BaSO_4$ 沉淀表面的 Ba^{2+} 由于电场引力而强烈地吸引溶液中的 SO_4^{2-}，形成表面带负电荷的第一吸附层，此吸附层又吸引溶液中带正电荷的 Mg^{2+}，形成一个较松散的扩散层，吸附层和扩散层构成电中性的双电层。如图 7.1 所示。表面吸附是有选择性的。对第一吸附层吸附来讲，构晶离子首先被吸附。例如，$BaSO_4$ 沉淀首先吸附 SO_4^{2-}，而不是 Cl^-。对扩散层来讲，被吸附离子带电荷数越高越容易被吸附，如上例中，Mg^{2+} 比 H^+ 容易被吸附；电荷数相同，浓度大的离子先被吸附；与构晶离子生成溶解度或离解度较小的化合物的离子优先被吸附。

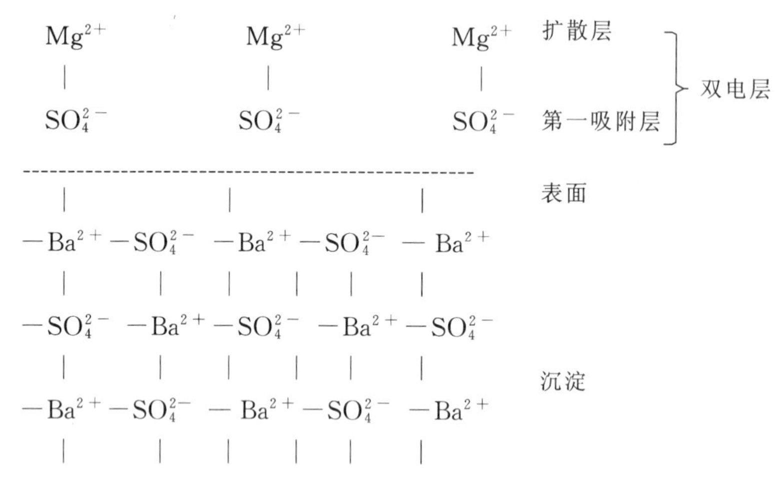

图 7.1 $BaSO_4$ 晶体的表面吸附作用示意图

沉淀吸附杂质量的多少，主要与沉淀总表面积、杂质离子的浓度及温度有关。沉淀总表面积越大，杂质离子浓度越大，吸附杂质的量越多。所以，相同质量的同种沉淀，大颗粒吸附杂质较少，小颗粒吸附杂质多。由于吸附过程是一个放热过程，温度越高，吸附杂质量越少。

吸附作用是一个可逆过程。一方面，杂质被沉淀吸附；另一方面，被吸附的离子能够被溶液中某些离子所置换，重新进入溶液。利用这一性质可选择适当的洗涤液，通过洗涤的方法除去沉淀表面的部分杂质离子。

② 吸留和包夹：在沉淀过程中，当沉淀剂浓度较大、加入速度较快时，沉淀表面吸附的杂质离子来不及离开，就被新生成的沉淀包藏到沉淀内部，这种共沉淀现象称为吸留。包夹常指母液机械地包藏在沉淀中。这些现象的发生，是由于沉淀剂加入太快，使沉淀急速生长，沉淀表面吸附的杂质来不及离开就被随后生成的沉淀所覆盖，使杂质离子或母液被吸留或包夹在沉淀内部。这类共沉淀不能用洗涤的方法将杂质除去，可以通过改变沉淀条件或重结晶的方法来减免。因此，在进行沉淀时应尽量避免此现象的发生。

③ 混晶：当试液中杂质离子与构晶离子的半径相近、晶体结构相同时，杂质离子将进入晶格排列中，形成混晶。混晶引入的杂质离子，不能用洗涤或陈化的方法除去，应该在进行沉淀前将这些离子分离除去。

(2) 后沉淀现象

后沉淀现象是指溶液中某些组分析出沉淀之后，另一种本来难以析出沉淀的组分，在该沉淀表面继续析出沉淀的现象。例如，在 Mg^{2+} 存在时用 $(NH_4)_2C_2O_4$ 沉淀 Ca^{2+}，由于 MgC_2O_4 的溶解度大，易形成过饱和溶液而不立即析出。但是，当 CaC_2O_4 沉淀析出后，沉淀表面吸附 $C_2O_4^{2-}$ 而使表面区域 $C_2O_4^{2-}$ 浓度增大，MgC_2O_4 沉淀就析出。后沉淀现象一般随溶液放置时间的增加而趋于严重。

7.1.2.3　胶体溶液的性质及胶体的凝聚

胶体的性质及胶体的凝聚

(1) 胶体的定义

由一种物质以粒子形式分散到另一种物质中所形成的混合物，称为分散系。分散系中分散成粒子的物质叫作分散相，另一种物质称为分散介质。例如，对溶液来说，溶质是分散相，溶剂就是分散介质。根据分散相颗粒大小，可将分散系分为真溶液、胶体溶液、悬浊液或乳浊液三类。胶体溶液是指分散粒子平均直径在1～100 nm之间，介于真溶液和悬浊液或乳浊液之间的分散系。

(2) 胶体溶液的性质

胶体溶液的有些性质在称量分析中应引起注意，现介绍如下：

① 可滤性

由于胶体溶液的分散相粒子直径较小，能够穿透滤纸。因此，不能用滤纸过滤分离，也不能用离心沉降的方法使之沉淀下来。

例如，称量法测定 SiO_2 时，如果 H_2SiO_3 沉淀形成胶体，不仅沉淀不完全，而且在过滤时，因穿透滤纸而使过滤失败。因此，胶体溶液的形成是造成沉淀不完全的重要因素之一。

② 胶粒带电性

由于胶体粒子具有相对较大的表面积，能吸附溶液中离子，使胶体粒子带电。因此，在电场作用下，胶体粒子在分散介质中能够向电极做定向移动，这种现象称为电泳。不同类型的胶体粒子带电也不同，有的带正电，有的带负电。例如，$Fe(OH)_3$ 胶粒带正电荷，而 H_2SiO_3 胶粒带负电荷。同种胶体粒子带相同电荷，因此互相排斥，不易相互碰撞而聚沉，这是胶体溶液稳定的重要原因之一。

③ 溶剂化作用

胶体粒子在溶剂中能吸引溶剂分子，使其周围被溶剂分子所包围，各粒子之间不易靠近，因而不易聚集沉淀下来，这就是胶体的溶剂化作用，也是胶体溶液稳定的原因之一。

(3) 胶体的凝聚

胶体溶液的可滤性是称量分析中沉淀不完全的重要原因之一，而胶粒的带电性及胶体的溶剂化作用，又能够使胶体溶液稳定存在。因此，在称量分析中，常常需要破坏胶体，使胶体粒子形成较大的聚集体而沉淀下来，这就是胶体的聚沉作用。破坏胶体，使胶体凝聚的常用方法主要有以下几种：

① 加热

温度升高可以减少吸附，从而减少胶粒所带电荷，减弱溶剂化作用。同时，温度升高，能加快胶粒运动速率，增大相互碰撞概率。因此，加热可促使胶体溶液聚沉，使胶体凝聚。

② 加入可溶性强电解质

加入的强电解质在溶液中完全离解生成阴离子和阳离子，能够部分或全部中和胶粒所带电荷，使胶粒容易相互碰撞，从而聚集生成较大颗粒聚沉下来。

③ 加入带相反电荷的胶体溶液

加入带相反电荷的胶体溶液，可中和胶粒所带的电荷，从而促使胶体凝聚。

沉淀的类型及形成过程

7.1.2.4 沉淀的类型及形成过程

(1) 沉淀的类型

沉淀按其物理性质不同(指沉淀颗粒大小和外表形状等)，大致可分为晶形沉淀与非晶形沉淀两种。

① 晶形沉淀

晶形沉淀是具有一定形状的晶体，其内部排列规则有序，其特点是：结构紧密，具有明显的晶面，沉淀所占体积小、沾污少、易沉降、易过滤和洗涤。例如 $MgNH_4PO_4$、AgCl、$BaSO_4$。

② 无定形沉淀(非晶形沉淀)

无定形沉淀是无晶体结构特征的一类沉淀。无定形沉淀是由许多聚集在一起的微小颗粒组成的，内部排列杂乱无章、结构疏松、体积庞大、吸附杂质多，不能很好地沉降，无明显的晶面，难以过滤和洗涤。它与晶形沉淀的主要差别在于颗粒大小不同。例如 $Fe_2O_3 \cdot nH_2O$、$SiO_2 \cdot nH_2O$ 等。

生成的沉淀究竟属于哪种类型，首先取决于构成沉淀的那种物质本身的性质，这是内因。但是沉淀形成时的条件以及沉淀以后的处理情况对沉淀的类型也有一定影响，这是外因。有必要从内因和外因这两个方面来探讨一般沉淀的形成过程及对沉淀类型的影响。

(2) 沉淀的形成过程

沉淀形成的微观过程是极其复杂的，影响沉淀形成的因素也是多方面的而不是单一的。一般认为，沉淀的形成可以大致分为三个阶段：晶核形成(成核)，晶核成长和沉淀微粒的堆积。如图 7.2 所示。

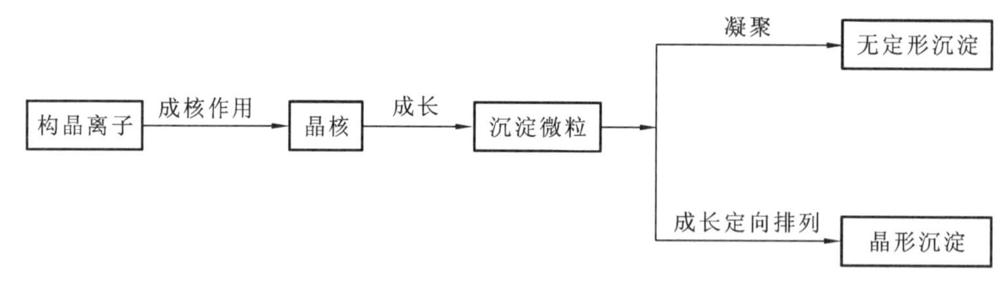

图 7.2 沉淀的形成过程

① 晶核的形成

均相成核——以硫酸钡晶体为例

将沉淀剂加入被测组分的试液中，溶液是过饱和状态时，构晶离子由于静电作用而形成微小的晶核。晶核的形成可以分为均相成核和异相成核。

均相成核是指过饱和溶液中构晶离子通过缔合作用，自发地形成晶核的过程。不同的沉淀，组成晶核的离子数目不同。例如，$BaSO_4$ 的晶核由 8 个构晶离子组成，Ag_2CrO_4 的晶核由 6 个构晶离子组成。

异相成核是指在过饱和溶液中，构晶离子在外来固体微粒的诱导下，聚合在固体微粒周围形成晶核的过程。溶液中的“晶核”数目取决于溶液中混入固体微粒的数目。随着构晶离子浓度的增大，晶体将成长得大一些。

当溶液的相对过饱和程度较大时，异相成核与均相成核同时作用，形成的晶核数目多，沉淀颗粒小。

异相成核——以聚丙烯为例

② 晶形沉淀和无定形沉淀的生成

晶核形成后，溶液中的构晶离子向晶核表面扩散，并沉积在晶核上，晶核逐渐长大形成沉淀微粒。在沉淀形成的过程中，由构晶离子聚集成晶核的速率称为聚集速率；构晶离子按一定晶格定向排列的速率称为定向速率。如果定向速率大于聚集速率，溶液中最初生成的晶核不是很多，有更多的离子以晶核为中心，并有足够的时间依次定向排列长大，形成颗粒较大的晶形沉淀。反之聚集速率大于定向速率，则很多离子聚集成大量晶核，溶液中没有更多的离子定向排列到晶核上，于是沉淀就迅速聚集成许多微小的颗粒，因而得到无定形沉淀。

晶形沉淀的形成

定向速率主要取决于沉淀物质的本性，极性较强的物质，如 $BaSO_4$、$MgNH_4PO_4$ 和 CaC_2O_4 等，一般具有较大的定向速率，易形成晶形沉淀。氢氧化物，特别是高价金属离子的氢氧化物，如 $Fe(OH)_3$、$Al(OH)_3$ 等，由于含有大量水分子，离子的定向排列受到阻碍，一般生成无定形胶状沉淀。

无定形沉淀的形成

聚集速率不仅与物质的性质有关，同时主要由沉淀的条件决定，其中最重要的是溶液中生成沉淀时的相对过饱和度。聚集速率与溶液的相对过饱和度成正比，溶液相对过饱和度越大，聚集速率越大，晶核生成多，易形成无定形沉淀。反之，溶液相对过饱和度小，聚集速率小，晶核生成少，有利于生成颗粒较大的晶形沉淀。因此，通过控制溶液的相对过饱和度，可以改变形成沉淀颗粒的大小，有可能改变沉淀的类型。

7.1.2.5 晶形沉淀的形成条件

(1) 晶形沉淀的特点

在称量分析中，为了获得准确的分析结果，要求沉淀完全、纯净、易于过滤和洗涤，并减小沉淀的溶解损失。因此，对于不同类型的沉淀，应当选用不同的沉淀条件。晶形沉淀颗粒大，吸附杂质少，易过滤和洗涤，但其溶解度大。

(2) 晶形沉淀的形成条件

为了形成颗粒较大的晶形沉淀，采取以下沉淀条件：

① 在适当稀的溶液中进行沉淀

在适当稀的溶液中进行沉淀，溶液的相对过饱和度小，聚集速率小，有利于生成大颗粒的晶形沉淀。同时，在稀溶液中，杂质离子的浓度较小，所以共沉淀现象也相应减少，有利于得到纯净的沉淀。但是，对于溶解度较大的沉淀，溶液不能太稀，否则沉淀的溶解损失较大，影响测定结果的准确度。

晶形沉淀的形成条件

② 在不断搅拌下，缓慢地加入沉淀剂

在搅拌的同时缓慢加入沉淀剂，可使沉淀剂有效地分散开，避免出现沉淀剂局部过浓现象，有利于得到大颗粒晶形沉淀。

③ 在热溶液中进行沉淀

在热溶液中进行沉淀，一方面随温度升高，沉淀吸附杂质的量减少，有利于得到纯净的沉淀；另一方面，温度升高，有利于生成大颗粒晶体。但应注意，随温度升高，沉淀溶解度增大，为防止沉淀在热溶液中产生溶解损失，在沉淀析出完全后，宜将溶液冷却至室温，再进行过滤。

沉淀的陈化

④ 进行陈化

沉淀完全后，让初生成的沉淀与母液一起放置一段时间，这个过程称为“陈化”。

陈化过程是小晶粒逐渐溶解，大晶粒不断长大的过程。因为在相同的条件下，小晶粒溶解度比大晶粒大。在同一溶液中，对大晶粒为饱和溶液时，对小晶粒则为不饱和，小晶粒就要溶解，直至达到饱和，此时对大晶粒则为过饱和，因此，溶液中的构晶离子就在大晶粒上沉积。沉积到一定程度后，溶液对大晶粒为饱和溶液时，对小晶粒又变为未饱和，小晶粒又要溶解。如此循环下去，小晶粒逐渐消失，大晶粒不断长大。

陈化过程又是不纯沉淀转化为较纯净沉淀的过程。因为晶粒变大后，沉淀吸附杂质量减少；同时，由于小晶粒溶解，原来吸附、吸留的杂质，也重新进入溶液，因而提高了沉淀的纯度。但是，陈化作用对混晶共沉淀带入的杂质，不能除去；对于有后沉淀现象的沉淀，不仅不能提高纯度，有时反而会降低纯度，此时应注意陈化时间的控制。

在室温条件下进行陈化所需时间较长，加热和搅拌可以加速陈化进程，缩短陈化时间，能从数小时缩短至1～2 h，甚至几十分钟。

7.1.2.6 无定形沉淀的形成条件

(1) 无定形沉淀的特点

无定形沉淀一般颗粒较小，结构疏松，体积庞大，吸附杂质较多，而且易形成胶体溶液，不易过滤和洗涤。因此，对于无定形沉淀来说，主要是设法加速沉淀微粒凝聚，获得结构紧密的沉淀，减少杂质吸附和防止形成胶体溶液。

无定形沉淀的形成条件

(2) 无定形沉淀的形成条件

① 在较浓溶液中进行沉淀

在浓溶液中进行沉淀，离子水化程度小，得到的沉淀结构比较紧密，表观体积较小，这样的沉淀较易过滤和洗涤。但是在浓溶液中杂质浓度也比较高，沉淀吸附杂质的量也较多。因此，在沉淀完毕后，应立刻加入大量的热水稀释并搅拌，使被吸附的杂质部分转入溶液中。

② 在热溶液中及电解质存在下进行沉淀

在热溶液中进行沉淀可以防止胶体生成，同时减少了杂质的吸附作用。在电解质存在条件下进行沉淀，破坏胶体，可促使带电胶体粒子相互凝聚；同时电解质离子可以取代吸附在沉淀表面的杂质离子的位置，提高沉淀的纯度。但应加入易挥发的物质，如NH_4NO_3、NH_4Cl等。

③ 趁热过滤、洗涤，不必陈化

无定形沉淀放置后，会逐渐失去水分而聚集得更为紧密，使已吸附的杂质难以洗涤除去。因此，在沉淀完毕后，应趁热过滤和洗涤。

均相沉淀法

7.1.2.7 均相沉淀法

(1) 均相沉淀法的定义

均相沉淀法(又称均匀沉淀法)是通过某一化学反应，在溶液内部逐渐地产生沉淀剂，使沉淀在整个溶液中缓慢均匀地析出的方法。

(2) 均相沉淀法的优点

由于此种方法可以避免加入沉淀剂而引起的局部过浓现象，因此可获得颗粒粗大、结构紧密、纯净而且易于过滤和洗涤的沉淀。

例如，测定Ca^{2+}时，先将溶液酸化，加入$(NH_4)_2C_2O_4$，此时溶液中草酸根主要以$HC_2O_4^-$和$H_2C_2O_4$形式存在，不会产生沉淀，然后再加入尿素，加热，尿素逐渐水解生成NH_3。

$$CO(NH_2)_2 + H_2O \longrightarrow CO_2\uparrow + 2NH_3$$

生成的 NH_3 中和溶液中的 H^+，逐渐降低溶液的酸度，$C_2O_4^{2-}$ 浓度逐渐增大，并缓慢地与 Ca^{2+} 形成 CaC_2O_4 沉淀。这样得到的 CaC_2O_4 沉淀颗粒较大，结构紧密，纯度较高。

均匀沉淀法还可以利用有机化合物的水解（如酯类水解），配合物的分解、氧化还原反应等方式进行，如表 7.3 所示。

表 7.3　某些均匀沉淀法的应用

沉淀剂	加入试剂	反应	被测组分
OH^-	尿素	$CO(NH_2)_2+H_2O = CO_2+2NH_3$	Al^{3+}、Fe^{3+}、Bi^{3+}
OH^-	六次甲基四胺	$(CH_2)_6N_4+6H_2O = 6HCHO+4NH_3$	Th^{4+}
PO_4^{3-}	磷酸三甲酯	$(CH_3)_3PO_4+3H_2O = 3CH_3OH+H_3PO_4$	Zr^{4+}、Hf^{4+}
S^{2-}	硫代乙酰胺	$CH_3CSNH_2+H_2O = CH_3CONH_2+H_2S$	金属离子
SO_4^{2-}	硫酸二甲酯	$(CH_3)_2SO_4+2H_2O = 2CH_3OH+SO_4^{2-}+2H^+$	Ba^{2+}、Sr^{2+}、Pb^{2+}
$C_2O_4^{2-}$	草酸二甲酯	$(CH_3)_2C_2O_4+2H_2O = 2CH_3OH+H_2C_2O_4$	Ca^{2+}、Th^{4+}、稀土
Ba^{2+}	Ba-EDTA	$BaY^{2-}+4H^+ = H_4Y+Ba^{2+}$	SO_4^{2-}

7.1.3　称量沉淀法的主要操作步骤

7.1.3.1　试样的溶解

称量法操作步骤——试样溶解

（1）称量沉淀法测试步骤

称量分析法一般是先将被测组分从试样中分离出来，转化成一定量的称量形式，然后，用称量的方法测定该组分的质量，从而计算出被测组分含量。

沉淀法是最常用的一种称量分析法。

用称量沉淀法进行称量分析的主要操作有样品的溶解、沉淀、过滤和洗涤，沉淀的烘干、灼烧、称量及计算等。

（2）称样量的估算

准备的样品要有代表性。取样的多少决定于允许生成沉淀的量，或者说称量形式的量。依据称量形式的允许量算出样品的称样量。

① 晶形沉淀：质地紧密，密度大，允许称量形式的量为 0.3～0.5 g。

② 非晶形沉淀：体积大，允许称量形式的量在 0.1 g 左右。

【例题 7.1】　欲测定 $Na_2SO_4 \cdot 10H_2O$ 盐中 Na_2SO_4 的含量，应称取样品多少克？

【解】　样品称量形式为 $BaSO_4$，是晶形沉淀

	$Na_2SO_4 \cdot 10H_2O$	$BaSO_4$
M：	322.2	233.4
X_1		0.3 g
X_2		0.5 g

$$x = m_{称量} \times \frac{M_{样品}}{M_{称量}} = 0.3 \times \frac{322.2}{233.4} \approx 0.4\ \text{g}$$

$$x = m_{称量} \times \frac{M_{样品}}{M_{称量}} = 0.5 \times \frac{322.2}{233.4} \approx 0.7\ \text{g}$$

因此，应称取样品 0.4～0.7 g。

(3) 试样的溶解

根据被测试样的性质，选用不同的溶(熔)解试剂，以确保被测组分全部溶解，且不使被测组分发生氧化还原反应造成损失，加入的试剂应不影响测定。所用的玻璃仪器内壁(与溶液接触面)不能有划痕，玻璃棒两头应烧圆，以防黏附沉淀物。

溶解试样操作如下：

① 试样溶解时不产生气体的溶解方法：称取样品放入烧杯中，盖上表面皿，溶解时，取下表面皿，凸面向上放置，试剂沿下端紧靠着杯内壁的玻棒慢慢加入，加完后将表面皿盖在烧杯上。

② 试样溶解时产生气体的溶解方法：称取样品放入烧杯中，先用少量水将样品润湿，表面皿凹面向上盖在烧杯上，用滴管滴加，或沿玻棒将试剂自烧杯嘴与表面皿之间的孔隙缓慢加入，以防猛烈产生气体，加完试剂后，用水吹洗表面皿的凸面，流下来的水应沿烧杯内壁流入烧杯中，用洗瓶吹洗烧杯内壁。

试样溶解需加热或蒸发时，应在水浴锅内进行，烧杯上必须盖上表面皿，以防溶液剧烈爆沸或迸溅，加热、蒸发停止时，用洗瓶冲洗表面皿或烧杯内壁。

溶解时需用玻棒搅拌的，此玻棒再不能另作他用。

7.1.3.2 沉淀的生成

称量法操作步骤——生成沉淀

(1) 沉淀的条件

称量分析对沉淀的要求是尽可能完全和纯净，为了达到这个要求，应该按照沉淀的不同类型选择不同的沉淀条件，如沉淀时溶液的体积、温度，加入沉淀剂的浓度、数量、加入速度、搅拌速度、放置时间等。因此，必须按照规定的操作程序进行。

(2) 生成沉淀的操作

一般进行沉淀操作时，左手拿滴管滴加沉淀剂，右手持玻璃棒不断搅动溶液，搅动时玻璃棒不要碰烧杯壁或烧杯底，以免划损烧杯，速度不宜快，以免溶液溅出。溶液需要加热时，一般在水浴或电炉上进行，不得使溶液沸腾，否则会引起水飞溅或产生泡沫飞散而造成被测物的损失。

沉淀完后，应检查沉淀是否完全。方法是将沉淀溶液静止一段时间，让沉淀下沉，上层溶液澄清后，滴加一滴沉淀剂，观察交接面是否混浊，如混浊，表明沉淀未完全，还需加入沉淀剂；如清亮则沉淀完全。晶形沉淀完全后，盖上表面皿，放置一段时间或在水浴上保温静置 1 h 左右，让沉淀的小晶体生成大晶体，不完整的晶体转为完整的晶体。非晶形沉淀完全后，不用陈化，立即过滤。

称量法操作步骤——沉淀的过滤和洗涤

7.1.3.3 沉淀的过滤和洗涤

(1) 沉淀过滤和洗涤的目的

过滤和洗涤的目的在于将沉淀从母液中分离出来，使其与过量的沉淀剂及其他杂质组分分开，并通过洗涤将沉淀转化成纯净的组分。

对于需要灼烧的沉淀物，常在玻璃漏斗中用定量滤纸进行过滤和洗涤，对只需烘干即可称量的沉淀，则在微孔玻璃漏斗或微孔玻璃坩锅中进行过滤、洗涤。

过滤和洗涤必须一次完成，不能间断。在操作过程中，不得造成沉淀的损失。

滤纸介绍与选择

(2) 沉淀的过滤和洗涤操作

① 准备工作

a. 定量滤纸的选择

滤纸分定性滤纸和定量滤纸两种，称量分析中常用定量滤纸(或称无灰定量滤纸)进行过滤。定量滤纸灼烧后灰分极少，其质量可忽略不计，如果灰分较重，应扣除空白。定量滤纸一般为圆形，按直径分有 11 cm、9 cm、7 cm 等几种；按定量滤纸孔隙大小分有“快速”“中速”和“慢速”3 种。根据沉淀的性质选择合适的定量滤纸，如 $BaSO_4$、$CaC_2O_4 \cdot 2H_2O$ 等细晶形沉淀，应选用“慢速”定量滤纸过滤；$Fe_2O_3 \cdot nH_2O$ 为胶状沉淀，应选用“快速”定量滤纸过滤；$MgNH_4PO_4$ 等粗晶形沉淀，应选用“中速”定量滤纸过滤。根据沉淀量的多少，选择定量滤纸的大小。表 7.4 是常用国产定量滤纸的灰分质量，表 7.5 是国产定量滤纸的类型。

表 7.4　国产定量滤纸的灰分质量

直径(cm)	7	9	11	12.5
灰分(g/张)	3.5×10^{-5}	5.5×10^{-5}	8.5×10^{-5}	1.0×10^{-4}

表 7.5　国产定量滤纸的类型

类型	定量滤纸盒上色带标志	滤速[s/(100 mL)]	适用范围
快速	蓝色	60～100	无定形沉淀，如 $Fe(OH)_3$
中速	白色	100～160	中等粒度沉淀，如 $MgNH_4PO_4$
慢速	红色	160～200	细粒状晶形沉淀，如 $BaSO_4$、$CaC_2O_4 \cdot 2H_2O$

b. 漏斗的选择

用于称量分析的漏斗应该是长颈漏斗，颈长为 15～20 cm，漏斗锥体角应为 60°，颈的直径要小些，一般为 3～5 mm，以便在颈内保留水柱，出口处磨成 45°角，如图 7.3 所示。漏斗在使用前应洗净。

漏斗介绍与选择

c. 定量滤纸的折叠

折叠定量滤纸前要将手洗净擦干。定量滤纸的折叠如图 7.4 所示。

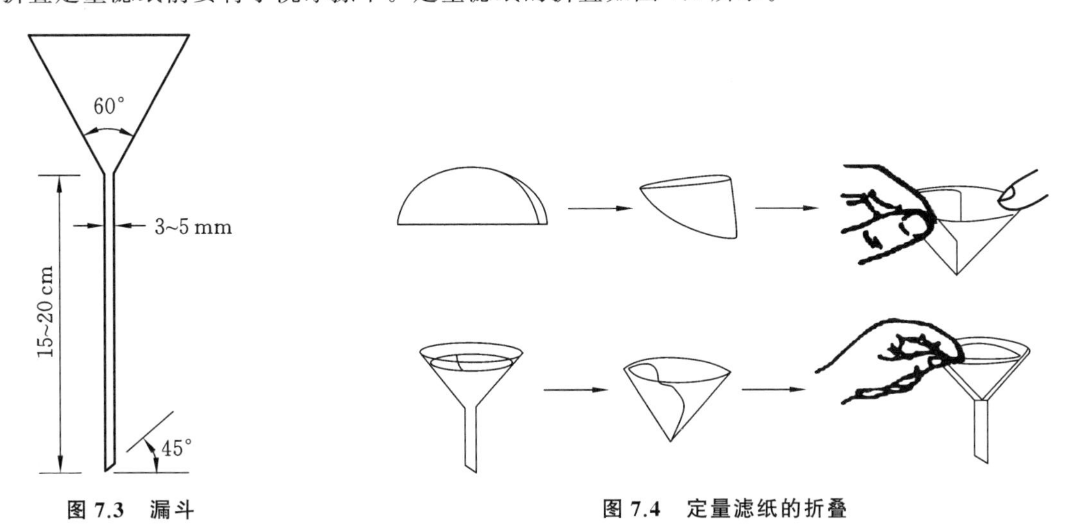

图 7.3　漏斗　　图 7.4　定量滤纸的折叠

先把定量滤纸对折并按紧一半，然后再对折但不要按紧，把折成圆锥形的定量滤纸放入漏斗中。定量滤纸的边缘应低于漏斗边缘 0.5～1 cm，若高出漏斗边缘，可剪去一圈。观察折好的定量滤纸是否能与漏斗内壁紧密贴合，若未贴合紧密可以适当改变定量滤纸折叠角度，直至与漏斗贴紧后把第二次的折边折紧。取出圆锥形定量滤纸，将半边为三层定量滤纸的外层折角撕下一块，这样可以使内层定量滤纸紧密贴在漏斗内壁上，撕下来的那一小块定量滤纸保留作擦拭烧杯内残留的沉淀用。

漏斗的使用

d. 漏斗做水柱

定量滤纸放入漏斗后，用手按压使之紧密贴合，然后用洗瓶加水润湿全部定量滤纸。用手指轻压定量滤纸除去定量滤纸与漏斗壁间的气泡，然后加水至定量滤纸边缘，此时漏斗颈内应全部充满水，形成水柱。定量滤纸上的水已全部流尽后，漏斗颈内的水柱应仍能保住，这样，液体的重力可起抽滤作用，加快过滤速度。

若水柱做不成，可用手指堵住漏斗下口，稍掀起定量滤纸的一边，用洗瓶向定量滤纸和漏斗间的空隙内加水，直到漏斗颈及锥体的一部分被水充满，然后边按紧定量滤纸边慢慢松开下面堵住出口的手指，此时水柱应该形成。如仍不能形成水柱，或水柱不能保持，而漏斗颈又确已洗净，则是因为漏斗颈太大。实践证明，漏斗颈太大的漏斗，是做不出水柱的，应更换漏斗。

做好水柱的漏斗应放在漏斗架上，下面用一个洁净的烧杯承接滤液，滤液可用作其他组分的测定。滤液有时是不需要的，但考虑到过滤过程中，可能有沉淀渗滤，或定量滤纸意外破裂，需要重滤，所以要用洗净的烧杯来承接滤液。为了防止滤液外溅，一般都将漏斗颈出口斜口长的一侧贴紧烧杯内壁。漏斗位置的高低，以过滤过程中漏斗颈的出口不接触滤液为度。

倾泻法过滤操作

② 沉淀的过滤

a. 倾泻法过滤和初步洗涤

首先要强调，过滤和洗涤一定要一次完成，因此必须事先计划好时间，不能间断，特别是过滤胶状沉淀。

过滤一般分 3 个阶段进行：第一阶段采用倾泻法把尽可能多的清液先过滤，并对烧杯中的沉淀进行初步洗涤；第二阶段把沉淀转移到漏斗上；第三阶段清洗烧杯和洗涤漏斗上的沉淀。

过滤时，为了避免沉淀堵塞定量滤纸的空隙，影响过滤速度，一般多采用倾泻法过滤，即倾斜静置烧杯，待沉淀下降后，先将上层清液倾入漏斗中，而不是一开始过滤就将沉淀和溶液搅混后过滤。

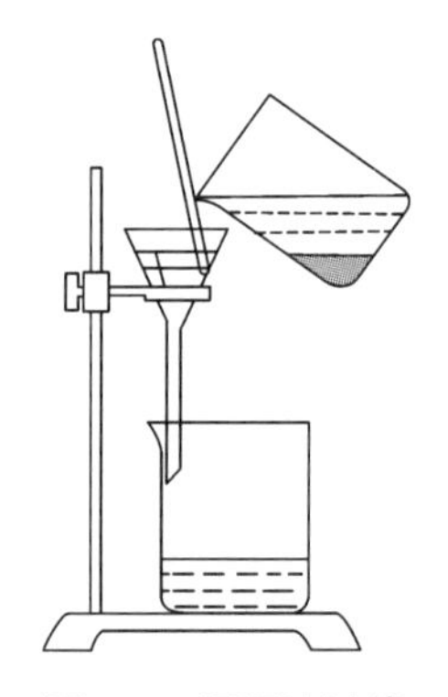

图 7.5　倾泻法过滤

过滤操作如图 7.5 所示，将烧杯移到漏斗上方，轻轻提取玻璃棒，将玻璃棒下端轻碰一下烧杯壁使悬挂的液滴流回烧杯中，将烧杯嘴与玻璃棒贴紧，玻璃棒直立，下端接近三层定量滤纸的一边，慢慢倾斜烧杯，使上层清液沿玻璃棒流入漏斗中，漏斗中的液面不要超过定量滤纸高度的 2/3 或使液面离定量滤纸上边缘约 5 mm，以免少量沉淀因毛细管作用越过定量滤纸上缘，造成损失。

暂停倾注时，应沿玻璃棒将烧杯嘴往上提，逐渐使烧杯直立，等玻璃棒和烧杯由相互垂直变为几乎平行时，将玻璃棒离开烧杯嘴而移入烧杯中。这样才能避免留在棒端及烧杯嘴上的液体流到烧杯外壁上去。玻璃棒放回原烧杯时，勿将清液搅混，也不要靠在烧杯嘴处，因嘴处沾有少量沉淀。如此重复操作，直至上层清液倾完为止。当烧杯内的液体较少而不便倾出时，可将玻璃棒稍向左倾斜，使烧杯倾斜角度更大些。

在上层清液倾注完了以后，在烧杯中做初步洗涤。选用什么洗涤液洗沉淀，应根据沉淀的类型而定。

b. 洗涤液的选择

(a) 晶形沉淀：可用冷的稀的沉淀剂进行洗涤，同离子效应可以减少沉淀的溶解损失。但是如沉淀剂为不挥发的物质，就不能用作洗涤液，此时可改用蒸馏水或其他合适的溶液洗涤沉淀。

(b) 无定形沉淀：用热的电解质溶液作洗涤剂，以防止产生胶溶现象，大多采用易挥发的铵盐溶液作洗涤剂。

(c) 对于溶解度较大的沉淀，采用沉淀剂加有机溶剂洗涤沉淀，可降低其溶解损失。

洗涤时，沿烧杯内壁四周注入少量洗涤液，每次约 10 mL，充分搅拌，静置，待沉淀沉降后，按上法倾注过滤，如此洗涤沉淀 4～5 次，每次应尽可能把洗涤液倾倒尽，再加第二份洗涤液。随时检查滤液是否透明不含沉淀颗粒，否则应重新过滤，或重做实验。

c. 沉淀的转移

沉淀用倾泻法洗涤后，在盛有沉淀的烧杯中加入少量洗涤液，搅拌混合，全部倾入漏斗中。如此重复2～3次，然后将玻璃棒横放在烧杯口上，玻璃棒下端比烧杯口长出2～3 cm，左手食指按住玻璃棒，大拇指在前，其余手指在后，拿起烧杯，放在漏斗上方，倾斜烧杯使玻璃棒仍指向三层定量滤纸的一边，用洗瓶冲洗烧杯壁上附着的沉淀，使之全部转移入漏斗中，如图7.6所示。最后用保存的小块定量滤纸擦拭玻璃棒，再放入烧杯中，用玻璃棒压住定量滤纸进行擦拭。擦拭后的定量滤纸块，用玻璃棒拨入漏斗中，用洗涤液再冲洗烧杯将残存的沉淀全部转入漏斗中。

有时也可用淀帚(图7.7)，擦洗烧杯上的沉淀，然后洗净淀帚。淀帚一般可自制，剪一段乳胶管，一端套在玻璃棒上，另一端用橡胶胶水黏合，用夹子夹扁晾干即成。

③ 沉淀洗涤

沉淀全部转移到定量滤纸上后，再在定量滤纸上进行最后的洗涤。这时要用洗瓶由定量滤纸边缘稍下一些地方螺旋形向下移动冲洗沉淀，如图7.8所示。这样可使沉淀集中到定量滤纸锥体的底部，不可将洗涤液直接冲到定量滤纸中央沉淀上，以免沉淀外溅。

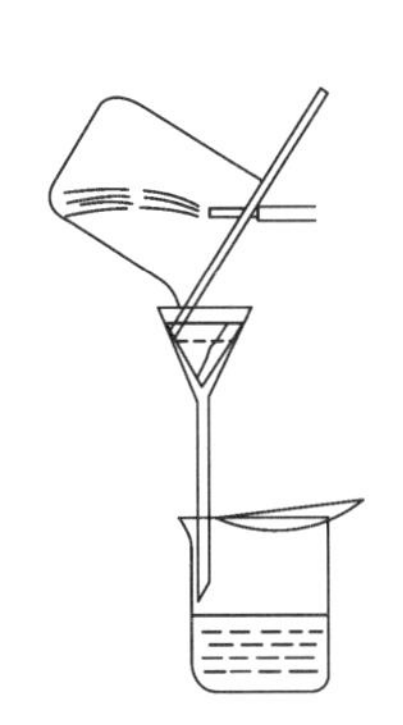

图7.6　最后少量沉淀的冲洗

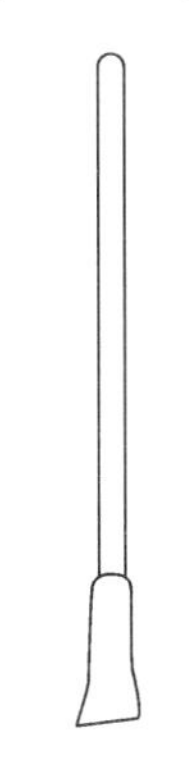

图7.7　淀帚

图7.8　洗涤沉淀

采用“少量多次”的方法洗涤沉淀，即每次加少量洗涤液，洗后尽量沥干，再加第二次洗涤液，这样可提高洗涤效率。洗涤次数一般都有规定，例如洗涤8～10次，或规定洗至流出液无Cl^-为止等。如果要求洗至无Cl^-为止，则洗几次以后，用小试管或小表面皿接取少量滤液，用硝酸酸化的$AgNO_3$溶液检查滤液中是否还有Cl^-，若无白色混浊，即可认为已洗涤完毕，否则需进一步洗涤。

有些沉淀不能与定量滤纸一起灼烧，因其易被还原，如AgCl沉淀。有些沉淀不需灼烧，只需烘干即可称量，如丁二酮肟镍沉淀、磷铝酸喹琳沉淀等，应该用微孔玻璃坩埚(或微孔玻璃漏斗)过滤，如图7.9所示。这种滤器的滤板是用玻璃粉末在高温下熔结而成的。这类滤器的分级和牌号见表7.6。

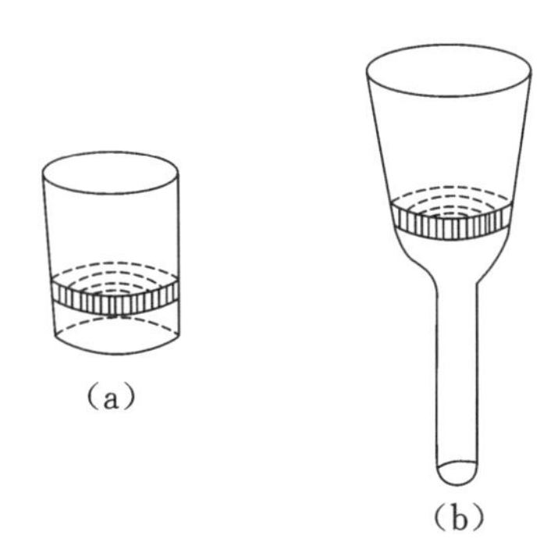

图7.9　微孔玻璃坩埚和漏斗

(a)微孔玻璃坩埚；(b)微孔玻璃漏斗

微孔玻璃坩埚的介绍

微孔玻璃坩埚的使用（抽滤）

表 7.6　滤器的分级和牌号

牌号	孔径分级(μm)		牌号	孔径分级(μm)	
	＞	≤		＞	≤
$P_{1.6}$	—	1.6	P_{40}	16	40
P_{4}	1.6	4	P_{100}	40	100
P_{10}	4	10	P_{160}	100	160
P_{16}	10	16	P_{250}	160	250

滤器的牌号规定以每级孔径的上限值前置以字母"P"表示，上述牌号是我国 1990 年开始实施的新标准，过去玻璃滤器一般分为 6 种型号，现将过去使用的玻璃滤器的旧牌号及孔径列于表 7.7。

表 7.7　滤器的旧牌号及孔径范围

旧牌号	G_1	G_2	G_3	G_4	G_5	G_6
滤板孔径(μm)	80～120	40～80	15～40	5～15	2～5	＜2

分析实验中常用 P40(G3)和 P16(G4)号玻璃滤器，例如，过滤金属汞用 P40 号，过滤 $KMnO_4$ 溶液用 P16 号漏斗式滤器，称量法测 Ni 用 P16 号坩埚式滤器。P4～P1.6 号常用于过滤微生物，所以这种滤器又称为细菌漏斗。

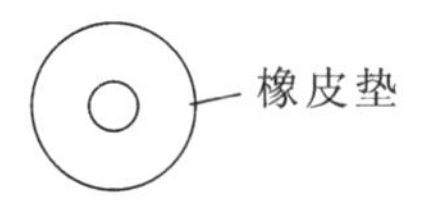

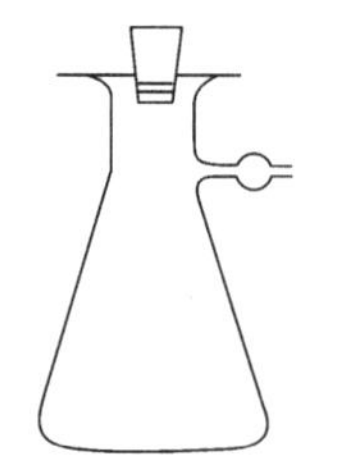

图 7.10　抽滤装置

这种滤器在使用前，先用强酸(HCl 或 HNO_3)处理，然后再用水洗净。洗涤时通常采用抽滤法。如图 7.10 所示，在抽滤瓶瓶口配一块稍厚的橡皮垫(市场上有这种橡皮垫出售)，垫上挖一个圆孔，将微孔玻璃坩埚(或漏斗)插入圆孔中，抽滤瓶的支管与水流泵(俗称水抽子)相连接。先将强酸倒入微孔玻璃坩埚(或漏斗)中，然后开水流泵抽滤，当结束抽滤时，应先拔掉抽滤瓶支管上的胶管，再关闭水流泵，否则水流泵中的水会倒吸入抽滤瓶中。

这种滤器耐酸不耐碱，因此，不可用强碱处理，也不适于过滤强碱溶液。将已洗净、烘干，且恒量的微孔玻璃坩埚(或漏斗)置于干燥器中备用。过滤时，所用装置和上述洗涤时装置相同，在开动水流泵抽滤下，用倾泻法进行过滤，其操作与上述用定量滤纸过滤相同，不同之处是在抽滤下进行。

称量法步骤——沉淀的烘干和灼烧(上)

称量法步骤——沉淀的烘干和灼烧(下)

7.1.3.4　沉淀的烘干和灼烧

沉淀的烘干和灼烧是在一个预先灼烧至质量恒定的坩埚中进行，因此，在沉淀的烘干和灼烧前，必须预先准备好坩埚。

(1) 干燥器的准备和使用

首先将干燥器擦干净，烘干多孔瓷板后，将干燥剂通过一纸筒装入干燥器的底部，如图 7.11(a)所示，应避免干燥剂沾污内壁的上部，然后盖上瓷板。再在磨口上涂上凡士林油，盖上干燥器盖。

干燥器介绍和使用

干燥剂一般选用变色硅胶，此外还可以用无水 $CaCl_2$ 等。由于各种干燥剂吸收水分的能力都是有一定限度的，因此干燥器中的空气并不是绝对干燥，而只是湿度相对降低而已。所以灼烧和烘干后的坩埚和沉淀，如在干燥器中放置过久，可能会吸收少量水分而使质量增加，这点需加注意。

开启干燥器时，左手按住干燥器的下部，右手按住盖子上的圆顶，向左前方推开干燥器盖，如图 7.11(b)所示。盖子取下后应拿在右手中，用左手放入(或取出)坩埚(或称量瓶)，及时盖上干燥器盖。盖子取下后，也可放在桌上安全的地方(注意要磨口向上，圆顶朝下)。加盖时，也应当拿住盖上圆顶，推着盖好。

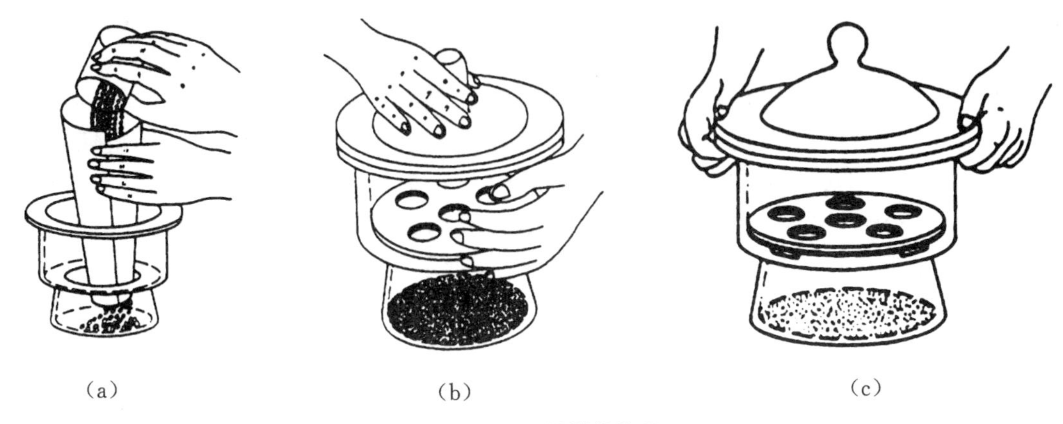

图 7.11　干燥器的使用

(a)装干燥剂的方法；(b)干燥器的开启方法；(c)干燥器的搬动方法

若将坩埚等热的容器放入干燥器后，应连续推开干燥器盖 1～2 次。搬动或挪动干燥器时，应该用两手的拇指同时按住盖，防止滑落打碎，如图 7.11(c)所示。

① 干燥剂不宜放得过多，以免沾污坩埚底部。

② 搬干燥器时，要用双手拿着，用大拇指紧紧按住盖子。

③ 打开干燥器时，不能往上掀盖子，应左手按住干燥器，右手小心把盖子稍微推开，等空气徐徐进入后，才能完全推开，盖子必须仰放在桌上。

④ 不可将太热的物品放入干燥器中。

⑤ 有较热的物品放入干燥器中后，空气受热膨胀会把盖子顶起来，为防止盖子被打翻，应用手按住，不时把盖子稍微推开再合上，以放出热空气。

⑥ 灼烧或烘干后的坩埚或沉淀，在干燥器中不宜存放过久，否则会因吸收水分而使质量略有增加。

⑦ 变色硅胶干燥时为蓝色，受潮后变为粉红色。可在 120 ℃下烘至蓝色反复使用，直至破碎不能用为止。

(2) 坩埚的准备

先将瓷坩埚洗净，小火烤干或烘干，编号(可用含 Fe^{3+} 或 Co^{2+} 的蓝墨水在坩埚外壁上编号)，然后在所需温度下，加热灼烧。灼烧可在高温电炉中进行。由于温度骤升或骤降常使坩埚破裂，最好将坩埚放入冷的炉膛中逐渐升高温度，或者将坩埚在已升至较高温度的炉膛口预热一下，再放进炉膛中。一般在 800～950 ℃下灼烧半小时(新坩埚需灼烧 1 h)。从高温炉中取出坩埚时，应先使高温炉降温，然后将坩埚移入干燥器中，将干燥器连同坩埚一起移至天平室，冷却至室温(约需 30 min)，取出称量。随后进行第二次灼烧 15～20 min，冷却和称量。如果前后两次称量结果之差不大于 0.2 mg，即可认为坩埚已达质量恒定，否则还需再灼烧，直至质量恒定为止。灼烧空坩埚的温度必须与后面灼烧沉淀的温度一致。

坩埚的灼烧也可以在煤气灯上进行。事先将坩埚洗净晾干，将其直立在泥三角上，盖上坩埚盖，但不要盖严，需留一小缝。用煤气灯缓慢加热升温，最后在氧化焰中高温灼烧，灼烧的时间和在高温电炉中相同，直至质量恒定。

(3) 沉淀的干燥和灼烧

坩埚准备好后即可开始沉淀的干燥和灼烧。利用玻璃棒把定量滤纸和沉淀从漏斗中取出，按图

图 7.12　沉淀的包裹

7.12所示，折卷成小包，把沉淀包卷在里面。此时应特别注意，勿使沉淀有任何损失。如果漏斗上沾有一些沉淀，可用定量滤纸碎片擦下，与沉淀包卷在一起。

将定量滤纸包装进已质量恒定的坩埚内，使定量滤纸层较多的一边向下，可使定量滤纸灰化较易。将坩埚置于电炉上，盖上坩埚盖，将定量滤纸烘干并碳化，在此过程中必须防止定量滤纸着火，否则会使沉淀飞散而损失。若已着火，应立刻移开电炉，并将坩埚盖盖上，让火焰自熄。

当定量滤纸碳化后，可逐渐提高温度，并随时用坩埚钳转动坩埚，把坩埚内壁上的黑炭完全烧去，将炭烧成 CO_2 而除去的过程叫灰化。待定量滤纸灰化后，将坩埚垂直地放在泥三角上，盖上坩埚盖（留一小孔隙），于指定温度下灼烧沉淀，或者将坩埚放在高温炉中灼烧。一般第一次灼烧时间为30～45 min，第二次灼烧15～20 min。每次灼烧完毕从炉内取出后，都需要在空气中稍冷，再移入干燥器中。沉淀冷却到室温后称量，然后再灼烧、冷却、称量，直至质量恒定。

微孔玻璃坩埚（或漏斗）只需烘干即可称量，一般将微孔玻璃坩埚（或漏斗）连同沉淀放在表面皿上，然后放入烘箱中，根据沉淀性质确定烘干温度。一般第一次烘干时间要长些，约2 h，第二次烘干时间可短些，约45～60 min，根据沉淀的性质具体处理。沉淀烘干后，取出坩埚（或漏斗），置于干燥器中冷却至室温后称量。反复烘干、称量，直至质量恒定为止。

7.1.4　称量分析法的结果计算

称量分析计算的换算因数

7.1.4.1　称量分析计算中的换算因数

（1）样品百分含量的计算

被测组分B的百分含量，通常可按下式进行计算。

$$w_B=\frac{m_{被测组分}}{m_{试样}}\times 100\% \tag{7.1}$$

式中　w_B——被测组分的百分含量；

$m_{被测组分}$——被测组分的质量，g；

$m_{试样}$——试样的质量，g。

（2）换算因数

在称量沉淀法中，最后得到的是称量形式的质量，如果称量形式与被测组分的表示形式一样，则被测组分的质量就等于称量形式的质量，即可按式7.1直接进行计算；如果称量形式与被测组分的表示形式不一样，这时就需要将称量形式的质量换算为被测组分的质量。

例如，将质量为1.000 g的 $BaSO_4$ 质量换算为被测组分S的质量，方法如下：

$BaSO_4$ ………………… S

233.4　　　　32.06

1.000　　　　m

$$m=1.000\times\frac{32.06}{233.4}=0.1473\ (g)$$

由上例可以看出，被测组分的质量等于称量形式的质量乘以被测组分的摩尔质量与称量形式的摩尔质量之比，这一比值称为“换算因数”，又称“化学因数”，常用 F 表示。

$$F=\frac{M_{被测组分}}{M_{称量形式}} \tag{7.2}$$

式中　F——换算因数；

M——摩尔质量。

在计算换算因数时，分子和分母中所含被测组分的原子数目必须相等。若不等，则应在分子或分母上分别乘以适当的系数，使之相等。

(3) 换算因数的计算

【例题 7.2】计算将 $PbCrO_4$ 换算为 Cr_2O_3 和 PbO 的换算因数。

【解】 将 $PbCrO_4$ 换算为 Cr_2O_3

$$F=\frac{M_{Cr_2O_3}}{2M_{PbCrO_4}}=\frac{152.0}{2\times 323.2}=0.2351$$

将 $PbCrO_4$ 换算为 PbO

$$F=\frac{M_{PbO}}{M_{PbCrO_4}}=\frac{223.2}{323.2}=0.6906$$

(4) 利用换算因数计算物质的含量

根据换算因数 F，可方便地将称量形式的质量换算为被测组分的质量。

$$m_{被测组分}=F\times m_{称量形式} \tag{7.3}$$

因此，称量分析的结果计算可表示为：

$$w_{B}=\frac{F\times m_{称量形式}}{m_{试样}}\times 100\% \tag{7.4}$$

7.1.4.2　称量分析结果计算

称量分析结果计算

【例题 7.3】 测定某水泥试样中 SO_3 的含量，称取水泥试样 0.5000 g，最后得到 $BaSO_4$ 沉淀的质量为 0.0420 g，计算试样中 SO_3 的百分含量。

【解】 $BaSO_4$ 的摩尔质量为 233.4 g/mol；SO_3 的摩尔质量为 80.06 g/mol

则
$$F=\frac{M_{SO_3}}{M_{BaSO_4}}=\frac{80.06}{233.4}=0.3430$$

故试样中的 SO_3 的百分含量为：

$$w_{SO_3}=\frac{F\times m_{BaSO_4}}{m_{试样}}\times 100\%=\frac{0.3430\times 0.0420}{0.5000}\times 100\%=2.88\%$$

【例题 7.4】 测定某铁矿石中铁的含量时，称取试样 0.2500 g，经处理后，将铁沉淀为 $Fe(OH)_3$，然后灼烧得到 Fe_2O_3 0.2490 g，计算试样中 Fe 的百分含量为多少？若以 Fe_3O_4 表示结果，其百分含量又为多少？

【解】 ① 计算 Fe 的百分含量

$$F_1=\frac{2M_{Fe}}{M_{Fe_2O_3}}=\frac{2\times 55.85}{159.7}=0.6994$$

则试样中 Fe 的百分含量为：

$$w_{Fe}=\frac{F_1\times m_{Fe_2O_3}}{m_{试样}}\times 100\%=\frac{0.6994\times 0.2490}{0.2500}\times 100\%=69.66\%$$

② 计算 Fe_3O_4 的百分含量

$$F_2=\frac{2M_{Fe_3O_4}}{3M_{Fe_2O_3}}=\frac{2\times 231.5}{3\times 159.7}=0.9664$$

Fe_3O_4 的百分含量为：

$$w_{Fe_3O_4}=\frac{F_2\times m_{Fe_3O_4}}{m_{试样}}\times 100\%=\frac{0.9664\times 0.2490}{0.2500}\times 100\%=96.25\%$$

【例题 7.5】 称取含 NaCl 和 KCl 的试样 0.5000 g，经处理得纯 NaCl 和 KCl 的质量为 0.1180 g，

溶于水后用 $AgNO_3$ 溶液沉淀，得 AgCl 沉淀 0.2451 g，计算试样中 Na_2O 和 K_2O 的百分含量。

【解】 设 NaCl 质量为 m g，则 KCl 的质量为 $(0.1180-m)$g

由 NaCl 生成 AgCl 的质量为：$\frac{M_{AgCl}}{M_{NaCl}}\times m$

由 KCl 生成 AgCl 的质量为：$\frac{M_{AgCl}}{M_{KCl}}\times(0.1180-m)$

则
$$\frac{M_{AgCl}}{M_{NaCl}}\times m+\frac{M_{AgCl}}{M_{KCl}}\times(0.1180-m)=0.2451$$

得
$$m=0.0344\text{ g}$$

所以试样中 NaCl 质量为 0.0344 g

KCl 的质量为 $0.1180-0.0344=0.0836$ g

将 NaCl 的质量换算为 Na_2O 的质量，换算因数为：

$$F_1=\frac{M_{Na_2O}}{2M_{NaCl}}=\frac{61.98}{2\times 58.44}=0.5303$$

则
$$w_{Na_2O}=\frac{0.5303\times 0.0344}{0.5000}\times 100\%=3.65\%$$

将 KCl 的质量换算为 K_2O 的质量，换算因数为：

$$F_2=\frac{M_{K_2O}}{2M_{KCl}}=\frac{94.20}{2\times 74.55}=0.6318$$

则
$$w_{K_2O}=\frac{0.6318\times 0.0836}{0.5000}\times 100\%=10.56\%$$

【知识扩展】

7.1.5 煤的工业分析

7.1.5.1 煤的组成及各组分的重要性质

煤是由一定地质年代生长的繁茂植物在适宜的地质环境下，经过漫长岁月的天然煤化作用而形成的生物岩，是一种组成、结构非常复杂而且极不均一的包含许多有机和无机化合物的混合物。根据成煤植物的不同，煤可分为两大类，即腐殖煤和腐泥煤。由高等植物形成的煤称为腐殖煤，它又可分为陆殖煤和残殖煤，通常讲的煤就是指腐殖煤中的陆殖煤。陆殖煤分为泥炭、褐煤、烟煤和无烟煤四类。煤炭产品有原煤、精煤和商品煤等，它们主要作为固体燃料，也可作为冶金、化学工业的重要原料。

煤是由有机质、矿物质和水组成。有机质和部分矿物质是可燃的，水和大部分矿物质是不可燃的。

煤中的有机质主要由碳、氢、氧、氮、硫等元素组成，其中碳和氢占有机质的 95%以上。煤燃烧时，主要是有机质中的碳、氢与氧化合而放热，硫在燃烧时也放热，但燃烧产生酸性腐蚀性有害气体——二氧化硫。

矿物质主要是碱金属、碱土金属、铁、铝等的碳酸盐、硅酸盐、硫酸盐、磷酸盐及硫化物。除硫化物外，矿物质不能燃烧，但随着煤的燃烧过程，变为灰分。它的存在使煤的可燃部分比例相应减少，影响煤的发热量。

煤中的水分，主要存在于煤的孔隙结构中。水分会影响燃烧稳定性和热传导，本身不能燃烧放热，还要吸收热量汽化为水蒸气。

煤的各组分如图 7.13 所示。

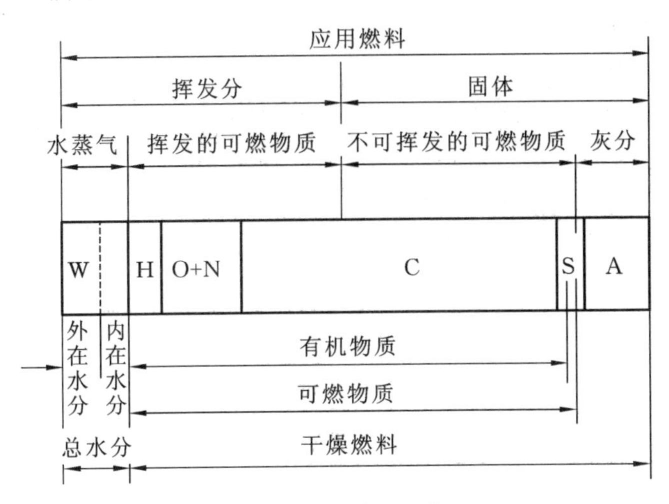

图 7.13　煤的各组分

煤在隔绝空气的条件下，加热干馏，水及部分有机物裂解生成的气态产物挥发逸出，不挥发部分即为焦炭。焦炭的组成和煤相似，只是挥发分的含量较低。

7.1.5.2　煤的分析方法

为了确定煤的性质，评价煤的质量和合理利用煤炭资源，工业上最重要和最普通的分析方法就是煤的工业分析和元素分析。

(1) 工业分析(技术分析或实用分析)

煤的工业分析是煤的水分(M)、灰分(A)、挥发分(V)和固定碳(FC)四个指标测定的总称。这四个指标是了解煤质特性的主要指标，也是评价煤质的基本依据。根据分析结果，可以大致了解煤中有机质的含量及发热量的高低，从而初步判断煤的种类、加工利用效果及工业用途；根据工业分析数据还可计算煤的发热量和焦化产品的产率等。煤的工业分析主要用于煤的生产或使用部门。

(2) 元素分析

煤的元素分析是煤中碳、氢、氧、氮、硫五个项目煤质分析的总称。元素分析结果是对煤进行科学分类的主要依据之一，在工业上是作为计算发热量、干馏产物的产率、热量平衡的依据。元素分析结果表明了煤的固有成分，更符合煤的客观实际。

7.1.5.3　煤的水分测定

煤的水分测定微课

(1) 煤中水分的分类

根据水分的结合状态可分为游离水和结晶水两大类。

① 游离水

游离水是以物理吸附或吸着方式与煤结合的水分，分为外在水分和内在水分两种。

a. 外在水分(M_f)：又称自由水分或表面水分。它是指附着于煤粒表面的水膜和存在于毛细孔中的水分。此类水分是在开采、储存及洗煤时带入的，覆盖在煤粒表面上，其蒸气压与纯水的蒸气压相同，在空气中(一般规定温度为 20 ℃，相对湿度为 65%)风干 1～2 d 后，即蒸发而失去，所以这类水分又称为风干水分。除去外在水分的煤叫风干煤。

b. 内在水分(M_{inh})：指吸附或凝聚在煤粒毛细孔中的水分，是风干煤中所含的水分。由于毛细孔的吸附作用，这部分水的蒸气压低于纯水的蒸气压，故较难蒸发除去，需要在高于水的正常沸点的温度下才能除尽，故称为烘干水分。除去内在水分的煤叫干燥煤。

当煤粒内部毛细孔吸附的水分在一定条件下达到饱和时，内在水分达到最高值，称为最高内在水分(MHC)。它在煤化过程中的变化有一定的规律性。

煤的外在水分和内在水分的总和称为全水分，用符号“M”表示。

② 结晶水

结晶水又称化合水，是以化合的方式同煤中的矿物质结合的水。比如存在于石膏($CaSO_4 \cdot 2H_2O$)和高岭土[$Al_4(Si_4O_{10})(OH)_8$]或 $2Al_2O_3 \cdot 4SiO_2 \cdot 4H_2O$ 中的水。在煤的工业分析中不考虑。

(2) 空气干燥煤样水分的测定

空气干燥煤样(粒度<0.2 mm)在规定条件下测得的水分，用符号“M_{ad}”表示。

在煤的工业分析方法(GB/T 212—2008)标准中规定了三种水分的测定方法，其中方法 A 适用于所有煤种；方法 B 适用于烟煤和无烟煤；方法 C 适用于褐煤和烟煤。

在仲裁分析中遇到有用空气干燥煤样水分进行基的换算时，应用方法 A 测定空气干燥煤样的水分。

①方法 A(通氮干燥法)

a. 方法提要：称取一定量的空气干燥煤样，置于 105～110 ℃干燥箱中，在干燥氮气流中干燥到质量恒定。然后根据煤样的质量损失计算出水分的百分含量。

b. 需用的试剂和仪器：

氮气，纯 99.9%；无水氯化钙，化学纯，粒状；变色硅胶，工业用品。

小空间干燥箱：箱体严密，具有较小的自由空间，有气体进、出口，并带有自动控温装置，能保持温度在 105～110 ℃范围内。

玻璃称量瓶：直径 40 mm，高 25 mm，并带有严密的磨口盖。

干燥器：内装变色硅胶或粒状无水氯化钙。

干燥塔：容量 250 mL，内装干燥剂。

流量计：量程为 100～1000 mL/min。

分析天平：感量 0.0001 g。

c. 操作步骤：用预先干燥和称量过(精确至 0.0002 g)的称量瓶称取粒度为 0.2 mm 以下的空气干燥煤样(1±0.1)g，精确至 0.0002 g，平摊在称量瓶中。

打开称量瓶盖，放入预先通入干燥氮气(在称量瓶放入干燥箱前 10 min 开始通气，氮气流量以每小时换气 15 次计算)并已加热到 105～110 ℃的干燥箱中。烟煤干燥 1.5 h，褐煤和无烟煤干燥 2 h。

从干燥箱中取出称量瓶，立即盖上盖，放入干燥器中冷却至室温(约 20 min)后，称量。

进行检查性干燥，每次 30 min，直到连续两次干燥煤样质量的减少不超过 0.001 g 或质量增加为止。在后一种情况下，要采用质量增加前一次的质量为计算依据。水分在 2%以下时，不必进行检查性干燥。

d. 结果计算：空气干燥煤样的水分按下式计算

$$M_{ad}=\frac{m_1}{m_2}\times 100\% \tag{7.5}$$

式中 M_{ad}——空气干燥煤样的水分含量，%；

m_1——煤样干燥后失去的质量，g；

m_2 煤样的质量，g。

② 方法B(空气干燥法)

a. 方法提要：称取一定量的空气干燥煤样，置于105～110 ℃干燥箱中，在空气流中干燥到质量恒定。然后根据煤样的质量损失计算出水分的含量。

b. 需用的仪器和设备：

干燥箱：带有自动控温装置，内装有鼓风机，并能保持温度在105～110 ℃范围内。

干燥器：内装变色硅胶或粒状无水氯化钙。

玻璃称量瓶：直径40 mm，高25 mm，并带有严密的磨口盖。

分析天平：感量0.0001 g。

c. 操作步骤：用预先干燥并称量过(精确至0.0002 g)的称量瓶称取粒度为0.2 mm以下的空气干燥煤样(1±0.1) g，精确至0.0002 g，平摊在称量瓶中。

打开称量瓶盖，放入预先鼓风(预先鼓风是为了使温度均匀，在将称量瓶放入干燥箱前3～5 min就开始鼓风)并已加热到105～110 ℃的干燥箱中。在一直鼓风的条件下，烟煤干燥1 h，无烟煤干燥1～1.5 h。

从干燥箱中取出称量瓶，立即盖上盖，放入干燥器中冷却至室温(约20 min)后，称量。

进行干燥性检查，每次30 min，直到连续两次干燥煤样的质量减少不超过0.001 g或质量增加为止。在后一种情况下，要采用质量增加前一次的质量为计算依据。水分在2%以下时，不必进行干燥性检查。

煤的灰分测定微课

7.1.5.4　煤的灰分测定

在煤的工业分析方法(GB/T 212—2008)标准中包括缓慢灰化法和快速灰化法。缓慢灰化法为仲裁法；快速灰化法可作为例行分析，快速灰化法又分为方法A和方法B。

(1) 缓慢灰化法测定煤的灰分

① 方法提要：称取一定量的空气干燥煤样，放入马弗炉中，以一定的速率加热到(815±10) ℃，灰化并灼烧到质量恒定。以残留物质量占煤样质量的百分数作为灰分产率。

② 需用的仪器和设备：

a. 马弗炉：能保持温度为(815±10) ℃，炉膛具有足够的恒温区。炉后壁的上部带有直径为25～30 mm的烟囱，下部离炉膛底20～30 mm处，有一个插热电偶的小孔，炉门上有一个直径为20 mm的通气孔。

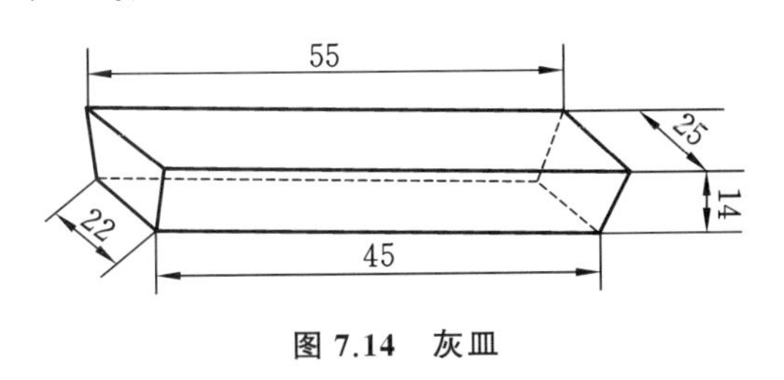

图7.14　灰皿

b. 瓷灰皿：长方形，底面长45 mm，宽22 mm，高14 mm(图7.14)。

c. 干燥器：内装变色硅胶或无水氯化钙。

d. 分析天平：感量0.0001 g。

e. 耐热瓷板或石棉板：尺寸与炉膛相适应。

f. 测定步骤：用预先灼烧至质量恒定的灰皿，称取粒度为0.2 mm以下的空气干燥煤样(1±0.1) g，精确至0.0002 g，均匀地摊平在灰皿中，使其每平方厘米的质量不超过0.15 g。

将灰皿送入温度不超过100 ℃的马弗炉中，关上炉门并使炉门留有15 mm左右的缝隙。在不少于30 min的时间内将炉温缓慢上升至500 ℃，并在此温度下保持30 min。继续升到(815±10) ℃，并在此温度下灼烧1 h。

从炉中取出灰皿，放在耐热瓷板或石棉板上，在空气中冷却5 min左右，移入干燥器中冷却至室温(约20 min)后，称量。

进行检查性灼烧，每次20 min，直到连续两次灼烧的质量变化不超过0.001 g为止。用最后一次灼烧后的质量为计算依据。灰分低于15%时,不必进行检查性灼烧。

(2) 快速灰化A法测定煤的灰分

① 方法提要:将装有煤样的灰皿放在预先加热到(815±10) ℃的灰分快速测定仪的传送带上,煤样自动送入仪器内完全灰化,然后送出。以残留物质量占煤样质量的百分数作为灰分产率。

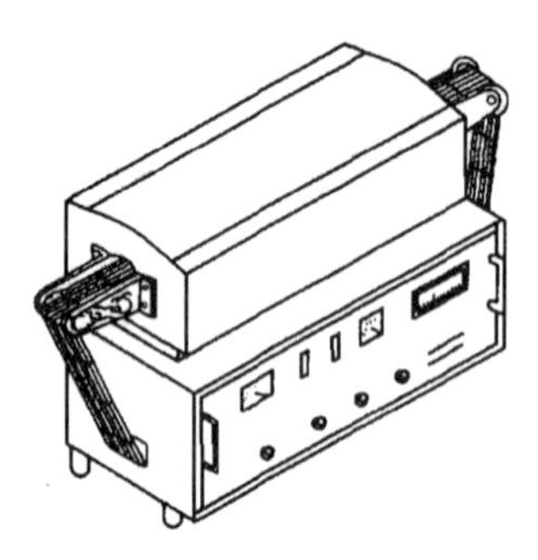

图7.15 快速灰分测定仪

② 仪器:快速灰分测定仪(图7.15)。

③ 测定步骤:将快速灰分测定仪预先加热至(815±10) ℃。开动传送带并将其传送速度调节到17 mm/min左右或其他合适的速度。用预先灼烧至质量恒定的灰皿,称取粒度为0.2 mm以下的空气干燥煤样(1±0.1)g,精确至0.0002 g,均匀地摊平在灰皿中。将盛有煤样的灰皿放在快速灰分测定仪的传送带上,灰皿即自动送入炉中。当灰皿从炉中送出时,取下,放在耐热瓷板或石棉板上,在空气中冷却5 min左右,移入干燥器中冷却至室温(约20 min)后,称量。

(3) 快速灰化B法测定煤的灰分

① 方法提要:将装有煤样的灰皿由炉外逐渐送入预先加热至(815±10) ℃的马弗炉中灰化并灼烧至质量恒定。以残留物质量占煤样质量的百分数作为灰分产率。

② 仪器和设备:见缓慢灰化法测定煤的灰分。

③ 测定步骤:用预先灼烧至质量恒定的灰皿,称取粒度为0.2 mm以下的空气干燥煤样(1±0.1)g,精确至0.0002 g,均匀地摊平在灰皿中,使其每平方厘米的质量不超过0.15 g。将盛有煤样的灰皿预先分排放在耐热瓷板或石棉板上。将马弗炉加热到850 ℃,打开炉门,将放有灰皿的耐热瓷板或石棉板缓慢地推入马弗炉中,先使第一排灰皿中的煤样灰化。待5~10 min后,煤样不再冒烟时,以每分钟不大于2 mm的速度把二、三、四排灰皿顺序推入炉内炽热部分(若煤样着火发生爆燃,实验作废)。关上炉门,在(815±10) ℃的温度下灼烧40 min。从炉中取出灰皿,放在空气中冷却5 min左右,移入干燥器中冷却至室温(约20 min)后,称量。

进行检查性灼烧,每次20 min,直到连续两次灼烧的质量变化不超过0.001 g为止。用最后一次灼烧后的质量为计算依据。如遇检查灼烧时结果不稳定,应改用缓慢灰化法重新测定。灰分低于15%时,不必进行检查性灼烧。

④ 结果计算:

空气干燥煤样的灰分按下式计算:

$$A_{ad}=\frac{m_1}{m}\times 100\% \tag{7.6}$$

式中 A_{ad}——空气干燥煤样的灰分产率,%;

m_1——残留物的质量,g;

m——煤样的质量,g。

煤的挥发分测定微课

7.1.5.5 煤的挥发分测定

(1) 方法提要:称取一定量的空气干燥煤样,放在带盖的瓷坩埚中,在(900±10)℃温度下,隔绝空气加热7 min。以减少的质量占煤样质量的百分数,减去该煤样的水分含量(M_{ad})作为挥发产率。

(2) 仪器和设备:

① 挥发分坩埚:带有配合严密的盖的瓷坩埚,形状和尺寸如图7.16所示。坩埚总质量为15~20 g。

② 马弗炉:带有高温计和调温装置,能保持温度在(900±10) ℃,并有足够的恒温区[(900±5)℃]。炉子的热容量为当起始温度为920 ℃时,放入室温下的坩埚架和若干坩埚,关闭炉门后,在3 min内

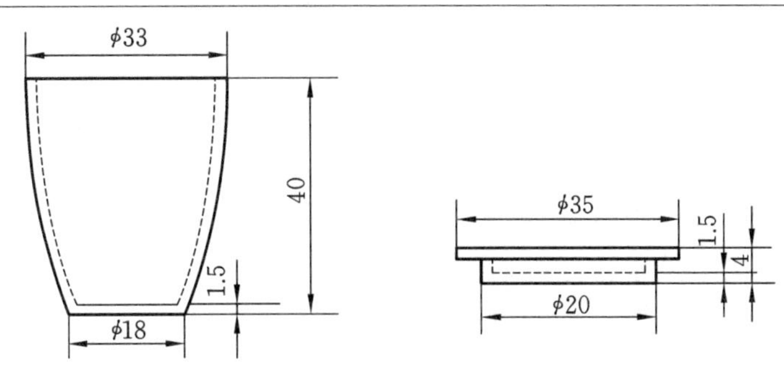

图 7.16　挥发分坩埚

恢复到(900±10) ℃。炉后壁有一排气孔和一个插热电偶的小孔。小孔位置应使热电偶插入炉内后其热接点在坩埚底和炉底之间,距炉底 20～30 mm 处。

马弗炉的恒温区应在关闭炉门下测定,并至少半年测定一次。高温计(包括毫伏计和热电偶)至少半年校准一次。

③ 坩埚架:用镍铬丝或其他耐热金属丝制成。其规格尺寸应能使所有的坩埚都在马弗炉恒温区内,并且坩埚底部位于热电偶热接点上方并距炉底 20～30 mm。

④ 长短坩埚钳。

⑤ 分析天平:感量 0.0001 s。

⑥ 压饼机:螺旋式或杠杆式压饼机,能压制直径约 10 mm 的煤饼。

⑦ 秒表。

⑧ 干燥器:内装变色硅胶或粒状无水氯化钙。

(3) 测定步骤:用预先在 900 ℃温度下灼烧至质量恒定的带盖瓷坩埚,称取粒度为 0.2 mm 以下的空气干燥煤样(1±0.01) g,精确至 0.0002 g,然后轻轻振动坩埚,使煤样摊平,盖上盖,放在坩埚架上。

褐煤和长焰煤应预先压饼,并切成约 3 mm 的小块。

将马弗炉预先加热至 920 ℃左右。打开炉门,迅速将放有坩埚的架子送入恒温区内并关上炉门,准确加热 7 min。坩埚及架子刚放入时,炉温会有所下降,但必须在 3 min 内使炉温恢复至(900±10) ℃,否则此实验作废。加热时间包括温度恢复时间在内。

从炉中取出坩埚,放在空气中冷却 5 min 左右,移入干燥器中冷却至室温(约 20 min)后,称量。

(4) 结果计算:

空气干燥煤样的挥发分按下式计算:

$$V_{ad}=\frac{m_1}{m}\times 100\%-M_{ad} \tag{7.7}$$

当空气干燥煤样中碳酸盐及二氧化碳含量为 2%～12%时,则

$$V_{ad}=\frac{m_1}{m}\times 100\%-M_{ad}-(CO_2)_{ad} \tag{7.8}$$

当空气干燥煤样中碳酸盐二氧化碳含量大于 12%时,则

$$V_{ad}=\frac{m_1}{m}\times 100\%-M_{ad}-[(CO_2)_{ad}-(CO_2)_{ad}(\text{焦渣})] \tag{7.9}$$

式中　V_{ad}——空气干燥煤样的挥发分产率,%;

m_1——煤样加热后减少的质量,g;

m——煤样的质量,g;

M_{ad}——空气干燥煤样的水分含量,%;

$(CO_2)_{ad}$——空气干燥煤样中碳酸盐二氧化碳的含量,%;

$(CO_2)_{ad}$(焦渣)——焦渣中二氧化碳对煤样量的质量分数,%。

7.1.5.6 煤中固定碳含量的计算

固定碳按下式计算：

$$FC_{ad}=100\%-(M_{ad}+A_{ad}+V_{ad}) \tag{7.10}$$

式中 FC_{ad}——空气干燥煤样的固定碳含量，%；

M_{ad}——空气干燥煤样的水分含量，%；

A_{ad}——空气干燥煤样的灰分含量，%；

V_{ad}——空气干燥煤样的挥发分含量，%。

7.1.5.7 各种基准的换算

(1) 空气干燥基按下列公式换算成其他基：

① 收到基煤样的灰分和挥发分

$$X_{ar}=X_{ad}\times\frac{100\%-M_{ar}}{100\%-M_{ad}} \tag{7.11}$$

② 干燥基煤样的灰分和挥发分

$$X_{d}=X_{ad}\times\frac{100\%}{100\%-M_{ad}} \tag{7.12}$$

③ 干燥无灰基煤样的挥发分

$$V_{daf}=V_{ad}\times\frac{100\%}{100\%-M_{ad}-A_{ad}} \tag{7.13}$$

(2) 当空气干燥煤样中碳酸盐二氧化碳含量大于2%时，则

$$V_{daf}=\frac{V_{ad}}{100\%-M_{ad}-A_{ad}-(CO_2)_{ad}}\times 100\% \tag{7.14}$$

式中 X_{ar}——收到基煤样的灰分产率或挥发分产率，%；

X_{ad}——空气干燥基煤样的灰分产率或挥发分产率，%；

M_{ar}——收到基煤样的水分含量，%；

X_{d}——干燥基煤样的灰分产率或挥发分产率，%；

V_{daf}——干燥无灰基煤样的灰分产率或挥发分产率，%。

表7.8 煤质分析结果的表示方法

术语名称	英文术语	定义	符号	旧称
收到基	as received basis	以收到状态的煤为基准	ar	应用基
空气干燥基	air dried basis	与空气湿度达到平衡状态的煤为基准	ad	分析基
干燥基	dry basis	以假想无水状态的煤为基准	d	干基
干燥无灰基	dry ash-free basis	以假想无水、无灰状态的煤为基准	daf	可燃基
干燥无矿物质基	dry mineral-free	以假想无水、无矿物质状态的煤为基准	dmmf	有机基
恒湿无灰基	mois ash-free basis	以假想含最高内在水分、无灰状态的煤为基准	maf	
恒湿无矿物质基	mois mineral matter free basis	以假想含最高内在水分、无矿物质状态的煤为基准	m,mmf	

7.1.6　本项目知识结构框图

知识框图

本项目知识结构框图见二维码。

7.2　项 目 实 施

7.2.1　水泥中三氧化硫含量的称量沉淀法测定

【任务书】

“建材化学分析技术”课程项目任务书

任务名称：水泥中三氧化硫含量的称量沉淀法测定
实施班级：______________　　　实施小组：____________________
任务负责人：____________　　　组员：__________、__________、__________、__________
起止时间：______年______月______日至______年______月______日
任务目标：

（1）掌握称量沉淀法测定水泥中三氧化硫含量的原理及方法。

（2）熟悉称量分析常用仪器、设备的性能和使用方法。

（3）能准备测定所用仪器及其他试剂。

（4）能用沉淀法完成水泥中三氧化硫含量的测定。

（5）能够完成测定结果的处理和报告撰写。

任务要求：

（1）提前准备好测试方案。

（2）按时间有序入场进行任务实施。

（3）按要求准时完成任务测试。

（4）按时提交项目报告。

“建材化学分析技术”课程组印发

【任务解析】

称量法测定水泥中SO_3的含量

水泥中的硫含量常用三氧化硫来表示，它主要由煤和石膏带入。因此水泥和熟料都要测定三氧化硫含量。适量的石膏作为缓凝剂加入可调节水泥的凝结时间，并可提高水泥的强度；制造水泥时，石膏还是一种膨胀组分，赋予水泥膨胀性能，石膏加入量的多少，可以通过测定三氧化硫的含量加以控制。若三氧化硫含量过高，会导致水泥安定性不好，进而影响混凝土的质量。因此，水泥中三氧化硫含量也是一个重要的质量控制指标。用称量沉淀法来测定三氧化硫含量虽然操作烦琐、耗时长，但测定结果的准确度高，在水泥化学分析国家标准中被列为基准法。

其测定原理是用 $BaCl_2$ 作沉淀剂，在盐酸介质中，用 $BaSO_4$ 沉淀法测定试样中 SO_4^{2-} 的量。即将一定质量的水泥试样，用 HCl 分解，控制溶液酸度在$[H^+]$为 0.2～0.4 mol/L 的条件下，用 $BaCl_2$ 沉淀 SO_4^{2-}，生成 $BaSO_4$ 沉淀。反应为：

$$Ba^{2+} + SO_4^{2-} \longrightarrow BaSO_4 \downarrow \text{(白色)}$$

此沉淀的溶解度很小(其 $K_{sp}=1.1\times10^{-10}$),化学性质非常稳定,灼烧后所得的称量形式 $BaSO_4$ 符合称量分析的要求。

将生成的 $BaSO_4$ 沉淀过滤、洗涤,经灰化再于 800 ℃高温炉中灼烧 30 min,取出冷却至室温,称量。然后再灼烧、冷却、称量,直至恒量(两次称量之差不超过 0.2 mg)。最后根据称量形式 $BaSO_4$ 的质量及水泥试样的质量,即可求出水泥中 SO_3 的百分含量。

在沉淀过程中应注意,$BaSO_4$ 初生成时是细小的晶体,不易过滤,因此应掌握适当的沉淀条件,以便得到粗大颗粒的晶形沉淀。

7.2.1.1 准备工作

(1) 任务所需试剂

① HCl(1+1)。

② $BaCl_2$ 溶液(100 g/L)。

③ $AgNO_3$(5 g/L)。

(2) 任务所需仪器

高温炉、干燥器、分析天平、瓷坩埚、烘箱、电子秤、长/短坩埚钳、漏斗、中速定量滤纸等。

(1+1)盐酸溶液配制

氯化钡溶液配制

硝酸银溶液配制

称量法测定三氧化硫所需仪器及试剂

7.2.1.2 操作步骤

硫酸钡法测定 SO_3—称样

硫酸钡法测定 SO_3—溶样

硫酸钡法测定 SO_3—生成沉淀

硫酸钡法测定 SO_3—沉淀灰化

硫酸钡法测定 SO_3—沉淀灼烧称量

称取约 0.5 g 试样,精确至 0.0001 g,置于 200 mL 烧杯中,加入 30~40 mL 水使其分散。加(1+1) HCl 溶液 10 mL,用平头玻璃棒压碎块状物,将溶液加热并保持微沸 5 min。用中速定量滤纸过滤,用热水洗涤 10~12 次,滤液及洗液收集于 400 mL 烧杯中。调整滤液约为 250 mL,煮沸,在搅拌下滴加 $BaCl_2$ 溶液(100 g/L)10 mL,继续煮沸 3 min,然后在常温下静置 12~14 h 或温热处静置至少 4 h(仲裁分析必须在常温下静置 12~14 h),此时溶液体积应保持在约 200 mL。用慢速定量滤纸过滤,用温水洗涤,直至无 Cl^- 检出为止。

将沉淀及定量滤纸一并移入已灼烧至恒量的瓷坩埚中,灰化,在 800~950 ℃的高温炉内灼烧 30 min。取出坩埚,置于干燥器中冷却至室温,称量,反复灼烧,直至恒量。

7.2.1.3 数据记录与结果计算

SO_3 的质量分数按下式计算:

$$w_{SO_3}=\frac{0.3430m_1}{m}\times100\% \tag{7.15}$$

式中　w_{SO_3}——SO_3 的质量分数，%；

m_1——灼烧后沉淀的质量，g；

m——试样的质量，g；

0.3430——$BaSO_4$ 对 SO_3 的换算因数。

7.2.1.4　注意事项

① 称取的水泥试料应置入干燥的烧杯中，或加少量水用玻璃棒预先将试样分散。

② 在沉淀或沉淀的放置过程中，应控制盐酸溶液的浓度为 0.2～0.4 mol/L。

③ 必须在稀热溶液中沉淀，沉淀完毕后要静置陈化。

④ 灼烧沉淀时，应先充分灰化。

⑤ 灼烧的温度、冷却时间应保持一致，反复灼烧时间每次约为 15 min 即可。称量时应用坩埚钳从天平中取、放坩埚及盖。

硫酸钡法测定三氧化硫含量微课

7.2.2　水泥灼烧减量的测定

【任务书】

"建材化学分析技术"课程项目任务书

任务名称：水泥灼烧减量(烧失量)的测定

实施班级：_______________　　实施小组：______________________

任务负责人：_____________　　组员：___________、___________、___________、___________

起止时间：_____年______月______日至______年______月______日

任务目标：

(1) 掌握称量气化法测定水泥灼烧减量的原理及方法。

(2) 熟悉称量分析常用仪器、设备的性能和使用方法。

(3) 能准备测定所用仪器及其他试剂。

(4) 能用气化法完成水泥灼烧减量的测定。

(5) 能够完成测定结果的处理和报告撰写。

任务要求：

(1) 提前准备好测试方案。

(2) 按时间有序入场进行任务实施。

(3) 按要求准时完成任务测试。

(4) 按时提交项目报告。

"建材化学分析技术"课程组印发

【任务解析】

烧失量又称灼减量，即将样品在(950±25)℃的高温炉中灼烧所排出的结晶水，碳酸盐分解出的 CO_2，硫酸盐分解出的 SO_2，以及有机杂质被排除后物量的损失与低价硫、铁等元素氧化成高价的代数和。

测定烧失量

一般规定，试样在 950～1000 ℃下灼烧一段时间后，所减少的质量在试样总质量所占的百分比即为烧失量(个别试样的测定温度则另作规定)。

水泥烧失量是用来限制石膏和混合材中杂质的，以保证水泥质量。熟料的烧失量平均值在1.2%左右，若高于此数值，说明熟料中有不完全燃烧的炭，熟料未烧透。烧失量大，含炭量高，炭会吸附混凝土中的外加剂，导致混凝土坍落度损失快。烧失量的变化会引起熟料和水泥一些控制指标的变化，同时也会引起荧光分析结果与化学分析结果对比发生偏差。干生料烧失量是指水泥熟料煅烧前生料的烧失量，不过原料初始含有水分，烘干后配制成生料，这样的生料烧失量称为干生料的烧失量。

当在高温下灼烧时，试样中的许多组分将发生氧化、分解及化合等反应。如：

$$4FeO + O_2 \xlongequal{\triangle} 2Fe_2O_3$$

$$4FeS_2 + 11O_2 \xlongequal{\triangle} 2Fe_2O_3 + 8SO_2\uparrow$$

$$CaCO_3 \xlongequal{\triangle} CaO + CO_2\uparrow$$

$$CaSO_4 \xlongequal{\triangle} CaO + SO_3\uparrow$$

$$Al_2O_3 + 2SiO_2 \cdot 2H_2O \xlongequal{\triangle} Al_2O_3 \cdot 2SiO_2 + 2H_2O\uparrow$$

所以，烧失量实际上是样品中各种化学反应在质量上的增加和减少的代数和。烧失量的大小与灼烧温度、灼烧时间及灼烧方式等有关。正确的灼烧方法应是在高温炉中（不应使用硅碳棒炉）由低温升起达到规定温度并保温半小时以上。含煤量大的试样要避免直接在高温下进行灼烧。含碱量大的试样常会侵蚀瓷坩埚而造成误差。

测定烧失量所需仪器和试剂

7.2.2.1 准备工作

任务所需仪器与试剂：瓷坩埚（30 mL）、高温炉、分析天平、长/短坩埚钳、待测试样等。

7.2.2.2 操作步骤

烧失量测定操作

称取约1 g（精确至0.0001 g）已在105～110 ℃烘干过的试样，置入已灼烧恒量的瓷坩埚中，将坩埚盖斜置于坩埚上，放在高温炉内从低温开始逐渐升高温度，在（950±25）℃下灼烧15～20 min，取出坩埚，置于干燥器中冷却至室温，称量。如此反复灼烧，直至恒量。

7.2.2.3 数据记录与结果计算

试样中烧失量的质量分数按下式计算：

$$w_{LOI} = \frac{m - m_1}{m} \times 100\% \tag{7.16}$$

式中 w_{LOI}——烧失量，%；

m——灼烧前试样的质量，g；

m_1——灼烧后试样的质量，g。

7.2.2.4 注意事项

① 灼烧时应从低温逐渐升至高温，如果直接将坩埚置于（950±25）℃高温炉内，则因试样中挥发物质猛烈排出而使试样有飞溅的可能，特别是碳酸盐含量高的试样。

② 烧失量的大小与灼烧温度和灼烧时间有直接关系，因此，必须严格按规定控制。

③ 称量时必须迅速，同时要使用干燥能力较强的干燥剂，以免吸收空气和干燥器中的水分而增加质量，致使结果偏高。

④ 测定烧失量所使用的瓷坩埚，应洗净后预先在（950±25）℃下灼烧至恒量，这样可防止灼烧物与瓷坩埚反应而造成误差。

7.2.3 硅酸盐试样中二氧化硅含量的称量沉淀法测定

【任务书】

“建材化学分析技术”课程项目任务书

任务名称：硅酸盐试样中二氧化硅含量的称量沉淀法测定

实施班级：______________ 实施小组：____________________

任务负责人：____________ 组员：__________、__________、__________、__________

起止时间：_____年______月______日至______年______月______日

任务目标：

（1）掌握称量沉淀法测定硅酸盐试样中二氧化硅含量的原理及方法。

（2）熟悉称量分析常用仪器、设备的性能和使用方法。

（3）能准备测定所用仪器及其他试剂。

（4）能用沉淀法完成硅酸盐中二氧化硅含量的测定。

（5）能够完成测定结果的处理和报告撰写。

任务要求：

（1）提前准备好测试方案。

（2）按时间有序入场进行任务实施。

（3）按要求准时完成任务测试。

（4）按时提交项目报告。

“建材化学分析技术”课程组印发

【任务解析】

硅酸盐材料（水泥、玻璃和陶瓷）要求硅的含量（常用二氧化硅含量表示）必须在一定范围内。因此，原料测定二氧化硅含量既是监控原料品质，又是为配料提供依据；半成品测定二氧化硅含量是监控生产是否按工艺设计在进行；成品测定二氧化硅含量是监控产品质量是否达到产品设计要求。

称量法测定试样中SiO_2的含量

硅酸盐在自然界分布很广，绝大多数硅酸盐是不溶于酸的，因此试样常用碱助熔剂熔融，再加入 HCl 酸化，此时，金属元素成为离子溶于酸中，硅酸根则大部分形成无定形硅酸（$H_2SiO_3 \cdot nH_2O$）沉淀，但仍有部分以溶胶状态留在溶液中。因此，需使硅酸溶胶脱水、凝聚，才能保证 H_2SiO_3 全部从溶液中沉淀析出。常用的方法有 HCl 干涸法、动物胶法、NH_4Cl 法等。

用 NH_4Cl 法来测定二氧化硅含量虽然操作烦琐、耗时长，但测定结果的准确度高，在国家标准中被列为基准法。

其原理是得到硅酸沉淀后，经高温（950～1000 ℃）灼烧，使其完全脱水并除去带入的沉淀剂，直至恒量。然后根据灼烧后 SiO_2 的质量计算试样中 SiO_2 的百分含量。但应注意，这样得到的 SiO_2 中，通常含有一定量的难挥发杂质（如铁、铝等化合物）而使测定结果偏高。为测得 SiO_2 的准确含量，可在上述已恒量的 SiO_2 沉淀中加入 HF 和 H_2SO_4，再加热灼烧，使 SiO_2 生成 SiF_4 挥发逸出。

$$SiO_2 + 4HF = SiF_4\uparrow + 2H_2O$$

最后称量残渣质量，根据两次质量差即可求出 SiO_2 的准确质量。

7.2.3.1 准备工作

(3+97)的盐酸溶液配制

称量法测定二氧化硅含量所需仪器及试剂

(1+4)硫酸溶液配制

(1) 任务所需试剂

① 固体：NH_4Cl 和焦硫酸钾(分析纯)、无水 Na_2CO_3(优级纯)。

② 市售浓 HCl、HNO_3、氢氟酸(分析纯)。

③ HCl(1+1)[详见项目 7 的 7.2.1.1(1)中的①]。

④ HCl(3+97)。

⑤ H_2SO_4(1+4)。

⑥ 5 g/L 的硝酸银溶液[详见项目 7 的 7.2.1.1(1)中的③]。

(2) 任务所需仪器

分析天平、高温炉、铂坩埚、烘箱、电子秤、长/短坩埚钳、漏斗及漏斗架、滤纸(中速+慢速)、瓷蒸发皿、瓷坩埚、水浴锅等。

7.2.3.2 操作步骤

① 称取约 0.5 g 试样，精确至 0.0001 g，置于铂坩埚中，称取 4 g 已磨细的无水碳酸钠，加约 3 g 无水碳酸钠于铂坩埚中用玻璃棒混匀，剩余的 1 g 无水碳酸钠用于洗玻璃棒，洗后的无水碳酸钠一并倒入铂坩埚中，盖上坩埚盖并留缝隙，在 950～1000 ℃下灼烧 30 min，取出铂坩埚用坩埚钳夹持旋转，使熔融物附于坩埚内壁，冷却。

② 以热水将熔块浸出，倒入瓷蒸发皿中。盖上表面皿，从皿口滴加盐酸(1+1)，待反应停止后，再加入 5 mL 盐酸。用盐酸(1+1)及少量热水洗净坩埚和盖，洗液并于蒸发皿中。用热水冲洗表面皿及瓷蒸发皿边缘，将蒸发皿置于沸水浴上，盖上表面皿(用玻璃三脚架架起)，蒸发至糊状后，加入 1 g NH_4Cl，充分搅匀，继续在沸水浴上蒸发至干后继续蒸发 10～15 min，期间仔细搅拌并压碎大颗粒。

称量法测SiO_2含量—称样

称量法测SiO_2含量—熔样

生成硅酸沉淀

硅酸沉淀过滤

硅酸沉淀洗涤

硅酸沉淀灰化灼烧称量

③ 取下蒸发皿，加入 10～20 mL 热 HCl 溶液(3+97)，搅拌使可溶性盐溶解。用中速滤纸过滤，用胶头扫棒以热 HCl 溶液(3+97)擦洗玻璃棒及蒸发皿，并洗涤沉淀 3～4 次，然后用热水充分洗涤沉淀，直至检验无氯离子为止。滤液及洗液保存在 250 mL 容量瓶中。

④ 在沉淀中加 3 滴 H_2SO_4(1+4)，然后将沉淀连同滤纸一并移入铂金坩埚中，烘干并灰化后放入 950～1000 ℃的马弗炉内灼烧 1 h，取出坩埚置于干燥器中冷却至室温，称量。反复灼烧，直至恒量(m_1)。

氢氟酸处理不纯SiO_2沉淀

⑤ 向坩埚中加数滴水润湿沉淀，加 3 滴 H_2SO_4(1+4)和 HF 溶液 10 mL，放入通风橱内电热板上缓缓蒸发至干，升高温度继续加热至 SO_3 白烟完全逸尽。将坩埚放入 950～1000 ℃的马弗炉内灼烧 30 min，取出坩埚置于干燥器中冷却至室温，称量。反复灼烧，直至恒量(m_2)。

熔解氢氟酸处理后的残渣

⑥ 向经过氢氟酸处理后的残渣中加入 0.5～1 g 焦硫酸钾，加热至暗红，熔融至杂质被分解。熔块用热水和 3～5 mL 盐酸(1+1)转移到 150 mL 烧杯中，加热微沸使熔块全部溶解，冷却后，将溶液合并入分离二氧化硅后得到的滤液和洗液中，用水稀释至刻度，摇匀。此溶液 A 供测定滤液中残留的可溶性二氧化硅、三氧化二铁、三氧化二铝、氧化钙、氧化镁、二氧化钛和五氧化二磷用。

7.2.3.3 数据记录与结果计算

纯 SiO_2 的质量分数按下式计算：

$$w_{纯SiO_2}=\frac{m_1-m_2}{m}\times 100\% \tag{7.17}$$

式中 $w_{纯SiO_2}$——纯 SiO_2 的质量分数，%；

m_1——灼烧后未经 HF 处理的沉淀及坩埚的质量，g；

m_2——用 HF 处理并经灼烧后的残渣及坩埚的质量，g；

m——试料的质量，g。

7.2.3.4 注意事项

① 严格控制硅酸脱水时间和温度。时间为 10～15 min，温度严格控制在 100～110 ℃。

② 过滤操作应迅速，防止硅酸沉淀胶溶。

③ 灰化时坩埚盖半开，不能使滤纸产生火焰。

④ 灼烧后的 SiO_2 很疏松，所以在用 HF 处理前加水润湿，应用滴管沿坩埚壁缓缓加入。

7.2.4 工业用煤中水分、灰分和挥发分的测定

【任务书】

"建材化学分析技术"课程项目任务书

任务名称：工业用煤中水分、灰分和挥发分的测定

实施班级：______________　　实施小组：____________________

任务负责人：____________　　组员：__________、__________、__________、__________

起止时间：______年______月______日至______年______月______日

任务目标：

(1) 掌握工业用煤中水分、灰分和挥发分的测定原理及方法。

(2) 熟悉称量分析常用仪器、设备的性能和使用方法。

(3) 能准备测定所用仪器及其他试剂。

(4) 能用气化法完成工业用煤中水分、灰分和挥发分的测定。

(5) 能够完成测定结果的处理和报告撰写。

任务要求：

(1) 提前准备好测试方案。

(2) 按时间有序入场进行任务实施。

(3) 按要求准时完成任务测试。

(4) 按时提交项目报告。

"建材化学分析技术"课程组印发

测定煤的水分

【任务解析】

煤的水分是不同煤质的一个重要质量标准，无论是对于煤的理论研究还是加工利用都具有极其重要的意义，它是一个最直观的基础数据。这关乎到了煤的使用、储存以及运输。其测定原理是利用分析气化法进行测定。

煤的灰分与煤中矿物质含量有一定的量的关系，煤中的灰分不是煤的固有成分，

测定煤的灰分

而是煤中所有可燃物质完全燃烧以及煤中矿物质在一定温度下产生一系列分解、化合等复杂反应后剩下的残渣。灰分是降低煤炭质量的物质，在煤炭加工利用的各种场合下都带来有害的影响，因此测定煤的灰分对于正确评价煤的质量和合理加工利用煤等都有重要意义。其测定原理是利用称量分析气化法进行测定。

测定煤的挥发分

煤的挥发分产率与煤的变质程度有比较密切的关系。随着变质程度的提高，挥发分产率逐渐降低。因此，根据煤的挥发分产率可以大致判断煤的变质程度。在我国和国际煤炭分类方案中，都以挥发分作为第一分类指标。根据挥发分产率和测定挥发分后的焦渣特征可初步确定煤的加工利用途径。其测定原理是利用称量分析气化法进行测定。

7.2.4.1 准备工作

(1) 任务所需试剂

粒度为 0.2 mm 以下的空气干燥煤样。

(2) 任务所需仪器

干燥箱、干燥器、玻璃称量瓶、分析天平、马弗炉、瓷灰皿、耐热瓷板或石棉板、挥发分坩埚、坩埚架、长/短坩埚钳。

7.2.4.2 操作步骤

(1) 工业用煤水分的测定步骤

煤的水分测定操作

① 用预先干燥并称量过(精确至 0.0002 g)的称量瓶称取粒度为 0.2 mm 以下的空气干燥煤样(1±0.1) g，精确至 0.0002 g，平摊在称量瓶中。

② 打开称量瓶盖，放入预先鼓风(预先鼓风是为了使温度均匀，在将称量瓶放入干燥箱前 3～5 min 就开始鼓风)并已加热到 105～110 ℃的干燥箱中。在一直鼓风的条件下，烟煤干燥 1 h，无烟煤干燥 1～1.5 h。

③ 从干燥箱中取出称量瓶，立即盖上盖，放入干燥器中冷却至室温(约 20 min)后，称量。进行干燥性检查，每次 30 min，直到连续两次干燥煤样的质量减少不超过 0.001 g 或质量增加为止。在后一种情况下，要采用质量增加前一次的质量为计算依据。水分在 2%以下时，不必进行干燥性检查。

(2) 工业用煤灰分的测定步骤

煤的灰分测定操作

① 用预先灼烧至恒量的灰皿，称取粒度为 0.2 mm 以下的空气干燥煤样(1±0.1)g，精确至 0.0002 g，均匀地摊平在灰皿中，使其每平方厘米的质量不超过 0.15 g。

② 将灰皿送入温度不超过 100 ℃的马弗炉中，关上炉门并使炉门留有 15 mm 左右的缝隙。在不少于 30 min 的时间内将炉温缓慢上升至 500 ℃，并在此温度下保持 30 min。继续升到(815±10) ℃，并在此温度下灼烧 1 h。

③ 从炉中取出灰皿，放在耐热瓷板或石棉板上，在空气中冷却 5 min 左右，移入干燥器中冷却至室温(约 20 min)后，称量。进行检查性灼烧，每次 20 min，直到连续两次灼烧的质量变化不超过 0.001 g 为止。用最后一次灼烧后的质量为计算依据。灰分低于 15%时，不必进行检查性灼烧。

煤的挥发分测定操作

(3) 工业用煤挥发分的测定步骤

① 用预先在 900 ℃温度下灼烧至恒量的带盖瓷坩埚，称取粒度为 0.2 mm 以下的空气干燥煤样(1±0.01)g，精确至 0.0002 g，然后轻轻振动坩埚，使煤样摊平，盖上盖，放在坩埚架上。

② 将马弗炉预先加热至 920 ℃左右。打开炉门，迅速将放有坩埚的架子送入恒温区内并关上炉门，准确加热 7 min。坩埚及架子刚放入后，炉温会有所下降，但必须在 3 min 内使炉温恢复至(900±10) ℃，否则此实验作废。加热时间包括温度恢复时间在内。

③ 从炉中取出坩埚，放在空气中冷却 5 min 左右，移入干燥器中冷却至室温(约 20 min)后，称量。

7.2.4.3 数据记录与结果计算

(1) 空气干燥煤样的水分计算

$$M_{ad}=\frac{m_1}{m_2}\times 100\%$$

式中 M_{ad}——空气干燥煤样的水分含量，%；

m_1——煤样干燥后失去的质量，g；

m_2——煤样的质量，g。

(2) 空气干燥煤样的灰分计算

$$A_{ad}=\frac{m_1}{m}\times 100\%$$

式中 A_{ad}——空气干燥煤样的灰分产率，%；

m_1——残留物的质量，g；

m——煤样的质量，g。

(3) 空气干燥煤样的挥发分计算

$$V_{ad}=\frac{m_1}{m}\times 100\%-M_{ad}$$

当空气干燥煤样中碳酸盐二氧化碳含量为 2%～12%时，则

$$V_{ad}=\frac{m_1}{m}\times 100\%-M_{ad}-(CO_2)_{ad}$$

当空气干燥煤样中碳酸盐二氧化碳含量大于 12%时，则

$$V_{ad}=\frac{m_1}{m}\times 100\%-M_{ad}-[(CO_2)_{ad}-(CO_2)_{ad}(\text{焦渣})]$$

式中 V_{ad}——空气干燥煤样的挥发分产率，%；

m_1——煤样加热后减少的质量，g；

m——煤样的质量，g；

M_{ad}——空气干燥煤样的水分含量，%；

$(CO_2)_{ad}$——空气干燥煤样中碳酸盐二氧化碳的含量，%；

$(CO_2)_{ad}$(焦渣)——焦渣中二氧化碳对煤样量的质量分数，%。

7.2.4.4 注意事项

① 进行工业用煤水分含量测定时，在样品放入干燥箱之前，干燥箱应预先鼓风。

② 进行工业用煤水分含量测定时，在样品从干燥箱取出后，应立即盖上盖，以免吸潮。

③ 进行工业用煤灰分含量测定时，将灰皿送入温度不超过 100 ℃的马弗炉中，缓慢升温。

④ 进行工业用煤挥发分含量测定时，马弗炉预先加热至 920 ℃左右，样品迅速放入高温炉，且必须在 3 min 内使炉温恢复至(900±10) ℃，否则该实验重做。

7.3 项 目 评 价

7.3.1 项目报告考评要点

参见 2.3.1。

7.3.2 项目考评要点

本项目的验收考评主要考核学员相关专业理论、相关专业技能的掌握情况和基本素质的养成情况，具体考核要点如下：

(1) 专业理论

① 掌握称量分析的基本概念。

② 掌握水泥中三氧化硫含量的沉淀法测定原理和方法。

③ 掌握硅酸盐试样中的二氧化硅含量的沉淀法测定原理和方法。

④ 掌握水泥灼烧减量(烧失量)的测定原理和方法

⑤ 熟悉所用试剂的组成、性质、配制和使用方法。

⑥ 熟悉所用仪器、设备的性能和使用方法。

⑦ 掌握实验数据的处理方法。

(2) 专业技能

① 能准备和使用所需的仪器及试剂。

② 能完成称量分析常用试剂的配制。

③ 能完成给定硅酸盐试样的分析测试。

④ 能完成测试结果的处理与项目报告撰写。

⑤ 会使用测试仪器。

(3) 基本素质

① 培养团队意识和合作精神。

② 培养组织、交流和撰写计划与报告的能力。

③ 培养学生独立思考和解决问题的能力，锻炼学生创新思维。

④ 培养学生的敬业精神和遵章守纪的意识。

(项目报告格式参见 2.3.2)

煤的水分测定微课

煤的灰分测定微课

煤的挥发分测定

7.3.3 项目拓展

称量分析是经典的化学分析方法，不仅应用在建筑材料的生产中，还可以应用在钢铁、医药和环境监测等其他领域。

7.3.3.1　钢铁中镍含量的丁二酮肟沉淀法测定

测定的原理是：丁二酮肟是二元弱酸（以 H_2D 表示），分步离解为 HD^-、D^{2-}。当丁二酮肟以 HD^- 形式存在时，可以在氨性溶液中与 Ni^{2+} 发生反应，生成红色沉淀 $Ni(HD)_2$（丁二酮肟镍）。经过滤洗涤在 120 ℃下烘干至恒量，称取丁二酮肟镍沉淀的质量 $m_{Ni(HD)_2}$，以下式计算 Ni 的质量分数：

$$w_{Ni}=\frac{\dfrac{M_{Ni}}{M_{Ni(HD)_2}}m_{Ni(HD)_2}}{m_{试样}}\times 100\% \tag{7.18}$$

式中　w_{Ni}——钢铁中镍含量，%；

M_{Ni}——镍的摩尔质量，g/mol；

$M_{Ni(HD)_2}$——丁二酮肟镍的摩尔质量，g/mol；

$m_{Ni(HD)_2}$——丁二酮肟镍的质量，g；

$m_{试样}$——试样的质量，g。

7.3.3.2　药物含量的测定

某些中草药中无机化合物可用沉淀法测定。例如，中药芒硝中 Na_2SO_4 的含量测定，芒硝的主要成分是 Na_2SO_4，以 $BaCl_2$ 为沉淀剂，以 $BaSO_4$ 的形式称量。

测定步骤：准确称取试样约 0.4 g，加水 200 mL 溶解后，加盐酸 1 mL 煮沸，不断搅拌，并缓慢加入热 $BaCl_2$ 试液至不再产生沉淀，再适当过量。置水浴上加热 30 min，静置 1 h，定量滤纸过滤，沉淀用水多次洗涤至洗涤液不再检测到氯离子为止，炭化、灼烧至恒量，称取 $BaSO_4$ 沉淀的质量，以下式计算芒硝中 Na_2SO_4 的质量分数：

$$w_{Na_2SO_4}=\frac{F\times m_{BaSO_4}}{m_{试样}}\times 100\% \tag{7.19}$$

式中　$w_{Na_2SO_4}$——中药芒硝中 Na_2SO_4 的含量，%；

F——$BaSO_4$ 对 Na_2SO_4 的换算因数，0.6086；

m_{BaSO_4}——$BaSO_4$ 沉淀的质量，g；

$m_{试样}$——试样的质量，g。

7.3.3.3　总悬浮颗粒物的测定

环境监测中可用称量分析法进行水的矿化度、固体物、空气中颗粒物的测定。例如，测定空气中总悬浮颗粒物（TSP）时，国内外广泛采用滤膜捕集-称量法。其原理为用采样器动力抽取一定体积的空气通过已恒量的滤膜，则空气中的悬浮颗粒物被阻留在滤膜上，根据采样前后滤膜质量之差及采样体积，即可计算 TSP。

$$TSP=\frac{m}{Q_n t} \tag{7.20}$$

式中　TSP——总悬浮颗粒物，mg/m^3；

m——阻留在滤膜上的 TSP 质量，mg；

Q_n——标准状态下的采样流量，m^3/min；

t——采样时间，min。

7.4 项目训练

[单选题]

1. 影响弱酸盐沉淀溶解度的主要因素是(   )。

A. 水解效应　　B. 酸效应　　C. 盐效应　　D. 配位效应

E. 同离子效应

2. 下列各条件中哪个是晶形沉淀所要求的沉淀条件?(   )

A. 沉淀作用宜在较浓溶液中进行　　B. 应在不断搅拌时加入沉淀剂

C. 沉淀作用宜在冷溶液中进行　　D. 不应进行沉淀的陈化

E. 沉淀剂应是挥发性的

3. 下列哪条违反了非晶形沉淀的沉淀条件?(   )

A. 沉淀作用宜在较浓的溶液中进行　　B. 沉淀作用宜在热溶液中进行

C. 在不断搅拌下,迅速加入沉淀剂　　D. 沉淀宜放置过夜,使沉淀陈化

E. 在沉淀析出后,宜加入大量热水进行稀释

4. 为了获得纯净而易过滤、洗涤的晶形沉淀,要求(   )。

A. 沉淀时的聚集速率大而定向速率小　　B. 溶液的过饱和程度要大

C. 沉淀时的聚集速率小而定向速率大　　D. 沉淀的溶解度要小

5. 下列哪些不是称量分析对称量形式的要求?(   )

A. 表面积要大　　B. 相对分子质量要大

C. 颗粒要粗大　　D. 溶解度要小

6. 为了获得纯净而易过滤的晶形沉淀,下列措施中哪个是错误的?(   )

A. 必要时进行再沉淀　　B. 采用适当的分析程序和沉淀方法

C. 在适当较高的酸度下进行沉淀　　D. 在较浓的溶液中进行沉淀

7. 如果被吸附的杂质和沉淀具有相同的晶格,这就易形成(   )。

A. 后沉淀　　B. 吸留　　C. 包夹　　D. 混晶

E. 表面吸附

8. 下列有关沉淀吸附的一般规律中,哪条是不对的?(   )

A. 离子价数高的比低的易被吸附　　B. 离子浓度愈大愈易被吸附

C. 沉淀的颗粒愈大,吸附能力愈强　　D. 温度愈高,愈有利于吸附

E. 能与构晶离子生成难溶盐沉淀的离子,优先被吸附

9. 用于洗涤"溶解度较小且可能胶溶的沉淀"的洗涤液是(   )。

A. 去离子水　　B. 沉淀剂的稀溶液

C. 酸性溶液　　D. 挥发性电解质的热稀溶液

E. pH 缓冲溶液

10. 以 SO_4^{2-} 沉淀 Ba^{2+} 时,加入适当过量的 SO_4^{2-} 可以使 Ba^{2+} 离子沉淀更完全,这是利用(   )效应。

A. 盐　　B. 酸　　C. 配位　　D. 溶剂化

E. 同离子

11. 以 H_2SO_4 作为 Ba^{2+} 的沉淀剂，其过量的适宜百分数为(　　)。

A. 10%　　B. 10%～20%　　C. 20%～50%　　D. 50%～100%

E. 100%～200%

12. 以 $BaCl_2$ 作为 SO_4^{2-} 的沉淀剂，其过量的适宜百分数为(　　)。

A. 10%　　B. 20%～30%　　C. 50%～80%　　D. 100%

E. 100%～150%

13. 用 $BaSO_4$ 法测定水泥中的 SO_3 含量，称取试样质量为0.2000 g，现测得灼烧后的 $BaSO_4$ 质量为0.0200 g，计算 SO_3 含量是(　　)。

A. 1%　　B. 3.43%　　C. 4.4%　　D. 5.4%

［多选题］

14. 影响沉淀溶解度的因素有(　　)。

A. 同离子效应　　B. 酸效应　　C. 盐效应　　D. 配位效应

15. 晶形沉淀的沉淀条件是(　　)。

A. 沉淀作用宜在较稀溶液中进行　　B. 在不断搅拌下，缓慢地加入沉淀剂

C. 沉淀作用宜在热溶液中进行　　D. 应进行沉淀的陈化

16. 无定形沉淀的沉淀条件是(　　)。

A. 沉淀作用宜在较浓的溶液中进行　　B. 在热溶液中及电解质存在下进行沉淀

C. 在不断搅拌下，迅速加入沉淀剂　　D. 沉淀宜放置过夜，使沉淀陈化

E. 在沉淀析出后，宜加入大量热水进行稀释，趁热过滤、洗涤

17. 为了获得纯净而易过滤、洗涤的晶形沉淀，要求(　　)。

A. 沉淀时的聚集速率大而定向速率小　　B. 溶液的过饱和程度要大

C. 沉淀时的聚集速率小而定向速率大　　D. 沉淀的溶解度要小

E. 溶液中沉淀的相对过饱和度要小

18. 称量分析对称量形式的要求有(　　)。

A. 称量形式要有足够的稳定性，不易吸收空气中的 CO_2、H_2O

B. 称量形式的摩尔质量尽可能大

C. 颗粒要粗大

D. 称量形式的组成必须与化学式相符

19. 沉淀吸附的一般规律是(　　)。

A. 离子价数高的比低的易被吸附　　B. 离子浓度愈大愈易被吸附

C. 沉淀的颗粒愈大，吸附能力愈强　　D. 温度愈高，愈不利于吸附

E. 能与构晶离子生成难溶盐沉淀的离子，优先被吸附

20. 沉淀剂的选用要求是(　　)。

A. 选用具有较好选择性的沉淀剂

B. 选用溶解度较大的沉淀剂

C. 选用能与被测离子生成溶解度最小的沉淀的沉淀剂

D. 尽可能选用易挥发或经灼烧易除去的沉淀剂

21. 有机沉淀剂的特点是(　　)。

A. 选择性高　　B. 沉淀的溶解度小

C. 沉淀吸附杂质少　　D. 沉淀的摩尔质量大

E. 多数有机沉淀物组成恒定，经烘干后即可称重，简化了称量分析的操作

22. 影响沉淀纯净的因素主要有(　　)。

A. 共沉淀现象　　B. 后沉淀现象　　C. 溶解度　　D. 溶度积

23. 根据被测组分与试样中其他组分分离的方法不同，称量分析一般分为(　　)。

A. 沉淀法　　B. 气化法　　C. 电解法　　D. 电镀法

24. 称量分析法特点有(　　)。

A. 不需用基准物质和容量仪器　　B. 引入误差机会少，准确度高

C. 称量分析操作比较烦琐，耗时较长　　D. 适用于常量组分分析

25. 胶体溶液的性质有(　　)。

A. 可滤性　　B. 胶粒带电性　　C. 溶剂化作用　　D. 后沉淀现象

26. 有机沉淀剂分为(　　)。

A. 生成螯合物的沉淀剂　　B. 生成离子缔合物的沉淀剂

C. 生成水合物　　D. 生成羟合物

[填空题]

27. 同离子效应(　　　)沉淀的溶解度。盐效应(　　　)沉淀的溶解度。酸效应(　　　)弱酸盐沉淀的溶解度。配位效应(　　　)沉淀的溶解度。(填增大或减小)

28. 称量分析对沉淀形式的要求是(　　　)(　　　)(　　　)。称量分析对称量形式的要求是(　　　)(　　　)(　　　)。

29. 沉淀按物理性质的不同可分为(　　　)沉淀和(　　　)沉淀。沉淀形成的类型除了与沉淀的本质有关外，还取决于沉淀时(　　　)和(　　　)的相对大小。形成晶形沉淀时(　　　)速率大于(　　　)速率。

30. 在沉淀反应中，沉淀的颗粒愈(　　　)，沉淀吸附杂质愈(　　　)。

31. 欲测得 SiO_2 的准确含量，应将沉淀置于(　　　)坩埚中灼烧至恒量(m_1)后，加(　　　)处理，此时 SiO_2 形成(　　　)。再次灼烧至恒量(m_2)，则 SiO_2 的准确质量应为(　　　)。

32. 均相沉淀法是利用溶液中(　　　)地产生沉淀剂的方法，使溶液中沉淀物的(　　　)维持在很低的水平，并能在较长时间内维持(　　　)状态，从而获得结构紧密、粗大而纯净的晶形沉淀。

[判断题]

33. (　　)沉淀的陈化是晶形沉淀所要求的沉淀条件之一。

34. (　　)非晶形沉淀也需要陈化。

35. (　　)为了获得纯净而易过滤、洗涤的晶形沉淀，沉淀时的聚集速率小而定向速率大。

36. (　　)被吸附的杂质和沉淀具有相同的晶格，易形成混晶。

37. (　　)组成与化学式完全符合是称量分析对称量形式的要求之一。

38. (　　)同离子效应使沉淀的溶解度减小。

39. (　　)盐效应使沉淀的溶解度增大。

40. (　　)配位效应使沉淀的溶解度增大。

41. (　　)酸效应影响弱酸盐沉淀溶解度。

42. (　　)酸效应不影响强酸盐沉淀溶解度。

43. (　　)不断搅拌是晶形沉淀和非晶形沉淀的沉淀条件之一。

44. (　　)形成晶形沉淀时聚集速率大于定向速率。

45.(　　)“稀”是晶形沉淀所要求的沉淀条件之一。

46.(　　)无定形沉淀不需要陈化。

47.(　　)沉淀时的聚集速率大而定向速率小,能获得纯净而易过滤、洗涤的晶形沉淀。

48.(　　)被吸附的杂质和沉淀有不相同的晶格,也可形成混晶。

49.(　　)称量分析对称量形式的要求之一是摩尔质量尽可能大。

50.(　　)同离子效应使沉淀的溶解度增大。

51.(　　)盐效应使沉淀的溶解度减小。

52.(　　)配位效应使沉淀的溶解度减小。

53.(　　)酸效应对沉淀溶解度的影响不定。

54.(　　)酸效应影响强酸盐沉淀溶解度。

55.(　　)“浓”是无定形沉淀的沉淀条件之一。

56.(　　)聚集速率大于定向速率不利于形成无定形沉淀。

57.(　　)胶粒带电性是胶体溶液的性质之一。

58.(　　)可滤性不只是胶体溶液的性质。

59.(　　)溶剂化作用不是胶体溶液的性质。

60.(　　)不使用基准物质和容量仪器不是称量分析法的特点。

61.(　　)引入误差机会少,准确度高是称量分析法的优点。

62.(　　)称量分析操作比较烦琐、耗时较长是称量分析法的缺点。

63.(　　)称量分析法不适用于常量组分测定。

64.(　　)共沉淀现象是影响沉淀纯净的因素。

65.(　　)后沉淀现象不是影响沉淀纯净的因素。

66.(　　)选择性高是有机沉淀剂的优点。

67.(　　)沉淀的溶解度小不是有机沉淀剂的优点。

68.(　　)沉淀吸附杂质少是有机沉淀剂的优点。

69.(　　)沉淀的摩尔质量大不是有机沉淀剂的优点。

70.(　　)选用具有较好选择性的沉淀剂。

71.(　　)选用溶解度较小的沉淀剂。

72.(　　)选用能与被测离子生成溶解度最小的沉淀的沉淀剂。

73.(　　)尽可能选用易挥发或经灼烧易除去的沉淀剂。

74.(　　)离子价数高的比价数低的容易被沉淀吸附。

75.(　　)离子浓度愈大愈容易被沉淀吸附。

76.(　　)沉淀的颗粒愈大,吸附能力愈小。

77.(　　)温度愈高,愈不利于沉淀吸附。

78.(　　)有机沉淀剂只可生成螯合物。

79.(　　)有机沉淀剂也可生成离子缔合物。

[**计算题**]

80. 计算下列换算因数

① 根据 $BaSO_4$ 计算 $BaCl_2 \cdot 2H_2O$ 的质量,求换算因数。

② 根据 $Mg_2P_2O_7$ 计算 MgO 和 P_2O_5 的质量,求换算因数。

③ 根据 $BaCrO_4$ 计算 Cr_2O_3 的质量,求换算因数。

81. 某黄铁矿试样含 FeS 约 80%，用 $BaSO_4$ 重量法测定试样中 S 的含量，欲得 0.40 g 左右的 $BaSO_4$ 沉淀，问应称取黄铁矿试样多少克？

82. 测定硅酸盐中 SiO_2 的含量，称取试样 0.5000 g，最后得到不纯 SiO_2 0.2630 g，再用 HF 和 H_2SO_4 处理，剩余残渣质量为 0.0013 g，计算试样中 SiO_2 的含量。若不用 HF 处理，分析结果的误差有多大？

83. 分析矿石中 Mn 的含量，如果 1.520 g 试样产生 0.1260 g Mn_3O_4，计算试样中 Mn 和 Mn_2O_3 的含量。

[问答题]

84. 什么是称量分析法？称量分析法主要有哪些种类？

85. 称量分析对沉淀形式和称量形式各有哪些要求？

86. 影响沉淀溶解度的因素有哪些？是怎样发生影响的？

87. 什么是共沉淀现象？产生共沉淀的原因有哪些？

88. 胶体溶液稳定的原因有哪些？在分析中如何破坏胶体溶液？

89. 晶形沉淀和无定形沉淀的形成条件是什么？

90. 什么是陈化？对晶形沉淀进行陈化有何好处？

91. 什么是换算因数？

项目8　硅酸盐试样的全组分含量测定

【项目描述】

在完成基础知识学习后需要对建筑材料生产过程中所涉及的中间样品和产品进行分析操作。其常见的典型任务有:测定石灰石中的全组分含量、测定水泥熟料中的全组分含量、测定黏土中的全组分含量等。通过对这些指标的检测,可了解原料的配比情况,及时调整参数控制生产,监控产品质量,确保生产正常进行。

【项目目标】

[素质目标]

(1) 遵纪守法、诚实守信、热爱劳动,遵守职业道德准则和行为规范,具有社会责任感和社会参与意识。

(2) 具有质量意识、环保意识、安全意识、信息素养、工匠精神和创新思维。

(3) 具有自我管理能力,有较强的集体意识和团队合作精神。

(4) 具有健康的体魄、心理和人格,养成良好的行为习惯。

(5) 具有良好的职业素养和人文素养。

[知识目标]

(1) 了解硅酸盐的种类和表示方法的基本理论知识。

(2) 了解硅酸盐的分析意义和分析项目。

(3) 了解硅酸盐的分析任务和方法。

(4) 掌握硅酸盐全分析中的分析系统。

(5) 了解测定中间样品和产品的方法种类。

(6) 掌握测试硅酸盐试样的方法和流程。

[能力目标]

(1) 能准备测试试样用试剂。

(2) 能准备测试试样用仪器。

(3) 能完成给定试样的测定。

(4) 能够完成测定结果的处理及项目报告的撰写。

8.1　项目导学

8.1.1　硅酸盐分析概述

8.1.1.1　硅酸盐的种类和表示方法

(1) 硅酸盐的种类

硅酸盐是由二氧化硅和金属氧化物所形成的盐类。换句话说,是硅酸($xSiO_2 \cdot yH_2O$)中的氢被

Al、Fe、Ca、Mg、K、Na 及其他金属取代形成的盐。

硅酸盐可分为天然硅酸盐和人造硅酸盐：

- 天然硅酸盐
  - 长石、石英、云母、石棉、滑石
  - 黏土、高岭土
- 人造硅酸盐
  - 水泥、玻璃、陶瓷、耐火材料
  - 砖瓦、搪瓷

根据二氧化硅的含量可分为：①极酸性岩；②酸性岩；③中性岩；④基性岩；⑤超基性岩。

(2) 硅酸盐的表示方法

① 用硅酸酐(SiO_2)和构成硅酸盐的所有金属氧化物的化学式分开来表示

正长石：$K_2AlSi_6O_{16}$ 或 $K_2O \cdot Al_2O_3 \cdot 6SiO_2$

高岭土：$H_4Al_2Si_2O_9$ 或 $Al_2O_3 \cdot 2SiO_2 \cdot 2H_2O$

② 用复盐的形式表示

常见的天然硅酸盐矿物的化学式：

正长石[$K(AlSi_3O_8)$]　　钠长石[$Na(AlSi_3O_8)$]

钙长石[$Ca(AlSi_3O_8)$]　　滑石[$Mg_3Si_4O_{10}(OH)_2$]

白云母[$KAl_2(AlSi_3O_{10})(OH)_2$]　　高岭土[$Al_2(Si_4O_{10})(OH)_2$]

石棉[$CaMg_3(Si_4O_{12})$]　　橄榄石[$(MgFe)_2SiO_4$]

绿柱石[$Be_3Al_2(Si_6O_{18})$]　　石英[SiO_2]

蛋白石[$SiO_2 \cdot nH_2O$]　　锆英石[$ZrSiO_4$]

硅酸盐的分析意义和分析项目

8.1.1.2 硅酸盐的分析意义和分析项目

(1) 硅酸盐的分析意义

硅酸盐分析对控制生产过程，提高产品质量、降低成本，改进工艺、研发新产品，起着重要作用，是生产中的眼睛，指导生产。

(2) 硅酸盐的分析项目

① 水分的测定和校正。

② 烧失量的测定和校正。

③ 硅酸盐全分析及结果的表示：

$$\text{总量} = w_{SiO_2} + w_{Al_2O_3} + w_{Fe_2O_3} + w_{TiO_2} + w_{SO_3} + w_{MnO} + w_{CaO} + w_{MgO} + w_{Na_2O} + w_{K_2O} + \text{烧失量} \tag{8.1}$$

硅酸盐的分析任务和方法

8.1.1.3 硅酸盐的分析任务和方法

(1) 硅酸盐的分析任务

① 对原料进行分析检验，检测其是否符合要求，为生产配料、原材料的选择和工艺控制提供数据。

② 对生产过程中的配料及半成品进行控制检测，保证产品合格。

③ 对产品进行全分析，判断产品是否符合设计要求。

④ 特定项目检验。

(2) 硅酸盐的分析方法

① 称量分析：测定常量组分；准确度高、操作费时；常作基准法、仲裁法。

② 容量分析：测定常量组分；准确度较高、快速；常作例行分析法。

③ 仪器分析：测定微量、痕量、超痕量组分；准确度和灵敏度高、快速、自动化程度高；常作基准法、例行分析法和在线检测。

对准确度的要求取决于不同的需要：

a. 基准法——准确度高，用于原料、产品的化学组成测定，也是工艺计算、确定型号和买卖价格的依据。

b. 快速法——快速，准确度降低。

8.1.2　硅酸盐分析系统

8.1.2.1　分析系统

单项分析：是指在一份称样中测定一至两个项目。

系统分析：是指将一份称样分解后，通过分离或掩蔽的方法消除干扰离子对测定的影响以后，再系统地、连贯地依次对数个项目进行测定。

分析系统：是指在系统分析中，从试样分解、组分分离到依次测定的程序安排。

需要对一个样品的多个组分进行测定时，建立一个科学的分析系统，可以减少试样用量，避免重复工作，加快分析速度，降低成本，提高效率。

分析系统建立的优劣不仅影响分析速度和成本，而且影响到分析结果的可靠性。

一个好的分析系统应具备以下条件：

① 称样次数少。一次称样可测定项目较多，完成全分析所需称样次数少，不仅可减少称样、分解试样的操作，节省时间和试剂，还可以减小由这些操作所引入的误差。

② 尽可能避免分析过程的介质转换和引入分离方法。这样既可以加快分析速度，又可以避免由此引入误差。

③ 所选测定方法必须有好的精密度和准确度，这是保证分析结果可靠性的基础。同时，方法的选择性尽可能较高，以避免分离步骤，操作更快捷。

④ 适用范围广。即一方面分析系统适用的试样类型多；另一方面在分析系统中各测定项目的含量变化范围大时也均可适用。

⑤ 称样、试样分解、分液、测定等操作易与计算机联机，实现自动分析。

8.1.2.2　分析系统的分类

硅酸盐分析系统的经典分析系统

（1）经典分析系统

硅酸盐经典分析系统基本上是建立在沉淀分离和重量法的基础上，是定性分析化学中元素分组法的定量发展，是有关岩石全分析中出现最早，在一般情况下可获得准确分析结果的多元素分析流程。

在经典分析系统中，一份硅酸盐试样只能测定 SiO_2、Fe_2O_3、Al_2O_3、TiO_2、CaO 和 MgO 等六种成分的含量，而 K_2O、Na_2O、MnO、P_2O_5 则需另取试样进行测定，所以说经典分析系统不是一个完善的全分析系统。

在目前的例行分析中，经典分析系统已几乎完全被一些快速分析系统所替代。只是由于其分析结果比较准确，适用范围较广泛，目前在标准试样的研制、外检试样分析及仲裁分析中仍有应用。在采用经典分析系统时，除 SiO_2 的分析过程仍保持不变外，其余项目常常采用配位滴定法、分光光度法和原子吸收光度法进行测定。

（2）快速分析系统

快速分析系统以分解试样的手段为特征，可分为碱熔、酸溶和锂硼酸盐熔融三类。

硅酸盐经典分析系统的快速分析系统

① 碱熔快速分析系统

以 Na_2CO_3、Na_2O_2 或 NaOH(KOH)等碱性熔剂与试样混合，在高温下熔融分解，熔融物以热水提取后，用盐酸(或硝酸)酸化，不用经过复杂的分离，即可直接分液，分别进行硅、铝、锰、铁、钙、镁、磷的测定。钾和钠则要另外取样测定。

② 酸溶快速分析系统

试样在铂坩埚或聚四氟乙烯烧杯中用 HF 或 HF-$HClO_4$、HF-H_2SO_4 分解，驱除 HF，制成盐酸、硝酸或盐酸-硼酸溶液。溶液整分后，分别测定铁、铝、钙、镁、钛、磷、锰、钾、钠，方法与碱熔快速分析相类似。硅可用无火焰原子吸收光度法、硅钼蓝光度法、氟硅酸钾滴定法测定；铝可用 EDTA 滴定法、无火焰原子吸收光度法、分光光度法测定；铁、钙、镁常用 EDTA 滴定法、原子吸收分光光度法测定；锰多用分光光度法、原子吸收光度法测定；钛和磷多用光度法，钠和钾多用火焰光度法、原子吸收光度法测定。

③ 锂硼酸盐熔融快速分析系统

在热解石墨坩埚或用石墨粉作内衬的瓷坩埚中用偏硼酸锂、碳酸锂-硼酸酐(8∶1)或四硼酸锂于 850～900 ℃熔融分解试样，熔块经盐酸提取后，以 CTMAB 凝聚重量法测定硅。整分滤液，以 EDTA 滴定法测定铝，二安替比林甲烷光度法和磷钼蓝光度法分别测定钛和磷，原子吸收光度法测定钛、锰、钙、镁、钾、钠；也有用盐酸溶解熔块后制成盐酸溶液，整分溶液，以光度法测定硅、钛、磷，原子吸收光度法测定铁、锰、钙、镁、钠；也有用硝酸-酒石酸提取熔块后，用笑气-乙炔火焰原子吸收光度法测定硅、铝、钛，用空气-乙炔火焰原子吸收光度法测定铁、钙、镁、钾、钠。

硅酸盐中二氧化硅含量的测定

8.1.3 硅酸盐中各组分含量的测定

8.1.3.1 测定二氧化硅含量的方法综述

(1) 称量法

① 硅酸脱水灼烧称量法：强电解质或胶体(常用盐酸或氯化铵、动物胶)破坏硅酸的水化外壳，促使硅酸溶胶微粒凝聚为较大的沉淀颗粒析出，灼烧称重。在建材化学分析中氯化铵法使用较多(详见项目 7 的 7.2.3 部分)。

② 氢氟酸挥发称量法：试样在铂坩埚中经灼烧至恒量后，加 HF＋H_2SO_4(或)硝酸处理后，再灼烧至恒量，计算 SiO_2 的含量。此法只适于较纯的石英中 SiO_2 的测定。

(2) 氟硅酸钾容量法(详见项目 3 的 3.2.1 部分)

硅酸盐试样用 KOH 或 NaOH 熔融，使之转化为可溶性硅酸盐，如 K_2SiO_3，K_2SiO_3 在过量 KCl、KF 的存在下与 HF(HF 有剧毒，必须在通风橱中操作)作用，生成氟硅酸钾(K_2SiF_6)沉淀，将生成的 K_2SiF_6 沉淀过滤。由于 K_2SiF_6 在水中的溶解度较大，为防止其溶解损失，将其用 KCl 乙醇溶液洗涤。然后用 NaOH 溶液中和溶液中未洗净的游离酸，随后加入沸水使 K_2SiF_6 水解，生成 HF，水解生成的 HF 可用 NaOH 标准溶液滴定，从而计算出试样中 SiO_2 的含量。

(3) 硅钼蓝分光光度法

试样以碳酸钠、硼酸混合熔剂熔融，以稀盐酸浸取，在 0.20～0.25 mol/L 的酸度下，使硅酸和钼酸铵生成黄色硅钼酸。加入草硫混酸消除磷的干扰，用硫酸亚铁铵将硅钼黄还原成硅钼蓝，以分光光度法测定。此法适宜于含硅量较低的试样。

8.1.3.2　硅酸盐中三氧化二铁含量的测定

硅酸盐中三氧化二铁含量的测定方法综述

(1) EDTA配位滴定法

在pH为1.8～2.0及60～70 ℃的溶液中，以磺基水杨酸为指示剂，用EDTA标准溶液直接滴定溶液中三价铁(详见项目4的4.2.2部分)。

(2) 铝还原-重铬酸钾滴定法

试样用H_3PO_4于250～300 ℃温度下分解，加入适量盐酸溶液，使无色$[Fe(PO_4)_2]^{3-}$变成黄色氯化铁，再加入铝箔将Fe^{3+}还原为Fe^{2+}，然后以二苯胺磺酸钠溶液为指示剂，用$K_2Cr_2O_7$标准溶液滴定到溶液显紫色，即为终点(详见项目5的5.2.2部分)。

(3) 原子吸收分光光度法

试样经氢氟酸和高氯酸分解后，分取一定量的溶液，以锶盐消除硅、铝、钛等对铁的干扰。在空气-乙炔火焰中，于波长248.3 nm处测定吸光度。

(4) 邻菲罗啉分光光度法

在酸性溶液中，加入抗坏血酸溶液，使三价铁离子还原为二价铁离子，与邻菲罗啉生成红色配合物，于波长510 nm处测定溶液的吸光度。此法适宜于含铁量较低的试样。

8.1.3.3　硅酸盐中三氧化二铝含量的测定

① 直接滴定法测定三氧化二铝含量

当试样中MnO的含量在0.5%以上时，用直接滴定法。在滴定Fe^{3+}以后的溶液中，调整pH=3.0，加热煮沸，用Cu-EDTA和PAN作指示剂，以EDTA标准滴定溶液直接滴定，至红色消失变为黄色即为终点。

② 硫酸铜回滴法测定三氧化二铝的含量

对于三氧化二铝的测定，当试样中MnO的含量在0.5%以下时，可用铜盐返滴法或直接滴定法。在滴定Fe^{3+}以后的溶液中加入对Al^{3+}、TiO^{2+}过量的EDTA标准滴定溶液，在pH=3.8～4.0，以PAN为指示剂，Al^{3+}、TiO^{2+}与EDTA充分配位，用$CaSO_4$标准滴定溶液返滴剩余的EDTA，当溶液由黄色变为绿色(实际为灰绿色)，再变为紫色时即为终点(详见项目4的4.2.3部分)。

③ EDTA直接法滴定铁铝合量(基准法)

EDTA直接法滴定铁铝合量

在pH=1.8，温度为60～70 ℃的溶液中，以磺基水杨酸钠为指示剂，用EDTA标准滴定溶液滴定至亮黄色。然后调节pH值至3.0，在煮沸下以Cu-EDTA和PAN为指示剂，用EDTA标准滴定溶液滴定至稳定的亮黄色，计算铁铝合量，扣除三氧化二铁的含量，即为三氧化二铝的含量。

8.1.3.4　硅酸盐中氧化钙含量的测定

① 不分离硅配位滴定法测定氧化钙含量

在酸性溶液中加入适量的氟化钾，以抑制硅酸的干扰，然后在pH=13以上的强碱性溶液中，以三乙醇胺为掩蔽剂，以CMP为指示剂，用EDTA标准滴定溶液滴定(见项目4的4.2.3部分)。

② 除硅后配位滴定法测定氧化钙含量

分离硅酸沉淀以后的试样溶液，在pH=13以上的强碱性溶液中，以三乙醇胺为掩蔽剂，以CMP为指示剂，用EDTA标准滴定溶液滴定。

③ 高锰酸钾滴定法测定氧化钙含量

以氨水将铁、铝、钛等沉淀为氢氧化物，过滤除去。然后将钙以草酸钙形式沉淀，过滤和洗涤后，将草酸钙溶解，用高锰酸钾标准滴定溶液滴定。

8.1.3.5 硅酸盐中氧化镁含量的测定

(1) 配位滴定差减法测定氧化镁含量

在 pH=10 的溶液中，以酒石酸钾钠、三乙醇胺为掩蔽剂，用酸性铬蓝 K-萘酚绿 B 混合指示剂，用 EDTA 标准滴定溶液滴定(见项目 4 的 4.2.3 部分)。

(2) 原子吸收分光光度法测定氧化镁含量

以氢氟酸-高氯酸分解，或氢氧化钠熔融，或碳酸钠熔融试样的方法制备溶液，分取一定量的溶液，用锶盐消除硅、铝、钛等的干扰，在空气-乙炔火焰中，于波长 285.2 nm 处测定溶液的吸光度。

硅酸盐中二氧化钛含量测定的方法综述

8.1.3.6 硅酸盐中二氧化钛含量的测定

(1) 配位滴定法测定二氧化钛含量

在同一份溶液中，对 Fe^{3+}、Al^{3+}、TiO^{2+} 进行连续滴定。即在滴定完 Fe^{3+} 后的溶液中，先在 pH 值为 3.8～4.0 的条件下，按铜盐返滴定法测定 Al^{3+}、TiO^{2+} 的合量，然后加入 10～15 mL(50 g/L)苦杏仁酸溶液，使与 $TiOY^{2-}$ 配合物中的 TiO^{2+} 生成更稳定的苦杏仁酸配合物，而被置换出来的等物质的量的 EDTA，仍以 PAN 为指示剂，继续用铜盐溶液进行返滴定，借以测得 TiO_2 的含量。

(2) 二安替比林甲烷分光光度法

在酸性溶液中 TiO^{2+} 与二安替比林甲烷生成黄色配合物，于波长 420 nm 处测定其吸光度。

8.1.3.7 水泥中钾、钠含量的测定

(1) 火焰光度法

试样经氢氟酸-硫酸蒸发处理除去硅后，用热水浸取残渣，以氨水和碳酸铵分离铁、铝、钙、镁。滤液中的钾、钠用火焰光度计进行测定。

(2) 原子吸收分光光度法

用氢氟酸和高氯酸分解试样，以锶盐消除硅、铝、钛等的干扰，在空气-乙炔火焰中，分别于波长 766.5 nm 处和波长 589.0 nm 处测定氧化钾和氧化钠的吸光度。

8.1.3.8 烧失量的测定

烧失量又称灼减量，即将样品在一定温度的高温炉中灼烧所排出的结晶水，碳酸盐分解出的 CO_2，硫酸盐分解出的 SO_2，以及有机杂质被排除后物量的损失与低价硫、铁等元素氧化成高价的代数和。

一般规定，试样在 950～1000 ℃下灼烧一段时间后，所减少的质量在试样中所占的质量分数即为烧失量(个别试样的灼烧温度则另作规定)。

8.1.3.9 不溶物的测定

试样用盐酸溶液处理，尽量避免可溶性二氧化硅的析出，滤出的不溶渣再用氢氧化钠溶液处理，以盐酸中和、过滤后，残渣经灼烧后称量。

8.1.3.10 一氧化锰的测定

水泥中的锰含量按 MnO 计，一般不超过 0.5%。当准确测定时均用分光光度法测定，其中以过硫酸铵氧化法应用较广泛。在日常分析工作中，锰的测定常用 EDTA 配位滴定法。对高含量锰的测定，可用过硫酸铵氧化-EDTA 配位滴定法。此外，当锰的含量不是太高(1%～3% MnO)时，可采用氨水和溴水使锰沉淀为含水二氧化锰的重量法进行测定，此方法在一些水泥厂中被广泛应用。

目前，用 EDTA 配位滴定锰的方法很多。在水泥及其原材料的化学分析中，比较常用的方法为在 pH=10 下用氟化铵掩蔽钙、镁的直接滴定法，以及借过硫酸铵沉淀分离的直接滴定法。

用氟化铵掩蔽钙、镁的直接滴定法原理是：在 Fe^{3+}、Al^{3+}、TiO^{2+}、Mn^{2+}、Ca^{2+}、Mg^{2+} 等离子共同

存在下，用 EDTA 配位滴定 Mn^{2+}，是在溶液中加入 10 mL 三乙醇胺（1＋2）以掩蔽 Fe^{3+}、Al^{3+}、TiO^{2+}；与此同时，Mn^{2+} 与三乙醇胺（TEA）形成 Mn^{3+}-TEA 绿色配合物（随锰量的增加绿色加深），然后在 pH＝10 下加入足够过量的氟化铵，使钙、镁形成相应的氟化物沉淀，再加盐酸羟胺（0.5～1 g）使 Mn^{3+}-TEA 配合物中的 Mn^{3+} 还原为 Mn^{2+}，以 K-B 为指示剂，用 EDTA 溶液进行滴定。此方法对 0.2～20 mg MnO 的测定，能获得满意的结果。

8.1.4　知识扩展

8.1.4.1　可见分光光度法简介

紫外-可见分光光度法在 190～800 nm 波长范围内测定物质的吸光度，用于杂质检查和含量测定。

定量分析通常选择物质的最大吸收波长处测出吸光度，然后用对照品或吸收系数求算出被测物质的含量，多用于制剂的含量测定；对已知物质定性可用吸收峰波长或吸光度比值作为鉴别方法；若该物质本身在紫外光区无吸收，而其杂质在紫外光区有相当强度的吸收，或杂质的吸收峰处该物质无吸收，则可用本法进行杂质检查。

物质对紫外辐射的吸收是由分子中原子的外层电子跃迁所产生，因此，紫外吸收主要决定于分子的电子结构，故紫外光谱又称电子光谱。有机化合物分子结构中如含有共轭体系、芳香环等发色基团，均可在紫外区（200～400 nm）或可见光区（400～850 nm）产生吸收。通常使用的紫外-可见分光光度计的工作波长范围为 190～900 nm。

紫外吸收光谱为物质对紫外区辐射的能量吸收图。朗伯-比尔（Lambert-Beer）定律为光的吸收定律，它是紫外-可见分光光度法定量分析的依据，其数学表达式为：

$$A=\lg\frac{1}{T}=EcL$$

式中　A——吸光度；

T——透光率；

E——吸收系数；

c——溶液浓度；

L——光路长度。

如溶液的浓度（c）为 1%，光路长度（L）为 1 cm，相应的吸光度即为吸收系数，以 $E_{1\,cm}^{1\%}$ 表示。如溶液的浓度（c）为摩尔浓度（mol/L），光路长度为 1 cm 时，则相应的吸收系数为摩尔吸收系数，以 ε 表示。

8.1.4.2　火焰光度法简介

用火焰进行激发并以光电检测系统来测量被激发元素辐射强度，进而求出该元素含量的分析方法，称为火焰光度法。火焰光度计属于原子发射光谱的范畴。元素发射的谱线强度随该元素含量的变化而变化，谱线强度可由下列经验公式来表示：

$$I=aC^b$$

式中　I——谱线强度；

C——元素的含量；

a——常数，与元素的激发电位、激发温度、试样组成、仪器类型有关；

b——自吸系数，其值与谱的自吸情况有关，浓度很低时计为 1，即 $I=aC$。

钾、钠、钙等碱土金属及碱土金属的激发电位较低，可在火焰中被激发，可采用测谱线绝对强度的方法进行定量分析。

用火焰光度法进行分析时，可采用标准加入法和标准曲线法，如采用标准曲线法，即先测定不同浓度的钠、钾标准溶液的谱线强度，将浓度对强度作图，作为标准曲线，再测定未知水样中的钠或钾谱线强度，从标准曲线上求出其含量。

8.1.5 本项目知识结构框图

本项目知识结构框图见二维码。

知识框图

8.2 项 目 实 施

8.2.1 测定水泥生料的全组分含量

【任务书】

“建材化学分析技术”课程项目任务书

任务名称：测定水泥生料的全组分含量

实施班级：______________ 实施小组：____________________

任务负责人：____________ 组员：__________、__________、__________、__________

起止时间：______年 ______月______日至______年______月______日

任务目标：

(1) 掌握配制和标定水泥熟料分析所用试剂及标准滴定溶液。

(2) 掌握水泥生料分析的基本原理。

(3) 掌握水泥生料主要成分分析的方法。

(4) 能够完成水泥生料全组分含量的测定。

(5) 能够完成测定结果的处理和报告撰写。

任务要求：

(1) 提前准备好测试方案。

(2) 按时间有序入场进行任务实施。

(3) 按要求准时完成任务测试。

(4) 按时提交项目报告。

“建材化学分析技术”课程组印发

【任务解析】

水泥生料、熟料的质量控制在水泥生产中起着非常重要的作用。对水泥生产的率值进行控制，能保证所配制水泥生料具有较高的合格率。

放射性同位素X射线荧光多元素分析仪可同时测定水泥生料、熟料中钙、铁、硅、铝、钾、硫、钛七种元素。仪器分析结果仍然要使用化学分析结果来校正，因此，掌握水泥生料化学分析法是非常必要的。

化学法全分析通常测定水泥生料、熟料中铁、铝、钛、钙、镁、硅；对水泥熟料还测定烧失量和不溶物。

硅酸盐系列水泥生料主要成分大致如下：SiO_2 12%～15%；Fe_2O_3 1.5%～3%；Al_2O_3 2%～4%；CaO 41%～45%；MgO 1%～2.5%；烧失量 34%～37%。

8.2.1.1 水泥生料试样的分解

详见1.2.3。

8.2.1.2　氟硅酸钾法测定 SiO_2 含量

(1) 准备工作

① 任务所需试剂

a. 固体试剂：NaOH、KCl(分析纯)。

b. 浓酸：HCl、HNO_3(分析纯)。

c. 氟化钾溶液(150 g/L)(详见 3.2.1.1(1)中的③)。

d. 氯化钾溶液(50 g/L)(详见 3.2.1.1(1)中的④)。

e. 氯化钾-乙醇溶液(50 g/L)(详见 3.2.1.1(1)中的⑤)。

水泥生料全组分分析—熔样

氢氧化钠—银坩埚熔样微课

水泥生料全分析—氟硅酸钾法测定二氧化硅

酚酞指示剂微课

f. 酚酞指示剂溶液(10 g/L)。

g. 邻苯二甲酸氢钾(基准物)：于 105～110 ℃下烘干至质量恒定。

h. NaOH 标准滴定溶液(c_{NaOH}=0.15 mol/L)。

② 任务所需仪器

碱式滴定管、电子分析天平、塑料烧杯、塑料漏斗、塑料搅拌棒、塑料量筒、定量中速滤纸、电炉等常用容量分析器皿。

(2) 操作步骤

粗配氢氧化钠标液操作

① 配制 NaOH 标准滴定溶液(c_{NaOH}=0.15 mol/L)

粗配：称取 30 g 氢氧化钠(NaOH)溶于水后，加水稀释至 5 L，充分摇匀，储存于塑料瓶或带胶塞(装有钠石灰干燥管)的硬质玻璃瓶内。实际使用时根据所需浓度量取并进行稀释。

标定：称取 0.8 g 邻苯二甲酸氢钾($C_8H_5KO_4$，基准试剂)，精确至 0.0001 g，置于 300 mL 烧杯中，加入约 200 mL 预先新煮沸过并冷却后用氢氧化钠溶液中和至酚酞呈微红色的冷水，搅拌使其溶解，加入 6～7 滴酚酞指示剂溶液，用氢氧化钠标准滴定溶液滴定至微红色，记录消耗体积 V_1。同时做空白实验。

标定氢氧化钠溶液操作

② 测定 SiO_2 含量

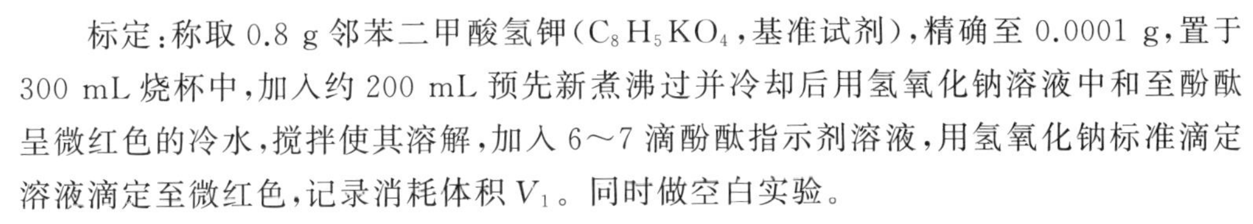

溶样、生成 K_2SiF_6 沉淀：从溶液 B(详见 1.2.3.2)中吸取 50.00 mL 溶液，放入 300 mL 塑料杯中，加入 15 mL 硝酸，搅拌，冷却至 30 ℃以下。加入氯化钾，仔细搅拌、压碎大颗粒氯化钾至溶液饱和并有少量氯化钾析出，然后再加入约 2 g 氯化钾和 10 mL 氟化钾溶液(150 g/L)，仔细搅拌、压碎大颗粒氯化钾，使其完全饱和并有少量氯化钾析出(此时搅拌，溶液应该比较混浊，如氯化钾析出量不够，应再补充加入氯化钾，但氯化钾的析出量不宜过多)，在 10～25 ℃下放置 15～20 min，期间搅拌 1 次。

氟硅酸钾法测二氧化硅操作

K_2SiF_6沉淀的过滤、洗涤、中和残余酸：用中速滤纸过滤，先过滤溶液，固体氯化钾和沉淀留在杯底，溶液滤完后用氯化钾溶液(50g/L)洗涤塑料杯及沉淀，洗涤过程中使固体氯化钾溶解，洗液总量不超过 25 mL。将滤纸连同沉淀取下，置于原塑料杯中，沿杯壁加入 10 mL 氯化钾-乙醇溶液(50 g/L)及 1 mL 酚酞指示剂溶液(10g/L)，将滤纸展开，用氢氧化钠标准滴定溶液中和未洗尽的酸，仔细搅动、挤压滤纸并随之擦洗杯壁直至溶液呈红色(过滤、洗涤、中和残余酸的操作应迅速,以防止氟硅酸钾沉淀的水解)。

K_2SiF_6 沉淀的水解、中和滴定:向杯中加入约 200 mL 沸水(煮沸后用氢氧化钠标准滴定溶液中和至酚酞呈微红色的沸水),用氢氧化钠标准滴定溶液滴定至微红色,且 30 s 不褪即为终点。同时做空白实验。

(3) 数据记录与结果计算

① 标定的 NaOH 溶液准确浓度按下式计算:

$$c=\frac{m\times1000}{(V_1-V_0)M} \tag{8.2}$$

式中 c——NaOH 标准滴定溶液的浓度, mol/L;

V_1——滴定时消耗 NaOH 标准滴定溶液的体积,mL;

V_0——空白实验滴定时消耗 NaOH 标准滴定溶液的体积,mL;

m——邻苯二甲酸氢钾基准物的质量,g;

M——邻苯二甲酸氢钾的摩尔质量,204.2 g/mol。

② 二氧化硅的质量分数按下式计算:

$$\begin{aligned} w_{SiO_2}&=\frac{c_{NaOH}\times(V_{NaOH}-V_{空白})\times\frac{1}{4}\times\frac{M_{SiO_2}}{1000}}{m_{试样}\times1/5}\times100\% \\ &=\frac{c_{NaOH}\times(V_{NaOH}-V_{空白})\times\frac{1}{4}\times\frac{M_{SiO_2}}{10}}{m_{试样}\times1/5}\% \end{aligned} \tag{8.3}$$

式中 w_{SiO_2}——二氧化硅的质量分数,%;

c_{NaOH}——NaOH 标准滴定溶液的物质的量浓度, mol/L;

V_{NaOH}——滴定时消耗 NaOH 标准滴定溶液的体积,mL;

$V_{空白}$——空白实验消耗 NaOH 标准滴定溶液的体积,mL;

$m_{试样}$——试样的质量,g;

1/4——化学计量比;

1/5——所分取试样溶液与全部试样溶液的体积比。

二氧化硅的质量分数也可以用下式计算:

$$\begin{aligned} w_{SiO_2}&=\frac{T_{SiO_2}\times(V_{NaOH}-V_{空白})\times5}{m_{试样}\times1000}\times100\% \\ &=\frac{T_{SiO_2}\times(V_{NaOH}-V_{空白})\times0.5}{m_{试样}}\% \end{aligned} \tag{8.4}$$

式中 w_{SiO_2}——二氧化硅的质量分数,%;

T_{SiO_2}——每毫升 NaOH 标准滴定溶液相当于二氧化硅的质量,mg/mL;

V_{NaOH}——滴定时消耗 NaOH 标准滴定溶液的体积,mL;

$V_{空白}$——空白实验消耗 NaOH 标准滴定溶液的体积,mL;

$m_{试样}$——试样的质量,g;

5——全部试样溶液与所分取试样溶液的体积比。

氟硅酸钾法测定二氧化硅含量

(4) 注意事项

① 形成 K_2SiF_6 沉淀时溶液的酸度、温度和体积控制。

② 滴定终点的微红色与中和沸水的微红色一致。

8.2.1.3　三氧化二铁的测定

水泥生料全分析—测定三氧化二铁

氨水溶液配制微课

配制磺基水杨酸溶液

EDTA标准滴定溶液的配制

(1) 准备工作

① 任务所需试剂

a. 1+1 盐酸溶液(详见 4.2.2.1(1)中的②)。

b. 1+1 氨水溶液。

c. 100g/L 磺基水杨酸溶液。

d. 试样溶液 B/A(溶液 B 详见 1.2.3.2,溶液 A 详见 7.2.3.2)。

e. 0.015 mol/L EDTA 标准滴定溶液。

② 任务所需仪器

烘箱、高温炉、干燥器、电子分析天平、电子秤、精密 pH 试纸、酸式滴定管、烧杯、移液管、量筒、搅棒、酒精温度计、电炉等。

(2) 操作步骤

从试样溶液中吸取 25.00 mL 溶液置于 300 mL 烧杯中,加水稀释至约 100 mL,用氨水(1+1)和盐酸(1+1)调节溶液 pH=1.8(用精密 pH 试纸)。将溶液加热至约 70 ℃,加入 10 滴磺基水杨酸钠指示剂溶液(100 g/L),用 EDTA 标准滴定溶液(约 0.015 mol/L)缓慢地滴定至亮黄色即为终点。保留此溶液供测定三氧化二铝用。同时做空白实验。

(3) 数据记录与结果计算

三氧化二铁的质量分数按下式计算:

$$w_{Fe_2O_3}=\frac{T_{Fe_2O_3}\times(V_{EDTA}-V_{空白})\times 10}{m_{试样}\times 1000}\times 100\% =\frac{T_{Fe_2O_3}\times(V_{EDTA}-V_{空白})}{m_{试样}}\% \tag{8.5}$$

式中　$w_{Fe_2O_3}$——三氧化二铁的质量分数,%;

$T_{Fe_2O_3}$——每毫升 EDTA 标准滴定溶液相当于三氧化二铁的质量,mg/mL;

V_{EDTA}——滴定时消耗 EDTA 标准滴定溶液的体积,mL;

$V_{空白}$——空白实验消耗 EDTA 标准滴定溶液的体积,mL;

$m_{试样}$——试样的质量,g;

10——全部试样溶液与所分取试样溶液的体积比。

(4) 注意事项

① 终点时溶液温度不低于 60 ℃,如终点前溶液温度降至近 60 ℃时,应再加热至 65~70 ℃。

② 含铁量较低的试样终点的黄色很浅。

8.2.1.4　三氧化二铝的测定(硫酸铜返滴法)

(1) 准备工作

① 任务所需试剂

a. (2 g/L)PAN 指示剂溶液。

b. 1+1 氨水溶液[详见 8.2.1.3 中(1)准备工作①的 b]。

c. pH 为 4.3 的缓冲溶液。

d. 硫酸铜标准滴定溶液。

e. 0.015 mol/L EDTA 标准滴定溶液[详见 8.2.1.3 中(1)准备工作①的 e]。

f. 试样溶液 B/A。

三氧化二铁的测定微课

水泥生料全分析—硫酸铜返滴法测定三氧化二铝

配制PAN指示剂微课

配制pH为4.3的乙酸钠缓冲溶液

配制硫酸铜标液

② 任务所需仪器

烘箱、高温炉、干燥器、电子分析天平、电子秤、精密 pH 试纸、酸式滴定管、烧杯、移液管、量筒、搅拌棒、电炉等。

(2) 操作步骤

测完铁的溶液中加入 EDTA 标准滴定溶液至过量，加水稀释至 150～200 mL，将溶液加热至 70～80 ℃后，在搅拌下滴加氨水(1+1)至溶液的 pH 值在 3.0～3.5 之间(用精密 pH 试纸检验)，加入 pH=4.3 的缓冲溶液 15 mL，加热煮沸并保持微沸 1～2 min，取下稍冷，加入 4～5 滴 PAN 指示剂溶液(2 g/L)，用硫酸铜标准滴定溶液滴定至亮紫色即为终点。

(3) 数据记录与结果计算

三氧化二铝的质量分数按下式计算：

$$w_{Al_2O_3}=\frac{T_{Al_2O_3}\times(V_{EDTA}-KV_{CuSO_4})\times 10}{m_{试样}\times 1000}\times 100\%-0.64\times w_{TiO_2}=\frac{T_{Al_2O_3}\times(V_{EDTA}-KV_{CuSO_4})}{m_{试样}}\%-0.64\times w_{TiO_2} \tag{8.6}$$

式中 $w_{Al_2O_3}$——三氧化二铝的质量分数，%；

$T_{Al_2O_3}$——每毫升 EDTA 标准滴定溶液相当于三氧化二铝的质量，mg/mL；

V_{EDTA}——滴定时消耗 EDTA 标准滴定溶液的体积，mL；

V_{CuSO_4}——滴定时消耗 $CuSO_4$ 标准滴定溶液的体积，mL；

$m_{试样}$——试样的质量，g；

w_{TiO_2}——二氧化二钛的质量分数，%；

K——EDTA 标准滴定溶液与 $CuSO_4$ 标准滴定溶液的体积比；

10——全部试样溶液与所分取试样溶液的体积比；

0.64——二氧化二钛对三氧化二铝的换算系数。

硫酸铜回滴法测定三氧化二铝的含量微课

(4) 注意事项

① 如果消耗硫酸铜标准滴定溶液体积小于 10 mL，则增加 EDTA 标准滴定溶液的加入量重新进行实验。

② 本法只适用于一氧化锰含量在 0.5%以下的试样。

8.2.1.5 二氧化钛的测定

水泥生料全分析—测定钛含量

(1) 准备工作

① 任务所需试剂

a. (2 g/L)PAN 指示剂溶液(详见 8.2.1.4 中(1)准备工作①的 a)。

b. (50 g/L)苦杏仁酸溶液(详见 4.2.2.1(1)中的⑥)。

c. (95%，体积分数)乙醇。

d. 硫酸铜标准滴定溶液(详见 8.2.1.4 中(1)准备工作①的 d)。

e. 0.015 mol/L EDTA 标准滴定溶液(详见 8.2.1.3 中(1)准备工作①的 e)。

f. 试样溶液 B/A。

② 任务所需仪器

电炉、酒精温度计、滴定管、容量瓶、移液管等常用容量分析器皿。

(2) 操作步骤

在连续测定完铁、铝(铜盐回滴法)后的溶液中立即加入 50 g/L 苦杏仁酸 10 mL,加热煮沸约 1 min,取下待溶液冷却至 50～60 ℃时,加 2 mL 乙醇,补加 PAN 指示剂 1～2 滴,用硫酸铜标准滴定溶液滴定至亮紫色即为终点(记下消耗硫酸铜标准滴定溶液体积 V)。

(3) 数据记录与结果计算

二氧化钛的百分含量按下式计算:

$$w_{TiO_2}=\frac{T_{TiO_2}\times KV\times 10}{m_{试样}\times 1000}\times 100\%=\frac{T_{TiO_2}\times KV}{m_{试样}}\% \tag{8.7}$$

式中 w_{TiO_2}——二氧化钛的质量分数,%;

T_{TiO_2}——每毫升 EDTA 标准滴定溶液相当于二氧化钛的质量,mg/mL;

V——滴定时消耗硫酸铜标准滴定溶液的体积,mL;

K——EDTA 标准滴定溶液与 $CuSO_4$ 标准滴定溶液的体积比;

$m_{试样}$——试样的质量,g;

10——全部试样溶液与所分取试样溶液的体积比。

(4) 注意事项

① 用苦杏仁酸置换 $TiOY^{2-}$ 配合物中的 Y^{4-} 时,适宜的酸度为 pH 值为 3.5～5。如 pH=3.5,则置换反应进行不完全。

苦杏仁酸置换测定二氧化钛微课

② 用苦杏仁酸置换返滴定法测定钛,某些成分比较复杂的样品如部分黏土、粉煤灰、页岩等滴定终点褪色较快。遇到这种情况时,可在滴定之前将溶液冷却至 50 ℃左右,然后加入 3～5 mL95%乙醇,则褪色的速度可大为减慢,以便于确定滴定终点。

8.2.1.6 氧化钙的测定

水泥生料全分析—测定氧化钙

(1) 准备工作

① 任务所需试剂

a. 20 g/L 氟化钾溶液(详见 4.2.3.1(1)中的①)。

b. 1+2 的三乙醇胺溶液(详见 4.2.3.1(1)中的②)。

c. CMP 混合指示剂。

d. 200 g/L 氢氧化钾溶液(详见 4.2.3.1(1)中的④)。

e. 0.015 mol/L EDTA 标准滴定溶液(详见 8.2.1.3 中(1)准备工作①的 e)。

f. 试样溶液 B。

配制CMP金属指示剂

② 任务所需仪器

烘箱、高温炉、干燥器、电子分析天平、电子秤、广泛 pH 试纸、酸式滴定管、烧杯、移液管、量筒、搅拌棒、电炉等。

(2) 操作步骤

从试样溶液 B 中吸取 25.00 mL 溶液放入 300 mL 烧杯中,加入 7 mL 氟化钾溶液(20 g/L),搅匀并放置 2 min 以上。然后加水稀释至约 200 mL,加入 5 mL 三乙醇胺溶液(1+2)及适量的 CMP 混合指示剂，在搅拌下加入氢氧化钾溶液（200 g/L）至出现绿色荧光后再过量 5～8 mL，用 EDTA 标准滴定溶液滴定至绿色荧光完全消失并呈现红色即为终点。同时做空白实验。

（3）数据记录与结果计算

氧化钙的质量分数按下式计算：

$$w_{CaO}=\frac{T_{CaO}\times(V_{2EDTA}-V_{2空白})\times 10}{m_{试样}\times 1000}\times 100\%=\frac{T_{CaO}\times(V_{2EDTA}-V_{空白})}{m_{试样}}\% \tag{8.8}$$

式中 w_{CaO}——氧化钙的质量分数，%；

T_{CaO}——每毫升 EDTA 标准滴定溶液相当于氧化钙的质量，mg/mL；

V_{2EDTA}——滴定时消耗 EDTA 标准滴定溶液的体积，mL；

带硅滴钙微课

$V_{2空白}$——空白实验消耗 EDTA 标准滴定溶液的体积，mL；

$m_{试样}$——试样的质量，g；

10——全部试样溶液与所分取试样溶液的体积比。

注意：观察荧光指示剂的终点时，若利用自然光，光线应由操作者的背后或侧面射入，这样有利于终点观察，而不应在直射光线的照射下进行滴定。

8.2.1.7 氧化镁的测定

水泥生料全分析—测定氧化镁

配制K-B金属指示剂

（1）准备工作

① 任务所需试剂

a. 100 g/L 酒石酸钾钠溶液（详见 4.2.3.1（1）中的①）。

b. 1+2 的三乙醇胺溶液（详见 4.2.3.1（1）中的②）。

c. K-B 混合指示剂。

d. pH 为 10 的缓冲溶液。

配制氨水—氯化铵缓冲溶液微课

e. 0.015 mol/L EDTA 标准滴定溶液（详见 8.2.1.3 中（1）准备工作①的 e）。

f. 试样溶液 B/A。

② 任务所需仪器

烘箱、高温炉、干燥器、电子分析天平、电子秤、酸式滴定管、烧杯、移液管、量筒、搅拌棒、电炉等。

（2）操作步骤

一氧化锰含量不高于 0.5%时，对氧化镁的测定是从试样溶液中吸取 25.00 mL 溶液放入 300 mL 烧杯中，加水稀释至约 200 mL，加入 1 mL 酒石酸钾钠溶液（100 g/L），搅拌，然后加入 5 mL 三乙醇胺（1+2），搅拌。加入 25 mL pH=10 的缓冲溶液及适量的 K-B 混合指示剂，用 EDTA 标准滴定溶液滴定，近终点时应缓慢滴定至纯蓝色即为终点。同时做空白实验。

（3）数据记录与结果计算

一氧化锰含量不高于 0.5%时，氧化镁的质量分数按下式计算：

$$w_{MgO}=\frac{T_{MgO}\times[(V_{1EDTA}-V_{1空白})-(V_{2EDTA}-V_{2空白})]\times 10}{m_{试样}\times 1000}\times 100\%=\frac{T_{MgO}\times[(V_{1EDTA}-V_{1空白})-(V_{2EDTA}-V_{2空白})]}{m_{试样}}\% \tag{8.9}$$

式中 w_{MgO}——氧化镁的质量分数，%；

T_{MgO}——每毫升 EDTA 标准滴定溶液相当于氧化镁的质量，mg/mL；

V_{1EDTA}——滴定钙、镁总量时消耗 EDTA 标准滴定溶液的体积，mL；

$V_{1空白}$——滴定钙、镁总量时空白实验消耗 EDTA 标准滴定溶液的体积，mL；

V_{2EDTA}——滴定氧化钙时消耗 EDTA 标准滴定溶液的体积，mL；

$V_{2空白}$——滴定氧化钙时空白实验消耗 EDTA 标准滴定溶液的体积，mL；

$m_{试样}$——试样的质量，g；

10——全部试样溶液与所分取试样溶液的体积比。

差减法测定氧化镁含量

注意：一氧化锰含量高于 0.5%时，除将三乙醇胺(1+2)的加入量改为 10 mL，并在滴定前加入 0.5～1 g 盐酸羟胺外，其余操作步骤不变。

8.2.1.8　烧失量的测定

详见项目 7 的 7.2.2。

烧失量测定微课

8.2.1.9　不溶物的测定

(1) 准备工作

① 任务所需试剂

a. 氢氧化钠溶液(10 g/L)。

b. 盐酸(分析纯)。

c. 盐酸(1+1)溶液。

d. 甲基红指示剂溶液。

e. 硝酸铵溶液(20 g/L)。

② 任务所需仪器

分析天平、高温炉、干燥器、瓷坩埚、中速滤纸、漏斗、水浴锅等。

(2) 操作步骤

称取约 1 g 试样(m)，精确至 0.0001 g，置于 150 mL 烧杯中，加 25 mL 水，搅拌使其分散。在搅拌下加入 5 mL 盐酸，用平头玻璃棒压碎块状物使其分解完全(如有必要可将溶液稍稍加热几分钟)，加水稀释至 50 mL，盖上表面皿，将烧杯置于蒸汽浴中加热 15 min。用中速滤纸过滤，用热水充分洗涤 10 次以上。

将残渣和滤纸一并移入原烧杯中，加入 100 mL 氢氧化钠溶液(10 g/L)，盖上表面皿，将烧杯置于蒸汽浴中加热 15 min，加热期间搅动滤纸及残渣 2～3 次。取下烧杯，加入 1～2 滴甲基红指示剂溶液，滴加盐酸(1+1)至溶液呈红色，再过量 8～10 滴。用中速滤纸过滤，用热的硝酸铵溶液(20 g/L)充分洗涤 14 次以上。

将残渣和滤纸一并移入已灼烧至恒量的瓷坩埚中，灰化后在 950～1000 ℃的马弗炉内灼烧 30 min，取出坩埚置于干燥器中冷却至室温，称量。反复灼烧，直至恒量(m_1)。

(3) 数据记录与结果计算

不溶物的质量分数 IR 按下式计算：

$$\mathrm{IR}=\frac{m_1}{m}\times 100\% \tag{8.10}$$

式中　IR——不溶物的质量分数，%；

m——试料的质量，g；

m_1——灼烧后试料的质量，g。

8.2.2 测定黏土的全组分含量

【任务书】

"建材化学分析技术"课程项目任务书

任务名称：测定黏土的全组分含量

实施班级：______________ 实施小组：____________________

任务负责人：____________ 组员：__________、__________、___________、__________

起止时间：______年 ______月______日至______年______月______日

任务目标：

（1）掌握配制和标定黏土质原料分析所用试剂及标准滴定溶液。

（2）掌握黏土质原料分析的基本原理。

（3）掌握黏土质原料主要成分分析的方法。

（4）能准备测定所用仪器及其他试剂。

（5）能完成黏土的全组分含量的测定。

（6）能够完成测定结果的处理和报告撰写。

任务要求：

（1）提前准备好测试方案。

（2）按时间有序入场进行任务实施。

（3）按要求准时完成任务测试。

（4）按时提交项目报告。

"建材化学分析技术"课程组印发

【任务解析】

黏土质原料在水泥生产中主要提供硅和铝原料，黏土及接近黏土成分的有砂页岩、煤矸石、沸石、粉煤灰、矿渣、黄土、红土、河泥和湖泥等。通过对这些项目的检测，了解原料的配比情况，及时调整参数控制生产，监控产品质量，确保生产正常运行。其主要成分为二氧化硅和三氧化二铝。其化学成分大致为：SiO_2 40%～65%；Al_2O_3 15%～40%；Fe_2O_3 微量～0.2%；CaO 0～5%；MgO 微量～3%；碱性氧化物（K_2O+Na_2O）<4%。

黏土全分析—分解试样

8.2.2.1 黏土试样的分解

（1）准备工作

① 任务所需试剂

a. 市售浓盐酸、浓硝酸、浓氢氟酸（分析纯）。

b. 固体试剂：无水碳酸钠、氯化铵、焦硫酸钾（分析纯）。

c. 5 g/L 的硝酸银溶液（详见项目 7 的 7.2.1.1(1)中的③）。

d. (1+1)盐酸溶液（详见项目 7 的 7.2.1.1(1)中的①）。

e. (3+97)盐酸溶液（详见项目 7 的 7.2.3.1(1)中的④）。

② 任务所需仪器

分析天平、高温炉、铂坩埚、烘箱、电子秤、长/短坩埚钳、漏斗及漏斗架、滤纸（中速+慢速）、瓷蒸发皿、水浴锅及常用容量分析器皿等。

(2) 操作步骤

① 熔样：准确称取约 0.5 g 试样，精确至 0.0001 g，置于铂坩埚中，再称取 4 g 已磨细的无水碳酸钠，向铂坩埚中加入 3 g 无水碳酸钠并用玻璃棒混匀，剩余 1 g 无水碳酸钠用于洗棒，洗后一并倒入铂坩埚，盖上坩埚盖，并留有缝隙，在 950～1000 ℃下灼烧 30 min，取出铂坩埚趁热用坩埚钳夹持旋转，使熔融物附于坩埚内壁，冷却。

② 脱埚：以热水将熔块浸出，倒入瓷蒸发皿中。盖上表面皿，从皿口滴加盐酸(1＋1)，待反应停止后，再加入 5 mL 盐酸。用盐酸(1＋1) 及少量热水洗净坩埚和盖，洗液并于蒸发皿中。将蒸发皿置于蒸汽水浴上，皿上放一玻璃三脚架，再盖上表面皿。蒸发至糊状后，加入 1 g 氯化铵，搅匀，在蒸汽水浴上蒸发至干后继续蒸发 10～15 min，期间仔细搅拌并压碎大颗粒。

③ 制备试样溶液：取下蒸发皿，加入 10～20 mL 热盐酸(3＋97)，搅拌使可溶性盐类溶解。立即用中速定量滤纸过滤，用胶头擦棒和滤纸片擦洗玻璃棒及蒸发皿，用热的盐酸(3＋97)洗涤沉淀 3 次，然后用热水充分洗涤沉淀，直至检验无氯离子为止。滤液及洗液保存在 250 mL 容量瓶中(一般生产控制中将此溶液用水稀释至刻度，摇匀，作为溶液 A，供测定三氧化二铁、三氧化二铝、氧化钙、氧化镁用)。

④ 残渣熔解：往经过氢氟酸处理后得到的残渣中加入 0.5～1 g 焦硫酸钾(已处理过)，加热至暗红，熔融至杂质被分解。熔块用热水和 3～5 mL 盐酸(1＋1)转移到 150 mL 烧杯中，加热微沸使熔块全部溶解，冷却后，将溶液合并入分离二氧化硅后得到的滤液和洗液中，用水稀释至刻度，摇匀，此溶液 A，供测定滤液中残留的可溶性二氧化硅、三氧化二铁、三氧化二铝、氧化钙、氧化镁、二氧化钛和五氧化二磷用。

碳酸钠—铂坩埚熔样微课

(3) 注意事项

① 从高温炉取坩埚等高温操作，一定要戴石棉手套进行。

② 从高温炉里取、放坩埚不能带电操作。

8.2.2.2　氯化铵法测定 SiO_2 含量

(详见 7.2.3)

黏土全分析—测定二氧化硅含量

8.2.2.3　三氧化二铁的测定

(详见 8.2.1.3)

8.2.2.4　三氧化二铝的测定

(1) 准备工作

① 任务所需试剂

a. $NH_3 \cdot H_2O$(1＋1)溶液(详见 8.2.1.3 中(1)准备工作①的 b)。

b. HCl(1＋1)溶液(详见 4.2.2.1 中(1)的②)。

c. 2 g/L，溴酚蓝指示剂溶液。

d. PAN 指示剂(详见 8.2.1.4 中(1)准备工作①的 a)。

e. pH 为 3.0 的缓冲溶液。

f. Cu-EDTA 溶液。

g. 0.015 mol/L EDTA 标准滴定溶液(详见 8.2.1.3 中(1)准备工作①的 e)。

h. 试样溶液 A(详见 8.2.2.1)。

配制溴酚蓝指示剂微课

pH为3.0的乙酸-乙酸钠缓冲溶液

Cu-EDTA溶液配制

② 任务所需仪器

烘箱、高温炉、干燥器、电子分析天平、电子秤、温度计、酸式滴定管、烧杯、移液管、量筒、搅拌棒、电炉等。

EDTA直滴法测定三氧化二铝操作

(2) 操作步骤

测完铁的溶液加水稀释至 200 mL，加入 1～2 滴溴酚蓝指示剂溶液，在搅拌下滴加氨水(1+1)至溶液出现紫蓝色，再滴加盐酸(1+1)至黄色，加入 pH=3.0 的缓冲溶液 15 mL，加热煮沸并保持微沸 1 min，加入 10 滴 Cu-EDTA 溶液及 2～3 滴 PAN 指示剂溶液(2 g/L)，用 EDTA 标准滴定溶液滴定至红色消失，继续煮沸，滴定，直至溶液经煮沸后红色不再出现并呈稳定的亮黄色即为终点。

(3) 数据记录与结果计算

三氧化二铝的质量分数按下式计算：

$$w_{Al_2O_3}=\frac{T_{Al_2O_3}\times(V_{EDTA}-V_{空白})\times 10}{m_{试样}\times 1000}\times 100\%=\frac{T_{Al_2O_3}\times(V_{EDTA}-V_{空白})}{m_{试样}}\% \tag{8.11}$$

直接滴定法测定三氧化二铝微课

式中 $w_{Al_2O_3}$——三氧化二铝的质量分数，%；

$T_{Al_2O_3}$——每毫升 EDTA 标准滴定溶液相当于三氧化二铝的质量，mg/mL；

V_{EDTA}——滴定时消耗 EDTA 标准滴定溶液的体积，mL；

$V_{空白}$——空白实验消耗 EDTA 标准滴定溶液的体积，mL；

$m_{试样}$——试样的质量，g；

10——全部试样溶液与所分取试样溶液的体积比。

注意：一氧化锰含量在 0.5%以上的试样用本法测定。

黏土全分析—除硅测定氧化钙

8.2.2.5 氧化钙的测定

(1) 准备工作

① 任务所需试剂

a. 200 g/L 氢氧化钾溶液(详见 4.2.3.1 中(1)的④)。

b. 1+2 的三乙醇胺溶液(详见 4.2.3.1 中(1)的②)。

c. CMP 混合指示剂。

d. 0.015 mol/L EDTA 标准滴定溶液(详见 8.2.1.3 中(1)准备工作①的 e)。

e. 试样溶液 A(详见 8.2.2.1)。

② 任务所需仪器

配制CMP金属指示剂

烘箱、高温炉、干燥器、电子分析天平、电子秤、广泛 pH 试纸、酸式滴定管、烧杯、移液管、量筒、搅拌棒、电炉等。

除硅以后配位滴定钙操作

(2) 操作步骤

从实验溶液 A 中吸取 25.00 mL 溶液放入 300 mL 烧杯中，然后加水稀释至约 200 mL，加入 5 mL 三乙醇胺溶液(1+2)及适量的 CMP 混合指示剂，在搅拌下加入氢氧化钾溶液(200 g/L)至出现绿色荧光后再过量 5～8 mL，用 EDTA 标准滴定溶液滴定至绿色荧光完全消失并呈现红色即为终点。

(3) 数据记录与结果计算

氧化钙的质量分数按下式计算：

$$w_{CaO}=\frac{T_{CaO}\times(V_{EDTA}-V_{空白})\times 10}{m_{试样}\times 1000}\times 100\%=\frac{T_{CaO}\times(V_{EDTA}-V_{空白})}{m_{试样}}\% \tag{8.12}$$

式中　w_{CaO}——氧化钙的质量分数，%；

T_{CaO}——每毫升 EDTA 标准滴定溶液相当于氧化钙的质量，mg/mL；

V_{EDTA}——滴定时消耗 EDTA 标准滴定溶液的体积，mL；

$V_{空白}$——空白实验消耗 EDTA 标准滴定溶液的体积，mL；

$m_{试样}$——试样的质量，g；

10——全部试样溶液与所分取试样溶液的体积比。

注意：观察荧光指示剂的终点时，若利用自然光，光线应由操作者的背后或侧面射入，这样有利于终点观察，而不应在直射光线的照射下进行滴定。

配位滴定法测定氧化钙（除硅滴钙）微课

8.2.2.6　氧化镁的测定

（详见 8.2.1.7）

8.2.2.7　一氧化锰的测定

（1）准备工作

① 任务所需试剂

EDTA法测定锰含量

a. 1+1 氨水溶液（详见 8.2.1.3 中（1）准备工作①的 b）。

b. 1+2 的三乙醇胺溶液（详见 4.2.3.1 中（1）的②）。

c. K-B 混合指示剂（详见 8.2.1.7 中（1）准备工作①的 c、d）。

d. pH 为 10 的缓冲溶液 A（详见 8.2.1.7 中（1）准备工作①的 d）。

e. 盐酸羟胺固体（分析纯）。

f. 试样溶液 B（详见 1.2.3.2）。

g. 0.015 mol/L EDTA 标准滴定溶液（详见 8.2.1.3 中（1）准备工作①的 e）。

h. 250 g/L 氟化铵溶液。

② 任务所需仪器

烘箱、高温炉、干燥器、电子分析天平、电子秤、酸式滴定管、烧杯、移液管、量筒、搅拌棒、广泛 pH 试纸、电炉等。

（250 g/L）氟化铵溶液配制

（2）操作步骤

从试样溶液中吸取 50.00 mL 溶液置于 400 mL 烧杯中，加水稀释至约 200 mL，加入 10 mL 三乙醇胺（1+2），用氨水（1+1）调节溶液 pH 值至近 10 后，加入 pH 为 10 的缓冲溶液 25 mL，搅拌，加入 35 mL 氟化铵（250 g/L），放置 2～3 min，再加入约 1 g 盐酸羟胺，搅拌使其溶解，加入适量的 K-B 指示剂，溶液呈酒红色，用 EDTA 标准滴定溶液（约 0.015 mol/L）滴定至纯蓝色即为终点。

（3）数据记录与结果计算

一氧化锰的质量分数按下式计算：

$$w_{MnO}=\frac{T_{MnO}\times V\times 5}{m_{试样}\times 1000}\times 100\% \tag{8.13}$$

式中　w_{MnO}——一氧化锰的质量分数，%；

T_{MnO}——每毫升 EDTA 标准滴定溶液相当于一氧化锰的质量，mg/mL；

V——滴定时消耗 EDTA 标准滴定溶液的体积，mL；

$m_{试样}$——试样的质量，g；

5——全部试样溶液与所分取试样溶液的体积比。

注意：对于锰含量低的样品，如试液中 MnO 含量在 0.5 mg 以内，可不以氟化铵沉淀钙而用三乙醇胺和酒石酸将 Fe^{3+}、Al^{3+}、TiO^{2+}、Mn^{2+} 等离子掩蔽之后，在一份试液中以 K-B 为指示剂，用 EDTA

溶液滴定钙镁合量；而在另一份试液中再以盐酸羟胺（$NH_2OH \cdot HCl$）使 Mn^{3+}-TEA 配合物中的 Mn^{3+} 解蔽并还原成 Mn^{2+}，用同样的方法进行滴定，所得结果为钙、镁、锰总量。然后根据两者消耗 EDTA 标准滴定溶液体积之差，以求算 MnO 的含量。

8.2.3 测定石灰石的全组分含量

【任务书】

"建材化学分析技术"课程项目任务书

任务名称：测定石灰石的全组分含量

实施班级：________________ 实施小组：____________________

任务负责人：____________ 组员：________、________、________、________

起止时间：_____年_____月_____日至_____年_____月_____日

任务目标：

(1) 学会配制和标定石灰石质原料分析所用试剂及标准滴定溶液。

(2) 熟悉石灰石质原料分析的基本原理。

(3) 掌握石灰石质原料主要成分分析的方法。

(4) 能准备测定所用仪器及其他试剂。

(5) 能够完成测定结果的处理和报告撰写。

任务要求：

(1) 提前准备好测试方案。

(2) 按时间有序入场进行任务实施。

(3) 按要求准时完成任务测试。

(4) 按时提交项目报告。

"建材化学分析技术"课程组印发

【任务解析】

以碳酸钙为主要成分的原料都属于石灰石质原料，石灰石质原料是制造硅酸盐水泥熟料的主要原料，主要提供水泥熟料矿物中的氧化钙。石灰石是水泥生产企业使用最为广泛的石灰石质原料，其主要成分为碳酸钙。石灰石品位的高低主要由氧化钙含量来决定。石灰石在水泥生料中的含量约占80%，其化学成分的波动直接影响水泥生料的化学成分的稳定性，所以石灰石质量的控制是水泥生产过程中的重要环节。氧化钙作为石灰石的主要成分，决定石灰石的品位；氧化镁作为石灰石中主要的有害成分，直接影响水泥的安定性。还有其他的氧化物，如二氧化硅、三氧化二铁、三氧化二铝等，其含量须满足配料要求，同时还要控制其他有害成分的含量。因此，对石灰石的全组分含量的分析有重要的意义。

石灰石质矿物是生产水泥的主要原料之一，主要包括石灰石、泥灰岩、大理石岩，白垩土、贝壳等，其中以石灰石最为普遍，其主要成分为碳酸钙，同时含有一定量的碳酸镁和少量铁、铝、硅等杂质。其化学成分大致为：

CaO 45%～53%；MgO 0.1%～0.3%；Al_2O_3 0.2%～2.5%；Fe_2O_3 0.1%～0.2%；SiO_2 0.2%～10%；烧失量 36%～43%。

石灰石质试样测试的准备工作、操作步骤和结果计算等可以参见 8.2.1，不再赘述。

8.3　项目评价

8.3.1　项目报告考评要点

参见 2.3.1。

8.3.2　项目考评要点

本项目的验收考评主要考核学员相关专业理论、相关专业技能的掌握情况和基本素质的养成情况，具体考核要点如下：

(1) 专业理论

① 掌握硅酸盐全分析中的分析系统。

② 掌握硅酸盐试样全组分含量测定的原理和方法。

③ 熟悉所用试剂的组成、性质、配制和使用方法。

④ 熟悉所用仪器、设备的性能和使用方法。

⑤ 掌握实验数据的处理方法。

(2) 专业技能

① 能准备和使用所需的仪器及试剂。

② 能完成硅酸盐试样全组分含量的测定。

③ 能完成给定硅酸盐产品的分析测试。

④ 能完成测试结果的处理与项目报告撰写。

⑤ 能进行仪器设备的维护和保养。

(3) 基本素质

① 培养团队意识和合作精神。

② 培养组织、交流和撰写计划与报告的能力。

③ 培养学生独立思考和解决问题的能力，锻炼学生创新思维。

④ 培养学生的敬业精神和遵章守纪的意识。

8.3.3　项目拓展

8.3.3.1　钢铁分析

钢铁是铁和碳的合金，除含铁元素之外，还含有碳、硅、锰、磷、硫等元素。C 是确定钢铁型号及用途的主要指标；Si、Mn 直接影响钢铁性能，是有益的成分，含量需控制在一定范围内；S、P 是有害成分，必须严格降至一定量。

钢铁中所含五大元素对钢铁性质的影响：碳(C)含量高，钢铁硬度增加，延性及冲击韧性降低。锰(Mn)使钢铁的硬度增加，展性减弱。硅(Si)可提高钢铁的强度、硬度及弹性，又是钢的有效脱氧剂，可提高钢对氧的抵抗能力，还可改善其耐酸性和电阻，但减弱钢铁的展性。硫(S)使钢铁的耐磨性和化学稳定性降低，产生热脆性。含磷(P)高的钢铁流动性大而易于铸造，产生冷脆性。

因此，对于生铁和碳素钢，C、Si、Mn、S、P 等五种元素的含量是冶金或机械工业化验室日常生产控制的重要指标。

钢铁试样与硅酸盐试样的分析有相似的测定程序，但是从试样分解到各元素测定的原理、操作方法又稍有区别。

8.3.3.2 土壤分析

土壤检测和现代农业大力推广的测土配方施肥技术都与土壤分析有关。

土壤检测一般有15个参数:总汞、总碳、镉、铜、锌、镍、铅、铬、有机质、碳酸盐、全钾、全磷、全氮、有效磷、有效硼。

测土配方施肥是以土壤测试和肥料田间实验为基础,根据作物需肥规律、土壤供肥性能和肥料效应,在合理施用有机肥料的基础上,提出氮、磷、钾及中、微量元素等肥料的施用数量、施肥时期和施用方法。

土壤分析其组分含量既有常量又有微量、痕量,组分性质既有无机物又有有机物,组分的测定方法既有化学分析又有大量仪器分析。

8.4 项目训练

[填空题]

1. 用摩尔法测定 Cl^- 浓度时,体系中不能含有 PO_4^{3-}、AsO_4^{3-}、S^{2-} 等阴离子,以及 Pb^{2+}、Ba^{2+}、Cu^{2+} 等阳离子,这是由于(　　　　)。

2. 用 $KMnO_4$ 溶液滴定至终点后,溶液中出现的粉红色不能持久,是由于空气中的(　　　　)气体和灰尘都能与 MnO_4^- 缓慢作用,使溶液的粉红色消失。

3. $K_2Cr_2O_7$ 标准溶液宜用(　　　　)法配制,而 NaOH 标准溶液则宜用(　　　　)法配制。

4. 水中 Ca^{2+}、Mg^{2+} 含量是计算硬度的主要指标。水的总硬度包括暂时硬度和永久硬度。由 HCO_3^- 引起的硬度称为(　　　　),由 SO_4^{2-} 引起的硬度称为(　　　　)。

5. 用配位滴定法测定水泥熟料中的 MgO 时,使用的滴定剂和指示剂分别为(　　　　)和(　　　　)。

[选择题]

6. 配位滴定中,金属指示剂应具备的条件是(　　　　)。

A. 金属指示剂络合物易溶于水　　B. 本身是氧化剂

C. 必须加入络合掩蔽剂　　D. 必须加热

7. KB 指示剂为酸性铬蓝 K 与萘酚绿混合而成的指示剂,其中萘酚绿的作用是(　　　　)。

A. 使指示剂性质稳定　　B. 改变酸性铬蓝 K 的 K_{MIn}

C. 利用颜色之间的互补使终点变色敏锐　　D. 增大滴定突跃范围

8. 定银时为了使 AgCl 沉淀完全,应采取的沉淀条件是(　　　　)。

A. 加入浓 HCl　　B. 加入饱和的 NaCl

C. 加入适当过量的稀 HCl　　D. 在冷却条件下加入 NH_4Cl+NH_3

9. 下列操作错误的是(　　　　)。

A. 配制 NaOH 标准滴定溶液时,用量筒量取蒸馏水

B. 用 c_{HCl} 为 0.1001 mol/L 的盐酸标准滴定溶液测定工业烧碱中 NaOH 含量

C. 用滴定管量取 35.00 mL 标准滴定溶液

D. 将 $AgNO_3$ 标准滴定溶液装在酸式棕色滴定管中

10. 下列叙述错误的是(　　　　)。

A. $KMnO_4$ 性质不稳定,不能作为基准物直接配制标准滴定溶液

B. 间接碘量法要求在暗处静置，以防止 I^- 被氧化

C. 碘量法滴定时的介质应为中性或碱性

D. 碘量法滴定时，开始慢摇快滴，终点前快摇慢滴

11. 用 EDTA 配合滴定测定 Al^{3+} 时应采用(　　　　)。

A. 直接滴定法　　B. 间接滴定法　　C. 返滴定法　　D. 连续滴定法

12. 测定水中钙硬度时，Mg^{2+} 的干扰是用(　　　　)消除的。

A. 控制酸度法　　B. 配位掩蔽法　　C. 氧化还原掩蔽法　　D. 沉淀掩蔽法

[判断题]

13. (　　)弱碱溶于酸性溶剂中，其碱性减弱。

14. (　　)滴定分析中，指示剂的用量越少，终点变色越灵敏，则滴定误差越小。

15. (　　)弱酸溶于碱性溶剂中，其酸性增强。

16. (　　)配制 NaOH 标准溶液时，应在台秤上称取一定量的 NaOH 于洁净的烧杯中，加蒸馏水溶解后，稀释至所需体积，再标定。

17. (　　)关于酸碱滴定的突跃范围，K_a 不变，c 越大，突跃范围越宽。

18. (　　)滴定分析中，指示剂的用量越多，终点变色越灵敏。

19. (　　)关于酸碱滴定的突跃范围，c 不变，K_a 越小，突跃范围越宽。

20. (　　)按照酸碱质子理论，酸越强，其共轭碱就越弱，反之亦然。

21. (　　)配制 HCl 滴定液，只要用移液管吸取一定量的浓 HCl，再准确加水稀释至一定体积，所得的浓度是准确的。

22. (　　)酸效应系数值随溶液 pH 值的增大而增大，使配位物实际稳定性降低。

23. (　　)强酸滴定弱碱时，弱碱 K_b 越大，其滴定突跃范围越大。

24. (　　)水的硬度是指水中钙、镁离子的总量。

25. (　　)EDTA 与大多数金属离子形成 1∶1 的配合物。

26. (　　)在一定条件下，K_{MY} 值越大，配位滴定突跃范围就越小。

27. (　　)配位反应的条件稳定常数能反映配合物的实际稳定程度。

28. (　　)EDTA 只能与一价的金属离子形成 1∶1 的配合物。

29. (　　)金属指示剂必须在一合适的 pH 范围内使用。

30. (　　)EDTA 与金属离子形成的配合物大多无色，可溶，但组成复杂。

31. (　　)在酸度较高的溶液中，EDTA 的配位能力则较强。

32. (　　)当两种金属离子最低 pH 相差较大时，有可能通过控制溶液酸度进行分别滴定。

33. (　　)分析磷时用的抗坏血酸可提前配制，不需现用现配。

34. (　　)在化学反应达到平衡时，正向反应和逆向反应都仍在继续进行。

35. (　　)过氧化氢既可作氧化剂又可作还原剂。

36. (　　)置换反应都是氧化还原反应。

37. (　　)氧化还原反应的实质是电子在两个电对之间的转移过程。

38. (　　)物质氧化性、还原性的强弱决定于得失电子的难易程度，而不决定于得失电子的数目。

39. (　　)同一种反应中，同种元素不同价态间的氧化还原反应进行时，其产物的价态不相互交换，也不交错。

40. (　　)氧化还原滴定中，溶液 pH 值越大越好。

41. (　　)氧化还原指示剂必须是氧化剂或还原剂。

42. (　　)$K_2Cr_2O_7$ 可在 HCl 介质中测定铁矿中 Fe 的含量。

43.(　　)氧化态和还原态的活度都等于 1 mol/L 时的电极电势,称为标准电势。它是一个常数,不随温度而变化。

44.(　　)$K_2Cr_2O_7$ 法测定铁矿中 Fe 的含量时加入磷酸可增大滴定的突跃范围。

45.(　　)用来直接配制标准溶液的物质称为基准物质,$KMnO_4$ 是基准物质。

46.(　　)元素处于最低价态时,只有还原性。

47.(　　)在氧化还原反应中,两电对的 E_0 值相差越大,反应进行得越快。

48.(　　)高锰酸钾法一般都在强酸性条件下进行。

49.(　　)条件电极电势值的大小,说明了在外界因素影响下氧化还原电对的实际氧化还原能力。

50.(　　)同一物质在同一反应中可能既作氧化剂又作还原剂,可能既不作氧化剂也不作还原剂。

51.(　　)含有最高价态的化合物一定具有强氧化性。

52.(　　)碘量法可以在中性和碱性条件下使用。

53.(　　)有单质参加或生成的反应一定是氧化还原反应。

54.(　　)相同条件下,溶液中 Fe^{3+}、Cu^{2+}、Zn^{2+} 的氧化性依次减弱。

55.(　　)影响反应方向的主要因素有氧化剂和还原剂的浓度、溶液的酸度、生成配合物或沉淀等。

56.(　　)有电子转移的反应一定是:有单质参加的化合反应、有单质生成的分解反应、置换反应、其他有化合价变化的反应。

57.(　　)用间接碘量法测定试样时,最好在碘量瓶中进行,并应避免阳光照射,为减少与空气接触,滴定时不宜过度摇晃。

58.(　　)在任何氧化还原反应中,电子得失总数相等。

59.(　　)向 $BaCO_3$ 饱和溶液中加入 Na_2CO_3 固体会使 $BaCO_3$ 溶解度降低、容度积减小。

60.(　　)沉淀洗涤的目的是洗去由于吸留或混晶而影响沉淀纯净的杂质。

61.(　　)由于无定形沉淀颗粒小,为防止沉淀穿滤应选用致密即慢速滤纸。

62.(　　)不进行陈化也会发生后沉淀现象。

63.(　　)只有氧化还原反应才有电子的转移。

64.(　　)没有电子转移的反应一定是没有单质参加的化合反应、没有单质生成的分解反应、复分解反应、其他没有化合价变化的反应。

65.(　　)佛尔哈德法测定银离子以铁铵矾为指示剂。

66.(　　)硝酸银标准溶液需保存在棕色瓶中。

67.(　　)标定硝酸银溶液用氯化钾。

68.(　　)某一元素的原子在反应中得到电子或失去电子越多,其氧化性或还原性不一定越强。

69.(　　)在滴定时,$KMnO_4$ 溶液要放在碱式滴定管中。

70.(　　)用高锰酸钾法测定 H_2O_2 时,需通过加热来加速反应。

71.(　　)用 $Na_2C_2O_4$ 标定 $KMnO_4$,需加热到 70～80 ℃,在 HCl 介质中进行。

72.(　　)重铬酸钾滴定铁,加入磷酸后要让它反应几分钟再滴定。

参考文献

[1] 张利君,刘杰.化学分析技术[M].北京:北京理工大学出版社,2012.

[2] 高职高专化学教材编写组.分析化学[M].北京:高等教育出版社,2008.

[3] 李彦岗,樊俊珍.水泥化学分析[M].武汉:武汉理工大学出版社,2015.

[4] 中国建筑材料科学研究总院,水泥科学与新型建筑材料研究院.水泥化学分析手册[M].北京:中国建材工业出版社,2007.

[5] 奚旦立.环境监测[M].北京:高等教育出版社,2019.

[6] 华东理工大学分析化学教研组,成都科学技术大学分析化学教研组.分析化学[M].北京:高等教育出版社,1995.

[7] 邓小锋.建材化学分析[M].北京:中国建材工业出版社,2015.

[8] 赵泽禄,徐伏秋,王延政.化学分析技术[M].北京:化学工业出版社,2006.

[9] 北京大学《大学基础化学》编写组. 大学基础化学[M]. 北京:高等教育出版社,2003.

[10] 龚盛昭,高洪潮.精细化学品检验技术[M].北京:科学出版社,2010.

[11] 王建梅,王桂芝.工业分析[M].北京:高等教育出版社,2007.

[12] 陈少东,赵武.日用化学品检测技术[M].北京:化学工业出版社,2009.

[13] 南京大学《无机及分析化学》编写组.无机及分析化学[M].5 版.北京:高等教育出版社,2015.

[14] 叶芬霞,汤长青,荣联清.无机及分析化学[M].北京:高等教育出版社,2014.

[15] 呼世斌,王进义,吴秋华.无机及分析化学[M].4 版.北京:高等教育出版社,2019.

[16] 和玲,高敏,李银环.无机与分析化学[M].2 版.西安:西安交通大学出版社,2013.

[17] 孟庆红.建材化学分析[M].北京:化学工业出版社,2013.

[18] 石建屏.应用化学[M].武汉:武汉理工大学出版社,2003.

[19] 石建屏.无机工业产品分析[M].武汉:武汉理工大学出版社,2011.

[20] 殷永林.分析化学[M].武汉:武汉工业大学出版社,1991.

[21] 杨启凯.分析化学实验[M].武汉:武汉工业大学出版社,1991.

[22] 邢文卫.分析化学[M].北京:化学工业出版社,1997.

[23] 董敬芳.分析化学[M].北京:化学工业出版社,1999.

[24] 谢能泳,陆为林,陈玄杰.分析化学实验[M].北京:高等教育出版社,1995.

[25] 周玉敏.分析化学[M].北京:化学工业出版社,2002.

[26] 蔡增俐.工业分析[M].北京:化学工业出版社,1988.

[27] 王瑛.分析化学操作技能[M].北京:化学工业出版社,1992.

[28] 高职高专化学教材编写组.分析化学实验[M].4 版.北京:高等教育出版社,2018.

[29] 高职高专化学教材编写组.分析化学[M].4 版.北京:高等教育出版社,2018.

[30] 高职高专化学教材编写组.分析化学[M].北京:高等教育出版社,2014.

[31] 中国建材检验认证集团股份有限公司.水泥化验室手册[M].北京:中国建材工业出版社,2012.

[32] 马惠莉,马振珠.分析化学综合教程[M].北京:化学工业出版社,2011.

附　　录

附表 1　弱酸、弱碱在水中的离解常数（25℃）

弱酸			
名称	化学式	K_a	pK_a
亚砷酸	H_3AsO_3	6.0×10^{-10}	9.22
砷酸	H_3AsO_4	$6.3\times10^{-3}(K_1)$	2.20
		$1.0\times10^{-7}(K_2)$	7.00
		$3.2\times10^{-12}(K_3)$	11.50
碳酸	H_2CO_3	$4.2\times10^{-7}(K_1)$	6.38
	(CO_2+H_2O)	$5.6\times10^{-11}(K_2)$	10.25
铬酸	$HCrO_4^-$	$3.2\times10^{-7}(K_2)$	6.50
氢氰酸	HCN	6.2×10^{-10}	9.21
氢氟酸	HF	6.6×10^{-4}	3.18
亚硝酸	HNO_2	5.1×10^{-4}	3.29
磷酸	H_3PO_4	$7.6\times10^{-3}(K_1)$	2.12
		$6.3\times10^{-8}(K_2)$	7.20
		$4.4\times10^{-13}(K_3)$	12.36
焦磷酸	$H_4P_2O_7$	$3.0\times10^{-2}(K_1)$	1.52
		$4.4\times10^{-3}(K_2)$	2.36
		$2.5\times10^{-7}(K_3)$	6.60
		$5.6\times10^{-10}(K_4)$	9.25
亚磷酸	H_3PO_3	$5.0\times10^{-2}(K_1)$	1.30
		$2.5\times10^{-7}(K_2)$	6.60
氢硫酸	H_2S	$1.3\times10^{-7}(K_1)$	6.88
		$7.1\times10^{-15}(K_2)$	14.15
硫酸	HSO_4^-	$1.0\times10^{-2}(K_2)$	1.99
亚硫酸	H_2SO_3	$1.3\times10^{-2}(K_1)$	1.90
	(SO_2+H_2O)	$6.3\times10^{-8}(K_2)$	7.20
偏硅酸	H_2SiO_3	$1.7\times10^{-10}(K_1)$	9.77
		$1.6\times10^{-12}(K_2)$	11.8
硫氰酸	HSCN	1.4×10^{-1}	0.85
甲酸	HCOOH	1.8×10^{-4}	3.74
乙酸	CH_3COOH	1.8×10^{-5}	4.74
一氯乙酸	$CH_2ClCOOH$	1.4×10^{-3}	2.86
二氯乙酸	$CHCl_2COOH$	5.0×10^{-2}	1.30
三氯乙酸	CCl_3COOH	0.23	0.64
氨基乙酸盐	$^+NH_3CH_2COOH$	$4.5\times10^{-3}(K_1)$	2.35
	$^+NH_3CH_2COO^-$	$2.5\times10^{-10}(K_2)$	9.60
抗坏血酸	$O=C-C(OH)=C(OH)-CH-CHOH$ (O=C 与 CH 成环；CHOH 上连 CH_2OH)	$5.0\times10^{-5}(K_1)$	4.30
		$1.5\times10^{-10}(K_2)$	9.80

续附表 1

弱酸			
名称	化学式	K_a	pK_a
乳酸	$CH_3CHOHCOOH$	1.4×10^{-4}	3.86
苯甲酸	C_6H_5COOH	6.2×10^{-5}	4.21
草酸	COOH | COOH	$5.9\times10^{-2}(K_1)$ $6.4\times10^{-5}(K_2)$	1.22 4.19
d-酒石酸	CH(OH)COOH | CH(OH)COOH	$9.1\times10^{-4}(K_1)$ $4.3\times10^{-5}(K_2)$	3.04 4.37
柠檬酸	CH_2COOH | C(OH)COOH | CH_2COOH	$7.4\times10^{-4}(K_1)$ $1.7\times10^{-5}(K_2)$ $4.0\times10^{-7}(K_3)$	3.13 4.76 6.4
苯酚	C_6H_5OH	1.1×10^{-10}	9.95
乙二胺四乙酸	H_6—$EDTA^{2+}$	0.1	0.9
	H_5—$EDTA^{+}$	3×10^{-2}	1.6
	H_4—EDTA	1×10^{-2}	2
	H_3—$EDTA^{-}$	2.1×10^{-3}	2.67
	H_2—$EDTA^{2-}$	6.9×10^{-7}	6.16
	H—$EDTA^{3-}$	5.5×10^{-11}	10.26
邻苯二甲酸	$C_6H_4(COOH)_2$	$1.1\times10^{-3}(K_1)$	2.95
		$3.9\times10^{-6}(K_2)$	5.41

弱碱			
名称	化学式	K_b	pK_b
氨水	$NH_3\cdot H_2O$	1.8×10^{-5}	4.74
联氨	H_2NNH_2	$3.0\times10^{-6}(K_1)$	5.52
		$7.6\times10^{-15}(K_2)$	14.12
羟胺	NH_2OH	9.1×10^{-9}	8.04
甲胺	CH_3NH_2	4.2×10^{-4}	3.38
乙胺	$C_2H_5NH_2$	5.6×10^{-4}	3.25
二甲胺	$(CH_3)_2NH$	1.2×10^{-4}	3.93
二乙胺	$(C_2H_5)_2NH$	1.3×10^{-3}	2.89
乙醇胺	$HOCH_2CH_2NH_2$	3.2×10^{-5}	4.5
三乙醇胺	$(HOCH_2CH_2)_3N$	5.8×10^{-7}	6.24
六次甲基四胺	$(CH_2)_6N_4$	1.4×10^{-9}	8.85
乙二胺	$H_2NCH_2CH_2NH_2$	$8.5\times10^{-5}(K_1)$	4.07
		$7.1\times10^{-8}(K_2)$	7.15
吡啶	C_5H_5N	1.7×10^{-9}	8.77
苯胺	$C_6H_5NH_2$	4.2×10^{-10}	9.38
尿素	$CO(NH_2)_2$	1.5×10^{-14}	13.82

附表 2　常用的酸和碱溶液的相对密度和浓度

酸

相对密度（15 ℃）	HCl 浓度		HNO_3 浓度		H_2SO_4 浓度	
	g/(100 g)	mol/L	g/(100 g)	mol/L	g/(100 g)	mol/L
1.02	4.13	1.15	3.70	0.6	3.1	0.3
1.05	10.2	2.9	9.0	1.5	7.4	0.8
1.10	20.0	6.0	17.1	3.0	14.4	1.6
1.15	29.6	9.3	24.8	4.5	20.9	2.5
1.19	37.2	12.2	30.9	5.8	26.0	3.2
1.20			32.3	6.2	27.3	3.4
1.25			39.8	7.9	33.4	4.3
1.30			47.5	9.8	39.2	5.2
1.35			55.8	12.0	44.8	6.2
1.40			65.3	14.5	50.1	7.2
1.42			69.8	15.7	52.2	7.6
1.45					55.0	8.2
1.50					59.8	9.2
1.55					64.3	10.2
1.60					68.7	11.2
1.65					73.0	12.3
1.70					77.2	13.4
1.84					95.6	18.0

碱

相对密度（15 ℃）	NH_3 水浓度		$NaOH$ 浓度		KOH 浓度	
	g/(100 g)	mol/L	g/(100 g)	mol/L	g/(100 g)	mol/L
0.88	35.0	18.0				
0.90	28.3	15.0				
0.91	25.0	13.4				
0.92	21.8	11.8				
0.94	15.6	8.6				
0.96	9.9	5.6				
0.98	4.8	2.8				
1.05			4.5	1.25	5.5	1.0
1.10			9.0	2.5	10.9	2.1
1.15			13.5	3.9	16.1	3.3
1.20			18.0	5.4	21.2	4.5
1.25			22.5	7.0	26.1	5.8
1.30			27.0	8.8	30.9	7.2
1.35			31.8	10.7	35.5	8.5

附表 3 常用的缓冲溶液

1.几种常用缓冲溶液的配制

pH	配制方法
0	1.0 mol/L HCl(或 HNO_3)
1	0.1 mol/L HCl(或 HNO_3)
2	0.01 mol/L HCl(或 HNO_3)
3.6	NaAc·$3H_2O$ 8 g,溶于适量水中,加 6 mol/L HAc 134 mL,稀释至 500 mL。
4	NaAc·$3H_2O$ 20 g,溶于适量水中,加 6 mol/L HAc 134 mL,稀释至 500 mL
4.5	NaAc·$3H_2O$ 32 g,溶于适量水中,加 6 mol/L HAc 68 mL,稀释至 500 mL
5	NaAc·$3H_2O$ 50 g,溶于适量水中,加 6 mol/L HAc 34 mL,稀释至 500 mL
5.7	NaAc·$3H_2O$ 100 g,溶于适量水中,加 6 mol/L HAc 13 mL,稀释至 500 mL
7	NH_4Ac 77 g,用水溶解后,稀释至 500 mL
7.5	NH_4Cl 60 g,溶于适量水中,加 15 mol/L 氨水 1.4 mL,稀释至 500 mL
8	NH_4Cl 50 g,溶于适量水中,加 15 mol/L 氨水 3.5 mL,稀释至 500 mL
8.5	NH_4Cl 40 g,溶于适量水中,加 15 mol/L 氨水 8.8 mL,稀释至 500 mL
9	NH_4Cl 35 g,溶于适量水中,加 15 mol/L 氨水 24 mL,稀释至 500 mL
9.5	NH_4Cl 30 g,溶于适量水中,加 15 mol/L 氨水 65 mL,稀释至 500 mL
10	NH_4Cl 27 g,溶于适量水中,加 15 mol/L 氨水 197 mL,稀释至 500 mL
10.5	NH_4Cl 9 g,溶于适量水中,加 15 mol/L 氨水 175 mL,稀释至 500 mL
11	NH_4Cl 3 g,溶于适量水中,加 15 mol/L 氨水 207 mL,稀释至 500 mL
12	0.01 mol/L NaOH(或 KOH)
13	0.1 mol/L NaOH(或 KOH)

2.不同温度下,标准缓冲溶液的 pH

温度(℃)	0.05 mol/L 草酸三氢钾	25 ℃ 饱和酒石酸氢钾	0.05 mol/L 邻苯二甲酸氢钾	0.025 mol/L KH_2PO_4 +0.025 mol/L Na_2HPO_4	0.08695 mol/L KH_2PO_4 +0.03043 mol/L Na_2HPO_4	0.01 mol/L 硼砂	25 ℃ 饱和氢氧化钙
10	1.670		3.998	6.923	7.472	9.332	13.011
15	1.672		3.999	6.900	7.448	9.276	12.820
20	1.675		4.002	6.881	7.429	9.225	12.637
25	1.679	3.559	4.008	6.865	7.413	9.180	12.460
30	1.683	3.551	4.015	6.853	7.400	9.139	12.292
40	1.694	3.547	4.035	6.838	7.380	9.068	11.975
50	1.707	3.555	4.060	6.833	7.367	9.011	11.697
60	1.723	3.573	4.091	6.836		8.962	11.426

附表 4　氨羧配位剂类配合物的稳定常数（18～25 ℃）

金属离子	lg$K$				
	EDTA（乙二胺四乙酸）	DCTA（1,2-二胺基环己烷四乙酸）	DTPA（二乙基三胺五乙酸）	EGTA（乙二醇二乙醚二胺四乙酸）	HEDTA（N-β羟基乙基乙二胺三乙酸）
Ag^{+}	7.32			6.88	6.71
Al^{3+}	16.3	19.5	18.6	13.9	14.3
Ba^{2+}	7.86	8.69	8.87	8.41	6.3
Be^{2+}	9.2	11.51			
Bi^{3+}	27.94	32.3	35.6		22.3
Ca^{2+}	10.69	13.2	10.83	10.97	8.3
Cd^{2+}	16.46	19.93	19.2	16.7	13.3
Ce^{3+}					
Co^{2+}	16.31	19.62	19.27	12.39	14.6
Co^{3+}	36				37.4
Cr^{3+}	23.4				
Cu^{2+}	18.8	22	21.55	17.71	17.6
Fe^{2+}	14.32	19	16.5	11.87	12.3
Fe^{3+}	25.1	30.1	28	20.5	19.8
Ga^{3+}	20.3	23.2	25.54		16.9
Hg^{2+}	21.7	25	26.7	23.2	20.3
In^{3+}	25	28.8	29		20.2
Li^{+}	2.79				
Mg^{2+}	8.7	11.02	9.3	5.21	7.0
Mn^{2+}	13.87	17.48	15.6	12.28	10.9
Mo(Ⅴ)	～28				
Na^{+}	1.66				
Ni^{2+}	18.62	20.3	20.32	13.55	17.3
Pb^{2+}	18.04	20.38	18.8	14.71	15.7
Pd^{+}	18.5				
Sc^{3+}	23.1	26.1	24.5	18.2	
Sn^{2+}	22.11				
Sr^{2+}	8.73	10.59	9.77	8.5	6.9
Th^{4+}	23.2	25.6	28.78		
TiO^{2+}	17.3				
Tl^{3+}	37.8	38.3			
U^{4+}	25.8	27.6	7.69		
VO^{2+}	18.8	20.1			
Y^{3+}	18.09	19.85	22.13	17.16	14.78
Zn^{2+}	16.5	19.37	18.4	12.7	14.7
Zr^{4+}	29.5		35.8		
稀土元素	16～20	17～22	19		13～16

附表5　标准电极电势(18～25 ℃)

半反应	$E^{\ominus}$(V)
F_2(气)$+2H^+ +2e^- = 2HF$	3.06
$O_3+2H^+ +2e^- = O_2+H_2O$	2.07
$S_2O_8{}^{2-}+2e^- = 2SO_4{}^{2-}$	2.01
$H_2O_2+2H^+ +2e^- = 2H_2O$	1.77
$MnO_4^- +4H^+ +3e^- = MnO_2$(固)$+2H_2O$	1.695
PbO_2(固)$+SO_4{}^{2-}+4H^+ +2e^- = PbSO_4$(固)$+2H_2O$	1.685
$HClO_2+2H^+ +2e^- = HClO+H_2O$	1.64
$HClO+H^+ +e^- = \frac{1}{2}Cl_2+H_2O$	1.63
$Ce^{4+}+e^- = Ce^{3+}$	1.61
$H_5IO_6+H^+ +2e^- = IO_3^- +3H_2O$	1.6
$HBrO+H^+ +e^- = \frac{1}{2}Br_2+H_2O$	1.59
$BrO_3^- +6H^+ +5e^- = \frac{1}{2}Br_2+3H_2O$	1.52
$MnO_4^- +8H^+ +5e^- = Mn^{2+}+4H_2O$	1.51
$Au^{3+}+3e^- = Au$	1.5
$HClO+H^+ +2e^- = Cl^- +H_2O$	1.49
$ClO_3^- +6H^+ +5e^- = \frac{1}{2}Cl_2+3H_2O$	1.47
PbO_2(固)$+4H^+ +2e^- = Pb^{2+}+2H_2O$	1.455
$HIO+H^+ +e^- = \frac{1}{2}I_2+H_2O$	1.45
$ClO_3^- +6H^+ +6e^- = Cl^- +3H_2O$	1.45
$BrO_3^- +6H^+ +6e^- = Br^- +3H_2O$	1.44
$Au^{3+}+2e^- = Au^+$	1.41
Cl_2(气)$+2e^- = 2Cl^-$	1.3595
$ClO_4^- +8H^+ +7e^- = \frac{1}{2}Cl_2+4H_2O$	1.34
$Cr_2O_7{}^{2-}+14H^+ +6e^- = 2Cr^{3+}+7H_2O$	1.33
MnO_2(固)$+4H^+ +2e^- = Mn^{2+}+2H_2O$	1.23
O_2(气)$+4H^+ +4e^- = 2H_2O$	1.229
$IO_3^- +6H^+ +5e^- = \frac{1}{2}I_2+3H_2O$	1.2
$ClO_4^- +2H^+ +2e^- = ClO_3^- +H_2O$	1.19
Br_2(水)$+2e^- = 2Br^-$	1.087
$NO_2+H^+ +e^- = HNO_2$	1.07
$Br_3^- +2e^- = 3Br^-$	1.05
$HNO_2+H^+ +e^- = NO$(气)$+H_2O$	1
$HIO+H^+ +2e^- = I^- +H_2O$	0.99

续附表 5

半反应	$E^{\ominus}$(V)
$NO_3^- + 3H^+ + 2e^- = HNO_2 + H_2O$	0.94
$ClO^- + H_2O + 2e^- = Cl^- + 2OH^-$	0.89
$H_2O_2 + 2e^- = 2OH^-$	0.88
$Cu^{2+} + I^- + e^- = CuI$(固)	0.86
$Hg^{2+} + 2e^- = Hg$	0.845
$NO_3^- + 2H^+ + e^- = NO_2 + H_2O$	0.8
$Ag^+ + e^- = Ag$	0.7995
$Hg_2^{2+} + 2e^- = 2Hg$	0.793
$Fe^{3+} + e^- = Fe^{2+}$	0.771
$BrO^- + H_2O + 2e^- = Br^- + 2OH^-$	0.76
O_2(气)$+ 2H^+ + 2e^- = H_2O_2$	0.682
$AsO_2^- + 2H_2O + 3e^- = As + 4OH^-$	0.68
$2HgCl_2 + 2e^- = Hg_2Cl_2$(固)$+ 2Cl^-$	0.63
$HgSO_4$(固)$+ 2e^- = Hg + SO_4^{2-}$	0.6151
$MnO_4^- + 2H_2O + 3e^- = MnO_2$(固)$+ 4OH^-$	0.588
$MnO_4^- + e^- = MnO_4^{2-}$	0.564
$H_3AsO_4 + 2H^+ + 2e^- = HAsO_2 + 2H_2O$	0.559
$I_3^- + 2e^- = 3I^-$	0.545
I_2(固)$+ 2e^- = 2I^-$	0.5345
$Cu^+ + e^- = Cu$	0.52
$4SO_2$(水)$+ 4H^+ + 6e^- = S_4O_6^{2-} + 2H_2O$	0.51
$HgCl_4^{2-} + 2e^- = Hg + 4Cl^-$	0.48
$2SO_2$(水)$+ 2H^+ + 4e^- = S_2O_3^{2-} + H_2O$	0.4
$Fe(CN)_6^{2-} + 2e^- = Fe(CN)_6^{4-}$	0.36
$Cu^{2+} + 2e^- = Cu$	0.337
$BiO^+ + 2H^+ + 3e^- = Bi + H_2O$	0.32
Hg_2Cl_2(固)$+ 2e^- = 2Hg + 2Cl^-$	0.2676
$HAsO_2 + 3H^+ + 3e^- = As + 2H_2O$	0.248
$AgCl$(固)$+ e^- = Ag + Cl^-$	0.2223
$SbO^+ + 2H^+ + 3e^- = Sb + H_2O$	0.212
$SO_4^{2-} + 4H^+ + 2e^- = SO_2$(水)$+ 2H_2O$	0.17
$Cu^{2+} + e^- = Cu^+$	0.159
$Sn^{4+} + 2e^- = Sn^{2+}$	0.154
$S + 2H^+ + 2e^- = H_2S$(气)	0.141
$Hg_2Br_2 + 2e^- = 2Hg + 2Br^-$	0.1395
$TiO^{2+} + 2H^+ + e^- = Ti^{3+} + H_2O$	0.1
$S_4O_6^{2-} + 2e^- = 2S_2O_3^{2-}$	0.08
$AgBr$(固)$+ e^- = Ag + Br^-$	0.071
$2H^+ + 2e^- = H_2$	0.000

续附表 5

半反应	$E^{\ominus}$(V)
$O_2+H_2O+2e^-$ ══ $HO_2^-+OH^-$	−0.067
$TiOCl^++2H^++3Cl^-+e^-$ ══ $TiCl_4^-+H_2O$	−0.09
$Pb^{2+}+2e^-$ ══ Pb	−0.126
$Sn^{2+}+2e^-$ ══ Sn	−0.136
AgI(固)$+e^-$ ══ $Ag+I^-$	−0.152
$Ni^{2+}+2e^-$ ══ Ni	−0.246
$H_3PO_4+2H^++2e^-$ ══ $H_3PO_3+H_2O$	−0.276
$Co^{2+}+2e^-$ ══ Co	−0.277
$In^{3+}+3e^-$ ══ In	−0.345
$PbSO_4$(固)$+2e^-$ ══ $Pb+SO_4{}^{2-}$	−0.3553
$As+3H^++3e^-$ ══ AsH_3	−0.38
$Cd^{2+}+2e^-$ ══ Cd	−0.403
$Cr^{3+}+e^-$ ══ Cr^{2+}	−0.41
$Fe^{2+}+2e^-$ ══ Fe	−0.44
$S+2e^-$ ══ S^{2-}	−0.48
$2CO_2+2H^++2e^-$ ══ $H_2C_2O_4$	−0.49
$H_3PO_3+2H^++2e^-$ ══ $H_3PO_2+H_2O$	−0.5
$Sb+3H^++3e^-$ ══ SbH_3	−0.51
$HPbO_2^-+H_2O+2e^-$ ══ $Pb+3OH^-$	−0.54
$2SO_3^{2-}+3H_2O+4e^-$ ══ $S_2O_3^{2-}+6OH^-$	−0.58
$SO_3^{2-}+3H_2O+4e^-$ ══ $S+6OH^-$	−0.66
$AsO_4^{3-}+2H_2O+2e^-$ ══ $AsO_2^-+4OH^-$	−0.67
Ag_2S(固)$+2e^-$ ══ $2Ag+S^{2-}$	−0.69
$Zn^{2+}+2e^-$ ══ Zn	−0.763
$2H_2O+2e^-$ ══ H_2+2OH^-	−0.828
$Cr^{2+}+2e^-$ ══ Cr	−0.91
$HSnO_2^-+H_2O+2e^-$ ══ $Sn+3OH^-$	−0.91
$Sn(OH)_6^{2-}+2e^-$ ══ $HSnO_2^-+H_2O+3OH^-$	−0.93
$CNO^-+H_2O+2e^-$ ══ CN^-+2OH^-	−0.97
$Mn^{2+}+2e^-$ ══ Mn	−1.182
$ZnO_2{}^{2-}+2H_2O+2e^-$ ══ $Zn+4OH^-$	−1.216
$Al^{3+}+3e^-$ ══ Al	−1.66
$H_2AlO_3^-+H_2O+3e^-$ ══ $Al+4OH^-$	−2.35
$Mg^{2+}+2e^-$ ══ Mg	−2.37
Na^++e^- ══ Na	−2.714
$Ca^{2+}+2e^-$ ══ Ca	−2.87
$Sr^{2+}+2e^-$ ══ Sr	−2.89
$Ba^{2+}+2e^-$ ══ Ba	−2.9
K^++e^- ══ K	−2.925
Li^++e^- ══ Li	−3.042

附表 6 难溶化合物的溶度积(18～25 ℃)

难溶化合物	K_{sp}	pK_{sp}
$Al(OH)_3$	1.3×10^{-33}	32.9
Al-8-羟基喹啉	1.0×10^{-29}	29.0
Ag_3AsO_4	1.0×10^{-22}	22.0
AgBr	5.0×10^{-13}	12.30
Ag_2CO_3	8.1×10^{-12}	11.09
AgCl	1.8×10^{-10}	9.75
Ag_2CrO	2.0×10^{-12}	11.71
AgCN	1.2×10^{-16}	15.92
AgOH	2.0×10^{-8}	7.71
AgI	9.3×10^{-17}	16.03
$Ag_2C_2O_4$	3.5×10^{-11}	10.46
Ag_3PO_4	1.4×10^{-16}	15.84
$AgSO_4$	1.4×10^{-5}	4.84
Ag_2S	2.0×10^{-49}	48.7
AgSCN	1.0×10^{-12}	12.0
$BaCO_3$	5.1×10^{-9}	8.29
$BaCrO_4$	1.2×10^{-10}	9.93
BaF_2	1.0×10^{-6}	6.0
$BaC_2O_4\cdot H_2O$	2.3×10^{-8}	7.64
$BaSO_4$	1.1×10^{-10}	9.96
$Bi(OH)_3$	4.0×10^{-31}	30.4
BiOOH	4.0×10^{-10}	9.4
BiI_3	8.1×10^{-19}	18.09
BiOCl	1.8×10^{-31}	30.75
$BiPO_4$	1.3×10^{-23}	22.89
Bi_2S_3	1.0×10^{-97}	97.0
$CaCO_3$	2.9×10^{-9}	8.54
CaF_2	2.7×10^{-11}	10.57
$CaC_2O_4\cdot H_2O$	2.0×10^{-9}	8.70
$Ca_3(PO_4)_2$	2.0×10^{-29}	28.7
$CaSO_4$	9.1×10^{-6}	5.04
$CaWO_4$	8.7×10^{-9}	8.06
$CdCO_3$	5.2×10^{-12}	11.28
$Cd_2[Fe(CN)_6]$	3.2×10^{-17}	16.49
$Cd(OH)_2$ 新析出	2.5×10^{-14}	13.6
$CdC_2O_4\cdot 3H_2O$	9.1×10^{-8}	7.04
CdS	8.0×10^{-27}	27.15
$CoCO_3$	1.4×10^{-13}	12.84
$Co_2[Fe(CN)_6]$	1.8×10^{-15}	14.74
$Co(OH)_2$ 新析出	2.0×10^{-15}	14.7

续附表 6

难溶化合物	K_{sp}	pK_{sp}
$Co(OH)_3$	2.0×10^{-44}	43.7
$Co[Hg(SCN)_4]$	1.5×10^{-6}	5.82
α-CoS	4.0×10^{-21}	20.4
β-CoS	2.0×10^{-25}	24.7
$Co_3(PO_4)_2$	2.0×10^{-35}	34.7
$Cr(OH)_3$	6.0×10^{-31}	30.2
$CrPO_4\cdot4H_2O$	2.4×10^{-23}	22.6
CuBr	5.2×10^{-9}	8.28
CuCl	1.2×10^{-6}	5.92
CuCN	3.2×10^{-20}	19.49
CuI	1.1×10^{-12}	11.96
CuOH	1.0×10^{-14}	14.0
Cu_2S	2.0×10^{-48}	47.7
CuSCN	4.8×10^{-15}	14.32
$CuCO_3$	1.4×10^{-10}	9.86
$Cu(OH)_2$	2.2×10^{-20}	19.66
CuS	6.0×10^{-36}	35.2
$FeCO_3$	3.2×10^{-11}	10.50
$Fe(OH)_2$	8.0×10^{-16}	15.1
FeS	6.0×10^{-18}	17.2
$Fe(OH)_3$	4.0×10^{-38}	37.4
$FePO_4$	1.3×10^{-22}	21.89
Hg_2Br_2	5.8×10^{-23}	22.24
Hg_2CO_3	8.9×10^{-17}	16.05
Hg_2Cl_2	1.3×10^{-18}	17.88
$Hg_2(OH)_2$	2.0×10^{-24}	23.7
Hg_2I_2	4.5×10^{-29}	28.35
Hg_2SO_4	7.4×10^{-9}	6.13
Hg_2S	1.0×10^{-47}	47.0
$Hg(OH)_2$	3.0×10^{-26}	25.52
HgS 红色	4.0×10^{-53}	52.4
HgS 黑色	2.0×10^{-52}	51.7
$MgNH_4PO_4$	2.0×10^{-13}	12.7
$MgCO_3$	3.5×10^{-8}	7.46
MgF_2	6.4×10^{-9}	8.19
$Mg(OH)_2$	1.8×10^{-11}	10.74
$MnCO_3$	1.8×10^{-11}	10.74
$Mn(OH)_2$	1.9×10^{-13}	12.72
MnS 无定形	2.0×10^{-10}	9.7
MnS 晶形	2.0×10^{-13}	12.7

续附表 6

难溶化合物	K_{sp}	pK_{sp}
$NiCO_3$	6.6×10^{-9}	8.18
$Vi(OH)_2$ 新析出	2.0×10^{-15}	14.7
$Vi_3(PO_4)_3$	5.0×10^{-31}	30.3
α-NiS	3.0×10^{-19}	18.5
β-NiS	1.0×10^{-24}	24.0
γ-NiS	2.0×10^{-26}	25.7
$PbCO_3$	7.4×10^{-14}	13.13
$PbCl_2$	1.6×10^{-5}	4.79
PbClF	2.4×10^{-9}	8.62
$PbCrO_4$	2.8×10^{-13}	12.55
PbF_2	2.7×10^{-8}	7.57
$Pb(OH)_2$	1.2×10^{-15}	14.93
PbI_2	7.1×10^{-9}	8.15
$PbMoO_4$	1.0×10^{-13}	13.0
$Pb_3(PO_4)_2$	8.0×10^{-43}	42.10
$PbSO_4$	1.6×10^{-8}	7.79
PbS	1.0×10^{-28}	27.9
$Pb(OH)_4$	3.0×10^{-66}	65.5
$Sb(OH)_3$	4.0×10^{-42}	41.4
Sb_2S_3	2.0×10^{-93}	92.8
$Sn(OH)_2$	1.4×10^{-28}	27.85
SnS	1.0×10^{-25}	25.0
$Sn(OH)_4$	1.0×10^{-56}	56.0
SnS_2	2.0×10^{-27}	26.7
$SrCO_3$	1.1×10^{-10}	9.96
$SrCrO_4$	2.2×10^{-5}	4.65
SrF_2	2.4×10^{-9}	8.61
$SrC_2O_4\cdot H_2O$	1.6×10^{-7}	6.80
$Sr_3(PO_4)_2$	4.1×10^{-28}	27.39
$SrSO_4$	3.2×10^{-7}	6.49
$Ti(OH)_3$	1.0×10^{-40}	40.0
$TiO(OH)_2$	1.0×10^{-29}	29.0
$ZnCO_3$	1.4×10^{-11}	10.84
$Zn_2[Fe(CN)_6]$	4.1×10^{-16}	15.39
$Zn(OH)_2$	1.2×10^{-17}	16.92
$Zn_3(PO_4)_2$	9.1×10^{-33}	32.04
ZnS	2.5×10^{-22}	21.6
Zn-8-羟基喹啉	5.0×10^{-25}	24.3

附表 7　化合物的相对分子质量

化合物	相对分子质量	化合物	相对分子质量
Ag_3AsO_4	462.52	$CdCO_3$	172.42
$AgBr$	187.77	$CdCl_2$	183.32
$AgCl$	143.32	CdS	144.47
$AgCN$	133.89	$Ce(SO_4)_2$	332.24
$AgSCN$	165.95	$Ce(SO_4)_2 \cdot 4H_2O$	404.30
$AgCr_2O_4$	331.73	$CoCl_2$	129.84
AgI	234.77	$CoCl_2 \cdot 6H_2O$	237.93
$AgNO_3$	169.87	$Co(NO_3)_2$	182.94
$AlCl_3$	133.34	$Co(NO_3)_2 \cdot 6H_2O$	291.03
$AlCl_3 \cdot 6H_2O$	241.43	CoS	90.99
$Al(NO_3)_3$	213.00	$CoSO_4$	154.99
$Al(NO_3)_3 \cdot 9H_2O$	375.13	$CoSO_4 \cdot 7H_2O$	281.10
Al_2O_3	101.96	$Co(NH_2)_2$	60.06
$Al(OH)_3$	78.00	$CrCl_3$	158.36
$Al_2(SO_4)_3$	342.14	$CrCl_3 \cdot 6H_2O$	266.45
$Al_2(SO_4)_3 \cdot 18H_2O$	666.41	$Cr(NO_3)_3$	238.01
As_2O_3	197.84	Cr_2O_3	151.99
As_2O_5	229.84	$CuCl$	99.00
As_2S_3	246.02	$CuCl_2$	134.45
$BaCO_3$	197.34	$CuCl_2 \cdot 2H_2O$	170.48
BaC_2O_4	225.35	$CuCNS$	121.62
$BaCl_2$	208.24	CuI	190.45
$BaCl_2 \cdot 2H_2O$	244.27	$Cu(NO_3)_2$	187.56
$BaCrO_4$	253.32	$Cu(NO_3)_2 \cdot 3H_2O$	241.60
BaO	153.33	CuO	79.55
$Ba(OH)_2$	171.34	Cu_2O	143.09
$BaSO_4$	233.39	CuS	95.61
$BaCl_3$	315.34	$CuSO_4$	159.60
$BaOCl$	260.43	$CuSO_4 \cdot 5H_2O$	249.68
CO_2	44.01	$FeCl_2$	126.75
CaO	56.08	$FeCl_2 \cdot 4H_2O$	198.81
$CaCO_3$	100.09	$FeCl_3$	162.21
CaC_2O_4	128.10	$FeCl_3 \cdot 6H_2O$	270.30
$CaCl_2$	110.99	$FeNH_4(SO_4)_2 \cdot 12H_2O$	482.18
$CaCl_2 \cdot 6H_2O$	219.08	$Fe(NO_3)_3$	241.86
$Ca(NO_3)_2 \cdot 4H_2O$	236.15	$Fe(NO_3)_3 \cdot 9H_2O$	404.00
$Ca(OH)_2$	74.10	FeO	71.85
$Ca_3(PO_4)_2$	310.18	Fe_2O_3	159.69
$CaSO_4$	136.14	Fe_3O_4	231.54

续附表 7

化合物	相对分子质量	化合物	相对分子质量
$Fe(OH)_3$	106.87	$KAl(SO_4)_2 \cdot 12H_2O$	474.38
FeS	87.91	KBr	119.00
Fe_2S_3	207.87	$KBrO_3$	167.00
$FeSO_4$	151.91	KCl	74.55
$FeSO_4 \cdot 7H_2O$	278.01	$KClO_3$	122.55
$FeSO_4 \cdot (NH_4)_2SO_4 \cdot 6H_2O$	392.13	$KClO_4$	138.55
H_3AsO_3	125.94	KCN	65.12
H_3AsO_4	141.94	$KSCN$	97.18
H_3BO_3	61.83	K_2CO_3	138.21
HBr	80.91	K_2CrO_4	194.19
HCN	27.03	$K_2Cr_2O_7$	294.18
$HCOOH$	46.03	$K_3[Fe(CN)_6]$	329.25
CH_3COOH	60.05	$K_4[Fe(CN)_6]$	368.35
H_2CO_3	62.03	$KFe(SO_4)_2 \cdot 12H_2O$	503.24
$H_2C_2O_4$	90.04	$KHC_2O_4 \cdot H_2O$	146.14
$H_2C_2O_4 \cdot 2H_2O$	126.07	$KHC_2O_4 \cdot H_2C_2O_4 \cdot 2H_2O$	254.19
HCl	36.46	$KHC_4H_4O_6$	188.18
HF	20.01	$KHSO_4$	136.16
HI	127.91	KI	166.00
HIO_3	175.91	KIO_3	214.00
HNO_3	63.01	$KIO_3 \cdot HIO_3$	389.91
HNO_2	47.01	$KMnO_4$	158.03
H_2O	18.015	$KNaC_4H_4O_6 \cdot 4H_2O$	282.22
H_2O_2	34.02	KNO_3	101.10
H_3PO_4	98.00	KNO_2	85.10
H_2S	34.08	K_2O	94.20
H_2SO_3	82.07	KOH	56.11
H_2SO_4	98.07	K_2SO_4	174.25
$Hg(CN)_2$	252.63	$MgCO_3$	84.31
$HgCl_2$	271.50	$MgCl_2$	95.21
Hg_2Cl_2	472.09	$MgCl_2 \cdot 6H_2O$	203.30
HgI_2	454.40	MgC_2O_4	112.33
$Hg_2(NO_3)_2$	525.19	$Mg(NO_3)_2 \cdot 6H_2O$	256.41
$Hg_2(NO_3)_2 \cdot 2H_2O$	561.22	$MgNH_4PO_4$	137.32
$Hg(NO_3)_2$	324.60	MgO	40.30
HgO	216.59	$Mg(OH)_2$	58.32
HgS	232.65	$Mg_2P_2O_7$	222.55
$HgSO_4$	296.65	$MgSO_4 \cdot 7H_2O$	246.67
Hg_2SO_4	497.24	$MnCO_3$	114.95

续附表 7

化合物	相对分子质量	化合物	相对分子质量
$MnCl_2 \cdot 4H_2O$	197.91	$NaNO_2$	69.00
$Mn(NO_3)_2 \cdot 6H_2O$	287.04	$NaNO_3$	85.00
MnO	70.94	Na_2O	61.98
MnO_2	86.94	Na_2O_2	77.98
MnS	97.00	$NaOH$	40.00
$MnSO_4$	151.00	Na_3PO_4	163.94
$MnSO_4 \cdot 4H_2O$	223.06	Na_2S	78.04
NO	30.01	$Na_2S \cdot 9H_2O$	240.18
NO_2	46.01	Na_2SO_3	126.04
NH_3	17.03	Na_2SO_4	142.04
CH_3COONH_4	77.08	$Na_2S_2O_3$	158.10
NH_4Cl	53.49	$Na_2S_2O_3 \cdot 5H_2O$	248.17
$(NH_4)_2CO_3$	96.06	$NiCl_2 \cdot 6H_2O$	237.70
$(NH_4)_2C_2O_4$	124.10	NiO	74.70
$(NH_4)_2C_2O_4 \cdot H_2O$	142.11	$Ni(NO_3)_2 \cdot 6H_2O$	290.80
NH_4SCN	76.12	NiS	90.76
NH_4HCO_3	79.06	$NiSO_4 \cdot 7H_2O$	280.86
$(NH_4)_2MoO_4$	196.01	$NiC_8H_{14}N_4O_4$	288.92
NH_4NO_3	80.04	P_2O_5	141.95
$(NH_4)_2HPO_4$	132.06	$PbCO_3$	267.21
$(NH_4)_2S$	68.14	PbC_2O_4	295.22
$(NH_4)_2SO_4$	132.13	$PbCl_2$	278.11
NH_4VO_3	116.98	$PbCrO_4$	323.19
Na_3AsO_3	191.89	$Pb(CH_3COO)_2$	325.29
$Na_2B_4O_7$	201.22	$Pb(CH_3COO)_2 \cdot 3H_2O$	379.34
$Na_2B_4O_7 \cdot 10H_2O$	381.37	PbI_2	461.01
$NaBiO_3$	279.97	$Pb(NO_3)_2$	331.21
$NaCN$	49.01	PbO	223.20
$NaSCN$	81.07	PbO_2	239.20
Na_2CO_3	105.99	$Pb_3(PO_4)_2$	811.54
$Na_2CO_3 \cdot 10H_2O$	286.14	PbS	239.26
$Na_2C_2O_4$	134.00	$PbSO_4$	303.26
CH_3COONa	82.03	SO_3	80.06
$CH_3COONa \cdot 3H_2O$	136.08	SO_2	64.06
$NaCl$	58.44	$SbCl_3$	228.11
$NaClO$	74.44	$SbCl_5$	299.02
$NaHCO_3$	84.01	Sb_2O_3	291.50
$Na_2HPO_4 \cdot 12H_2O$	358.14	Sb_2S_3	339.68
$Na_2H_2Y_2 \cdot 2H_2O$	372.24	SiF_4	104.08

续附表 7

化合物	相对分子质量	化合物	相对分子质量
SiO_2	60.08	$UO_2(CH_3COO)_2 \cdot 2H_2O$	424.15
$SnCl_2$	189.60	$ZnCO_3$	125.39
$SnCl_2 \cdot 2H_2O$	225.63	ZnC_2O_4	153.40
$SnCl_4$	260.50	$ZnCl_2$	136.29
$SnCl_4 \cdot 5H_2O$	350.58	$Zn(CH_3COO)_2$	183.47
SnO_2	150.69	$Zn(CH_3COO)_2 \cdot 2H_2O$	219.50
SnS_2	150.75	$Zn(NO_3)_2$	189.39
$SrCO_3$	147.63	$Zn(NO_3)_2 \cdot 6H_2O$	297.48
SrC_2O_4	175.61	ZnO	81.38
$SrCrO_4$	203.61	ZnS	97.44
$Sr(NO_3)_2$	211.63	$ZnSO_4$	161.44
$Sr(NO_3)_2 \cdot 4H_2O$	283.69	$ZnSO_4 \cdot 7H_2O$	287.55
$SrSO_4$	183.68		

附表 8　元素的相对原子质量(1997 年)

元素		相对原子质量	元素		相对原子质量
符号	名称		符号	名称	
Ac	锕	[227]	Hf	铪	178.49
Ag	银	107.8682	Hg	汞	200.59
Al	铝	26.98154	Ho	钬	164.93032
Am	镅	[243]	I	碘	126.90447
Ar	氩	39.948	In	铟	114.818
As	砷	74.92160	Ir	铱	192.217
At	砹	[210]	K	钾	39.0983
Au	金	196.96655	Kr	氪	83.80
B	硼	10.811	La	镧	138.9055
Ba	钡	137.327	Li	锂	6.941
Be	铍	9.01218	Lr	铹	[257]
Bi	铋	208.98038	Lu	镥	174.967
Bk	锫	[247]	Md	钔	[256]
Br	溴	79.904	Mg	镁	24.3050
C	碳	12.0107	Mn	锰	54.93805
Ca	钙	40.078	Mo	钼	95.94
Cd	镉	112.411	N	氮	14.00674
Ce	铈	140.116	Na	钠	22.98977
Cf	锎	[251]	Nb	铌	92.90638
Cl	氯	35.4527	Nd	钕	144.24
Cm	锔	[247]	Ne	氖	20.1797
Co	钴	58.93320	Ni	镍	58.6934
Cr	铬	51.9961	No	锘	[254]
Cs	铯	132.90545	Np	镎	237.0482
Cu	铜	63.546	O	氧	15.9994
Dy	镝	162.50	Os	锇	190.23
Er	铒	167.26	P	磷	30.9776
Es	锿	[254]	Pa	镤	231.03588
Eu	铕	151.964	Pb	铅	207.2
F	氟	18.99840	Pd	钯	106.42
Fe	铁	55.845	Pm	钷	[145]
Fm	镄	[257]	Po	钋	[~210]
Fr	钫	[223]	Pr	镨	140.90765
Ga	镓	69.723	Pt	铂	195.078
Gd	钆	157.25	Pu	钚	[244]
Ge	锗	72.64	Ra	镭	226.0254
H	氢	1.00794	Rb	铷	85.4678
He	氦	4.00260	Re	铼	186.207

续附表 8

元素		相对原子质量	元素		相对原子质量
符号	名称		符号	名称	
Rh	铑	102.90550	Te	碲	127.60
Rn	氡	[222]	Th	钍	232.0381
Ru	钌	101.07	Ti	钛	47.867
S	硫	32.066	Tl	铊	204.3833
Sb	锑	121.760	Tm	铥	168.93421
Sc	钪	44.95591	U	铀	238.0289
Se	硒	78.96	V	钒	50.9415
Si	硅	28.0855	W	钨	183.84
Sm	钐	150.36	Xe	氙	131.29
Sn	锡	118.710	Y	钇	88.90585
Sr	锶	87.62	Yb	镱	173.04
Ta	钽	180.9479	Zn	锌	65.41
Tb	铽	158.92534	Zr	锆	91.224
Tc	锝	97.91			

本书参考答案
(请用微信
“扫一扫”)